U0199412

■ 凤阳山自然保护区位置示意图

■ 国家林业局原党组副书记、副局长祝列克（前左1）到凤阳山考察

■ 国家林业局副局长张建龙（左1）到凤阳山考察

■ 2000年5月，国家环境保护总局副局长祝光耀（右2）到凤阳山考察

■ 1996年9月，浙江省省委书记李泽民（中）在凤阳山考察

■ 1996年8月，浙江省省委副书记、省长柴松岳到凤阳山考察、题词

■ 2004年7月，浙江省省委副书记、省政法委书记夏宝龙（左1）至凤阳山调研

■ 2004年11月，浙江省省委副书记周国富（中）到凤阳山考察

■ 2006年8月，浙江省省委副书记乔传秀（中）到凤阳山考察

■ 2009年3月，浙江省人大副主任程渭山（右1）到凤阳山考察

■ 2009年4月，浙江省副省长龚正（右3）到凤阳山考察

■ 2011年5月，浙江省政协副主席陈艳华（左1）到凤阳山考察

■ 2012年7月，浙江省政协副主席冯明光（右1）到凤阳山考察

■ 2006年3月，国家林业局野生动植物保护与自然保护区管理司司长刘永范、政策法规司司长文海忠到凤阳山考察

■ 2003年5月，浙江省林业厅厅长陈铁雄（中）到凤阳山考察

■ 2010年8月，浙江省林业厅厅长楼国华（右3）到凤阳山考察

■ 2012年5月，浙江省环境保护厅厅长徐震（中）到凤阳山考察

■ 2012年，龙泉市市委书记蔡晓春到凤阳山考察

■ 大田坪管护中心

■ 保护区城区办公楼

■ 屏南保护站

■ 龙南保护站

■ 进区公路

■ 凤阳湖空气背景站

■ 保护区原综合楼等建筑

■ 气象站

■ 稀树草丛

■ 山顶矮曲林

■ 黄山松林

■ 柳杉林

■ 草甸

■ 毛竹

■ 杉木林

■ 针阔混交林

■ 国家二级保护植物——厚朴

■ 国家二级保护植物——白豆杉

■ 国家一级保护植物——红豆杉

■ 国家二级保护植物——福建柏

■ 国家二级保护植物——蛛网萼

■ 国家二级保护植物——鹅掌楸

■ 天女花

■ 异叶假盖果草

■ 长柄双花木

■ 八角莲

■ 银钟花

■ 国家一级重点保护动物——金钱豹

■ 国家二级重点保护动物——穿山甲

■ 国家一级重点保护动物——黄腹角雉

■ 国家二级重点保护动物——白鹇

■ 国家一级重点保护动物——黑鹿

■ 国家二级重点保护动物——猕猴

■ 五步蛇

■ 树蛙

■ 黄茅尖

■ 凤阳尖

■ 将军岩（张老岩）

■ 老鹰岩

■ 佛光

■ 云海

■ 双折瀑

■ 凤阳瀑

■ 龟岩

■ 雪景

■ 凤阳湖

■ 瓯江源

■ 柳杉王

■ 绝壁奇松

■ 七星潭

■ 缆桥

■ 凤阳庙

■ 农家乐

■ 杜鹃谷

■ 绿野山庄

■ 毗邻联防会议

■ 森林消防培训

■ 挂牌

■ 进区门卡

■ 病虫防治

■ 围栏

■ 巡查

■ 森林防火宣传

■ 生物防火林带

■ 森林消防队伍演练

■ 视频监控客户端

■ 2004年，动物调查人员（中为诸葛阳教授）

■ 样地调查

■ 苔藓调查

■ 夜晚调查两栖类

■ 科普宣传

■ 2004年德国专家（左）与张志翔在凤阳山考察

■ 昆虫调查采集

■ 安装野外自动摄影

■ 1983年全国第三届自然保护区培训班师生合影

■ 1982年4月，林业部施光孚、省林业厅华永明在凤阳山

■ 白豆杉扦插苗

■ 标本陈列室

■ 1987年，美国戴德礼博士（左）在韦直（中）等人陪同下到凤阳山考察

■ 郑朝宗教授在鉴定标本

■ 1994年，中日植物合作考察队合影

■ 《凤阳山志》评审会

■ 十八坊碑记

寒秋攀凤阳山，
晨起恋森百鸟欢，
黄茅夫峰奉擎桂，
云海雪屿胜西天。

张明
八四年且廿四日

■ 南京军区副司令员张明所写诗词

■ 2007年11月17日，中国著名田径运动员、奥运冠军王军霞出席登山活动

■ 1989年8月29日，"羽坛皇后"李玲蔚登黄茅尖

■ 杭州"休博会"圣火取火仪式

■ 登山比赛

■ 首届登山节

■ 中韩学生登黄茅尖

■ 大型系列片《八百里瓯江》开机

■ 摄影基地授牌

■ 凤阳山管理处领导集体

■ 晋升国家级自然保护区授牌仪式

■ 保护区成立初期管理人员合影（右2为保护
主任陈仕舜）

18

■ 2008年度自然科学博物馆协会——先进集体

■ 2008年度自然保护区规范化建设优秀单位

■ 2009年度自然保护区管理工作考核优胜单位

■ 2011年获浙江省野生动植物保护先进集体荣誉称号

■ 2011年5月浙江省第十一届科技兴林二等奖

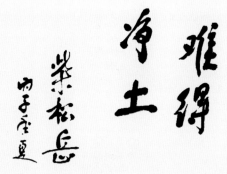

■ 浙江省原省长柴松岳题词：难得净土

■ 书法家姜东舒题词：江浙第一高峰

■ 浙江省林业厅厅长楼国华题词：凤阳山
自然保护区

凤阳山志

《凤阳山志》编委会 ▣ 编

中国林业出版社

图书在版编目（CIP）数据

凤阳山志/《凤阳山志》编委会　编．—北京：中国林业出版社，2012.10
ISBN 978-7-5038-6771-2

I. ①凤…　Ⅱ. ①凤…　Ⅲ. ①山 – 自然保护区 – 概况 – 凤阳县　Ⅳ. ①S759.992.544

中国版本图书馆 CIP 数据核字（2012）第 231656 号

责任编辑：于界芬
电话：(010) 83229512　　　传真：(010) 83227584

出　版：中国林业出版社（100009 北京西城区德内大街刘海胡同 7 号）
电　话：(010) 83224477
网　址：http://lycb.forestry.gov.cn
发　行：新华书店
印　刷：北京中科印刷有限公司
版　次：2012 年 10 月第 1 版
印　次：2012 年 10 月第 1 次
开　本：787mm×1092 mm　1/16
印　张：20.5
字　数：425 千字
定　价：168.00 元

编委会

凤 阳 山 志

主　　任　叶立新

副 主 任　陈豪庭

成　　员　刘国龙　刘胜龙　王爱玲　李美琴　杜易巽

编委会办公室

主　　任　叶砝仙　张长山

副 主 任　陆正寿　叶立新　陈豪庭

成　　员　叶茂平　刘国龙　刘胜龙　周世珍　马　毅

　　　　　高爱芬　周丽飞　刘荣越

编辑人员

主　　编　陈豪庭

副 主 编　叶立新

编写人员（按姓氏笔画排序）

　　　　　叶立新　叶茂平　刘国龙　刘胜龙　刘玲娟

　　　　　刘朝新　李美琴　杜易巽　陈豪庭　林莉军

主要摄影人员

　　　　　叶立新　刘胜龙　刘朝新

提供相关资料人员（未包括编写及审稿人员）

　　　　　马　毅　华永明　陈景明　吴锦荣　周善森

　　　　　赵海峰　留吾星　高德禄　颜决新

初审、终审人员 (按姓氏笔画排序)

丁炳扬　温州大学教授

毛明库　龙泉市地方志办公室副主任

叶砝仙　凤阳山管理处原处长

陆正寿　凤阳山管理处副处长

张长山　凤阳山管理处处长

林世荣　龙泉市政协原副主席、《龙泉县志》主编

郑卿洲　龙泉市林业局干部

洪起平　凤阳山管理处原处长

徐双喜　凤阳山管理处原副处长

顾松铨　龙泉市林业局原办公室主任

程秋波　浙江凤阳山—百山祖国家级自然保护区原管委会办公室主任、教授级高工

戴圣者　凤阳山管理处原副处长

评审会委员

刘安兴　浙江省森林资源监测中心（省林业调查规划设计院）主任

葛伟华　浙江省环境保护厅调研员

丁炳扬　温州大学教授

丁丽惠　丽水市林业局总工程师

朱国华　丽水市林业局自然保护处处长

林世荣　龙泉市政协原副主席、《龙泉县志》主编

毛明库　龙泉市地方志办公室副主任

  凤阳山自然保护区位于浙江省西南部，是"浙南林海"之精华，主峰黄茅尖海拔 1929 米，为浙江省最高峰。凤阳山不仅地史古老、山势高峻、地形复杂，而且植被垂直分布变化明显，森林资源丰富、珍稀物种众多，蕴藏着丰富的野生动植物资源，是浙江省保留原始状态天然植被较完整的区域之一，也是浙江省建区最早、面积最大的保护区之一。保护区成立三十余载，保护区管理者切实加强生物多样性保护，着力推进基础设施建设，认真组织科研监测，积极探索生态旅游，既遍尝创业之艰辛，也体验成功之喜悦。今编纂成书，可喜可贺！

  《凤阳山志》广征博采，以真实客观和科学辩证的态度，认真总结和详细记述了凤阳山自然保护区的发展史，既记录了广大干部职工不畏艰险，积极保护凤阳山一草一木的岁月篇章，也包含了科技工作者在凤阳山考察研究、探索自然奥秘的智慧成果。志书内容丰富，资料翔实可靠，不仅是一部实用性较强的林业专志，对保护区的科研监测和旅游开发具有重要的借鉴指导意义；而且也是一部可读性较强的科普读物，对广大人民群众回归自然怀抱、增强生态意识、弘扬生态文明必将起到积极的教育引导作用！

  在此，对《凤阳山志》一书出版表示祝贺，并向关心支持自然保护事业的各界人士及在自然保护区一线工作的干部职工表示衷心的感谢！

浙江省林业厅厅长

　　凤阳山集"浙南林海"之精华，得"高山流水"之优势，是科学兴山的典范。因其独特的自然资源和多学科的研究价值而成为我国较早建立的自然保护区之一。

　　编修志史是中华民族的优良传统，是一项服务当代、惠及后人的重大工程，有存史、资政、教化的作用。名山有志也是文化底蕴深厚的一种体现。为抢救史料、记载凤阳山的发展史，我处决定编写《凤阳山志》，以助大家系统、全面地了解凤阳山发展过程中的风雨历程。它将为各级领导和科研人员在工作决策时提供历史借鉴和科学依据。

　　编写人员历经二载艰辛，凤阳山首部专业志终于编纂完成，并将付梓出版，可喜可贺。

　　凤阳山坐落于浙江省西南部龙、庆、景三县交界之莽林深山之中。由于地处偏僻，在其漫长的历史长河中，并无达官雅士、名僧道长到过此地，历朝的《龙泉县志》及其他典籍中也无该山的记载及诗词留存，直至民国二十七年，凤阳山之名才见于龙泉县境图中，但在菇民心中它却是一座"神山"。

　　随着科学技术的发展，凤阳山丰富的生物资源逐渐引起科技界的关注，新中国成立后，进山科技人员日渐增多。1963 年，杭州植物园的章绍尧先生就浙江省建立 8 个自然保护区一事向省政府提出建议，凤阳山名列其中。1973 年，省林业局姜文奎、周家骏及章绍尧等专家又向省里提出临安天目山、龙泉凤阳山、开化古田山、泰顺乌岩岭建立自然保护区的建议。1975 年，省革委会批准上述 4 地建立自然保护区，凤阳山正式成为全国 72 个自然保护区之一，是浙江省面积最大的自然保护区，1992 年又晋升为国家级自然保护区。

　　随着凤阳山声名鹊起，众多专家、学者慕名前来考察研究，其秀丽的风光也吸引文人墨客及旅游者到凤阳山观光并留下不少书画诗文佳作。为忠实记载凤阳山艰苦的创业史和科研、文化方面所取得的成果，首部《凤阳山志》的编写也在情理之中。

编写志书是一项具有历史意义、现实所需的艰巨工程，它既要继承志书的优良传统，又应有所创新，使之符合科学，体现地方特色，藉以反映凤阳山各个历史时期的真实现状，以突出其时代性。志书是严谨、科学的资料性工具书，它的出版，也是保护区一项重要成果。

值此《凤阳山志》问世之际，我诚恳地向所有为编纂志书尽心出力的同志表示衷心的感谢和敬意。愿凤阳山的保护工作更加符合时代的要求！

浙江凤阳山—百山祖国家级自然保护区凤阳山管理处处长
浙江省第十届政协委员

2012 年 5 月

一、本志以马克思列宁主义、毛泽东思想、邓小平理论、"三个代表"重要思想和科学发展观为指导，实事求是地记述凤阳山自然保护区的历史与现状，力求体现时代、专业特色。

二、以专业志为主体，采用横排门类、纵述史实、述而不论的编写方式。大事记采用编年体。编中设章、节，用述、记、图、表、录、照等形式进行表述，以文为主。

三、记述年限，上溯不限，下至 2010 年。个别事项延伸至志书出版前夕。中华民国以前（含中华民国）沿用原纪年，括号中标注公元纪年，中华人民共和国成立后用公元纪年。

四、记述范围以保护区管理区域为主体，由于历史及业务分工等原因所限，着重记述保护区中的国有山部分，集体林中的一些内容从简。

五、计量单位一般沿用国家通用名称，长度用厘米、米、千米；重量用千克、吨；体积用立方米；面积用亩、平方千米。中华民国及以前沿用原单位。

六、专用术语、名称以行业内通用、规范为准。动植物名称除名录及模式植物中加注拉丁文学名外，文中一般不标注。

七、有关凤阳山书写名称：未建保护区前称凤阳山，建保护区后简称凤阳山保护区。

八、本志史料主要来自各级档案馆、图书馆、县（市）志、文史资料、各部门文件、专著、调查成果报告、报刊，少量为当事人口述、日记。入志资料多经相互考证，力求真实可靠。

目 录

凤 阳 山 志

概　述

凤阳山位于洞宫山山脉东北端，在浙江省龙泉市境内。洞宫山在福建省北部和浙江省南部的山体，构成了中国近海地区面积最大、海拔最高的一片中山区，凤阳山主峰黄茅尖，既是洞宫山也是浙江省的最高峰。近海及地形复杂，给闽北、浙南的气候造成重大影响，也给众多的动植物生长提供了适生的环境条件。

凤阳山自然保护区地处龙泉市东南部，和龙南乡、屏南镇、兰巨乡中的 27 个行政村及庆元县百山祖自然保护区、百山祖乡毗连。地理位置介于东经 119°06′～119°15′，北纬 27°46′～27°58′之间。管理面积 227571 亩，其中国有山林 63678 亩，占总面积 27.98%，集体山林 163893 亩，占总面积 72.02%。

凤阳山地史古老、山势高峻、地形复杂、人口密度低、森林资源丰富、珍稀物种众多，享有"华东地区古老植物的摇篮"、"天然植物园"之美誉。

一

凤阳山自然保护区的地形属中山区，海拔 1000 米以上面积占总面积 83%，有海拔 1800 米以上山峰 8 座，其中黄茅尖达 1929 米，系浙江省第一高峰。凤阳山一带是中国沿海地区自北而南的第一处高地，人称"浙江屋脊"。基岩为侏罗纪火成岩，由流纹岩、凝灰岩及少量石灰岩组成，流纹岩覆盖于最上部。凤阳山的土壤可划分为 4 个土类、4 个亚类、4 个土属，以黄壤土类为主。

凤阳山境内溪流均属瓯江水系，流向呈放射状，历史上称该地为"八方源头"。瓯江发源于保护区内锅帽尖西北麓。瓯江主要支流小溪也源自凤阳山东南部的庆元县大毛峰。有一级支流 4 条、二级支流 3 条、三级支流 9 条。丰富的森林资源对水源涵养起着极为重要的作用，因而虽山高坡陡，降雨量大、瀑布汇流集中，但溪坑两岸冲刷缓和，水质清澈透明，含沙量低。

气候属中国东部亚热带季风湿润气候区。由于海拔较高，气候特征为：冬长夏短、入春偏迟、进秋较早、雨量充沛。年平均气温 11.8°，比龙泉城区偏低近 6°，年降雨量 2325 毫米，是浙西南汛期暴雨中心之一。因地形作用，气候资源丰富，光、温、水等气象因子地域差异明显。气象灾害主要有风灾、冻害、暴雨。

龙泉市地处浙闽边陲，山川雄秀，襟带群流，风俗淳朴，民康物阜，历史上有"处州十县好龙泉"之称。但它属地广人稀之县份，凤阳山又处在龙泉、庆元、景宁 3 县（市）交界处，该地交通阻塞、耕地面积少、粮食产量低、人烟更为稀少，且山高水冷，离瓯江干流这一"黄金水道"较远，因而群众生活清贫。龙泉的民谚中就有"北乡好砀岩，南乡好田洋，西乡好山场，东乡（指龙南一带）做大娘"（大娘：财主家佣人）之说。人口稀少印证了古时所说的"地利腴而生计裕，则生殖繁。地利脊而生计艰，则生育减"之规律。人丁不旺延缓了经济发展的进程，自然条件的艰险限制了开发项目的推进。为求生计，这里的劳动人民发明了人工栽培香菇的"砍花法"，成为中国历史上最大的菇民聚居区。千百年来他们就凭这一技艺，外出他省做香菇，过着"冬半年在外、夏半年返乡"的艰辛生活。中华人民共和国成立后，随着所有制的改变，交通开发，香菇生产科技水平提高，致富门路开拓，人民生活水平逐年提高。

二

自然保护区是维系国家生态安全、保护生物多样性及科学研究的重要基地。是"天然万物本为一体，一荣俱荣，一损俱损"自然法则的实验场所。

凤阳山所处的地理区位、复杂的地形地貌、丰富的气候资源与茂密的森林，孕育了凤阳山地区众多的生物物种，它是研究华东植物区系起源、演化的关键地区，也是 12 个具有国际意义生物多样性分布中心及研究中国与日本植物区系最重要的区域之一，从而成为《中国生物多样性保护行动计划》的重点实施区域。

凤阳山森林植物的区系组成，既有古老的特有种和子遗植物，也有现代植物区系成分；既有温带植物区系典型种属种群，又有古热带植物区系成分的延伸，因此具有新老兼蓄、南北相承的特色。由于人为活动改变植物演替方向，局部地区又形成以次生植被为主的群落和人工植被类型。

凤阳山历史上就是龙泉森林资源丰富之地区，现在尚有部分 300 年以上未受人为破坏的半原生林。据民国二十九年（1940）九月，浙江省农业改进所傅朝湘编写的《龙泉县林业概况调查报告》中称"……至如八都之衢龙、安仁之龙南、道太之金石等处，虽尚有钜大之木材蓄积，则胥受运输不便之赐也……"。中华人民共和国成立后，凤阳山的森林资源虽未遭受大面积采伐，但人为烧荒放牧、1958 年大办钢铁以及超伐等原因，局部地段的森林资源仍损耗严重。随着公路开通，凤阳山周边乡村木材生产开始兴起，并逐步向深山区延伸。20 世纪 80 年代中期至 90 年代末期，龙泉开始出现"木材资源危机"。一些毗连村的采伐量已超过生长量。但国有山和集体林中的偏远之处，仍保留着面积较大的阔叶林和针阔混交林。2001 年，保护区内集体林由于禁止采伐，森林蓄积开始回升。据 2007 年森林资源调查，保护区内的森林蓄积达 114.68 万立方米，其中国有林部分有 35.28 万立方米，占保护区总蓄积的 30.77%。

　　植被类型多样，有 6 个植被型组，11 个植被型，21 个群系组，27 个群系。野生动植物种类丰富，其中列入国家重点保护野生动物有 36 种，野生植物有 21 种。模式标本植物有 17 种。

　　凤阳山层峦叠嶂，林海浩瀚，造就了丰富多彩的山灵、峰秀、林幽、水媚的自然景观，森林旅游资源门类齐全，有旅游资源单体 70 个，其中优良级 27 个。经多年开发经营，现已有 5 大景区接待游客。旅游业的开发，不但加快了龙泉旅游业的发展，也给凤阳山周边一些村庄的经济发展创造了有利条件。

三

　　凤阳山偏离大城市，距龙、庆、景 3 县城也近百华里，原为一处默默无闻的深山冷岙，成为菇民活动中心的历史也就 300 余年。凤阳山之名史料上始见于民国二十七年，建立保护区后其名才渐为外界所知。但在林业、生物工作者心中则早已引起关注，20 世纪 30 年代已有科技人员上山采集植物标本，1958 年春，浙江省林业厅对黄茅尖、烧香岩一带的大片荒山规划建立 2 个林场。同年省里组织专业人员对龙泉的野生药用植物资源进行普查，凤阳山是重点调查地，其丰富的生物资源引起科技人员的重视。军事部门则把凤阳山一带确定为我国东南沿海反空降的重点区域。1963 年，杭州植物园章绍尧先生提出浙江省建立 8 个自然保护区的建议，龙泉县凤阳山、昴山名列其中。同年，中央林业部第六森林经理调查大队到龙泉清查森林资源，从而基本摸清凤阳山的国有山面积和森林蓄积。龙泉县森林工业局（下称县森工局）为保护国有资产，于 1966 年组织 700 余名职工开展"绿化凤阳山"运动，后又建护林点，从而将凤阳山纳入国家管理范畴。是年 9 月 29 日，县里又向浙江省农业厅上报了《龙泉县人民委员会为请审批建办（凤阳山）林场的报告》，因开展"文革"等原因，未批。1970 年，县森工局对凤阳山上的 3 个营林点统一管理，对外称"凤阳山林场"。大田坪一带则仍由第三采伐队专营木材采伐。1973 年，省林业厅给浙江省革命委员会上送报告，要求浙江省成立 4 个自然保护区。1975 年，浙江省革命委员会批准凤阳山建立自然保护区，从而成为省内面积最大的自然保护区。1980 年 7 月，凤阳山自然保护区管理机构建立。随后，基本建设、生物资源保护、科研调查等工作有序开展。

1992年3月，国家林业部分管自然保护区领导和省内外部分专家到凤阳山考察，得知凤阳山和庆元百山祖自然保护区毗连时，遂向省林业厅提出将2个省级保护区合并申报建立国家级自然保护区的建议。在省林业厅、丽水地区林业局和龙泉市、庆元县的共同努力下，1992年10月，浙江凤阳山—百山祖国家级自然保护区经国务院批准建立。

纵观凤阳山的发展，基本上可分为三个时期：

(一)自然保护区建立以前(1962年至1980年6月)

这一时期，凤阳山国有山部分由无人管理逐步纳入地方政府管理。1962年，第三采伐队开始在大田坪筹建采伐工段；1966年凤阳湖设营林组；1970年凤阳庙、乌狮窟也设点管理，上述4个管理点除大田坪外，其余3地均以造林、抚育、修理防火线、森林资源保护为其工作重点。1976年后又成立龙泉县林业总场凤阳山分场。为木材运输之需，大田坪至夏边人力车小马路、九节岭至大田坪公路相继开通。现保护区内国有山部分营造的杉木、柳杉林和茶叶、毛竹等经济林以及进区公路两侧的行道树均在这一期间完成。由于具备了基本的生活条件，上山采集标本、种子的科技人员逐年增多。1980年春，丽水地区科委、地区林业局考察队对凤阳山开展首次多学科自然资源科学调查。保护区筹建工作也在紧锣密鼓地进行。

这一时期凤阳山大田坪一带虽也进行了木材采伐，大规格的福建柏几乎砍伐殆尽，但就整个国有山范围而言，森林火灾、猎捕野生动物等事件已杜绝，为建立自然保护区打下了良好的基础。

(二)省级保护区期间(1980年7月至1992年10月)

保护区建立管理机构时，面临的是一个全新的工作领域和艰苦的生活环境，在各级政府、业务部门的领导、支持、指导下，各项工作逐步开展。

基础设施建设有序进行。住房、交通、通讯、供电设施渐趋完善。

自然资源保护工作步入常规化、制度化。保护区加强了有关保护工作的法律、法规、通告的宣传力度，制订了相关细则；开劈修理防火线，营建护林防火瞭望台，在人力、物力上保证防火工作的需求；和毗连乡镇、村成立护林联防组织；聘请毗连村农民担任护林员，从而保证了保护区内生物资源的安全。

山林确权全面展开。经10多年艰苦细致工作，到1992年4月，凤阳山自然保护区领到由龙泉市人民政府颁发，面积68476亩的国有山林权证，从而结束了凤阳山国有山界址不清、纠纷不断的境况。

科研工作逐步推进。有关森林植被、珍稀植物及部分动物种类的调查取得初步成果。保护区技术人员则根据自身力量及条件，申报了珍稀树种繁育等课题并取得了突破；主持龙泉县木本植物资源调查，参与浙江省5个自然保护区考察；积极配合、参加外地来区技术人员的调查、考察，从而提高了自身的技术水平。期间发表学术论文14篇，获奖科技成果2项，参与编写学术专著1部。荣获国家林业部颁发的"先进自然保护区"称号。

保护区成立后,各级领导、科技人员常来区调研、指导、考察。全国第三期自然保护区培训班在龙泉举办;多所高等院校师生到区实习;一些重要会议在凤阳山召开。诗人、画家、作家、摄影工作者则为凤阳山的优美风光所吸引而上山搞创作,发表了不少脍炙人口的诗歌、散文等文学作品。

(三)晋升国家级保护区后(1992年至今)

由于保护区级别的提升,影响面逐年扩大,保护区的管理、科研工作进一步得到加强。

1. 扩大保护区范围

省级保护区期间的管理范围为国有山,其海拔均在千米以上,考虑到生态保护的完整性和代表性,省、市决定将和保护区毗连的3个乡镇27个行政村中的全部或部分集体林划归保护区管理,使保护区的面积扩大到227571亩。

2. 基础设施建设

成为国家级保护区后,原有的基础设施已无法满足日益发展的需求,因而又掀起第二轮建设高潮。新建、购买了办公、生活用房;开通了凤阳庙至凤阳湖、凤阳庙到乌狮窟公路;开建景区石阶人行道;新建凤阳湖拦水重力坝;架设光缆、开通程控电话和移动电话网络;进行电力线路建设,保证了用电需求。

3. 科研工作向多学科、深层次发展

研究项目扩大到真菌、苔藓、昆虫、鸟类、兽类。内容涵盖物种多样性、群落结构、稀有植物种群特征、生态习性、群落梯度变化、部分植物对环境监测指示作用的研究等。科研设施有开设固定样地、动物监测样线、水文自动测报站、6要素自动观察气象站、空气背景站。科技人员在国内外学术刊物上发表学术论文45篇,出版学术专著2部,获奖科技成果及论文9篇(项)。

4. 生态旅游蓬勃兴起

凤阳山独特的区位、气候条件和优良的生态景观及一年四季中展现的山林野趣、异彩纷呈的景色吸引众多崇尚自然的游客,清新的空气、洁净的水质、一尘不染的环境,被誉为"难得净土"。保护区还开展科普教育、自然风光与生态审美为主的生态旅游活动。20世纪90年代后,凤阳山保护区首先引进民间资本进行旅游开发。龙泉市人民政府确立"生态立市、工业强市、旅游兴市"的发展战略后,市里成立了"龙泉山旅游开发领导小组",并引进实力较强的杭州宋城集团有限公司开发凤阳山的旅游业。现已建成各具特色的五大景区。为扩大凤阳山的知名度,至今已举办5届凤阳山登山旅游节。创建了摄影、文学创作、教学、爱国主义教育等基地。现是4A级景区和"浙江最值得去50个景区"之一。旅游人数逐年增加。凤阳山的旅游业虽经一波三折,但毕竟有了很大的发展。

凤阳山自初步开发到如今的半个世纪中,数代建设者历经艰辛,推动着各项事业的发展,把凤阳山这座深藏崇山峻岭中的江浙首峰,建成为国家级自然保护区并取得了不菲的业绩,为科学研究、富民强县作出了贡献,历史将会把他们记入史册。但在发展过程中也还存在一些不足,如森林防火、动物栖息地的保护、生物多样性的研究、"天然本底性"的调查、开展旅游与资源保护如何实现最佳结合、提高毗连村群众的经济收入等问题尚需今后加强研讨和积极应对。

回顾凤阳山的发展史，百感交集；看今朝生机盎然的景象，荡气回肠；愿今后这一自然生态中的精华绽放出更加绚丽的光彩。

清

凤阳山古称凤凰山。

康熙二年(1663),凤凰山周边 13 坊(村)在凤凰山腹地集资兴建五显庙和普云殿,供菇民祭拜。

19 世纪中期,五显庙等建筑遭太平天国起义军破坏(菇民称"长毛造反抄庙")。

中华民国

民国二年(1913),有 15 坊村民捐资 4 万银圆,在原五显庙址重建了颇具规模的"五显庙"等建筑共 6 幢,村和个人建筑 16 幢,修建 5 条进山朝拜石级道路。

民国初期,屏南郭大兴将精制厚朴运至泰国等华侨较集中的国家销售。

民国十年代末至二十年代中期(1919~1934),著名植物学家胡先骕、钟观光、秦仁昌、贺贤育、陈诗等人,先后到龙泉各地采集植物标本。发现有不少新种。

民国十三年(1924),凤阳山山麓的建兴乡大赛(大庄)村菇民叶耀庭编写出《菇业备要全书》,由徐同福堂石印局刊印。

民国二十四年(1935)四月前后,粟裕、刘英领导的红军挺进师 在凤阳山南麓一带村庄活动。四月底挺进师在麻连岱村召开师政委会。

民国二十五年(1936),省林业主管部门派员踏勘钱塘江、瓯江、灵江、苕溪 4 条水系上、中游地区水源林等林业概况,龙泉溪上游段沿线森林资源列入此次调查范围。浙江建设厅侯杰所著的《瓯江水源林之调查》出版,称龙泉为"浙江林业最发达之处"。

民国二十六年(1937)二月，省政府公布《浙江省各县市保护森林实施办法》。龙泉各山区乡、村普遍成立林业公会(俗称"禁山令")

四月下旬，红军挺进师二纵队在赵春和、杨干凡率领下，行军途中到凤阳山宿营，并与国民党武装进行战斗，杨干凡牺牲。

中华人民共和国

1950 年

年初，龙泉县人民政府发文规定："凡砍伐树木必须将欲砍伐株数、尺寸呈报批准，否则依法论处"。

1951 年

2 月，龙泉县土地改革运动全面铺开，11 月底结束。

1952 年

7 月 19、22 日，受台风影响，全县发生 2 次特大洪灾，其中瑞垟乡干上村和屏南乡车盘坑村伤亡人数最多。

是年，屏南区建立群众性护林组织，恢复乡规民约，健全护林防火制度。

1953 年

是年至 1954 年，凤阳山驻扎有部队，负责对空监视，以防空投、空降。

1954 年

1 月，龙泉县木材生产实行"计划采伐，订约收购"试点工作。

是年，龙泉捉到幼虎 2 只。

1956 年

是年，龙泉县人民委员会颁布《护林防火守则》。

1958 年

2 月，龙泉县森工局第三采伐队，开始在大赛乡夏边村周围(凤阳山外围)采伐木材，时有 800 余名工人(未包括临时工)，年采伐木材 1 万立方米左右。

3 月，军委总参谋部测绘局第一地形测量队，在凤阳山黄茅尖制高点埋设标石，立木标架为国防测量设施。

31 日，浙江省林业厅踏查组编报的《龙泉县新建林场踏查报告书》中，将凤阳山一带的国有山林规划建立 2 个国有林场。5 月 9 日，省林业厅又批"交调查设计处"。后因发生三年自然灾害等原因，未再议。

7 月 17 日，建兴乡荒村村山洪暴发，中共建兴乡党总支书记项朝章带领第三采伐队数十名工人投入抗洪抢险。工人林宝宣、何宗清、邱国逢与项朝章被洪水卷走英勇牺牲。

是年，在人民公社化运动中，刮起"一平二调"的共产风，凤阳山周边森林也遭受损失。

是年，南京中山植物园，浙江省林业厅，浙江省商业厅，杭州植物园，杭州大学等单位组成浙江省野生植物资源普查队，并根据全国部署到龙泉调查野生植物资源，其中杭州植物园进凤阳山调查。

1959 年

是年，第三采伐队兼负木材采伐、收购双重任务，收购范围为龙南、建兴及大赛乡部分生产大队。1960 年收购木材 1.5 万立方米。1961 年收购任务 3 万立方米，完成 4 万立方米。

1961 年

是年，投资 61.16 万元，由龙泉县交通、林业部门共同承建的豫章至夏边公路开通。

是年，龙泉县人武部会同县公安局到凤阳山勘察地形，为日后建立防空监视哨所选址。

1962 年

是年，第三采伐队计划在大田坪建立采伐工段。

是年，中国科学院生物学学部委员单人骅等 6 人到凤阳山调查研究，并发表《浙江植被的基本类型及其区系》一文。华东师范大学欧善华又进行了调查，发表了《凤阳山、百山祖植物区系》等论文，称凤阳山等地为"华东地区古老植物的摇篮"。浙江省博物馆、省林业科学研究所等单位科技人员相继进山调查研究。

1963 年

2 月，浙江省林业厅邀请省内部分著名专家参加林业科技座谈会。会上杭州植物园章绍尧工程师提出了《浙江自然保护区的区划意见》，建议在临安天目山、龙塘山、开化古田山、天台天台山、宁波天童寺、景宁坑底岘、龙泉凤阳山、昴山等 8 处建立自然保护区。会后形成《关于在本省建立自然保护区的意见》报省人民政府。

是年，林业部调查规划局第六森林经理调查大队到凤阳山调查森林资源。

是年，上级军事部门指定在凤阳山设立对空瞭望哨，由均溪乡金龙大队民兵连担任瞭望。

1964 年

1 月 21 日，龙泉县林业局向浙江省农业厅特产局上报《关于建立国营凤阳山茶场的报告》，未批。

是年，续建夏边—蛟垟段公路 24.6 千米，总投资 112 万元，由林业局第二工程队施工。

是年，第三采伐队有 2 个采伐班 24 名伐木工人进驻凤阳山大田坪，年采伐量达 1500 立方米左右。

是年，夏边至大田坪长 7 千米人力车运材小马路开通并投入使用。

1965 年

是年后，大田坪水口一片福建柏林被采。

1966 年

春，龙泉县森工局组织营林技术人员，到凤阳山进行绿化造林规划。

6 月中旬，龙泉县森工局成立"绿化凤阳山指挥部"，组织水运工人 700 余人到凤阳山开展造林等工作。到 9 月完成劈山整地 5000 余亩，开设防火线 68 千米，开垦农用地 84.7 亩。开垦茶园 107 亩。

8 月，上山造林的部分水运工人在破"四旧"运动中拆烧了残存的凤阳庙。

9 月 29 日，龙泉县人民委员会向省农业厅上报了《龙泉县人民委员会为请审批建办凤阳山林场的报告》，未批。

10 月，第三采伐队接管了凤阳山的营林任务。

1967 年

春，第三采伐队将队部搬到凤阳湖，建起了办公、宿舍、畜牧场、火力发电厂简易房计 600 余平方米。冬，队部又搬回夏边，山上仅留职工 10 多人，负责护林防火等工作。

5 月，经验收统计，凤阳山完成春季造林 6437.5 亩，其中：黄山松 4157.5 亩（直播造林 1376 亩）、杉木 2132.5 亩、茶叶 107.5 亩、红花油茶 30 亩、毛竹 10 亩。

秋，第三采伐队从平阳购入黄牛 38 头，放在凤阳湖饲养，一度发展到 50 余头，1970 年停养。

是年，第三采伐队职工在"文革"中分别组建了两派群众组织。

1969 年

是年，第三采伐队成立了革命委员会。

是年，荒村通向双溪、梅七的公路支线竣工。

1970 年

5 月，凤阳山新建茶园开始采摘新茶。

是年，凤阳山中的凤阳湖、乌狮窟、凤阳庙分别划归城郊森工站、吴湾、上圩水运站负责防火和幼林管理，时有职工 32 人。对外称"凤阳山林场"。

是年，中国林业科学研究院、东北林学院、浙江省博物馆、杭州植物园、杭州大学、亚热带林业科学研究所、浙江林学院等单位的科技人员先后到凤阳山采集植物标本。

1971 年

是年，龙泉县成立了飞机播种工作领导小组。凤阳山纳入飞播造林范围，并负责部分黄山松种子采集。

是年，龙泉县革委会提出"就地创业"，限制劳力外出从事香菇生产。

1972 年

1 月，空军部队 3 人在龙泉县人武部有关人员陪同下到达凤阳山，了解凤阳山飞播区地形地貌、山脉走向、海拔高度等情况。

3 月 12 日，上午 10 时，凤阳湖点燃火堆，引导飞机进入播区进行黄山松种子飞播。

4 月，后（剑湖后岭背）屏（屏南）公路指挥部成立，8 月开工建设，翌年 8 月至均溪段 15.5 千米建成。

是年，由龙泉县森工局提供物资，凤阳山工人自行架设了由大赛至凤阳庙、凤阳湖、乌狮窟 3 地的电话线路。

1973 年

是年，九节岭至大田坪公路开工建设，1975 年 9 月竣工。

是年，浙江省林业局邀请有关单位的专家，召开征求建立自然保护区会议，会上杭州植物园主任章绍尧，省林业局姜文奎、周家俊等人，提出了临安县天目山、龙泉县凤阳山、泰顺县乌岩岭、开化县古田山建立自然保护区的建议。

7 月，庆元县恢复建制。

1974 年

是年，装机 12 千瓦的大田坪水电站建成发电，为第三采伐队大田坪工段及以后的凤阳山自然保护区提供照明用电。

1975 年

5 月 15 日，浙江省革命委员会发出 36 号文件《关于加强珍贵稀有野生植物资源保护管理的通知》，批准建立凤阳山自然保护区。

8 月，龙、庆二县正式分开办公。凤阳山南部十九源一带原属凤阳山林场管理的 2000 余亩山地，因在庆元县界内而归属庆元。

是年，国家农林部发出《关于保护发展和合理利用珍贵树种的通知》。外单位人员到凤阳山采种受到一定限制。

1976 年

6 月 8 日，龙泉县革命委员会向浙江省上报了《关于要求建立龙泉县林业总场的报告》，内将凤阳山列为林业总场内的一个分场，未批。

1978 年

8 月，浙江省林业局过问凤阳山保护区建立管理机构事宜，龙泉县林业局派员上山规划，并向省林业局汇报了实施意见。

秋，浙江电影制片厂 2 位摄影师到凤阳山拍摄林业科教片。

深秋，中国著名画家刘旦宅到凤阳山采风。

10 月 24 日，龙泉县林业局局长徐秀水到第三采伐队召开会议，讨论建立凤阳山自然保护区组织机构等事项，并着手起草《凤阳山自然保护区规划设计书》。

12月30日，龙泉县林业局下文撤销第三采伐队。其业务分别划归龙南直属林业站和城郊林业站。

是日，龙泉县革命委员会下发137号文件《关于调整林业机构批复》中，同意建立龙泉县林业总场，总场场址设金沙，下设凤阳山、山坑、枫坪垟、石鼓山分场及苗圃。凤阳山分场时有职工80余人。

1979 年

5月，中共龙泉县委副书记吴思祥、管世章到凤阳山检查工作，对凤阳山自然保护区筹建人员提出了"要认真细致地做好保护区与毗邻社、队山林权属的界定工作"。

21日，关于凤阳山国有山界线问题，龙泉县林业局写了专题报告送交中共龙泉县委。

24日，中国科学院植物研究所何关福、高忠武、印万芬等人来龙泉了解珍稀树种分布情况以及建立自然保护区事宜。

7月30日，浙江省林业局、财政局发出《关于追加林业事业经费指标的通知》，其中凤阳山追加开办经费1.0万元，这是省里拨给凤阳山保护区的第一笔经费。

10月，龙泉县林业局工程队上山开通石梁岙至凤阳庙2.2千米公路，并在凤阳庙动工建造保护区综合楼。

11月，凤阳山自然保护区筹建小组成立。

是年，与凤阳山毗连的龙南区农民，捕捉猕猴30余头，被湖南人收购。

1980 年

1月8日，凤阳山自然保护区筹建小组与龙泉县林业总场凤阳山分场召开联席会议，研究保护区与分场机构编制、人员、财产分割等事项。

3~10月，杭州大学张朝芳、诸葛阳率领省生物资源考察队和凤阳山自然保护区组成联合考察队，对凤阳山动植物资源进行考察。

4月，由丽水地区科委、丽水地区林业局组织的凤阳山自然保护区科学考察队成立。参与此次考察有18个单位、53位科技人员，分8个学科展开调查，历时7个月。

5月13日，浙江省林业局在临安天目山召开全省自然保护区工作会议。龙泉县林业局徐秀水局长、凤阳山自然保护区筹建组负责人参加会议。

30日，中共龙泉县委副书记吴思祥及大赛公社领导到凤阳山调研。

6月1日，"龙泉县凤阳山自然保护区管理委员会"印章启用。

16日，在龙泉县林业局主持下，召开凤阳山分场和凤阳山自然保护区单位划分会议，会议决定：凤阳山分场大田坪工段划归保护区。确定凤阳山自然保护区编制23人。

7月1日，凤阳山自然保护区管理机构正式成立，办公地点暂设大田坪。

中旬，为期1个月的全国首期自然保护区培训班在东北林学院举办，保护区派员参加培训。

8月6日，龙泉县革命委员会颁布《凤阳山自然保护区管理规定》。

9月16日，全国首届自然保护区区划工作会议在四川成都召开。凤阳山保护区派员参加，并向与会代表介绍保护区有关情况。

10月15日，龙泉县气象站工作人员到凤阳庙进行气象观测哨选址，12月1日凤阳庙气象哨正式投入使用。

18日，中国林业科学研究院宋朝枢一行2人到凤阳山自然保护区考察。

12月，杭州大学生物系诸葛祥老师一行到凤阳山作冬季动物调查。

是月，凤阳山自然保护区综合楼落成，建筑面积600平方米。

1981 年

1月，保护区管理机构由大田坪迁至凤阳庙。保护区下设凤阳庙、凤阳湖、大田坪、乌狮窟4个保护点。

9日，凤阳山保护区和毗邻公社协商护林联防事宜。

3月3日，由保护区技术人员开展的"珍稀植物繁育"和"白豆杉无性繁殖"研究课题开始实施。

23日，国家气象局张一夫、省气象局王伟平到凤阳山，进行气象本底二级站选址工作。

4月26日，由凤阳山自然保护区牵头，历时2年的龙泉县木本植物资源考察开始实施。考察中发现了穗花杉、长柄双花木等地理分布新记录种。

5月16日，浙江省作家协会诗歌组30余名诗人，在张望率领下到凤阳山采风。著名书法家姜东舒为黄茅尖题写了"江浙第一高峰"条幅。

6月2日，中共龙泉县委副书记吴思祥、县科委主任李朝谦到凤阳山检查、指导工作。

7月7日，龙泉县人民政府发布《关于加强凤阳山自然保护区管理和建设的布告》。

12月，由丽水地区科委、地区林业局组织实施的"凤阳山多学科科学考察"项目，获浙江省人民政府科技成果三等奖。

4日，龙泉县山林定权发证办公室派员到区，协商保护区山林定权发证工作。

29日，浙江省第五届人民代表大会常务委员会第十二次会议制定、发布《浙江自然保护区条例》，公布浙江省重点保护名录计有植物50种、动物30种。凤阳山保护区根据公布的名录，确定保护的动植物种类。

是年，保护区科技人员首先突破白豆杉无性繁殖技术，白豆杉扦插育苗获得成功。

是年，保护区进行党参、广木香、四川黄连等珍贵药材的栽培试验。

是年至次年，食堂、办公楼(标本室)先后落成，建筑面积350平方米。

1982 年

1月16日，龙泉县第七届人大常务委员会第五次会议通过了《龙泉县凤阳山自然保护区管理规定》。保护区制订了《实施细则》。

4月7日，中国社会科学院宋宗水研究员，林业部森保局自然保护处施光孚工程师，在省林业厅、省林勘院、地区林业局有关人员陪同下到保护区调研。

5月21日，全国自然保护区经验交流座谈会在北京自然博物馆召开。参加会议的有林业部、环境保护局及上海、天津、大连自然博物馆，11个省的16个自然保护区共42人。保护区派员参加会议。期间，凤阳山自然保护区加入全国自然博物馆协会。

7月21日，浙江省林业厅发出《关于加强自然保护区管理的通知》，并要求各保护区根据《浙江省自然保护区管理条例》的有关规定，尽速制订完善管理办法。

10月7日，由丽水、温州二地市科委组织的浙南自然保护学习讨论会在龙泉召开。9日，参会人员到凤阳山自然保护区参观考察。

1983 年

1月5日，龙泉县山林定权发证办公室发出15号文件《关于抓紧做好国有林发证工作的通知》。

3月25日，南京林学院朱政德教授等2人到龙，商议在龙泉举办全国自然保护区训练班有关事项。

5月上旬，中国摄影协会主席徐肖冰与侯波及省摄影协会主席，在中共龙泉县委书记王昭胜及宣传部、文化局人员陪同下到凤阳山调研。

7月，浙江省林业厅抽调各保护区科技人员，组成浙江省自然保护区考察组，到省内5个自然保护区进行科学考察。

8月3~4日，杭州市政协书画会组织浙江著名书画家郭仲选、孔仲起、商向前、包辰初、朱恒、何水法十余人，由县政府办公室、县文化局负责人陪同到凤阳山采风创作。

9月，保护区职工采到1只特大野生真菌，菌盖直径50厘米，菌高27厘米，干重1.65千克。经东北林学院真菌分类专家、副教授项存悌鉴定，此菌称刺孢地花。

6日，受林业部委托，由南京林学院主办，龙泉县林业局、凤阳山保护区协办的全国第三期自然保护区培训班在龙泉举办。有学员38人，来自20个省，1个部属单位。

16日，浙江省副省长张兆万，省政府办公厅苏中模，丽水地区行署副专员支存定、龙泉县委书记王昭胜等人到凤阳山调研。

12月1日，南京军区副司令员张明，在省军区，丽水、温州等军分区相关人员陪同下到凤阳山作军事考察。

是年，高2.8米"凤阳山自然保护区"石碑，建在保护区门卡内公路边。

1984 年

1月24日，龙泉县科委批准凤阳山自然保护区开展"白豆杉、穗花杉人工繁殖试验"与"黄山木兰发展技术"2个科研项目，给予科研经费500元。

5 月 19 日，龙泉县科委通知保护区，将"白豆杉扦插成果"项目参加丽水地区新中国成立 35 周年科技成就展。

8 月，保护区科技人员进行资源考察时，发现 1 株 58 年生的竹节人参，株高 60 厘米，根茎粗 1.5 厘米。

29 日，龙泉县人民政府下发(84)151 号《关于保护稀有珍贵树种制止破坏母树的通知》。保护区根据通知精神进行了部署。

9 月 19 日，龙泉县林业局 37 号文件，核定凤阳山保护区 1985 年度生产间伐材 53 立方米，其中杉木 50 立方米，其他 3 立方米。

是年，坐落在凤阳庙的会议室、仓库、职工宿舍建成，建筑面积 800 平方米。

1985 年

6 月 21 日，浙江省林业厅、财政厅下拨凤阳山保护区 1.1 万元经费，用于区内电话线路维修。

7 月 6 日，林业部下发〔1985〕273 号文件《关于公布〈森林和野生动物类型自然保护区管理办法〉的通知》。保护区组织职工认真学习、贯彻。

8 月 12 日，经龙泉县山林办牵头，凤阳山保护区与原建兴乡五星村后峃生产队经过协商，签订了《关于土名"乌栏"山林纠纷协议书》。

1986 年

1 月 30 日，浙江省林业厅、财政厅拨给凤阳山保护区大田坪水电站水管更换及电线维修经费 1 万元。此后，又拨给补助经费 8000 元。

8 月 6 日，由龙泉县文学艺术界联合会、县教育委员会、团县委联合主办的暑期文学夏令营在凤阳山开营，时间 4 天。

是年，凤阳山自然保护区被林业部评为先进自然保护区。

1987 年

6 月 13 日，龙泉县林业局下发 75 号文件《关于组织学习国务院"决定"和贯彻省府 6 月 10 电话会议精神的通知》，要求所属单位以大兴安岭特大森林火灾事故为镜子，切实加强防火设施建设，杜绝森林火灾发生。凤阳山自然保护区为龙泉县防止森林火灾的重点区域。

7 月 6 日，龙泉县人民政府在凤阳山保护区召开护林联防会议，县林业局以及凤阳山毗连的区、乡政府有关领导参加会议。

7~8 月，先后有美国华盛顿树木园主任、联合国粮农组织官员戴德里博士，在浙江省博物馆韦直研究员陪同下到凤阳山考察，华盛顿树木园与凤阳山自然保护区签订了《长期科技合作意向书》。美国华盛顿大学生态学家琢田松雄，在中国科学院植物研究所杜乃秋高工陪同下到保护区进行古代植物花粉研究考察。

8 月 2 日，凤阳山保护区与龙泉县水电局机电站签订了《夏边至凤阳山保护区 10 千伏供电线路架设合同》。

22 日，龙泉县政府发出《关于开设凤阳山保护区防火线有关问题的通知》，要求有关乡、村积极配合协调、支持保护区防火线的开设工作。

9月25日，龙泉县人民政府发布《关于加强凤阳山自然保护区管理和建设的通告》。

10月25日至11月15日，浙江省测绘局测绘大队对凤阳山主峰黄茅尖重新进行测量，得出黄茅尖海拔高程为1929米（以前数据为1920.9米）。

12月，林业部在北京香山举办自然保护区首届科技干部培训班，凤阳山保护区戴圣者参加培训。

是年，大田坪畜牧场建成，建筑面积400平方米，生猪饲养量最高时多达150头。

是年，在凤阳庙后山建造1座森林防火瞭望台，瞭望面积可达30平方千米，火险季节昼夜值班。

1988 年

2月29日，浙江省林业厅、财政厅、劳动人事厅联合下发《关于自然保护区职工实行高山补贴的通知》。保护区参照执行。

3月16日，浙江省林业厅35号文件《关于自然保护区收取保护管理费的通知》规定，凡进入自然保护区考察、教学（包括实习）、新闻采访、摄影等活动人员，可收取管理费。

7月19日，浙江省林业厅、财政厅联合文件《关于下达自然保护区护林防火补助经费的通知》，对凤阳山保护区瞭望台建设、防火线维修等共补助11万元。

10月11日，省林业厅下发《关于自然保护区开展护林防火设施检查的通知》。

13~14日，龙泉县人民政府在凤阳山召开凤阳山毗连地区护林联防工作会议。

是年，中国科学院植物研究所、南京植物研究所等科研单位，分别到凤阳山保护区开展科研考察。

是年，更新改造凤阳湖、乌狮窟有线电话线路9千米。

是年，保护区职工宿舍在城区剑池湖落成，建筑面积1000平方米。

是年，保护区开始在毗连地区聘请兼职护林员18人。

1989 年

6月，国务院办公厅转发国家林业部《关于国有林权证颁发情况及限期完成发证工作意见报告的通知》。9月，龙泉县国有林定权发证领导小组成立。11月，凤阳山自然保护区国有林定权发证小组成立。

8月29日，被誉为当代"羽坛皇后"的李玲蔚登上凤阳山。

是年，浙江省林业厅副厅长王宪恩到凤阳山保护区检查、指导工作。

是年，凤阳庙食堂、商店相继建成。

1990 年

1月8日，因凤阳山保护区与原建兴乡安和村土名大坑山场发生山界争议，经龙泉县人民政府处理山林纠纷办公室、县国有林定权发证办公室牵头协商，双方签订了《冻结大坑山林的协议》。

2月9日，浙江省政府办公厅转发省林业厅、省国有林定权发证办公室《关于抓紧完成国有林定权发证工作的报告》。

17日，龙泉县人民政府发出25号文件《关于国有林与集体林存在权属、界线争议的山场应先行封山的通知》。

9月23~25日，浙江省林业厅副厅长胡良榆等人到凤阳山保护区专题调研、指导国有林定权发证工作。

11月20日，龙泉县林业局140号文件《关于开展凤阳山自然保护区总体规划的通知》。并委托浙江省林业勘察设计院进行凤阳山保护区总体规划设计工作。

是年，在黄茅尖竖起了由姜东舒书写的"江浙第一高峰"的石碑，后遭雷击倒塌。

是年，制订了《凤阳山自然保护区森林火灾应急处置预案》。

1991 年

1月，国务院发出《关于加强野生动物保护严厉打击违法犯罪活动的紧急通知》。省人民政府颁发《关于公布省重点保护野生动物名录的通知》。凤阳山保护区根据通知精神，进一步加强保护工作。

2月，保护区在进山门卡设立护林站。

3月20日，龙泉市公安局、市林业局下发龙公(91)5号、龙林(91)26号《关于颁发野生动物狩猎证的通知》。

5月2日，龙泉市人民政府发布44号文件《关于解决凤阳山自然保护区国有林权属、界线问题的若干政策规定》。

21日，浙江省林业厅副厅长胡良榆等人到凤阳山保护区检查指导山林纠纷调处工作。

8月11~16日，丽水地区调处山林纠纷政策研讨会在凤阳山召开。

12月28日，浙江省林业厅242号文件《关于开展"野生动物宣传月"活动通知》。内决定，浙江省每年的12月定为"野生动物宣传月"。

是年，经市政府牵头，市山林办参与调解，凤阳山保护区与毗邻村协商解决了24起山林界线权属争议。

1992 年

3月，林业部分管保护区的孟沙处长及中国科学院植物研究所傅立国研究员等专家，在省林业厅林政处副处长陈行知的陪同下到凤阳山保护区调研。调研中首先提出将凤阳山、百山祖两个省级自然保护区合并，并晋升为国家级自然保护区的建议。

23日，龙泉市人民政府向省人民政府提交32号文件《关于要求凤阳山自然保护区升级的报告》，请求省政府向国务院报告将龙泉凤阳山自然保护区升为国际A级或国家级自然保护区。

4月，日本昆虫专家久保快哉、大岛良美等4人到凤阳山考察。

15日，龙泉市人民政府召开国有山林权证发证会议，市长柯焕然为凤阳山保护区颁发国有山林权证。

5月21日，在杭州召开"凤阳山—百山祖自然保护区申报国家级自然保护区论证会"。

8月3日，凤阳山—百山祖自然保护区，龙泉市的屏南镇、龙南、兰巨乡和庆元县的百山祖乡政府有关人员，在凤阳山召开会议，经商议决定，成立凤阳山、百山祖毗连地区护林联防委员会。

8月底，凤阳山和龙南乡遭受16号台风袭击。

10月27日，经国务院批准，凤阳山和百山祖2个省级自然保护区合并升格为国家级自然保护区。

是年至1994年，凤阳山自然保护区与上海自然博物馆合作，对凤阳山动物资源进行调查。

1993 年

5月20日，丽水地区编制委员会确定凤阳山—百山祖国家级自然保护区实行管委会、管理处、管理所三级管理。

6月15日，上级决定：凤阳山自然保护区改称为浙江凤阳山—百山祖国家级自然保护区凤阳山管理处（科级）。

7月9日，重建凤阳庙会议在凤阳山召开。龙泉市人大主任周功郁、市政协主席陈仕杰，统战部、凤阳山管理处、凤阳庙重建董事会成员参加会议。

8月10日，由凤阳山周边18坊（21个行政村）村民集资64.75万元，木材178立方米，重建凤阳庙开工。

10月7日，浙江凤阳山—百山祖国家级自然保护区成立大会在龙泉举行，100多位领导、专家及相关人员参加。

12日，紧水滩电站要求在凤阳山山顶建立1座水文自动测报中继站。

19日，经丽水地区行署批准，建立浙江凤阳山—百山祖国家级自然保护区管理委员会。正式启用自然保护区管理委员会、管委会办公室、凤阳山管理处、百山祖管理处等新印章。

12月22～25日，凤阳山、百山祖毗连地区护林联防委员会开展护林联防全面检查。

是年，凤阳山管理处和福建闽江真菌研究所合作，开展段木灵芝栽培试验。

是年至1995年，凤阳山管理处与华东师范大学朱瑞良教授等人合作，对苔藓资源进行调查。

是年，从上圩桥至凤阳庙的引水工程竣工。

是年，凤阳山管理处成立了森林消防队。

是年，凤阳山管理处在龙泉城区设立办事处。

1994 年

7月，台湾东海大学赖明州教授及上海自然博物馆刘仲苓研究员到凤阳山进行科学考察。

17~21 日，中、日植物合作考察队一行 14 人到凤阳山进行中国—日本植物区系对比研究考察。

8 月，浙江省各地级市党群书记会议在凤阳山管理处召开，省委副书记卢展工参加会议。

9 月 24 日，龙泉市委统战部、林业局、凤阳山管理处及屏南镇、龙南、兰巨乡有关负责人在凤阳山召开凤阳山香菇文化古庙开光有关事项会议。并决定于 10 月 12 日举行开光典礼。

11 月 19 日，丽水地区行政公署决定，对浙江凤阳山—百山祖国家级自然保护区管理委员会成员作出调整。

12 月 26 日，经龙泉市公安局同意，凤阳山管理处设立保卫科。

是年，华东师范大学朱瑞良教授在俄罗斯的《Ayctoa》学报上发表学术论文时，建议将凤阳山的大瓣疣鳞苔列为中国稀有濒危植物。

1995 年

3 月 10 日，龙泉市计经委批准总投资 80 万元的凤阳庙至凤阳湖 3.66 千米林区道路开工建设。次年 2 月 7 日通过竣工验收。

18 日，《浙江凤阳山—百山祖国家级自然保护区凤阳山管理处总体规划》经林业部规划院、省自然博物馆、杭州大学等单位 13 位专家鉴定通过。

5 月 2 日，浙江省林业厅发出 106 号《关于加强森林旅游安全管理工作的通知》文件。

6 月 16 日，林业部发出《关于浙江凤阳山—百山祖国家级自然保护区可行性研究报告的批复》(林计批字〔1995〕64 号文件)，同意凤阳山保护区设 3 个功能区。

7 月 1 日，凤阳山管理处举办建区 15 周年庆祝活动。

11 月 3 日，浙江省机构编制委员会下达《关于凤阳山—百山祖国家级自然保护区管理局机构与编制问题的批复》(浙编〔1995〕77 号文件)，同意设立浙江凤阳山—百山祖国家级自然保护区管理局，下设凤阳山管理处、百山祖管理处。

21 日，龙泉市林业局发文，同意凤阳山管理处维修防火线 97 千米，新营造生物防火林带 14.45 千米，聘请护林员 17 人，核准总投资 118050 元。

1996 年

8 月 4 日，中共浙江省省委副书记、省长柴松岳到凤阳山考察，期间书写了"难得净土"条幅。

9 月，中共浙江省省委书记李泽民、省委秘书长吕祖善到凤阳山考察。

3 日，丽水地区编制委员会下发《关于浙江凤阳山—百山祖国家级自然保护区管理局、管理处机构编制问题的批复》：管理局为正县处级的事业单位与地区林业局合署办公，下设凤阳山、百山祖管理处，属副县处级事业单位。

20 日，林业部召开全国自然保护区发展多种经营项目研讨会，凤阳山保护区派员参加。

24 日，龙泉市林业局发出《关于解决 1996 年度防火经费报告的批复》文件，批给凤阳山管理处防火线新开、修理费 60334 元。

1997 年

1 月 16 日，凤阳山管理处与乐清市邵仕富签订了开发旅游的《投资承包经营协议书》。

是年，凤阳山管理处与浙江医药科学院合作，对名贵中药铁皮石斛进行试管苗繁殖栽培研究。

1998 年

4 月 22 日，龙泉市人民政府召开凤阳山自然保护区旅游开发现场办公会议。有关单位领导参加了会议。

5 月 10 日，坝高 9 米，长 37 米的凤阳湖拦水坝建设工程竣工。

6 月 26 日，浙江省第九届人大常委会第五次会议审议通过《浙江省陆生野生动物保护条例》。

8 月，凤阳山移动机站开通使用。

是月，龙泉文化界知名人士林世荣、应文兴、顾松铨等人到凤阳山，为旅游景点进行命名。

10 月 16 日，丽水地区行政公署决定：王瑞亮任浙江凤阳山—百山祖国家级自然保护区管理局局长。

11 月 3 日，龙泉市人民政府作出批复，同意设立"龙泉市凤阳山旅游开发有限责任公司"。

20 日，投资近 140 万元，凤阳庙至龙蛟线路口 14 千米的砂石路改油渣路工程完工。

26 日，省林业厅下达 327 号文件，安排凤阳山保护区林道、游步道建设补助费 32.5 万元。

1999 年

1 月 26 日，全国自然保护区管理培训班在香港米浦湿地保护区举办，凤阳山管理处派员参加。

2 月，浙江省原省委书记薛驹到凤阳山考察并题写了"发扬艰苦奋斗优良传统，建设革命老区的自然保护区"。

5 月，浙江省财政厅、林业厅一行 4 人到凤阳山管理处调研事业经费事项。

6 月 7 日，龙泉市人民政府办公室发出《关于印发凤阳山基础设施建设协调会议纪要的通知》，要求交通、电信、移动等单位按市协调会议要求，在 8 月底前完成道路、通讯等设施建设，迎接"99 浙江龙泉凤阳山国际登山旅游节"。

8 月 27 日，凤阳山管理处召开职工代表大会，对"各科室定员和岗位职责"等规定经讨论通过并付诸实施。

9月28日，凤阳山保护区开通了程控电话。

10月8～10日，中国报纸副刊研究会99年会在凤阳山召开。

15日，姜东舒重写的"江浙第一高峰"石碑，重新矗立在黄茅尖，成为龙泉市标志性建筑之一。

16日，浙江省政协副主席汪希萱等领导为"瓯江源"石碑揭幕。"瓯江源"三字为杭州西泠印社书法家吕国璋书写。

17日，"99浙江龙泉凤阳山第一届登山节"举行。来自浙江省及美、英、德、法等国在华留学生计300余名运动员参与角逐。

29日，经龙泉市人民政府研究，做出《关于凤阳山自然保护区凤阳庙、凤阳湖景区开发规划方案的批复》。

12月8～10日，来自全国各地170位摄影家到凤阳山进行摄影创作。龙泉市文联申报凤阳山为全国摄影基地获得批准，并举行了基地授牌仪式。

28日，全国自然保护区管理先进单位、先进个人表彰大会在北京人民大会堂召开。凤阳山管理处负责人戴圣者参加并受到表彰。

2000 年

1月20日，凤阳山管理处与福建省福鼎市福昌农产品有限公司签订了《合作开发食用菌合同》。

30日，龙泉市机构编制委员会办公室1号文件：同意凤阳山管理处下设行政、保护、科教、经营4个科，各科为正股级建制。

2月29日，龙泉市人民政府作出《关于进一步加强凤阳山自然保护区管理的若干意见》。

4月12日，龙泉市人民政府办公室发出55号文件《关于成立龙泉山旅游开发领导小组的通知》。

18日，龙泉市人民政府、杭州宋城集团有限公司、凤阳山管理处3方，在杭州签订了《浙江龙泉山国家原始森林公园旅游项目总合同书》。

5月20日，国家环境保护总局副局长祝光耀到凤阳山考察。

27日，凤阳山管理处向省林业局上报《关于迫切要求调整凤阳山国家级自然保护区总体规划功能区的请示》报告。

9月，浙江省政协副主席龙安定等领导来龙参加大型系列片《八百里瓯江》开机仪式。

27日，庆祝龙泉建市十周年暨第二届浙江龙泉凤阳山登山节举行，来自浙江、江苏等地200余名运动员参加比赛。

11月4～6日，"浙江凤阳山—百山祖国家级自然保护区功能区划"论证会在龙泉大酒店召开，经15个单位有关领导及专家评审通过。

7日，龙泉市人民政府、凤阳山管理处与邵仕富等经过协商，达成《终止投资承包经营协议书》。

12月18日，投资80余万元，凤阳庙至乌狮窟7.8千米简易公路建成。

是年，龙泉市人民政府将凤阳山管理处列为市直属事业单位。

2001 年

1月19日，浙江省林业局办公室5号文件《转发国家林业局关于浙江凤阳山—百山祖国家级自然保护区凤阳山管理处〈功能区调整方案〉的认可的通知》。

3月15日，凤阳山管理处向龙泉山度假区有限公司发出《消除火灾隐患的通知》，要求该单位严格执行《森林防火条例》，切实消除火灾隐患。

4月18日，"龙泉山旅游度假区"试开园，开始接待游客。

5月20日，由浙江省作家协会，《浙江日报》报业集团，温州、丽水市委宣传部共同举办的"瓯江文学大漂流"采风团60位作家到凤阳山采风。

8月19日，浙江凤阳山—百山祖国家级自然保护区总体规划评审会在杭州召开，经有关专家论证获得通过。

9月12~14日，龙泉市环境监测站对凤阳山的水质、空气进行监测。监测结果表明：地表水质、空气质量为优良。

24日，浙江省交通厅厅长郭学焕到凤阳山考察。

10月24~25日，龙泉市举办第三届浙江龙泉凤阳山登山旅游节，来自浙江、上海、江苏、江西等地16支代表队267名运动员参加比赛。

12月，公布成立中共凤阳山管理处党组。

14日，龙泉市人民政府向章猛进副省长作出《关于凤阳山保护区毗连的3个乡镇、27个行政村村民紧急报告的情况》书面汇报。

28~29日，凤阳山管理处组织毗连乡镇干部代表到武夷山自然保护区考察社区共建有关事项。

30日，晚上，龙泉市市长林健东召集市府办、林业局、林业公安分局、凤阳山管理处、龙南、兰巨乡、屏南镇负责人会议，对凤阳山保护区毗连的27个行政村集体山林划入保护区，因禁止采伐而引起集体上访问题进行专题研究。

是年，龙泉市政府投资95万元，架设了龙南—凤阳山27千米10千伏输电线路。

2002 年

1月，凤阳山管理处职工工资由市财政统一发放。

14日，凤阳山管理处扑火队建立，有队员30人。

16日，龙泉市林业局向凤阳山管理处、龙泉山旅游度假区有限公司发出《关于立即停止未经批准使用林地进行旅游项目建设的通知》。

2月5日，凤阳山管理处发出《关于切实加强春节期间森林防火和安全保卫工作的通知》。

3月11日，龙泉市人民政府发出《关于加快凤阳山毗邻27个行政村农村经济发展的若干意见(试行)》的11号文件。

4月4日，中央电视台《焦点访谈》栏目播放龙泉市凤阳山《如此开发 怎能保护》

的批评报道。

6 日，凤阳山管理处向龙泉山旅游度假区有限公司发出通知，要求该公司于 4 月 11 日前自行拆除凤阳湖区域内的违规建筑。

11 日，凤阳山管理处对《关于停止凤阳山生态旅游项目开发的通知》(龙政督办〔2002〕1 号)，向市政府作出落实情况报告。

16 日，龙泉市林业局、财政局与凤阳山管理处联合发文《关于下达凤阳山保护区核心区、缓冲区集体林补助资金初定方案的通知》，决定对保护区内的核心区、缓冲区中的集体林禁止采伐，每亩每年给予补助 10 元。划入实验区中的集体林补助资金待国家生态林补助资金到位后另行发放。

5 月 4 日，屏南镇南溪村村民叶忠喜上山挖竹笋时听到疑似虎啸的兽叫声。次日叶忠喜带领凤阳山管理处职工与村民再次上山，灌制了 2 只足印石膏模。

6 月，龙泉市人民政府对瓯江源头保护工作作出部署。

27 日，浙江凤阳山—百山祖国家级自然保护区管理局局长王瑞亮，带领森防技术人员到凤阳山管理处及毗连地区调查，研究柳杉毛虫预防措施。

8 月，龙泉市人民政府组织了 27 个调查组分赴龙南、兰巨、屏南 3 个乡(镇)，开展凤阳山管理处内的集体林问题调查，为切实解决好凤阳山集体林问题探索思路。

10 月 9 日，凤阳山联通基站开通。

11 月 22 日，国家地震局局长宋瑞祥到凤阳山考察。

是年，凤阳山管理处在毗邻乡镇建起了屏南、龙南、凤阳庙 3 个保护站，以加强保护区内集体林资源的保护。

2003 年

2 月 11 日，浙江省副省长钟山到凤阳山保护区进行考察调研。

3 月 18 日，浙江省海洋与渔业局副局长徐匡军一行到凤阳湖参观考察。

5 月 15 日，浙江省林业局局长陈铁雄、副局长叶胜荣到凤阳山调查考察。

7 月 3 ~ 5 日，由国务院国家级自然保护区评审委员会办公室和国家林业局野生动植物保护司，组织国家环境保护总局、浙江省环境保护局专家考察组，到凤阳山管理处实地考察功能区调整区划方案。

21 ~ 22 日，中共龙泉市市委书记陈荣高就凤阳山毗邻村农民下山脱贫问题进行专题调研。

8 月，凤阳山管理处与浙江大学、浙江自然博物馆、浙江中医学院等单位合作，进行了珍稀濒危植物、大型真菌、核心区植被类型、维管束植物区系的分布、生境特点、种群结构、保护现状、开发利用前景的调查研究。

10 月 10 日，由中国工程院院士，环境保护、林业专家和国家有关部门组成的第三届国家级自然保护区评审委员会全票通过了凤阳山国家级自然保护区功能区调整方案。

11 日，中共丽水市市委书记楼阳生到凤阳山保护区考察调研。

12月4日，国家林业局以林护发〔2003〕215号文件，正式批复凤阳山自然保护区功能区调整方案。

31日，国家林业局批复了《凤阳山保护区总体规划》。

是年至2005年，凤阳山管理处与浙江林学院合作，对凤阳山的昆虫资源进行了调查。

2004 年

2月28日，浙江省地震局通报：晚22时在龙泉市屏南镇发生里氏2.4级地震，震中位于屏南镇上畲村附近，周边3个乡镇18个行政村及凤阳山保护区有震感，但未造成灾害。

4月3日，中共丽水市市委副书记焦光华到凤阳山考察。

6日，在杭州召开"凤阳山生态旅游规划评审会"，得到评审委员会的一致通过。

21日，凤阳山生态旅游正式开园。国务院参事、中国林业科学研究院首席科学家盛炜彤，省林业厅副厅长叶胜荣，丽水市市委书记楼阳生，丽水市副市长刘秀兰及其他领导、贵宾到场祝贺。

是日，国家林业局组织专家到凤阳山考察生态旅游规划项目方案。

6月9日，丽水市人民政府丽政干〔2004〕9号文件，任命洪起平为凤阳山管理处处长。6月29日，丽水市林业局局长王瑞亮、中共龙泉市市委组织部部长南林玲、副市长曹新民陪同洪起平到凤阳山管理处报到。

7月5～17日，凤阳山管理处和浙江大学、浙江师范大学、省自然博物馆等单位合作，开展凤阳山兽类、鸟类、两栖爬行类动物资源进行补充调查。

7日，中共浙江省省委副书记、省政法委书记夏宝龙到凤阳山调研。

19～23日，凤阳山管理处和浙江林学院合作，进行观赏昆虫标本制作。

8月12日，受14号强台风"云娜"降雨影响，凤阳山管理处内发生16处山体滑坡，大田坪公路一处塌方近2万立方米。

27日，国家林业局作出《关于同意凤阳山部分生态旅游规划的行政许可决定》。

28日，中央电视台《走遍中国》丽水天地人"山灵仙秀"摄制组到凤阳山拍摄。

9月16日，德国波鸿鲁尔大学生物系主任Thomasstuetzel教授、北京林业大学生物科学与技术学院院长张志翔教授到凤阳山考察。

10月14～15日，"龙泉论剑"暨浙江省第四届凤阳山登山旅游节在凤阳山绿野山庄举行。韩国康津代表团的康津郡厅林京龙一行5人参加了登山节开幕式。来自各地的40多位著名作家、学者参加"龙泉论剑"活动。

11月4日，浙江省水利厅将"龙泉市瓯江源头水土保持生态建设示范区"列入全国第一批水土保持建设项目。2008年6月17日，"龙泉市瓯江源头水土保持生态建设示范区"通过省专家组验收。

9～10日，中共浙江省省委副书记周国富一行到凤阳山考察。

是年至次年，国家投资800余万元，完成了安豫公路五梅垟至大赛段、龙泉山景区入口至凤阳湖道路的拓宽改造。

2005 年

1月23～26日，浙江博物馆工作人员和浙江大学师生到凤阳山进行鸟类调查。

3月16日，龙泉市人民政府办公室发出〔2005〕26号文件，确认凤阳山管理处具有行政处罚主体资格。

4月7～8日，浙江省人大科、教、文、卫主任工作会议在凤阳山召开，省人大副主任徐志纯到会。

21～22日，为庆祝2006年杭州世界休闲博览会倒计时一周年，"2006年杭州世界休闲博览会圣火取火仪式暨龙泉山开山大典"在凤阳山隆重举行。

6月17日，国家林业局驻合肥特派办主任王招英到凤阳山，对保护区的建设、生态旅游开发事项进行考察。

21日，国家林业局《中国林业》杂志社社长丁付林到凤阳山考察调研。

下旬，凤阳山管理处洪起平处长前往凤阳山毗连村慰问洪水受灾户。

8月10～11日，中共浙江省省委书记习近平和省委常委、省委秘书长李强，副秘书长、省农办主任王良仟，省财政厅厅长黄旭明等人到凤阳山调研。

23日，国家林业局批复《浙江凤阳山—百山祖国家级自然保护区基础设施建设可行性研究报告》，项目总投资882万元。其中，凤阳山投资475.35万元。

9月16日，由凤阳山管理处召集百山祖管理处、庆元县百山祖乡、龙泉市屏南镇、龙南乡、兰巨乡等6个成员单位在凤阳山大田坪召开护林联防工作总结暨交接班会议。

11月9日，浙江省副省长钟山和省政府副秘书长楼小东、省旅游局局长纪根立、丽水市副市长刘秀兰到龙泉山旅游度假区考察调研。

18日，国家林业局纪检组副组长、监察局局长刘双来，国家林业局监察局二室主任吴兰香到凤阳山考察。

是月，凤阳山管理处在龙泉市区新华街"新华大厦"五楼购置办公用房227平方米，次年3月搬迁至新华大厦办公。

是月，凤阳山保护区开展森林资源二类调查。

12月12日，浙江省副省长茅临生到凤阳山、炉岙村，了解龙泉山景区开发和"农家乐"旅游开展情况。

是年，对100余千米防火线进行维修。

2006 年

3月24～25日，国家林业局保护司司长刘永范、政法司司长文海忠到凤阳山就保护区的集体林管理、旅游开发等问题作了指导。

8月3日，由中共浙江省省委副书记乔传秀率领的省委督查组，在丽水市领导陪同下到凤阳山保护区考察旅游开发情况。

10月，丽水市副市长肖建中在凤阳山考察期间，题写了"珍爱自然，保护资源、构建和谐社会"条幅。

是年，防火线维护由人工铲草改为除草剂除草。

是年，凤阳山管理处与南京林业大学签订合作协议，进行 1 公顷生物多样性监测样地建设。于 2007 年 8 月完成外业调查。

是年，凤阳山管理处与浙江林学院合作，开展"浙江凤阳山自然保护区昆虫分类区系研究"。

2007 年

3 月，预算投资 1000 万元，大田坪综合楼动工建设。

30 日，凤阳山管理处与浙江林学院森林保护研究所签订了"凤阳山保护区昆虫多样性研究"合作协议。

4 月，由洪起平、丁平、丁炳扬主编的《凤阳山自然资源考察与研究》一书出版。

5 月 18 日，龙泉市政府党组成员叶磁仙任凤阳山管理处处长。保护区管理局领导严轶华、龙泉市领导应勇军、洪起平到管理处宣布丽水市政府任命决定。

27 日，浙江省森林防火指挥部授予凤阳山自然保护区"浙江省连续 20 年无森林火灾先进单位"。

28 日，浙江省军区司令员王贺文少将，丽水军分区司令员程海南、参谋长秦景号到凤阳山勘察反空降地域。

29 日，龙泉市副市长罗诗兰、凤阳山管理处处长叶磁仙召集发改、国土、建设、环保、林业等部门协调管理处综合楼项目建设规模调整问题。

31 日，中共丽水市市委副书记张成祖，在龙泉市市副市长罗诗兰陪同下到凤阳山考察。

6 月 5 日，中共龙泉市委常委洪起平、副市长陈良伟召集龙南、屏南、兰巨 3 乡镇书记、乡镇长就集体林经济补偿发放等工作进行研究。

是月，由浙江省环境保护局投资的省级凤阳山空气质量自动监测背景站，在凤阳湖动工建设，到 12 月底完成主体建筑和设备安装。

7 月 1 ~ 4 日，管理处举行凤阳山自然保护区建设与发展座谈会暨《凤阳山自然资源考察与研究》一书发行仪式。省林业厅资源处副处长赵岳平，丽水市林业局、凤阳山一百山祖国家级自然保护区管理局局长吴善印等领导参加。

2 ~ 4 日，浙江省林业厅资源管理处副处长赵岳平，动植物、生态保护专家诸葛阳、郑朝宗、程秋波、丁平、陈锡林等人到凤阳山考察。

12 ~ 14 日，中国科学院成都生物研究所李成和研究员一行到凤阳山采集蛙类标本。

25 日，中共浙江省委常委、组织部长斯鑫良到凤阳山考察调研。

是月底至 8 月初，凤阳山管理处与中国科学院动物研究所、中国农业大学、南开大学、西北农林大学、福建农林大学、长江大学、浙江大学、浙江林学院共 38人，合作开展凤阳山昆虫分类调查及区系研究。

8月3日，凤阳山管理处与浙江电信有限公司龙泉分公司签订了《全球眼业务租用协议》，用于森林防火远程图像监控和管理。

23日，中共龙泉市市委书记赵建林专题听取凤阳山管理处就保护区的建设与发展、集体林补偿等工作汇报。

31日，中共龙泉市委、市人民政府在杭州宋城召开推动发展龙泉山旅游项目座谈会，市领导赵建林、曹新民、叶砼仙等参加。

9月8日，浙江省第四届林业科技周活动在龙泉举行，中国工程院院士、南京林业大学教授张齐生，浙江省人大副主任徐宏俊，省林业厅领导楼国华、陈国富、吴鸿参加。有关领导、专家要求各单位对保护区科研利用价值应予重视。

10月15~16日，浙江省政协常委、人口资源委员会主任韩春根与副主任郭基达、徐良骥，在浙江省林业厅资源处主任科员俞肖剑，丽水、龙泉市政协副主席陈翠仙、包建平陪同下到凤阳山进行自然保护区管理工作调查。

30日，国家濒危物种进出口管理办公室领导孟宪林和万自朋到凤阳山考察。

31日，中共龙泉市市委、市政府研究凤阳山毗邻地区集体林补偿、南大洋公寓、森林防火、产业发展等问题。

11月16日，凤阳山管理处与浙江大学签订了《浙江凤阳山—百山祖国家级自然保护区动物监测（凤阳山部分）合同》。

17日，浙江省第五届"绿城杯"龙泉登山节在凤阳山举行，7支代表队参加比赛。奥运冠军王军霞为登山节开赛鸣枪。

21日，浙江省环境保护局吴玉琛副局长、计财处周碧河处长，在龙泉市副市长罗诗兰陪同下到凤阳山调研。

是月，瞭望台的远程视频监控项目建成，可视范围达30平方千米。

是月，龙泉山旅游度假区入选"浙江省最值得去的50个景区"之一。

12月6日，凤阳山管理处与浙江大学生命科学学院签订教学教育实习基地协议。

26日，龙泉市政府召开第八次常务会议，研究通过了《凤阳山毗邻村管理及集体林补助标准方案》。实验区每年每亩补助标准提高到20元；缓冲区、核心区提高到25元。

29日，为加强森林防火力量，组建了炉岙、龙泉山景区2个扑火分队。

是月，在小田坪边建成风速、气温、雨量等6个要素全自动观测站。

是年，由《丽水日报》、丽水市林业局主办的"享受'中国第一森林浴'征文（摄影）比赛"中，凤阳山管理处选送的图片《绿谷丛林》获一等奖；《满山红》获二等奖；《涧林》、《秋山叠影》获三等奖；另有4幅图片获鼓励奖。

是年，在丽水市林业局、自然保护区管理局年度工作考核中，凤阳山管理处获得了优秀。

2008 年

2月4日，龙泉市人民政府对1月份发生的大面积雨雪冰冻灾害进行调查统计。

27

与凤阳山保护区毗邻的 27 个行政村有 26 个村断电；76.1 千米道路不同程度受损，9 个行政村交通中断；输电线路损坏 41 千米，通讯线路受损 31.5 千米；1.1 万亩毛竹林和 21.7 万亩特种用途林受损，经济损失 1836 万元。

23 日，浙江省林业厅副厅长叶胜荣、森林资源处处长卢苗海、丽水市林业局副局长叶菽茂到凤阳山指导抗灾工作。

23 日，凤阳山管理处和龙泉市文联主办的"凤阳山杯——我眼中的自然保护区"摄影比赛，收到 38 位作者共 418 幅作品。经评委会评比，评出金奖 1 幅，银奖 2 幅，铜奖 3 幅。

4 月 1 日，浙江省政府森林消防督察组由省武警总队副参谋长郑其水带队到龙泉督查，对凤阳山管理处的森林消防工作给予充分肯定。

2 日，龙泉市政府第十一次常务会议，研究了凤阳山管理处职工房改房土地确权情况遗留问题，同意确权办理。同时还研究了凤阳山保护区雨雪冰冻灾害后恢复重建工作。

7~11 日，浙江省林业厅厅长楼国华为保护区题写了"凤阳山国家级自然保护区"、"江浙之巅"、"植物摇篮"。

5 月，凤阳山管理处与浙江大学签订教育教学协议，组织开展科研协作和学生实习工作。

27 日，浙江省林业厅副厅长吴鸿来凤阳山保护区指导工作。

7 月 16 日，国家环境保护部、林业局等 7 个部委组织的专家组，由蒋明康研究员带队到凤阳山—百山祖国家级自然保护区进行评估考核。凤阳山管理处被确认为优秀等级。

31 日，国家林业局湿地保护中心主任马广仁一行到凤阳山考察。

是月底至 8 月初，凤阳山管理处与浙江林学院合作，组织 1 次较大规模昆虫调查，参与调查的有中国科学院动物研究所、上海昆虫博物馆、西北农林科技大学、浙江大学等 10 所院校计 50 余人。调查中共采集昆虫标本 1 万余份。

8 月 2 日，浙江省林业厅副厅长邢最荣到凤阳山调研。

是月，对保护区国有林内的古树名木进行复查，已经进行定位的古树名木有 140 余株，古树群 6 片。

9 月，在动物监测线路上安装了自动相机，用于监测野生动物活动。

18~20 日，国家林业局 5 人到凤阳山对国债项目资金使用情况进行检查。

10 月 18~19 日，国家林业局野生动物保护司副司长严旬、处长贺超，省林业厅资源处副处长赵岳平一行到凤阳山管理处考察。

11 月 23 日，国家景区质量评定委员会专家组到凤阳山，对龙泉山创建国家 4A 级景区进行验收。

12 月 5 日，凤阳山管理处及毗邻地区准专业扑火队和护林员进行集训。

是年，中国自然科学博物馆授予凤阳山管理处"2008 年度中国自然科学博物馆协会先进集体"称号。

是年，凤阳山管理处为联系村屏南镇周岱争取到扶持资金，使该村建成机耕路并完成村中道路硬化。

是年，"凤阳山国家级自然保护区森林资源二类调查与管理信息系统"科研项目，获丽水市2008年度科技兴林三等奖。

是年，进区车辆9694辆，进区人员达53172人。

2009 年

1月18日，龙泉市第一中学和韩国康津郡女子高中，"中、韩学生攀登江浙第一高峰、感受中国一流生态"活动在凤阳山举行。

2月17日，浙江省环境保护局、林业厅、国土资源厅、海洋与渔业局授予凤阳山—百山祖国家级自然保护区为2008年度优秀保护区。

3月21日，浙江省人大副主任程渭山到凤阳山调研。

24日，龙泉市副市长包新华到凤阳山，就中国·浙江空气自动监测站——凤阳山背景站外观改造问题、安豫公路改建问题、龙泉山一期开发提升工程进行调研指导。

4月25日，在中国城市建设与环境提升大会上，凤阳山保护区被评为"2008～2009年度中国最佳生态环境十大自然保护区"。管理处处长叶碇仙被评为"中国生态环境保护杰出贡献人物"。

29日，浙江省副省长龚正、省政府秘书长夏海伟、省林业厅厅长楼国华、省旅游局局长赵金勇、丽水市副市长梁细弟在龙泉市领导陪同下到凤阳山考察。

5月31日至6月1日，杭州师范大学生命与环境科学学院生物科学系副教授金孝锋到凤阳山考察高山湿地和苔草。

6月12日，在凤阳庙右侧兴建的"普云殿"落成。

25～26日，浙江省环境保护厅生态处处长韩志福、丽水市环境保护局副局长徐国华到凤阳山保护区考察。

30日，龙泉市市长梁忆南批示："同意将原林业大楼调剂给凤阳山管理处和城区林业站使用"。

是月，凤阳山管理处与华东师范大学教授朱瑞良签订了合作协议，合作开展"凤阳山自然保护区苔藓植物多样性及苔藓植物对凤阳山环境监测指示作用研究"。

是月，龙泉市文联编辑出版《凤阳山文化》专号。

7月8～9日，浙江大学生命科学学院常务副院长蒋德安、教授丁平、副教授于明坚等到凤阳山实地考察"浙江大学凤阳山教学实习基地"。

20～25日，由浙江省植物学会省野生动植物保护管理总站主办，凤阳山管理处协办的"第二期植物分类与生物多样性保护高级研讨班"在凤阳山举办。

是月，由浙江省林业厅厅长楼国华题写的"凤阳山自然保护区"石碑竖立在石梁岙路口。

是月，投资30余万元，将石梁岙至大田坪砂石公路改造成油渣路。

8月9日，凤阳山管理处城区办公地点由新华街搬迁至中山西路55号原林业局办公楼办公。

21日，凤阳山自然保护区管护中心大楼落成典礼在大田坪举行。省林业厅、丽水市林业局、保护区管理局、龙泉市等单位领导及全省自然保护区负责人等百余名来宾参加典礼。

28日，浙江省林业厅副厅长叶胜荣到凤阳山考察调研。

29日，中共丽水市市委书记陈荣高、丽水市副市长廖思红等到凤阳山考察调研。

9月8日，凤阳山管理处与浙江林学院森林保护研究所签订了"浙江凤阳山自然保护区昆虫分类及区系研究"科研合作项目。

11月15日，凤阳山管理处到毗邻地区开展以"保护资源、爱我家园"为主题的森林防火宣传月活动。

22日，中国林业科学研究院森林生态系统网络中心主任王兵一行到凤阳山考察生态定位站项目。

是年，凤阳山管理处的事业经费按编制由省财政全额拨款。

是年，丽水市林业局授予凤阳山管理处"2009年度自然保护区管理工作考核优胜单位"。

是年，凤阳山保护区森林消防物资储备库建立。

2010 年

2月4日，凤阳山管理处决定，给予毗邻乡（镇）、村2009年度防火补助经费13.6万元。

5日，浙江凤阳山森林生态系统定位研究站，在北京通过专家论证，纳入今后建设计划。

4月6日，凤阳山管理处发文成立《凤阳山志》编委会。

23~24日，美国国家自然历史博物院研究员文军、浙江大学教授傅承新到凤阳山考察。

5月2日，浙江林业科学研究院钱华一行到凤阳山考察短萼黄连、斑叶兰等药用植物。

7~8日，在浙江省环境保护厅、省林业厅、省海洋与渔业局联合组织考核评估中，凤阳山被评为"2009年度保护区规范化管理优秀单位"。

27日，凤阳山水文自动观测站在大田坪建成并投入使用。

6月30日，丽水市林业有害生物防治工作研讨会和"服务世博、绿盾护林"检疫执法推进会在凤阳山召开。

7月27日，"浙江凤阳山自然保护区昆虫资源及其与生境关系研究"项目，经浙江省林业厅科技项目验收会通过验收。

9月4~5日，在四川成都召开的第三届经济发展、生产建设国际大会上，凤阳山管理处荣膺"中国最具影响力十大生态旅游区"称号。

是月，徐华潮、叶砭仙主编的《浙江凤阳山昆虫》一书出版。

10月5日，南麂列岛国家级自然保护区管理局局长方明晓一行到凤阳山考察。

11月10日，浙江清凉峰国家级自然保护区管理局局长童彩亮、副局长翁东明到凤阳山考察交流。

24日，浙江省林业厅下发《关于编制浙江凤阳山森林生态定位研究站建设项目初步设计的函》(浙林办便〔2010〕280号)。

是年，凤阳山管理处购买红外线数码相机8台，放在不同地点拍摄动物活动图像。

是年，凤阳山管理处高级工程师叶立新荣获"中国自然科学博物馆协会先进个人"。

2011 年

7月19日，张长山到凤阳山管理处任处长。丽水市林业局局长、浙江凤阳山—百山祖国家级自然保护区管理局局长邝平正，中共龙泉市委常委、组织部长叶晓勇到管理处宣布丽水市人民政府任命决定。

7月14日，国家林业局发文《国家林业局关于浙江凤阳山—百山祖国家级自然保护区基础设施建设项目可行性研究报告批复》(林规批字〔2011〕69号)给浙江省林业厅。

12月26日，由南京林业大学编制的"浙江凤阳山森林生态定位研究站建设项目初步设计"得到省林业厅批复，核定投资430万。

第一编

自 然 环 境

 凤阳山属洞宫山山脉，位于浙江省龙泉市东南部，和景宁、庆元县交界。历史上该地是中国最大的菇民聚居区，但因藏于深山，外界知之甚少。自建立自然保护区后，声名鹊起，在自然科技界中有"浙北天目、浙南凤阳"之说。

 凤阳山自然保护区东界龙南乡、南连庆元县百山祖乡和百山祖自然保护区、西邻屏南镇、北靠兰巨乡，和龙泉市 27 个行政村毗连。地理坐标介于东经 119°06′～119°15′，北纬 27°46′～27°58′，管理面积 227571 亩。保护区范围内原有人口 12699 人（2008 年 7 月调查数据）现因外出打工、经商求学等原因，常住人口已大幅下降，是浙江省人口密度最低的地区之一。群众经济收入主要依靠林产品、食用菌出售和外出打工的劳务收入。

 凤阳山保护区的自然环境具有地势高峻、森林茂密、雨水充沛等特点。有调节气候、涵养水源、控制水土流失、解除污染、减少自然灾害等多种功能。它地处我国东部亚热带季风湿润气候区，距东海直线距离不到 200 千米。地质由华夏古陆华南台地闽浙地盾演变而成，地史古老。区内地形复杂，群峰矗立，峡谷峻峭，沟壑交错。由于海拔较高，面积较大，是中国沿海地区自北而南的一道天然屏障，因而对浙南、闽北的气候造成较大影响。矗立在保护区核心地段的黄茅尖海拔 1929 米，是浙江省内的最高峰。保护区南部的锅帽尖是浙江省第二大河流瓯江的发源地。

 凤阳山地质条件良好，岩性以流纹斑岩、花岗斑岩为主，流纹斑岩覆盖于最上部，是形成江浙第一高地的重要条件。土壤可划分为红壤、黄壤、山地草甸、粗骨土 4 个土类，内有 4 个亚类、4 个土属。

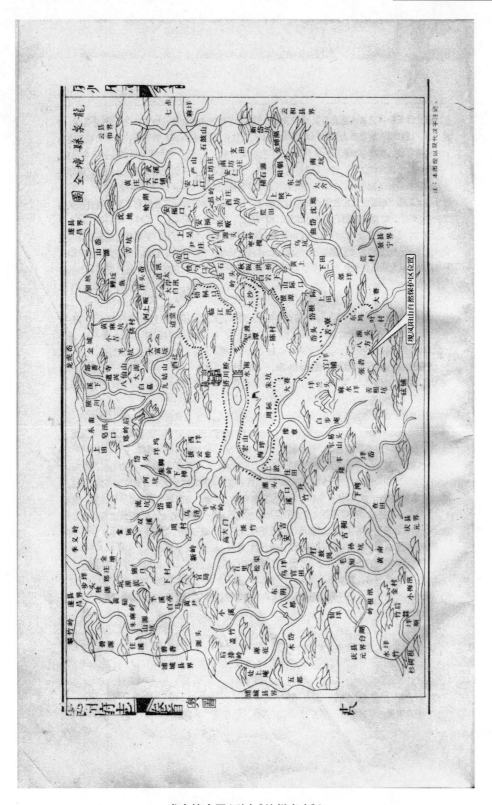

龙泉境全图（引自《处州府志》）

由于森林覆盖率高，涵养水源能力强，地表水系发达，大小溪流呈树枝状分布，无外来水。其溪流均属瓯江水系，主要有瓯江发源地的梅溪、汇入瓯江干流龙泉溪的均溪、豫章溪和汇入瓯江的支流小溪，有一级支流4条，二级支流3条，三级支流8条，四级支流2条。据清朝光绪三年(1877)出版的《处州府志》"龙泉县境全图"（上图）中标注，现凤阳山一带称其为"八方源头"，其名称已非常贴切地说明凤阳山溪流的分布概况。天然湖泊未见，人工修筑的水库，历史上有菖蒲塘，现代的有凤阳湖以及因建水力发电站而修建的蓄水库。

凤阳山相对高差较大，地形复杂，气候资源丰富。和龙泉城区相比，山上气温较低，霜雪天气、降雨量偏多，风力较大。易造成霜冻、雪压、洪灾、泥石流等自然灾害。

由于凤阳山的人为影响较小，水质及环境空气质量均属优良。

保护区内森林资源丰富，据2007年全市森林资源调查数据，凤阳山自然保护区林业用地面积216243亩，占全市林业用地面积5.4%；森林覆盖率96.2%；活立木总蓄积1146763立方米，占全市总蓄积的7.88%。

第一章　地质地貌

第一节　坐　落

凤阳山自然保护区地处洞宫山山脉东北。位于浙江省西南部的龙泉市南隅，和庆元、景宁二县相邻，它以国有山为中心，东界龙南乡龙案、五星、双溪、大庄、叶村、上兴、安和、兴源8个行政村。南连庆元县的百山祖乡及百山祖自然保护区，西邻屏南镇南溪、干上、横坑头、东山头、南溪口、砩铺、南垟、坪田李、均山、横溪、金龙、均益、金林、塘山14个行政村。北靠兰巨乡炉岙、官浦垟、官田、梅地、大赛5个行政村。上述27个村中，所属山林全部划入保护区内有炉岙、双溪、金龙、横溪、东山头、南溪6个村。划入保护区面积占全村山地面积50%以上的也有6个村，其余15个村的划入面积则在50%以下。划入面积超出2.0万亩有1个村，1.0万亩以上的有7个村，其他村的划入面积在1.0万亩以下（详见下表）。

保护区总面积227571亩，其中国有山林面积63678亩，集体山林面积163893亩。

27 个毗邻村基本情况表

单位：亩，立方米

乡名	村名	人口	总面积	林业用地	划入面积	所占比例	总蓄积	划入蓄积	所占比例	农田
兰巨	梅地	346	4591	3702						481.0
	官田	537	14587	12756						844.5
	官浦垟	748	22464	19901	17973	80.0%	57905	44205	76.3%	734.4
	炉岙	178	6931	6372	6931	100%	17363	17363	100%	162.8
	大赛	458	14603	13036						557.0
龙南	安和	510	4938	3550	2007	40.6%	12280	3780	30.8%	410.0
	上兴	650	7160	6082	4044	56.5%	35049	21595	61.6%	800.0
	叶村	638	7425	5813	1831	24.7%	29083	7428	25.5%	560.0
	大庄	653	14678	11780	1933	13.6%	40708	4668	11.5%	618.0
	双溪	402	13203	12242	13203	100%	56087	56087	100%	318.0
	五星	1602	32012	26261	2710	8.5%	82537	6452	7.8%	2000.0
	龙案	550	21944	20215	20094	91.6%	81402	76849	94.4%	605.0
	兴源	502	9067	7648						580.0
屏南	坪田李	673	7488	6557						557
	南垟	390	14433	13589	7317	50.7%	45123	20206	44.8%	294
	硿铺	414	14785	13567	5331	36.1%	43438	13603	31.3%	383
	均益	300	7754	6785	6746	87.0%	12386	10943	88.3%	337
	均山	406	2918	2124						372
	金林	287	9395	8919	3215	34.2%	10136	4406	43.5%	442
	金龙	216	16356	15572	16356	100%	65196	62762	96.3%	531
	横溪	360	15878	14906	15878	100%	44742	44742	100%	246
	塘山	178	9559	8887						240
	南溪口	507	11131	10582	782	7.0%	29514	2138	7.2%	386
	东山头	306	12429	11685	12429	100%	29987	29987	100%	309
	干上	346	19346	18464	15322	79.2%	54988	24569	44.7%	180
	南溪	139	10246	10072	10246	100%	26122	26122	100%	83
	横坑头	403	18975	18081						282
合计		12699	344296	309148	164348	47.75%	774046	477910	61.7%	13312.7

注：1. 上表数据系 2008 年 7 月 28 日编写的《集体林权制度改革问题的调研》一文中所得。

2. 以上表格中，有 8 个行政村在划入面积一栏中为空白，其原因是这些村划入面积均为插花山，已统计到插入村的面积中。

3. 以上划入面积和现今保护区内的集体林面积略有不同。其原因是在处理山林纠纷等工作时造成。

4. 人口一栏系指 27 个行政村的全部人口，由于大部分行政村仅划入部分面积，有的仅为少量插花山，有些自然村在保护区外，因而其统计的人口，并不能代表保护区范围内的实际人口数。

第二节　山　脉

民国前，大多史志中记述山脉素乏专篇。清朝雍正九年（1731）二月开始编纂的《浙江通志》山脉编中有"自龙泉界景宁、云和之间，过丽水而止于青田之西者黄茅山脉也"，并将它归并为枫岭山脉中三分支之一。民国后，由于科学技术的发展及国防、交通、矿业、气象等学科所需，山脉、地形的研究日趋完善。民国二十五年（1936），浙江省明细地图龙泉部分中，已标有黄茅山，但无凤阳山。民国二十七年九月制版，浙江省龙泉县政府制印的《龙泉县全图》中，标有凤阳山、五显殿等地名，但无黄茅尖。故凤阳山之名，最早见于史料在民国时期较妥。

闽赣边境有 2 支山脉逶迤进入龙泉境内。西北支为仙霞岭山脉，经闽、浙、赣交界的枫岭、龙（泉）遂（昌）交界的九龙山，进入龙泉市境内西北边界的住龙、城北、道太等乡镇，后向县东部的云和、松阳县伸展。

东南支为洞宫山脉，它发端于福建省，向北越过闽江称鹫峰山，达闽、浙边境向东北延伸到庆元县和龙泉市的屏南、龙南、兰巨、安仁等乡镇，后经景宁、云和、青田等县。

以上 2 支山脉在龙泉市基本上以龙泉溪为界。

凤阳山自然保护区位于浙江省海拔最高之处，区内拥有海拔 1500 米以上山峰 20 余座，1800 米以上标有名称的山峰 8 座，几乎囊括了浙江省 1800 米以上绝大多数的高峰。洞宫山最高峰、浙江省惟一——座海拔超过 1900 米的黄茅尖就耸立在保护区的中心区域。

凤阳山自然保护区管理范围为洞宫山进入浙江省后的"脊梁"部分，山脉总体上由南向北延伸。最南端屏南镇和庆元县交界的锅帽尖（海拔 1771 米，下同）向西经大天堂（1822 米）、天堂山（1811 米），向东北到屏南镇均溪的烧香岩（1832 米）、龙南乡建兴的大南坑头（1757 米）、黄凤阳尖（1851 米）、再到屏南、龙南、兰巨三乡镇交界的黄茅尖（1929 米），后到兰巨、龙南交界的梧树湾头（1729 米），再往西北至通天饭甑（1248 米）出保护区。

以上主脉有以下几条主要分支：

一是烧香岩向南至天堂山，转西后延伸到龙虎岙，再到麻车后山（1617 米）及大黄连山（1693 米）出保护区后至屏南和查田镇茶丰交界的留坪大尖。

二是黄凤阳尖向西经凤阳湖到张老岩（1489 米，又名将军岩）。

三是黄凤阳尖向东南伸展至龙南乡建兴的五岱岭头（1680 米），至梅七寨。五岱岭头向东北经荒村至桌案际公路至新兰尖（1825 米），后出保护区界。

四是黄茅尖向西北过凤阳庙到凤阳山（1846 米），再到仙岩背（1489 米，现名老鹰岩），出保护区。

五是黄茅尖向东北到梧树湾头，向东延伸到荒村尖（1807 米），后出保护区界。

凤阳山自然保护区内的洞宫山主脉，是中国大陆近海地区海拔最高之地，被称

为"浙江屋脊"，它给气候、植物的分布造成较大的影响。同时，它在保护区西部是瓯江和闽江的分水岭。同时也是瓯江的发源地，在保护区东部是瓯江主流大溪和主要支流小溪的分水岭。

第三节　地　质

凤阳山之地质由华夏古陆华南台地闽浙地盾演变而成，地史古老。基岩为侏罗纪火成岩，由流纹岩、凝灰岩及少量石灰岩组成。由于流纹岩覆盖于最上部，岩石硅质含量高，质地致密坚硬，抗风化能力强，为江浙第一高峰的形成打下了基础。位于江山—绍兴深断裂的南东侧，大地构造位置属华南褶皱系（I_2）、浙东南褶皱带（II_4）、丽水—宁波隆起带（III_8）、龙泉—遂昌断隆（IV_8）。地层岩性出露以上侏罗纪火山碎屑岩为主，厚层状产出。区内有三条北东向的新华夏系压性断裂存在，无大的区域断裂构造通过，地质条件良好。

一、地层

根据1:20万区域地质资料显示，区内出露地层简单，主要为上侏罗纪高坞组（J3g）、西山头组（J3x）和九里坪组（J3j），岩性为上侏罗纪酸性—中酸性火山碎屑岩，岩性分述如下：

1. 高坞组

分布于自然保护区外围，岩性为黄褐、灰紫色流纹质晶屑凝灰岩，底部常含变质岩砾石。呈层状产出，倾向南东，倾角20°左右。层厚：500～1200米。

2. 西山头组

分布于自然保护区中部，灰紫、灰绿色流纹质晶屑或玻屑晶屑含砾熔凝灰岩，局部相变为流纹质含砾熔凝灰岩或凝灰砾岩。顶部夹不稳定的英安质熔凝灰岩。呈厚层状产出，倾向北东，倾角15°～25°。层厚：179～1200米。

3. 九里坪组

分布于自然保护区南北两端，岩性为灰紫、肉红色流纹岩、流纹斑岩。顶、底部带常含球泡，局部夹珍珠岩、霏细岩，底部有不稳定的集块岩。呈层状产出，倾向北东，倾角20°左右。层厚：300～1860米。

二、构造

区内地层无褶皱构造。断裂以北东向压性断裂构造为主，属压性断裂。

三、岩浆岩

区内有少量燕山晚期酸性岩浆岩侵入。主要以岩株和岩脉产出，岩性以流纹斑岩、花岗斑岩为主。

第四节 地 貌

　　山是凤阳山保护区地貌的主体，且地势高峻，地形复杂，群峰林立，峡谷众多。溪沟呈放射状，最终流向北、东两个方向，注入瓯江干流梅溪，支流均溪、豫章溪以及小溪。其山、水走向遵循"水源于山，始分而终合，山别于水，始合而终分"的自然规律。农（梯）田面积较少。根据凤阳山的地貌，依据垂直分布，大致可分为三个层次。

一、海拔 1000 米以下地区

　　主要分布在保护区的西北部，面积约占保护区总面积的 17%，以低山为主，但大多坡度较陡，部分山峰海拔也达千米以上。农（梯）田多集中在村庄及河谷两侧。划有集体林进入保护区管理的 27 个行政村中，有 13 个村坐落在该地区。植被以松木和杉木人工林为主，一些村庄有毛竹林及少量的杨梅、锥栗、厚朴等经济林。部分喜温的珍稀植物主要集中在这一区域。

　　这一地段处在均溪、大赛溪、梅溪的中上游，现已建有多座梯级水力发电站，形成多个小型人工湖，枯水时期，部分河段会断流，给水生及两栖类动物的生存构成威胁，对生态平衡造成一定的影响。

二、海拔 1000～1500 米地区

　　主要集中在保护区的西南部，面积约占保护区总面积的 58%。以集体山林为主，有 14 个毗邻村坐落在这一地段；约有 30% 的国有山分布在这一层次。该地段中山连绵，千米以上山峰比比皆是，部分山峰超出 1500 米，峡谷增多，切割加深，如小黄山、双折瀑以下、大坑、乌狮窟、双溪龙井背等地的切割深度都达 500 米以上。悬岩峭壁常见，如绝壁奇松、将军岩（张老岩）、老鹰岩、小黄垟至黄垟岙的东北侧等地，均是连片裸岩峭壁，望而生畏。由于风景优美，现部分地段已划入生态旅游区。保护区、宋城集团驻地及部分景区在这地段的实验区内。

　　森林植被以常绿阔叶林为主，黄山松林分布面积加大，保护区东北部竹林面积较为集中，尚有部分杉木人工林，农田面积渐少。这一地区是凤阳山自然保护区的精华所在，主要保护对象中亚热带常绿阔叶林、珍稀保护植物集中分布点多在这一层次，珍稀动物也大多活动在这一区域，是动植物种群数量最大的地带。

三、海拔 1500～1929 米地区

　　主要分布在保护区中南部的洞宫山主脉上，面积约占保护区总面积的 25%。该地区高峰林立，有海拔 1800 米以上、并已命名的山峰 8 座，是浙江省海拔最高的中山地带，黄茅尖就坐落在这一地区中部。大部分为国有山，几乎无农田。

　　植被以稀树草丛、山顶矮曲林、黄山松林为主。海拔 1700 米以下的山谷分布有

常绿、落叶的针阔混交林。由于气温低，约有 10 种耐寒的珍稀植物在此繁衍生长，是浙江省红豆杉的惟一分布区。山岗及其山顶，由于风大，黄山松、波叶红果树常成盆景状。

动物种类渐减，锅帽尖，大、小天堂，烧香岩，凤阳湖，黄凤阳尖至黄茅尖、凤阳山、仰天槽一带，地形相对平坦，坡度大约在 10° 上下。植被以茅草为主，人为活动极少，这种生境条件十分适宜于华南虎生存，近年来几次疑似虎踪的发现都在这一区域。

这里还是浙江省的暴雨中心之一，平均年降雨量在 2200 毫米以上，是瓯江主流龙泉溪和瓯江支流小溪中部分支流的发源地。由于落差大，峡谷、瀑布较多，较著名的有凤阳湖出口处的龙泉大峡谷、小黄山边的双折瀑、凤阳山北坡的凤阳瀑、黄茅尖东侧的龙井瀑等。

第二章 土 壤

第一节 土壤分类

根据 20 世纪 80 年代公布的全国第二次土壤普查分类方案，浙江省制定的《浙江省第二次土壤普查土壤分类系统》，凤阳山分布的土壤可划分为 4 个土类、4 个亚类、4 个土属。

一、红壤土类

红壤土类分布在海拔 800 米以下山坡，属地带性土壤。保护区内分布的不是典型红壤，而是属于红壤土类向黄壤土类的过渡类型，所以在分类系统中为了区别，另立黄红壤亚类。土属则根据母质类型不同而划分。保护区内的母质类型较单一，归属黄泥土土属。土壤的剖面层次发育较好，一般的土体构型为 A-[B]-C 型，由于自然植被保存较好，因此也有 A_0-A-[B]-C 构型(A 代表表土层，有机质积聚层，颜色较暗，A_0 则表示半腐解有机质层；[B]层是表示心土层，这是一个铁铝聚积层，土壤类型的诊断层；C 层是母质层，即半风化的母岩层)。

二、黄壤土类

黄壤土类是凤阳山的主要土壤类型。分布于海拔 800 米以上的坡地。所处区域的气候属温凉层，分布有阔叶常绿、阔叶落叶与针叶混交林植被。多雨水，湿度高，土壤中的氧化铁携多个结晶水形态存在，失去红色，显示以黄为主的颜色。该土类在保护区内仅有 1 个亚类即黄壤亚类，根据母岩性质不同，仅有山地黄泥土 1 个土属。黄壤的土层发育较完整，由于少受人为干扰影响，土体构型一般为 $A_{00} - A_0 - A - [B] - C$ 型（A_{00} 表示枯枝落叶层）。显著特点是表层较厚，一般厚度 30 厘米，可划分成三个层次：即枯枝落叶层、半腐解有机质层、腐殖质聚积层。心土层厚 50~80 厘米，其变异与坡度及坡向有关，显黄色，且湿润；C 层为半风化母岩层。

三、山地草甸土类

本土类分布于海拔 1200~1600 米左右的平坦洼地。由于多降水，土壤表层被冲刷或发生山体滑坡，以致堆积在山谷底部，局部形成蓄水的洼地，从而造成木本植物逐渐消亡，只剩下水生或湿生的草本植物，在低温高湿的条件下，有机质的积累大于分解，并在嫌气的环境里逐渐碳化，形成有深厚碳化有机质层的泥炭土。该土仅在凤阳湖、天堂山等局部地段有小面积分布。地理学称之为湿地或高山湿地。它对生态环境的影响有特殊意义。仅 1 个亚类、1 个山地草甸土土属。剖面发生层次为 $A - B_w - C/D$ 型，全土层厚 100 厘米以上，表层是有机质堆积层，含有机质 20% 以上，疏松，草根盘结成层；心土层受水渍育，土体上有潴育斑纹等新生体；C 层是黄壤被搬运后的再积物。

四、粗骨土土类

这是个非地带性土，也可以看成是缺失了心土层的红壤或黄壤。广泛分布于坡度陡峭处。由于陡壁悬崖等处的土壤受雨水冲刷、重力作用等因素，土壤难以积存，或仅积存了一些粗松岩石碎屑里掺杂着一些枯枝落叶，被具有顽强生命力的常绿阔叶灌丛的根系抓住、固定，保留着厚不足 20 厘米土层，其基本性质与母岩相似。分布区域不受高程限制，跨越红壤和黄壤土类分布区，特别在 600~800 米段有集中分布，在断层、滑坡等地质活动残迹处，也分布这种既薄又粗松的粗骨土。保护区内所分布的粗骨土属铁铝质粗骨土亚类，石砂土土属。土壤剖面层次发育为 A - C 或 A - D 型，表土下面即为母质或母岩，没有心土层，原因是心土层被侵蚀或是没有形成的条件。

第二节　土壤性质

一、成土母质

根据海拔高度可分以下几种：

1. 残积母质

分布在海拔较高的山地顶部，面积不大。在黄茅尖至黄凤垟尖、凤阳山至仰天槽、烧香岩十九源、大天堂等地比较平缓之山地，土层略厚，较陡处，土层较薄，一般残质层厚约 30 厘米。土壤肥力较低。这一母质区域植物种类组成比较简单，多为禾本科、莎草科的草本植物以及蕨类植物。木本植物以黄山松、杜鹃类等先锋树种居多。随着时间的推移，森林线的抬高，木本植物种类将增多，并逐步侵占草本植物的地盘。土壤性质也将改变。

2. 坡积母质

分布在山坡或山麓地段，面积较大。该地段的沉积、风化层发达，土层深厚，通透性良好。这一母质区域植被生长茂盛，枯枝落叶层厚，土壤肥力较高，涵养水源能力强。

3. 洪积母质

多因雨水冲积而成，零星分布于山谷、小溪沿岸，面积较小。土层厚度差异较大，有的地方土层深达100厘米以上，薄的地方仅几厘米。土性含沙砾重，保肥、保水性能差。一些喜湿、耐瘠、根系发达的植物生长良好。

二、土壤属性

1. 黄壤土类山地黄泥土

它是黄壤土类的代表性土种，分布在海拔800~1000米以上区域，是凤阳山的主要土壤类型。土层厚度在50~80厘米之间。有机质和全氮、钾素含量较高，磷素含量属缺或极缺水平。保肥能力较差。土壤pH值呈上（层）小下（层）大的趋势。由于受气候条件限制，该土种海拔较高处的林木年生长量不大。

2. 红壤土类黄红壤亚类黄泥土

分布在海拔800~1000米以下区域。土层厚度60~80厘米之间。养分含量水平总体较低，磷的储量和速效养分含量都在极缺水平，速效钾属于较丰富，氮素水平与有机质含量水平相关。

3. 山地草甸土

零星分布中山区顶部平缓洼地，所处环境凉爽多雨，土体常受水渍。仅在凤阳湖、天堂山有小面积分布。植被以草本为主，年生物量大，因气温低而分解缓慢，有利于有机质积累，因此富含有机质的腐殖层也较厚，土层可达100厘米以上，局部有泥炭化的腐殖层。pH值5.1~6.0，土体中铁的游离度自上而下变小，氧化铁的活化度、络合度、晶体度都很高。具有半水成土的特征。

4. 粗骨土土类铁铝质粗骨土亚类石砂土

分布面积较大，多在陡坡、山脊及植被稀疏的地方，是受强度侵蚀后的残留物。土层浅薄，土体中以石砾和粗沙等未经彻底分化的粗物质为主，水分保蓄能力极差，暴雨时常会形成泥石流。pH值5.0~6.0。该土类分布区的植被以灌丛、矮林为主，它与植被共存，失去植被将成为裸岩，故保护好这类土类上的植被显得更为重要。

第三章 水资源

第一节 溪流水库

凤阳山属亚热带季风气候区，雨量充沛，是浙江省暴雨中心之一，多年平均降雨量在2000毫米以上，水资源极为丰富。根据《龙泉市水资源调查及水利区划报告》分析计算，该区域多年平均水资源总量为2.06亿立方米，其中地表水资源量1.76亿立方米，地下水资源量0.30亿立方米(按面积152.40平方千米推算)。根据《中华人民共和国水土保持法》，凤阳山一带已被龙泉市水利局划为重点防护保护区。

一、溪流

凤阳山森林覆盖率高，涵养水源丰富，沟壑纵横，地表水系发达，它虽为崇山峻岭而非泽国水乡，但很多人形容它是水淋淋的。区域内大小河流呈树枝状分布，无外来水流，由于黄茅尖一带地势高峻，在清光绪三年(1877)出版的《处州府志》中的“龙泉县境全图”内，把东坞、叶村(现龙南乡)以西、官浦垟以南、张砻(现屏南镇均溪)以东，景宁县境以北一片地域称其为“八方源头”，这一定位，形象地说明了凤阳山水系的分布情况。主要溪流有瓯江干流梅溪及汇入瓯江干流龙泉溪的豫章溪和汇入瓯江的小溪。详见下表。

凤阳山自然保护区各级河流名称表

<table>
<tr><th>干流名称</th><th>一级支流</th><th>二级支流</th><th>三级支流</th><th>四级支流</th></tr>
<tr><td>梅溪
（瓯江上游）</td><td>横源溪
黄跃坑</td><td></td><td></td><td></td></tr>
<tr><td rowspan="2">龙泉溪
（瓯江上游）</td><td rowspan="2">豫章溪</td><td>大赛溪</td><td>大沙坑
粗坑水
沙田水
石竹坑
笋南坑</td><td></td></tr>
<tr><td>均溪</td><td>山青源
大流坑
显溪源</td><td></td></tr>
<tr><td>瓯江
（瓯江下游）</td><td>小溪</td><td>英川溪</td><td>黄湖港
（上游为岱根坑、麻连岱坑）</td><td>谢圩溪
梅七溪</td></tr>
</table>

梅溪为瓯江上游干流，发源于凤阳山东南角的锅帽尖西北麓，向南流经南溪，至干上汇梅岙水，折西流至南溪口汇保护区内的横源溪水，至砻溪纳屏南水，后至竹蓬后村汇瑞垟溪，出保护区后经小梅、骆庄至兰巨乡李家圩村，与八都溪汇合后

为龙泉溪。梅溪干流全长 52.48 千米，流域面积 539.55 平方千米。

豫章溪为龙泉溪支流，有大赛溪、均溪 2 水源，在五梅垟汇合后称豫章溪，在豫章村下注入龙泉溪。

大赛溪发源于凤阳山的黄茅尖北麓，汇大沙坑、粗坑、沙田、石竹坑、笋南坑等水流，经官浦垟、大赛、五梅垟汇入豫章溪，河长 22.86 千米，流域面积 91.28 平方千米，每年平均流量 3.4 立方米／秒。流域内建有大赛电站。

均溪源于凤阳山天堂山至马车后山之间的龙虎岙，向北流经横溪至双港桥，汇张砻水（即山青源），经益头至下溪口汇显溪源、梧树垟二水，至百步、桐山、五梅垟汇入豫章溪。流程 28.2 千米，流域面积 104.95 平方千米，多年平均流量 3.83 立方米／秒。流域内建有均溪梯级电站。

黄湖港为英川溪支流，发源于凤阳山黄凤垟尖南麓，向南流经麻连岱，折东流汇梅七水至景宁黄湖纳黄谢圩水。黄谢圩水发源于凤阳山的黄茅尖东麓，汇诸小坑水于双溪，向东流经交溪桥、双溪口、汇荒村水进入景宁县境，汇入黄湖港。

凤阳山的水资源已逐渐得到开发利用，并直接影响了 4 条河流近 10 座水电站的发电。

二、水库

凤阳山内的国有山部分，由于地势高峻，形成天然湖泊的条件不具备。也因这一地区雨量丰富，人烟稀少，距村庄农田较远，很少发生旱灾，没有必要建造水库。但出于美化环境、开发旅游事业需要，凤阳山自古至今建有 2 座水库。

一是坐落在大赛官田村东南面，海拔 1325 米，和保护区交界处的菖蒲塘。根据清朝乾隆《龙泉县志》载："菖蒲塘在县南三十里大山之巅，平衍幽胜。宋太宰何执中建馆树，凿池引泉，种花芰菱芡，为登眺之所。今废，惟菖蒲满地，俗呼为菖蒲塘。"此塘面积近 10 亩，深数米，四周青山环抱，景色清新宜人。由于坝体多年未修，为防决堤，现已不蓄水。

二是瓯江源景区的凤阳湖水库。该水库建于 1998 年，海拔高程 1540 米，湖面面积约 20 亩，系浙江省海拔最高的人工湖，主要用于旅游观光和森林防火。

集体林区内的梅溪、大赛溪、均溪以及龙南乡建兴的双溪和梅七溪上均建有水力发电站，多座电站筑坝蓄水形成水库，较大的有大赛一级电站，淹没土地 75 亩，库容 45 万立方米，发电装机容量 2000 千瓦。均溪一级电站淹没土地 85 亩，库容 173 万立方米，装机容量 3000 千瓦。均溪二级电站淹没土地 191.84 亩，库容 589 万立方米，装机容量 10000 千瓦。

用于农田灌溉的山塘较少，且面积也不大。

第二节 水文水质

一、水文

保护区内的水文呈以下特点：

（1）凤阳山为浙江省的暴雨中心之一，年平均降雨量 2000 毫米以上。处于保护区南北二地的南溪口村和官浦垟村，多年平均降雨量分别达到 2073.6 和 2025.6 毫米，年最大降雨量达到 2987.0 和 2926.9 毫米。1962 年，屏南年降雨量达 3098 毫米。

（2）坡向不同，年平均降雨量不同。东北坡偏少，西南部偏多，二者相差达 223 毫米。

（3）随着海拔升高，雨量逐步增加。一般情况下海拔每升高 100 米，年降雨量增加 34.8 毫米（详见下表）。

（4）溪流水位暴涨暴落。这是山区溪流的特色，进入枯水期，溪涧上游在干旱年分会断流。

（5）含沙量和水温由上游到下游逐渐增加和提升。因保护区内森林覆盖率高，植被茂密，因而含沙量较少，水温偏低。

凤阳山不同海拔、坡向年降水量　　　　单位：米，毫米

海拔高度	降水量					
	全年		4~6 月		7~9 月	
	东北坡	西南坡	东北坡	西南坡	东北坡	西南坡
300	1548	1771	702	885	421	379
400	1587	1809	716	898	438	396
500	1625	1848	736	912	455	413
600	1664	1887	743	925	472	430
700	1703	1926	757	939	489	447
800	1741	1964	771	953	506	464
900	1780	2003	784	966	523	481
1000	1819	2042	798	980	540	498
1100	1858	2080	812	994	557	515
1200	1896	2119	825	1007	574	532

二、水质

2001 年 9 月 12~14 日，龙泉市环境监测站对凤阳山自然保护区的瓯江源（瓯江源景点石碑处）、凤阳湖、通天沟（凤阳庙至凤阳湖车行道跨越通天沟的桥下）的 21

项水质指标进行了监测，其结果显示除瓯江源测点的 pH 值偏低特异外，基他监测项目的浓度值均达到《地表水环境质量标准》（GB3838 - 2002）Ⅰ类水要求，从总体上看凤阳山区域地表水水质优良（详见下表）。

水质监测结果表（一）

单位：毫克/升（pH 值、色度、电导率除外）

断面	采样时间	pH 值	硫酸盐	氯化物	硝酸盐氮*	亚硝酸盐氮* ($\times10^{-3}$)	氨氮	总磷 ($\times10^{-3}$)
瓯江源	9.12	6.25	<8	<10	<0.02	<3	<0.02	<10
	9.13	5.68	<8	<10	<0.02	<3	<0.02	<10
	9.14	5.54	<8	<10	<0.02	<3	<0.02	<10
	统计值	5.73	<8	<10	<0.02	<3	<0.02	<10
	水质类别	特异	低于限值	低于限值			Ⅰ	Ⅰ
凤阳湖	9.12	6.02	<8	<10	<0.02	<3	<0.02	<10
	9.13	6.11	<8	<10	<0.02	<3	<0.02	<10
	9.14	6.03	<8	<10	<0.02	<3	<0.02	<10
	统计值	6.05	<8	<10	<0.02	<3	<0.02	<10
	水质类别	Ⅰ	低于限值	低于限值			Ⅰ	Ⅰ
通天沟	9.12	6.24	<8	<10	<0.02	<3	<0.02	<10
	9.13	6.22	<8	<10	<0.02	<3	<0.02	<10
	9.14	6.21	<8	<10	<0.02	<3	<0.02	<10
	统计值	6.22	<8	<10	<0.02	<3	<0.02	<10
	水质类别	Ⅰ	低于限值	低于限值			Ⅰ	Ⅰ

水质监测结果表（二）

断面	采样时间	高锰酸盐指数	溶解氧	化学需氧量	生化需氧量	氟化物 ($\times10^{-3}$)	总砷 ($\times10^{-3}$)	总汞 ($\times10^{-3}$)
瓯江源	9.12	1.08	9.2	3.16	0.04	<50	<7	<0.05
	9.13	1.17	9.4	3.45	0.09	<50	<7	<0.05
	9.14	0.98	9.3	2.58	0.09	<50	<7	<0.05
	统计值	1.08	9.3	3.06	0.07	<50	<7	<0.05
	水质类别	Ⅰ	Ⅰ	Ⅰ	Ⅰ	Ⅰ	Ⅰ	Ⅰ
凤阳湖	9.12	1.76	9.4	4.10	0.21	<50	<7	<0.05
	9.13	1.58	9.3	3.17	0.26	<50	<7	<0.05
	9.14	1.13	9.5	3.89	0.21	<50	<7	<0.05
	统计值	1.49	9.4	3.72	0.23	<50	<7	<0.05
	水质类别	Ⅰ	Ⅰ	Ⅰ	Ⅰ	Ⅰ	Ⅰ	Ⅰ

（续）

断面	采样时间	高锰酸盐指数	溶解氧	化学需氧量	生化需氧量	氟化物（×10⁻³）	总砷（×10⁻³）	总汞（×10⁻³）
通天沟	9.12	0.96	9.6	2.66	0.04	<50	<7	<0.05
	9.13	1.34	9.5	2.87	0.09	<50	<7	<0.05
	9.14	1.56	9.4	3.71	0.09	<50	<7	<0.05
	统计值	1.29	9.5	3.08	0.07	<50	<7	<0.05
	水质类别	I	I	I	I	I	I	I

水质监测结果表（三）

断面	采样时间	总氰化物（×10⁻³）	挥发酚（9×10⁻³）	石油类（9×10⁻³）	六价铬（×10⁻³）	悬浮物*	总硬度*	电导率*
瓯江源	9.12	<4	<2	<5	<4	3.0	29.82	8.29
	9.13	<4	<2	<5	<4	5.0	31.55	10.1
	9.14	<4	<2	<5	<4	4.0	34.62	6.19
	统计值	<4	<2	<5	<4	4.0	32.00	8.19
	水质类别	I	I	I	I			
凤阳湖	9.12	<4	<2	<5	<4	4.0	34.62	7.82
	9.13	<4	<2	<5	<4	4.0	29.56	8.28
	9.14	<4	<2	<5	<4	6.0	31.23	8.49
	统计值	<4	<2	<5	<4	4.7	31.80	8.20
	水质类别	I	I	I	I			
通天沟	9.12	<4	<2	<5	<4	3.0	33.76	8.38
	9.13	<4	<2	<5	<4	4.0	38.52	7.40
	9.14	<4	<2	<5	<4	2.0	35.73	6.82
	统计值	<4	<2	<5	<4	3.0	36.00	7.53
	水质类别	I	I	I	I			

*：非 GB3838 – 2002 要求项目单位

第四章　气　候

第一节　气　温

凤阳山位于中亚热带温暖湿润气候区。气候特征为：四季分明，温暖湿润，雨量充沛，气候因子垂直分布差异较大。主要特点是：冬长夏短，入春偏迟，进秋偏早。一般 3 月底到 4 月初入春；7 月初入夏；8 月中旬初入秋；11 月中旬初入冬。由于地形作用，凤阳山的光、温、水地域差异明显，气候资源丰富（见下表）。

龙泉县四至及凤阳山毗连乡镇四季要素参考表

地点	海拔（米）	四季始日				各季天数				备注
		春	夏	秋	冬	春	夏	秋	冬	
县城	198	3.2	5.22	9.23	11.27	81	124	65	95	
安仁	190	3.4	5.24	9.23	11.24	81	122	62	100	处于本县东部
八都	270	3.3	5.22	9.25	11.25	80	126	61	98	处于本县西部
小梅	317	3.4	5.27	9.22	11.23	84	118	62	101	处于本县西南部
东书	460	3.14	6.12	9.12	11.20	90	92	69	114	处于本县北部
龙南	1087	4.5	7.1	8.11	11.11	87	41	92	145	和凤阳山毗连
屏南	1114	3.25	6.30	8.12	11.12	97	43	92	133	和凤阳山毗连

注：1. 以上数据系 1953～1988 年 36 年平均数。

2. 低于 10℃ 为冬季，高于 22℃ 为夏季，界于 10～22℃ 之间为春、秋季。

3. 凤阳山气象哨的海拔比龙南、屏南还高 300 多米，四季始日及各季天数尚有不同。

一、平均气温

凤阳山（凤阳庙）年平均气温 11.8℃。最暖月为 7 月，月均温 21.2℃；最冷月为 1 月，月均温 2.4℃。年平均气温比龙泉城区低 5.9℃，12 月至翌年 2 月月平均气温比龙泉城区偏低 4～5℃，3～11 月，月平均气温比龙泉城区偏低 6℃左右。年平均结冰天数为 55 天，一般年份始于 11 月终于 3 月，其中 1 月有 16 天，12 月有 14 天（详见下表）。

凤阳山各海拔高度与龙泉城区的年月平均气温

地点	海拔（米）	月平均气温（℃）												
		1	2	3	4	5	6	7	8	9	10	11	12	平均
城区	198	6.9	8.5	12.3	17.8	21.8	24.8	27.6	27.2	23.9	19.2	13.6	8.4	17.7
大赛	290	5.5	7.2	11.5	17.2	21.2	23.9	26.8	26.4	23.3	17.9	12.5	7.5	16.7
垟兰头	520	5.1	6.2	10.5	16.1	20.0	22.6	26.0	25.3	22.5	17.2	12.0	6.8	15.9
山头	810	4.3	5.2	9.4	14.8	18.5	21.1	24.5	23.6	21.1	16.0	10.9	5.9	14.7
炉岙	1030	3.7	4.5	8.6	13.9	17.5	20.1	23.3	22.3	19.9	14.9	10.0	5.7	13.7
大田坪	1260	2.6	3.3	7.4	12.7	16.2	18.8	21.8	20.7	18.4	13.6	8.6	4.5	12.4
凤阳山	1440	2.4	2.8	6.8	11.9	15.3	17.8	21.2	19.9	17.7	13.0	8.3	4.4	11.8

二、气候随海拔升高的变化

山区气温通常随海拔高度上升而下降。以年平均气温来说，递减率约为 0.5℃／100 米。海拔高度之间并不是简单的线性关系，跟地形、坡向、开阔度均有一定关联。不同的天气、不同的季节递减率也不相同。1 月、2 月、6 月、12 月气温递减率大，10 月、11 月递减率小（见下表）。

凤阳山北坡不同高度气温递减率

地点	地形	1月	2月	3月	4月	5月	6月	7月	8月	9月	10月	11月	12月
中山区	陡坡	0.6	0.7	0.6	0.5	0.5	0.7	0.5	0.6	0.4	0.6	0.5	0.5
中高山区	山坡	0.4	0.5	0.5	0.5	0.5	0.6	0.5	0.6	0.5	0.5	0.4	0.4
高山区	山岗	0.3	0.4	0.4	0.5	0.5	0.5	0.5	0.5	0.5	0.5	0.4	0.3

三、最高、最低气温

凤阳山（凤阳庙）常年最热月为7月，月平均气温21.2℃；极端最高气温30.4℃；常年最冷月为1月，月平均气温2.4℃，极端最低气温－13.0℃。东北坡极端最低气温－14.9℃。年平均有4次较强冷空气影响。

四、各界限气温的初、终日期及持续天数

以最低气温<4℃的初终日期来比较凤阳山各地的初终霜期，可知海拔越高，初霜期越早，终霜期越迟，无霜期偏少。以最低气温≤0℃为结冰日计，凤阳山的年平均结冰天数在同一海拔高度上，低洼地和山谷结冰天数多于坡地（见下表）。

凤阳山各地初终霜期和无霜期

地点	海拔高度(米)	地形	初霜(日/月)	终霜(日/月)	无霜期
垟兰头	525	坡地	11/11	28/3	228
夏边	630	峡谷	9/11	2/4	221
炉岙	1050	坡地	3/11	6/4	201
凤阳庙气象站	1490	小山顶	30/10	17/4	186

以平均气温10℃、20℃为界的标志性气温，随海拔高度及地形等不同而存在较大差异。

积温是衡量一个地方热量强度的指标，是决定当地植物种类和耕作制度的重要依据。由于凤阳山平均气温偏低、积温偏少，因而大部分木本植物的年生长量相比周边低海拔地区要少。

凤阳山保护区内≥10℃的活动积温和≥20℃的活动积温与不同的海拔高度、地理纬度、开阔程度、坡向坡度等地形条件密切相关。

凤阳山热量条件随海拔高度、地形及水平分布

海拔高度(米)	活动积温(℃)		日平均气温10℃以上天数		1月平均气温(℃)		7月平均气温(℃)	极端最低气温(℃)		
	东北	西南	东北	西南	东北	西南		盆谷地	开阔地	坡地
300	5220	5574	246	251	5.6	6.9	27.2	－9.5	－8.3	－7.1
400	5038	5392	242	247	5.2	6.5	26.7	－10.1	－8.9	－7.7
500	4855	5209	237	243	4.9	6.1	26.1	－10.7	－9.5	－8.3

（续）

海拔高度 （米）	活动积温（℃）		日平均气温 10℃以上天数		1月平均气温 （℃）		7月平均 气温（℃）	极端最低气温（℃）		
	东北	西南	东北	西南	东北	西南		盆谷地	开阔地	坡地
600	4673	5027	233	238	4.5	5.7	25.6	-11.3	-10.1	-8.8
700	4490	4844	229	234	4.1	5.3	25.1	-11.9	-10.7	-9.4
800	4308	4662	224	229	3.7	4.9	24.5	-12.5	-11.3	-10.0
900	4125	4480	220	225	3.3	4.6	24.0	-13.1	-11.9	-10.6
1000	3943	4297	215	220	2.9	4.2	23.4	-13.7	-12.5	-11.2
1100	3760	4115	211	216	2.6	3.8	22.9	-14.3	-13.0	-11.8

自 20 世纪到本世纪，人们普遍感到气温有所升高，从龙泉市区 1953～2008 年 56 年气温记录看，1953～1997 年的 45 年间，年均温≥18℃有 7 年，年平均气温为 17.62℃；1998～2008 年的 11 年，年均温全部≥18℃，年平均气温为 18.43℃。后 11 年比前 45 年升高 0.81℃。由此看来，凤阳山的气温也必将提高。气温变化将对森林植被和生物物种的变化产生深远的影响。

第二节　降　水

由于凤阳山海拔较高，致使华北西部东移的低槽雨区或冷空气南下推动的切变线、静止锋雨区在移到保护区时，因地形的抬升作用，而使雨势加大。夏秋季在福建中北部到浙江中南部一带沿海登陆的台风或强热带风暴，其外围的环状云雨区，由于迎风坡的作用，而产生强降水，所以，凤阳山是浙江西南部雨水最丰沛的地区之一，也是浙江汛期暴雨中心之一。冬季易形成降雪天气。

一、降水量

丽水市多年平均降雨量超出 2000 毫米的地方，只有龙泉市的龙南、屏南，庆元县斋郎及龙泉、景宁交界处这一区域。凤阳山上的凤阳庙年均降水量 2325 毫米，比龙泉城区多 672.6 毫米。降水分布是东北偏少，西南部偏多。4～6 月为主汛期，平均合计雨量为 1119 毫米，约为全年总量的 48%；7～9 月平均雨量 599 毫米，比龙泉城区多 226.2 毫米；10 月到次年 3 月的平均雨量也有 607 毫米。干旱较少发生。

二、年降水日数

凤阳山全年≥0.1 毫米的降水日数为 206 天，其中 3～6 月最多，10～12 月最少。24 小时雨量≥50 毫米的暴雨年平均有 6 天，主要集中在 4～8 月；≥100 毫米大暴雨平均 2 年 3 次（城区则为年均 0.5 次），以 6 月份出现最多。

第三节　风　力

凤阳山平均风速一般随着海拔高度上升而增加，风向受地形的影响而差异较大。风向、风速的变化主要受天气系统的影响（见下表）。

凤阳山风的主要因素

地点	海拔高度（米）	月份 因素	冬半年						夏半年					
			1	2	3	4	11	12	5	6	7	8	9	10
山头	810	风速	1.5	1.7	1.7	1.7	1.6	1.4	1.3	1.5	1.6	1.5	1.5	1.6
		风向	SE	NE	NW	NW	SE	SE	NW	NW	NW	SENW	SENW	SE
		频率	21	22	33	24	28	25	19	25	13	22	20	20
炉岙	1050	风速	1.5	1.4	1.8	2.1	1.6	1.5	1.9	1.9	2.4	1.7	1.9	1.4
		风向	WSW	ENE	W	WSWW	WSW	SW	W	WSW	WSW	SE	SW	NE
		频率	10	8	11	10	11	10	10	1.0	1.3	10	10	10
凤阳山	1490	风速	2.0	2.4	3.3	3.0	2.2	2.1	2.5	3.2	3.1	2.4	2.6	2.2
		风向	SSW	SSW	SSW	SSW	SSW	SSW	SSW	SSW	SSW	SSW	SSW	SSW
		频率	41	41	45	46	26	32	41	50	52	33	25	28

第四节　灾　害

凤阳山的林业气象灾害主要有大风、冻害、暴雨。

一、风灾

当瞬间风速≥17米/秒时，即为大风，这时的风力达到或超过8级，容易造成树木刮倒或折断。冬、春季强冷空气南下，夏季的强对流天气发生或台风、强热带风暴登陆时，如凤阳山保护区处在8级以上风力范围内，都可出现大风天气，平均每年发生3次以上，其中7、8月份最多。

二、冻害

当地面温度降低至0℃以下时所产生的气象灾害称之为冻害，对林木和动物造成冻害的主要形式是冰冻。当出现严重冰冻并持续3天以上时，会对喜温植物造成冻害。每年冬季强冷空气侵入造成低温阴雨，常出现雨淞冻害，严重的雨淞冻害会使大面积的森林树枝受损。低温会对有流水的公路边坡地段形成冰挂，造成塌方；溪沟浅水处、瀑布结冰，对水生动物生长不利。凤阳山自然保护区年平均积雪5天以上，尤其是雪区移到保护区时，如具备一定的降雪条件，积雪深度可达20厘米以上。受冷高压控制，极端最低气温一般在－6℃以下，积雪冻结成冰，对森林有较大破坏作用，特别是对毛竹林的危害更甚。2008 年 2 月的雨雪冰冻灾害就给保护区造成 1860 万元的损失。

三、暴雨

凤阳山海拔千米以上地区，是龙泉暴雨多发地区。强降水不仅造成水土流失，甚至产生山洪暴发，引发泥石流或山体滑坡，给保护区造成较大损失。

有关史料对暴雨、水灾记载甚多，如 1952 年 7 月 19～22 日的台风暴雨，现保护区边的屏南瑞垟干上及屏南车盘坑山洪暴发，民房基本冲塌，水浸县城大街，有 19 个乡 64 个村受灾，死 73 人，伤 70 人，毁房 3250 间。

1958 年 7 月 17 日，建兴乡遭台风袭击，普降特大暴雨，山洪暴发。乡所在地荒村村中的小溪被 150 多立方米木材堵塞，全村 124 户有 120 户受灾。乡党总支书记项朝章带领采伐队工人赴现场排险，因洪水凶猛，项朝章和采伐队工人林宝宣、何宗清、邱国逢 4 人不幸殉难，李跃明身受重伤。

2004 年 8 月 12 日，受 14 号强台风"云娜"影响，保护区内降雨量达 186 毫米，造成大小山体滑坡 16 处，面积约 20 亩，公路塌方 6 处，其中大田坪公路一处塌方近 2.0 万立方米。2005 年 6 月 18 日，由于连续强降雨，进区公路 9 千米处发生路基塌陷，幸未造成重大损失。

2006 年 8 月 10 日，受 8 号超强台风"桑美"影响，屏南镇均溪一级电站雨量达 225 毫米。

另外，凤阳山周边一带尚有小地震发生，如 2004 年 2 月 28 日，根据省地震局通报，龙泉市屏南镇在 22 时许发生一起里氏 2.4 级地震，震中位于屏南镇上畲村和查田镇交界处，周边 3 乡镇 18 个行政村及凤阳山保护区范围内有震感，但未造成危害。

第二编

森 林 资 源

　　龙泉自中生代三叠纪中期以后，高大茂密的原始森林就已覆盖全境。新生代全新世冰期以后，亚热带森林的自然分布和科、属、种组成已经与今大致相似。随着自然环境的渐变及人类的出现和增加，农业、手工业的兴起、发展，原有的森林分布区域逐渐缩小，有的地方甚至消失。清朝末期至20世纪80年代百余年间，龙泉的森林变迁加剧，但凤阳山一隅，特别是海拔较高之处，仍保留下较大面积的亚热带常绿阔叶林和针阔叶混交林。自然保护区建立后的30年间，因加强了保护工作，森林火灾基本杜绝，木材采伐受到了严格控制，森林植被类型自然演替明显，特别是山顶，山冈上的草丛、灌丛等植被类型逐渐被针叶林、针阔混交林所取代。已成为"浙南林海"中的精华之处。

　　根据2007年森林资源调查数据，凤阳山保护区土地总面积227571亩，占全市面积的4.96%。其中林业用地面积216243亩，占保护区总面积的95.02%，非林业用地面积11328亩，占4.98%。国有山中的林业用地面积则占99.3%。森林覆盖率96.2%。活立木总蓄积1146763立方米，占全市总蓄积的7.87%。其中国有林蓄积352845立方米，占保护区总蓄积的30.77%。毛竹立竹量1695500株。

　　凤阳山自然保护区内的森林植被类型有针叶林、针阔叶混交林、阔叶林、竹林、灌丛、草丛等6个植被型组、11个植被型、21个群系组和27个群系。以珍稀或濒危植物为优势种或次优势种形成的稀有群落有7个。

　　凤阳山有苔藓植物66科，170属，368种；蕨类植物37科，74属，196种7变种；种子植物164科，666属，1464个分类群。外来物种不多。在众多的植物种类中，根据国家和有关单位批准公布的珍稀濒危植物有58种，其中苔藓植物3种，裸子植物11种，被子植物44种，内有列入国家Ⅰ级保护3种，Ⅱ级保护18种；数量上以木本植物占优势，有33种；珍稀濒危植物种数最多的是兰科，有15种，其次是木兰科，有 6 种。凤阳山还是重要的模式标本产地，明确标明采于凤阳山的有 17 种。古木大树众多。

凤阳山共记录有大型真菌 256 种。其中大型经济真菌 182 种，大部分为食药用菌，另有有毒真菌 31 种。

凤阳山的动物资源据目前调查数据，计有昆虫 25 目 239 科 1161 属 1690 种；脊椎动物中有鱼类 45 种、两栖类 32 种、爬行类 49 种、鸟类 121 种、兽类 62 种。内有国家重点保护动物 36 种，其中昆虫 1 种、两栖类 1 种、鸟类 19 种、兽类 15 种；内属国家 I 级重点保护的有 5 种，II 级重点保护有 31 种。

第一章　森林植被

第一节　森林变迁

中生代三叠世中期以后，浙闽古陆海水渐退，成为陆地。嗣后，高大茂密的原始森林覆盖龙泉全境。由于气候、地貌变化和生物的进化，在白垩纪早期裸子植物开始衰退，部分属种逐渐消亡，至白垩纪晚期，被子植物已初见优势。在新生代全新世冰期以后，龙泉亚热带森林的自然分布和科、属、种组成已经大致与今相似。随着生态环境的渐变，人类的出现和人口的增加，农业、手工业的发展，原有的森林分布地域逐步缩减，有些地方甚至消失，人类活动已成为引起森林变化的主因之一。历史上浙江的木材生产以新安江流域最为发达，清朝末期开始，瓯江流域人口增速加快，生产内容进一步拓展，人们对森林产品的需求日益增加，再加林产品出口业的发展，造成瓯江中下游地区的森林资源锐减，供材区域向上游推进，龙泉的木材经销业开始兴起，从而加快了森林植被的变化。龙泉溪及其主要支流两侧的大部分常绿阔叶林被杉木人工林和马尾松林所取代。

龙泉地处浙闽边陲，是浙江省人口密度最低的县份之一，凤阳山东南部的建兴、均溪、屏南一带，可耕地少，粮食产量低，无法承受人口的增殖，人口密度比龙泉其他地方更低。也因交通闭塞，木材无法成为商品，群众只能"望林兴叹"。该区域是中国香菇的发源地和菇民的聚居区，但不是中国香菇产品的主产区。据专家考证，原因是凤阳山一带海拔较高，阔叶林中一些能取得香菇高产、优质的菇木资源有限，不能满足众多菇民长期做菇的需求。二是龙泉青瓷业发达，为烧窑所需，海拔较低、交通较便的阔叶林多被砍伐，由杉木、马尾松、毛竹林所取代。再则，龙泉本地租用菇场要价较高。还有一个重要原因是龙泉本地粮食不足，菇民去外省选菇场时，大多将菇场建在粮食等物产较为富庶之地，以便香菇可换取较多钱粮。故他们只能弃近就远，在木材生产最佳的冬季，大部分劳力外出福建、江西、安徽等地做香菇，到次年清明节前后才带酬金和粮食回到家乡。龙泉菇区百姓有一句林谚，"枫树落叶夫妻分别，枫树抽芽丈夫回家"，说明了菇民的生活规律。当然，菇民们在本乡本土海拔较低的阔叶林中，对一些倒木或可利用的菇树，做些砍花栽培香菇也是常事，但规模较小，对森林的发生和发展影响有限，这使凤阳山仍保留下大片原始森林。也因缺粮，就近农民经常上山挖取蕨根及采摘野菜，以求果腹，由于山蕨生于高海拔的荒山，为求来年生长旺盛，就常放火烧荒。再加上凤阳山海拔较高的山冈山顶，自然条件严酷，一些喜温、喜肥的植物难以生存，从而形成大片荒山，该状一直延续到 20 世纪 60 年代。

中华人民共和国成立后，凤阳山大部分离村较近的山林分给了农民，调动了群众营林的积极性。农村合作化后，凡离大赛溪、均溪以及流向景宁县的双溪、梅七溪等较近、能实施木材"赶羊"流放的生产队，木材投售数量有所增加，但总量尚小，对森林植被的影响不大。

木材市场开放后，采伐量增加，以致一些交通较便之乡村，木材消耗量超出生长量，造成森林蓄积量下降，植被类型发生变化。

木材生产与交通开发息息相关。1958 年，龙泉县森工局第三采伐队在大赛乡夏边村建立，开始采伐、收购建兴、龙南、大赛等公社的木材。1959 年豫章至夏边的公路开通，人力车运材的小马路开到了粗坑、沙田、炉香村下，并通向凤阳山腹地到大田坪。1964 年夏边至蛟垟公路开始续建，1969 年，荒村至双溪公路开通，1970 年，双溪至麻连岱公路建成。至此，凤阳山北、东两个方向开始大量采伐木材。第三采伐队人数最多时达 1800 余人，1961 年采伐、收购木材就达 4 万多立方米。

1972 年 8 月，后（岭背）杉（树根）公路开建，至 1983 年 12 月完工，它的建成为屏南 3 个公社奠定了交通基础，也使凤阳山西南向的交通条件得到很大的改善。交通环境的改善也是一把"双刃剑"，它既能为当地的工农业发展，百姓生活水平的提高起到不可替代的作用，但就森林保护而言，如掌握不当，也会使森林资源遭受损失，凤阳山周边的部分地区就出现了这种情况，从而使森林植被发生变化。

由于凤阳山核心地域既不具备木材水运的条件，也不通公路，且多为阔叶林，少杉木、毛竹，1966 年后又实施了积极的保护措施，因而使凤阳山海拔较高的地段，仍保留下大片的半原生植被，为建立自然保护区创造了条件。

凤阳山自然保护区建立后，保护森林资源为其首要任务，不但原有的森林植被得到妥善的保护，且随着森林类型的演替，原黄茅尖、黄凤阳尖、凤阳尖、烧香岩一带大面积的草山灌丛逐渐被黄山松等先锋树种所更替。现黄凤阳尖海拔 1800 米左右山地，黄山松胸径大多达 15～18 厘米，树高 5～6 米，其中层的云锦杜鹃、波叶红果树有的胸径也达 10 厘米。林分郁闭度多在 0.6 左右，针阔叶混交林已呈现在大家的面前，但少数地方呈丛状分布。仰天槽以上海拔 1700～1800 米之处以黄山松、木荷、云锦杜鹃为主，除山顶黄山松、波叶红果树、云锦杜鹃比较矮小、呈零星分布外，其山顶下部已成比较典型的针阔叶混交林。主林层高 6～8 米，中下层灌木高 2～4 米，有些黄山松胸径已达 15～20 厘米，郁闭度约 0.8。烧香岩除顶部尚有小面积草、灌丛。海拔 1600～1800 米处，黄山松成为优势树种，树高约 7～8 米，郁闭度几乎达到 1.0。和保护区建立时相比，海拔较高处的林相已发生很大变化。森林线升高了 200～300 米。山地草丛、灌丛这一森林类型面积逐渐缩小。以黄山松为主的针叶林，也有部分已被针阔叶混交林所取代。

凤阳山海拔较高离村较远之处，原无杉木林，现大田坪、凤阳庙、上圩桥、乌狮窟、凤阳湖一带，1966 年营造的 2000 多亩杉木人工林，大部分树高 15～18 米，胸径 20～30 厘米之间，少数已经达到 40 多厘米。由于林分郁闭度较大，林下植被稀疏，黄山松、阔叶树幼苗较少，目前这一林型尚处在较为稳定的状态。

凤阳山的森林，部分地方虽经历了一定的变化，由于自然保护区的建立，人为干预逐步减少，它已遵循生态发展的自然演替规律而变化。

第二节　植被类型

凤阳山处于北亚热带和南亚热带之间，地理位置、气候条件优越，植物成分非常丰富。植被类型和区系成分既有典型的中亚热带常绿阔叶林的特征，又具有差异性、过渡性、多样性的特点。据 2003 年 8 月在凤阳山选择各种群落有代表性地段进行样方调查，所获得的群落总郁闭度、优势种、海拔高度、坡度、坡向、地形、岩石裸露率及枯枝落叶层厚度等数据。按照采用《中国植被》和《浙江森林》的划分原则和分类系统进行植被类型划分，结果显示，凤阳山森林植被类型有 6 个植被型组，11 个植被型，21 个群系组和 27 个群系。详见下表。

凤阳山的植被类型

植被型组	植被型	群系组	群系	名　称
针叶林	Ⅰ温性针叶林	1		黄山松针叶林
			（1）	黄山松林
		2		柳杉针叶林
			（2）	柳杉林
		3		福建柏针叶林
			（3）	福建柏林
	Ⅱ暖性针叶林	4		杉木针叶林
			（4）	杉木林
针阔叶混交林	Ⅲ温性针阔叶混交林	5		黄山松针阔叶混交林
			（5）	黄山松、木荷林
			（6）	黄山松、多脉青冈林
			（7）	黄山松、褐叶青冈林
		6		福建柏针阔叶混交林
			（8）	福建柏、木荷、褐叶青冈林

（续）

植被型组	植被型	群系组	群系	名　　称
	IV暖性针阔叶混交林	7		杉木针阔叶混交林
			（9）	杉木、木荷、短尾柯林
阔 叶 林	V常绿落叶阔叶混交林	8		亮叶桦常绿落叶阔叶混交林
			（10）	亮叶桦、木荷、短尾柯林
			（11）	亮叶桦、多脉青冈林
			（12）	亮叶桦、硬斗石栎林
		9		鹅掌楸常绿落叶阔叶混交林
			（13）	鹅掌楸、多脉青冈、小叶青冈林
阔 叶 林	VI常绿阔叶林	12		青冈类林
			（16）	褐叶青冈、木荷林
			（17）	多脉青冈、木荷林
			（18）	小叶青冈、木荷林
		13		栲类、木荷林
			（19）	甜槠、木荷林
	VII山顶矮曲林	14		杜鹃矮曲林
			（20）	猴头杜鹃林
竹 林	VIII暖性竹林	15		丘陵山地竹林
			（21）	毛竹林
	IX温性竹林	16		山地竹林
			（22）	玉山竹林
灌丛	X常绿阔叶灌丛	17	（23）	马银花灌丛
		18	（24）	云锦杜鹃灌丛
	XI落叶阔叶灌丛	19	（25）	波叶红果树灌丛
		20	（26）	映山红灌丛
草丛		21	（27）	芒－野古草草丛

　　凤阳山的地带性植被以黄山松林和常绿阔叶林为主，由于人为采伐，低海拔处的原生常绿阔叶林已砍伐殆尽，仅存次生常绿阔叶林及其他天然和人工植被。但保护区中的核心区尚保存着较成熟的中山地带常绿阔叶林，其主要组成种类有壳斗科、山茶科、樟科、山矾科中的一些适合在中山地带生长的植物，如褐叶青冈、多脉青冈、木荷、短尾柯、甜槠、黑山山矾等。因所处地势高峻，常绿阔叶林类型并不典型。凤阳山植被具有垂直分布的趋势，但分布带并不明显，常绿阔叶林分布区的海拔可达1650米以上，落叶常绿阔叶混交林也可以在海拔1000米以下出现。其垂直分布是十分复杂的、镶嵌式的，如在中山地带的某些山体，往往沟谷地段为落叶常绿阔叶混交林、山坡上为常绿阔叶林或针阔叶混交林，山脊上下为针叶林或矮曲林。凤阳山植被类型的内部结构较为复杂，分层明显，有乔木层、灌木层和草本层之分，

而乔木层又可明显分为两层，主林层以建群种为主，亚林层在大多数群落中以杜鹃花科的猴头杜鹃、鹿角杜鹃，山茶科的尖连蕊茶、红淡比、浙江红花油茶为主。现将各类型植被的样地调查的数据概述如下。

一、针叶林

1. 黄山松林

该类型面积大，海拔 800 米以上的山脊及近山脊的山坡上广布。山脊陡坡上的黄山松林，土壤薄而贫瘠，树体矮化；缓坡上的黄山松林，土壤比较肥厚，树体较高大。黄山松在乔木层中占绝对优势。主林层树高 10~13 米，几乎全为黄山松，仅伴生极少量的木荷；乔木层下亚层树高 3~10 米，黄山松也占有较大的比例，伴生种主要有木荷、薄叶山矾、江南花楸、鹿角杜鹃和隔药柃。灌木层优势种为木荷、东方古柯、薄叶山矾、隔药柃等。草本层主要有芒、肥肉草、油点草、三脉叶紫菀等。层外植物有香港黄檀。

2. 柳杉林

该类型多为人工林，一些土层较肥沃、海拔较高的沟谷地带有分布，柳杉在乔木层中占绝对优势，最高达 28 米，最大胸径有 85 厘米。主林层树高 10~22 米，几乎全为柳杉，仅伴生极少量的杉木、黄连木；乔木下亚层树高 3~10 米，林冠稀疏，种类主要有红楠、鹿角杜鹃、马银花、豹皮樟、木荷、浙江新木姜子和隔药柃。灌木层优势种为豹皮樟、红楠、鼠刺叶石栎。草本层有鳞毛蕨一种、苔草、三脉叶紫菀、栗褐薹草、阔叶山麦冬等。

3. 福建柏林

该类型在海拔 1200~1600 米的山体中上部的一些沟谷与山坡上呈片状分布。乔木层分层明显，主林层树高 10~13 米，福建柏占绝对优势，树高 7~13 米，胸径 9~31 厘米。伴生树种有褐叶青冈、木荷；乔木下亚层树高 3~8 米，优势树种为猴头杜鹃。草本层植物有五节芒、麦冬等。

4. 杉木林

该类型在保护区国有林内多数为 1966 年营造的人工林，分布在海拔 1600 米以下。也有林龄较大的群落，如设在将军岩下样地，树高 3.5~25 米，胸径 4~39.5 厘米，郁闭度 0.75，主林层树高 10~22 米，杉木占绝对优势，伴生少量的黄山松、亮叶桦、浆果椴和木荷；乔木下亚层树高 3.5~10 米，林冠稀疏，种类主要有柃木、鹿角杜鹃、马银花、红枝柴等。灌木层种类有大萼黄瑞木、冬青、柃木、豹皮樟等。草本植物有光里白、藜芦、东风菜、鹿蹄草、朱砂根等。

海拔较低的集体林中，杉木林面积较大，林龄较小。

二、针阔叶混交林

1. 黄山松、木荷林

该类型较普遍，分布于海拔1200～1600米之间的山坡中部。树高3～17米，胸径3～34厘米。乔木层分层明显，主林层10～15米，黄山松占较大优势，伴生种类主要有木荷、褐叶青冈、石栎、硬斗石栎、多脉青冈、亮叶桦；乔木下亚层树高3～10米，该层种类较为复杂，有木荷、褐叶青冈、石栎、硬斗石栎、多脉青冈等主林层出现的种类，还有麂角杜鹃、薄叶山矾、隔药柃、水丝梨、四川山矾、马银花、尖连蕊茶等种类，以麂角杜鹃占优势。灌木层主要有满山红、麂角杜鹃、尖连蕊茶、木荷、华东山柳、隔药柃、浙江红花油茶、鼠刺叶石栎、硬斗石栎、豹皮樟、扁枝越橘、薄叶山矾、东方古柯、猴头杜鹃、阔叶十大功劳、榕叶冬青、石栎、甜槠、浙江樟等。草本层的品种较少，有的地方仅见华东瘤足蕨。

2. 黄山松、多脉青冈林

该类型分布于海拔1300～1650米之间的山坡中部，树高3～20米，胸径3～28厘米。乔木层分层明显，主林层10～20米，黄山松占较大优势，伴生种类主要有多脉青冈、木荷、短尾柯；乔木下亚层树高3～10米，优势种为多脉青冈、木荷、短尾柯。灌木层优势种为玉山竹、满山红、马银花、扁枝越橘。草本层仅有山麦冬、斑叶兰等少数种。层外植物有鹰爪枫。

3. 黄山松、褐叶青冈林

该类型分布于海拔1300～1750米之间的山坡中上部，树高3～24米，胸径3～46厘米。乔木层分层明显，主林层14～24米，全为针叶树种，优势种为黄山松、福建柏，伴生极少量的柳杉；乔木下亚层树高3～14米，多为6～10米，优势种为褐叶青冈，伴生种类有木荷、水丝梨、香冬青、具柄冬青等。灌木层优势种为褐叶青冈、猴头杜鹃、宜章山矾。草本层有华东瘤足蕨等，数量较少。层外植物有尖叶菝葜、缘脉菝葜、华双蝴蝶。

4. 福建柏、木荷、褐叶青冈林

该类型分布于海拔1300～1600米之间的山坡中部，群落外貌以常绿阔叶林为主，树高3～14米，胸径3～46厘米。乔木层分层明显，主林层8～12米，优势种为福建柏、木荷、褐叶青冈，伴生少数汝昌冬青、黄山松、亮叶桦、交让木、白蜡树；乔木下亚层树高3～8米，优势种为猴头杜鹃、红淡比、褐叶青冈、木荷。灌木层优势种为猴头杜鹃、褐叶青冈、细叶青冈。草本层有齿缘瘤足蕨、复叶耳蕨、华东瘤足蕨、美丽复叶耳蕨等，分布较为稀疏。

5. 杉木、木荷、短尾柯林

该类型分布于海拔1300～1550米之间的山坡中部，群落外貌为常绿针阔叶混交林，树高3～18米，胸径3～46厘米。乔木层分层明显，主林层10～18米，优势种为杉木，伴生种有木荷、短尾柯、毛脉槭、蓝果树、化香；乔木下亚层树高 3～10 米，优势种为木荷、短尾柯、杉木。灌木层优势种为浙江红花油茶、木荷、化香、鹿角杜鹃。草本层植物有藜芦等少数种，稀疏。

三、常绿落叶阔叶混交林

1. 亮叶桦、木荷、短尾柯林

该类型分布于海拔 1200～1650 米之间的山坡中部，群落外貌落叶与常绿阔叶树相间，比例相近，树高 3～23 米，胸径 3～35 厘米。乔木层分层明显，主林层树高 10～20 米，优势种为亮叶桦、木荷、短尾柯、蓝果树，伴生种有褐叶青冈、木姜叶石栎、多脉青冈、枫香、石栎、交让木等；乔木下亚层 3～10 米，优势种为褐叶青冈、木荷、隔药柃、尖连蕊茶、鹿角杜鹃。灌木层优势种为尖连蕊茶、鼠刺叶石栎、薄叶山矾。草本层有华东瘤足蕨、麦冬等，分布较为稀疏。层外植物有鹰爪枫。

2. 亮叶桦、多脉青冈林

该类型分布于海拔 1200～1650 米之间的山坡中部，群落外貌落叶与常绿阔叶树相间、比例相近，树高 3～17 米，胸径 3～52 厘米，少数亮叶桦的胸径可达 1.0 米。乔木层分层明显，主林层树高 10～17 米，优势种为亮叶桦、多脉青冈、木荷，伴生种有枫香、浆果楝、鹅掌楸、交让木、硬斗石栎、山乌桕；乔木下亚层 3～10 米，优势种为褐叶青冈、交让木、硬斗石栎、尖连蕊茶、鹿角杜鹃。灌木层优势种为尖连蕊茶、褐叶青冈、窄基红褐柃。草本层有阔叶山麦冬、禾叶山麦冬、华东瘤足蕨，分布较为稀疏。

3. 亮叶桦、硬斗石栎林

该类型分布于海拔 1200 米左右的山坡中部。群落外貌落叶与常绿阔叶树相间、比例相近，并有少量的针叶树杂于中间，树高 3～17 米，胸径 3～36 厘米，少数地块是由杉木林缺乏人工管理后自然演替形成的落叶常绿阔叶混交林，林中留有杉木枯立木。乔木层分层明显，主林层高 9～17 米，优势种为亮叶桦、硬斗石栎，伴生种有杉木、木荷、雷公鹅耳枥、褐叶青冈、浆果楝、甜槠、黄山松、化香、冬青、薄叶山矾等；乔木下亚层树高 3～9 米，优势种为冬青、鹿角杜鹃。灌木层优势种为马银花、微毛柃、甜槠，尖连蕊茶、褐叶青冈、窄基红褐柃、阔叶箬竹。草本层有华东瘤足蕨、藜芦、栗褐薹草、蹄盖蕨，分布较为稀疏。

4. 鹅掌楸、多脉青冈、小叶青冈林

该类型分布于海拔 1300～1550 米之间的山坡中部，群落外貌落叶与常绿阔叶树相间，落叶成分比例略高，树高 4～26 米，胸径 4～51 厘米。乔木层优势种为鹅掌楸、多脉青冈、小叶青冈，伴生种有粉椴、木荷、凸脉冬青、秀丽槭、硬斗石栎、交让木、江南花楸、秀丽四照花、银钟花、亮叶桦、南方红豆杉、大果卫矛等。灌木层有柃木、山矾、浙江新木姜子等。草本层种类较少。

5. 亮叶水青冈、木荷林

该类型分布于海拔 1300～1600 米之间的山坡中部，群落外貌落叶与常绿阔叶树相间，落叶成分比例占优，树高 4～20 米，胸径 4～57 厘米。乔木层优势种为亮叶水青冈、木荷、多脉青冈，伴生种有凸脉冬青、水丝梨、黄山木兰、江南花楸、交让木、大果卫矛、柃木、银钟花、秀丽槭、猴头杜鹃等。灌木层有麂角杜鹃、尖连蕊茶、浙闽新木姜子、山矾、岩柃等。

6. 化香、褐叶青冈林

该类型分布于海拔 1200～1550 米之间的山坡中部，群落外貌落叶与常绿阔叶树相间，落叶成分比例相对较大，树高 3～20 米，胸径 3～57 厘米。乔木层分层明显，主林层 10～20 米，优势种为化香、褐叶青冈，伴生种有枫香、甜槠、短尾柯等；乔木下亚层树高 3～9 米，优势种为褐叶青冈、麂角杜鹃。灌木层优势种为尖连蕊茶。草本层有华东瘤足蕨、山麦冬、麦冬、淡竹叶、紫花堇菜等。层外植物有鹰爪枫。

四、常绿阔叶林

1. 褐叶青冈—木荷林

该类型较普遍，分布于海拔 1300～1550 米之间的山坡中部。群落总郁闭度 0.75，树高 3～30 米，胸径 3～50 厘米。乔木层分层明显，主林层 10～25 米，优势种为褐叶青冈、木荷，伴生种有甜槠、蓝果树等；乔木下亚层树高 3～10 米，优势种为褐叶青冈、隔药柃、麂角杜鹃。灌木层优势种为褐叶青冈、朱砂根、尖连蕊茶。草本层有华东瘤足蕨、美丽复叶耳蕨，分布稀疏。

2. 多脉青冈—木荷林

该类型分布于海拔 1400～1650 米之间的山坡中上部，在部分地段，多脉青冈在群落中所占比率高。树高 3～18 米，胸径 3～50 厘米。乔木层分层明显，主林层 10～18 米，优势种为多脉青冈、木荷，伴生种有甜槠、短尾柯、亮叶水青冈、具柄冬青、云锦杜鹃、雷公鹅耳枥、稠李等；乔木下亚层树高 3～10 米，优势种为多脉青冈、短尾柯、尖连蕊茶。灌木层优势种为薄叶山矾、尖连蕊茶。草本植物稀缺。

3. 小叶青冈、木荷林

该类型分布于海拔 1400～1650 米之间的山坡中上部，树高 3～16 米，胸径 4～34 厘米。乔木层优势种为小叶青冈、木荷，伴生种有红淡比、厚皮香、麂角杜鹃、多脉青冈、甜槠、吴茱萸、五加、野漆树、冬青、秀丽槭、猴头杜鹃。灌木层有尖连蕊茶、山矾、马银花、尾叶冬青等。

4. 甜槠、木荷林

该类型分布于海拔 1200 ~ 1500 米之间的山坡中部。群落总郁闭度 0.85，树高 3 ~ 20 米，胸径 3 ~ 48 厘米。乔木层分层明显，主林层 10 ~ 20 米，优势种为甜槠、木荷、黑山山矾，伴生种有黄山松、浙江樟、银钟花、黄连木；乔木下亚层树高 3 ~ 10 米，优势种仍为甜槠、木荷、黑山山矾。灌木层优势种为窄基红褐柃、浙江樟。草本层植物优势种为里白、镰羽贯众等。

五、山顶矮曲林

猴头杜鹃矮曲林：该类型分布于山体上部，是在风力强、气温昼夜变化大、云雾多、湿度大、土层薄的环境条件下形成的类型。其建群种为猴头杜鹃，结构简化，树体矮化，无主干，枝干弯曲，根系发达，对水土保持有特殊作用。树高 6 ~ 15 米，胸径 3 ~ 20 厘米，林冠层优势种为猴头杜鹃，有少量的黄山松和多脉青冈杂于其中，并高出猴头杜鹃主林层。灌木层也以猴头杜鹃为主。草本植物稀缺。

六、竹林

1. 毛竹林

该类型在保护区国有林内只有小片零星分布，周围集体山林分布较广，成片竹林北坡分布于 1100 米以下，南坡在 1300 米以下。乔木层除毛竹外，常有杉木、凹叶厚朴、柳杉等混交。灌木层有石楠、小叶乌饭、山胡椒、鹿角杜鹃、山鸡椒、青灰叶下珠、树参、马银花等。草本植物有光里白、狗脊、黄精、淡竹叶、华东瘤足蕨等。层外植物有猕猴桃、藤黄檀、南五味子、金银花等。

2. 玉山竹林

该林分布于海拔 1550 米以上的山脊线上，成密集块状分布，高 0.3 ~ 3 米，秆粗 0.2 ~ 1.5 厘米，郁闭度 0.95。

七、灌丛

1. 马银花灌丛

该群落分布于海拔 1600 米以上的山冈及近山冈的山坡上，灌木层以马银花、黄山松、窄基红褐柃为主，伴生种类有山鸡椒、云锦杜鹃、映山红、猴头杜鹃、阔叶箬竹等。草本植物有东风菜等。

2. 云锦杜鹃灌丛

本群落分布于海拔 1650 米以上的山顶部分，灌木层高 1.5 ~ 2.5 米，盖度 65%，组成种类是云锦杜鹃、华山矾，伴生种有饭汤子、圆锥绣球等。草本植物有芒、东风菜、蕨类等。

3. 映山红灌丛

本灌丛分布于海拔1680米以上的山顶部分，高度2~4米，郁闭度0.7，主要种类有映山红、华东山柳、扁枝越橘、波叶红果树、钝齿冬青等。

4. 波叶红果树灌丛

本灌丛分布于海拔1650米以上的山顶部分，高3~5米，郁闭度0.65，组成种类有波叶红果树、映山红、华东山柳、灯笼花、中华石楠等。

八、草丛

芒—野古草草丛。本类型分布于山顶附近，优势种为芒、野古草，伴生种有扁枝石松、三脉叶紫菀等。

第三节　稀有群落

稀有或濒危植物分布区狭窄，大多散生于各类群落中，仅有少数种类能作为优势种或次优势种形成特定的群落，将其称为稀有植物群落。下面就保护区内分布于国有山林中的稀有植物群落简介如下：

福建柏群落。分布于凤阳湖水口、大坜、大田坪水口和老鹰岩。福建柏种群年龄相对较小，幼苗、幼树个体较多。成层现象明显，可以分为乔木层、灌木层和草本层，地被层不发达，此外还有一些层间植物。凤阳山的福建柏群落可分为福建柏针叶林、福建柏针阔叶混交林和青冈类林3个群落类型。

白豆杉群落。在凤阳湖、小黄山、石梁岙、大田坪和老鹰岩有较集中分布。根据群落的生境、外貌特征和种类组成，确定了它们主要属于福建柏针叶林、福建柏针阔叶混交林和猴头杜鹃林。在福建柏针叶林中，白豆杉主要分布于灌木层，生长状态良好，重要值较大。在福建柏针阔叶混交林中，白豆杉主要分布于乔木层的第二亚层和灌木层，生长状态良好，有较多胸径5厘米以上的小乔木。在灌木层，为主要的优势种，相对盖度约为10%。在杜鹃矮曲林中，白豆杉是灌木层中的优势种，其相对盖度可以达到20%左右，主要为幼树和幼苗，偶尔分布在乔木层的第二亚层，胸径5厘米以上，生长良好。此外，在部分常绿阔叶林中白豆杉也有零星分布。

铁杉群落。零星分布于凤阳湖水口、石梁岙、上圩桥至黄茅尖的道路两侧等地，海拔在1300~1700米，坡度较陡，一般为背阴坡。铁杉群落层次一般较高，最高层可达15~18米。群落的郁闭度在0.75~0.80。乔木层优势种为铁杉、多脉青冈、猴头杜鹃、褐叶青冈、福建柏等，伴生有黄山松、鹿角杜鹃、厚皮香、尾叶冬青、合轴荚蒾、华东山柳、云锦杜鹃、毛果南烛等。灌木层种类丰富，主要有浙江樟、合轴荚蒾、四川山矾、中国绣球、木荷、野漆树、尖连蕊茶、树参、台湾冬青、窄基红褐枝等。草本层生长不好，主要为少量薹草和麦冬。铁杉散生在乔木层的上层，可成为群落乔木上层的优势种，多为胸径40厘米以上的大树。

黄杉群落。仅见于凤阳山老鹰岩下，海拔约 1300 米，坡度较陡，植株较少。黄杉主要分布于乔木层的上层，群落属于黄杉针阔叶混交林。群落高度 8 ~ 15 米，郁闭度 0.90。乔木层上层主要由乌冈栎和黄杉组成，并伴有少量的黄山松和杉木，下层则为石楠、尾叶冬青、紫果槭等。灌木层以马银花、马醉木、满山红、鹿角杜鹃为主，以及尾叶冬青、台湾冬青、香港黄檀等。草本层分布着较多的棕鳞耳蕨。层间植物主要为一些菝葜属种类。

红豆杉群落。分布于凤阳湖水口、大田坪水口等地，海拔 1200 ~ 1500 米的山坡上。红豆杉所在群落属于福建柏针叶林，红豆杉生长的群落中物种丰富度高。红豆杉主要分布于乔木下层及灌木层，长势良好，在群落中重要值较小，多为成丛生长。

蛛网萼群落。分布在凤阳山迎宾门外及官浦垟村外公路上侧，海拔 500 ~ 1200 米的潮湿小山谷，岩石裸露并有流（滴）水的小环境中常有集中分布。

香果树群落。分布大垟中部和凤阳山迎宾门等地，群落高度 5 ~ 18 米，郁闭度约为 0.70 左右。香果树在群落中为优势种，主要分布在群落的上层，胸径 30 ~ 40 厘米，乔木层下层主要有大果卫矛、鹅掌楸、褐叶青冈、多脉青冈、腺蜡瓣花等。灌木层主要有乔木层的幼苗如小叶白辛树、大果卫矛、多脉青冈等，以及隔药柃、白蜡树、红枝柴、球核荚蒾、中华石楠、中国绣球、秀丽香港四照花等，草本层为华东瘤足蕨和薹草属植物，层间有少量的菝葜属植物和南五味子。

分布于保护区集体林中的稀有植被群落主要有：厚朴、凹叶厚朴群落，南方红豆杉群落，浙江楠群落及花榈林群落等。

第四节　森林蓄积

凤阳山保护区土地面积 227571 亩，其中林木用地面积 216243 亩，占总面积 95.02%，非林业用地 11328 亩，占 4.98%。总面积中国有林面积 63678 亩，占 28%，集体林面积 163893 亩，占 72%。

在林业用地中，有林地面积 212143 亩，占林业用地面积 98.1%，内有乔木林地面积 200891 亩（其中乔木纯林面积 44799 亩，乔木混交林 156092 亩），占有林地面积 94.7%，竹林面积 11234 亩，占 5.3%。森林覆盖率 96.0%，绿化率 96.2%。

凤阳山保护区活立木总蓄积为 1146763 立方米，其中林分蓄积量 1140130 立方米，占 99.4%。总蓄积量中，国有林蓄积 352845 立方米，占总蓄积 30.8%，集体林蓄积 793918 立方米，占 69.2%。

活立木蓄积量是反映该地区森林资源最重要、最直接的数据之一。在 1992 年前（省级保护区期间），由于国有山林面积变更较多（因山林纠纷等原因），历次森林资源清查中的森林蓄积变化较大，且集体林也未划入保护区管理。晋升国家级保护区后到本世纪初，由于木材经营市场开放，集体林部分严重超伐，以至造成蓄积量大幅下降。2001 年禁止采伐后，蓄积量才开始回升，但至今尚未恢复到 1992 年的水平，详见下表。

活立木蓄积量变化动态

单位：立方米

权属		20 世纪 90 年代初			21 世纪 10 年代末			蓄积量	
		总蓄积	占总蓄积	覆盖率	总蓄积	占总蓄积	覆盖率	增	减
合计		1231259	100%	90.8%	1146763	100%	96%		84516
其中	国有	274412	22.3%		352845	30.8%		78433	
	集体	956847	77.7%		793918	69.2%			162949

数据来源：1. "20 世纪 90 年代初"数据源于 1994 年 4 月，浙江省林业厅勘察设计院、龙泉市林业局编写的《浙江凤阳山—百山祖国家级自然保护区凤阳山管理处总体规划方案》(1994～2003)。

2. "21 世纪 10 年代末"数据源于国家林业局调查规划设计院、龙泉市林业局 2009 年 12 月编制的《龙泉市森林可持续经营规划(评审稿)》。

二期调查数据间隔约 15 年，凤阳山保护区的森林总蓄积非但没有增加，反而减少了 84496 立方米，其中集体林蓄积减少 162929 立方米，国有林则增加 78433 立方米。形成上述情况的主要原因：

一是集体林部分自 1992 年划入凤阳山保护区到 2001 年停止采伐的近 10 年间，管理处未对这部分集体林实行实质性管理，因木材交易市场开放，且采伐计划分配又未掌握在管理处，群众因致富心切而大量砍伐木材。以至采伐量超出生长量，造成森林蓄积下降。这一情况和全市当时森林蓄积量连年下降是一致的(1992 年全市森林蓄积 1367.63 万立方米，1999 年则降至 1019.21 万立方米)。

二是国有林部分的森林蓄积，除对小范围人工林因密度过大而进行过弱度间伐外，余皆未动，蓄积量上升也在情理之中。

1992 年，凤阳山保护区 1231259 立方米乔木林活立木蓄积中，计有针叶树种蓄积 919699 立方米，占乔木蓄积量 74.7%，阔叶树种 311560 立方米，占 25.3%。乔木林地 1220676 立方米蓄积中，有幼龄林蓄积 25272 立方米，占乔木林地蓄积 2.1%；中龄林蓄积 115491 立方米，占 9.5%；近熟林蓄积 273975 立方米，占 22.4%；成熟林蓄积 805938 立方米，占 66.0%。绝大部分毛竹林则分布在集体林中。

第二章　植物资源

第一节　孢子植物

一、大型真菌

据调查，凤阳山共记录有大型真菌 256 种。内有经济真菌 182 种，其中食用真菌(包括食药兼用菌)95 种(见食用真菌类群及种数表)，药用真菌(包括药食兼用菌)72 种(见药用真菌类群及种数表)，基他真菌 15 种。隶属 11 目，33 科，73 属。其中药用和食用真菌分属于炭角菌类、木耳类、银耳类、花耳类、圆孢地花类、鸡油菌类、珊瑚菌类、牛排菌类、灵芝类、猴头类、多孔菌类、伞菌类、牛肝菌类、乳菇类、红菇类、马勃类、鸟巢菌类、鬼笔类、柄灰包类等。另现已查明有毒真菌 31 种(见有毒真菌类群及种数表)。

食用真菌类群及种数

类　群	种　数	百分比(%)
木耳目 Auriculariales	3	3.2
银耳目 Tremellales	4	4.2
花耳目 Dacrymycetales	1	1.1
非褶菌目 Aphyllophorales	16	16.8
伞菌目 Agaricales	40	42.1
牛肝菌目 Boletales	22	23.2
红菇目 Russulales	9	9.4

药用真菌类群及种数

类　群	种　数	百分比(%)
炭角菌目 Xylariales	1	1.4
木耳目 Auriculariales	3	4.2
银耳目 Tremellales	4	5.5
非褶菌目 Aphyllophorales	34	47.2
伞菌目 Agaricales	15	20.8
牛肝菌目 Boletales	3	4.2
红菇目 Russulales	5	6.9
马勃目 Lycoperdales	2	2.8
鸟巢菌目 Nidulariales	2	2.8
鬼笔目 Phallales	1	1.4
柄灰包目 Tulostomatales	2	2.8

有毒真菌类群及种数

类　群	种　数	百分比(%)
伞菌目 Agaricales	20	64.5
牛肝菌目 Boletales	11	35.5

真菌物种的分布与植被类型以及人类活动关系密切。在天然植被丰富和人类活动小的地方分布多，在人工植被、人类活动频繁之地则分布少。凤阳山的真菌主要分布于大田坪、凤阳庙周边至双折瀑和小黄山、小黄山至将军岩、凤阳山周边至十八窟、上圩桥至黄茅尖、大田坪至乌狮窟、十里笼翠周边等地。

二、苔藓植物

凤阳山苔藓植物共有 66 科，170 属，368 种。其中苔类植物 118 种，隶属于 26

科，45 属；藓类植物 250 种，隶属于 40 科，125 属(见下表)。

凤阳山苔藓植物的优势科

序号	科名	属数	S 种数
1	细鳞苔科(Lejeuneaceae)	11	40
2	灰藓科(Hypnaceae)	10	23
3	蔓藓科(Meteoriaceae)	10	21
4	曲尾藓科(Dicranaceae)	9	25
5	锦藓科(Sematophyllaceae)	9	16
6	丛藓科(Pottiaceae)	8	10
7	青藓科(Brachytheciaceae)	7	23
8	羽藓科(Thuidiaceae)	7	14
9	金发藓科(Polytrichaceae)	4	16
10	真藓科(Bryaceae)	4	13

优势种的分析：凤阳山最常见的几个优势种是大羽藓、南亚假悬藓、扭叶藓、红色假鳞叶藓、弯叶灰藓、瓜哇白发藓、树平藓、列胞耳叶苔、双齿异萼苔、三裂鞭苔、大瓣扁萼苔、拳叶苔等。大羽藓在凤阳山广布，几乎分布于所有的天然林和人工林中，尤其在中低海拔的次生林分布最广，多为林下土生或石生，呈大片生长。南亚假悬藓主要生长在灌木或树枝上，东亚同叶藓是土生的优势种，瓜哇白发藓则是酸性土或树干基部和朽木上的优势种。在苔类植物中三裂鞭苔、双齿异萼苔、拳叶苔等主要为土生和石生，列胞耳叶苔和大瓣扁萼苔则是长于树干和灌木上的优势种。

特有种：凤阳山特有的苔藓植物目前仅知凤阳山耳叶苔一种，该植物是朱瑞良教授于 1992 年和 1996 年在保护区的十八窟发现的，1997 年在美国发表，至 2007 年未见其他地方有报道。

分布特征：凤阳山海拔 1200 米以上的地段植被保存良好，70% 以上的苔藓种类分布在海拔 1100～1600 米之间，几个亚热带和热带分布的科，如蔓藓科、平藓科、锦藓科等主要出现在这一地段。部分科显示出明显的垂直分布迹象，像黑藓科只出现在海拔 1800 米以上的地区，万年藓科、拟垂枝藓科等也只在 1600 米以上被发现。叶附生苔类植物主要分布在 1500 米以下的沟谷，在 900～1200 米之间的大田坪附近种类最多。一些喜热种类，仅在海拔 500 米以下有分布。

三、蕨类植物

根据历次采集和研究资料整理，凤阳山共记录有蕨类植物 37 科 74 属 196 种和 7 变种，其中种类最多的 5 个科是鳞毛蕨科、水龙骨科、金星蕨科、蹄盖蕨科和铁角蕨科。

凤阳山的蕨类植物有些是医药、食品原料；有些是热带、亚热带地区水土保持的优良植物；有些是园艺观赏植物及良好的切花材料。并有华南紫萁、长毛路蕨、红线蕨等被建议列入国家或省级保护的珍稀种类，因此具有较高的保护价值。

凤阳山蕨类植物中，中国特有分布种57种，占28%，分属中国特有分布型的8个亚型。浙江特有分布亚型有3种，占特有种总数的5.3%，分别是假长尾复叶耳蕨、昂山复叶耳蕨、龙泉鳞毛蕨。华东地区特有分布亚型有9种，占特有种总数的16.8%，如短尖毛蕨、武夷瘤足蕨、中间茯蕨、武夷鳞毛蕨、闽浙圣蕨、多芒复叶耳蕨等。

蕨类植物的垂直分布随着海拔的变化而不相同，每种蕨类植物都有自己最适宜的海拔分布范围。种类数量随着海拔升高而减少。其中海拔700米以下是蕨类植物最丰富的区域，大约占总种数47.8%以上的种类都分布在这一范围内，如倒挂铁角蕨、棕鳞耳蕨、扇叶铁线蕨、中华短肠蕨等。海拔700~1500米区域的蕨类植物资源也较为丰富，约有23.7%的种类分布于这一区域内，如平肋书带蕨、华中蹄盖蕨、尖头蹄盖蕨、披针骨牌蕨等。海拔1500米以上的区域蕨类植物资源较为贫乏，只有少数种类存在，如小果路蕨、扁枝石松、密叶石松。此外，还有约27%的种类生态幅度较大，从山底到山上部都有少量分布，如蕨、金星蕨、卷柏等。

第二节　种子植物

根据2007年出版的《凤阳山自然资源考察与研究》记载，凤阳山有野生或野生状态的种子植物164科，666属，1333种(2007年后，又发现赣皖乌头和高斑叶兰、睡莲)，13亚种，112变种和6变型，共计1464个分类群。其中裸子植物7科18属19种及3变种；双子叶植物134科503属1042种13亚种91变种及5变型；单子叶植物23科145属272种18变种及1变型。

凤阳山种子植物区系的基本成分中，除松科外，阔叶树中的壳斗科、樟科、山茶科、冬青科等的一些种类也是森林植被的优势种或建群种。与浙江全省和华东地区相比，种数最大的10个科中有8个科相同，只是茜草科和壳斗科取代了玄参科和毛茛科，表现出凤阳山处于华东区系南缘的地理位置和山地森林植物区系的特征(见下表)。

凤阳山种子植物大科的顺序排列

>50种(4科，含145属316种)：禾本科(56：87)*；蔷薇科(26：82)；菊科(49：80)；莎草科(14：67)
31~50种(3科，含73属128种)：蝶形花科(24：47)；唇形科(23：44)；兰科(26：37)
21~30种(11科，含97属277种)：壳斗科(6：30)；茜草科(22：29)；樟科(7：28)；百合科(18：27)；蓼科(6：26)；忍冬科(4：26)；玄参科(13：24)；大戟科(9：23)；山茶科(7：23)；冬青科(1：22)；卫矛科(4：21)
11-20种(14科，含73属209种)：毛茛科(8：20)；马鞭草科(6：19)；荨麻科(8：19)；伞形科(13：19)；鼠李科(6：16)；山矾科(1：15)；桑科(5：14)；芸香科(7：13)；葡萄科(5：13)；杜鹃花科(4：13)；菝葜科(2：13)；报春花科(2：12)；木犀科(5：12)；堇菜科(1：11)

*科后括号内表示属数：种数。

科、属、种的分布区类型分析表明：

科的分布区类型以泛热带分布最多（40.9%），其次是世界分布（20.7%）和北温带分布（19.5%），温带分布少于热带分布（47：81）；

属的分布区类型以泛热带分布最多（20.3%），其次是北温带分布（17.8%）和东亚分布（17.5%），温带分布略多于热带分布（313：278）（见下表）；

种的分布区类型以中国特有分布最多（46.9%），其次是东亚分布（26.0%）和热带亚洲分布（13.7%），温带分布远多于热带分布（501：264），显示出明显的亚热带山地植物区系的性质。

凤阳山种子植物属的分布区类型统计

代号	分布区类型	属数	百分比	代号	分布区类型	属数	百分比
1	世界分布	55		9	东亚和北美间断分布	57	9.3%
2	泛热带分布	124	20.3%	10	旧世界温带分布	33	5.4%
3	热带亚洲和热带美洲间断分布	9	1.5%	11	温带亚洲分布	5	0.8%
4	旧世界热带分布	38	6.2%	12	地中海、中亚、西亚分布	1	0.2%
5	热带亚洲至热带大洋洲分布	24	3.9%	13	中亚分布	1	0.2%
6	热带亚洲至热带非洲分布	24	3.9%	14	东亚分布	107	17.5%
7	热带亚洲分布	59	9.7%	15	中国特有分布	20	3.3%
8	北温带分布	109	17.8%	合计		666	100%

说明：代号2~7项为热带分布属，共278个，占属总数（不包括世界分布属，下同）的45.5%，代号8~14项为温带分布属，共313个，占属总数的51.2%。

第三节　外来物种

凤阳山自然保护区在建立以前及初期，因生产、科研和业务发展需要，在上级安排或自行组织下引进一些外来物种。其本意是：凤阳山自然环境特殊，想通过引进一些物种用于绿化、美化。包括上级行政、科研部门推广的抗寒能力强、适合海拔较高地区造林的物种，因科研、开发需要引进的一些物种。至于一个外来物种的引进会在生态、生物之间、病虫害等方面造成何种影响，会产生哪些利弊等问题，出于当时的科技水平，认识还较肤浅。

如根据凤阳山境内没有野生种分布，其引进的所有种类作为外来物种，凤阳山外来的物种主要有：

当作药用植物引进的：党参、云木香、川黄连、人参，其种子由龙泉县中西药公司提供。

当作绿化、美化引进的：金钱松、雪松、龙柏、日本细叶香柏、日本扁柏、日本柳杉、日本冷杉、北美香柏、华山松等。其苗木、种子由景宁草鱼塘林场、省林业科学研究所提供。

当作经济植物引进的：苹果。苗木由金华提供。

当作珍稀植物引进的：朝鲜落叶松，其苗木来源于西天目山自然保护区；红皮云杉、红松种子来源于黑龙江；数株长柄双花木，1981 年 3 月 11 日到龙泉县住龙五大源挖取野生苗移植，1982 年则为采种育苗；穗花杉，种子来源于龙泉县岩樟。

引进物种根据其引进目的和生态特性，主要栽植于凤阳庙、凤阳湖、大田坪、乌狮窟、公路及主干道两侧和苗圃地。

这些"移民"落户凤阳山后，命运各不相同，有的仅生存几个月就已夭折，有的至今仍不适应凤阳山严酷的自然环境，有的则已融入凤阳山这个"大家庭"，显得生机勃勃，并且传宗接代。

红皮云杉、红松、人参在苗期陆续死亡，穗花杉不能过冬；雪松生长不良，凤阳山已不见其踪；党参、云木香、川黄连引种成功，生长良好，后未发展，现已无后代；苹果因结实少、品质不佳，已渐被淘汰，现仅留少量植株；日本细叶花柏受冻严重，现仅留个别植株；华山松、日本冷杉苗期生长较缓慢，已被其他植物压至下层；金钱松、长柄双花木、日本扁柏、日本柳杉、北美香柏、朝鲜落叶松等则生机盎然。

第四节　珍稀植物

珍稀濒危植物是国家的宝贵财富，保护、开发和合理利用珍稀植物，对发展经济、改善环境和科学研究都具有重要意义。

凤阳山是浙江省珍稀濒危物种的重要分布区，如列入国家重点保护的野生植物就有 21 种，占浙江列入保护数量的 52.3%。它们既是重要的种质资源，也是保护区重要的保护对象。

如根据 1975 年农林部《关于保护发展和合理利用珍贵树种的通知》中确定的种类；1981 年浙江省人大公布的珍稀植物种类；1987 年国家环境保护局、中国科学院植物研究所出版的《中国珍稀濒危保护植物名录》(第一册)确定的珍稀物种；1999 年经国务院批准的《第一批国家重点保护野生植物名录》和 2004 年出版的《中国红色物种名录》、《中国濒危苔藓植物名录》，凤阳山自然保护区内计有珍稀濒危植物 58 种（含种下分类群），内有苔藓植物 3 种，裸子植物 11 种，被子植物 44 种。以木本植物占优势，有 33 种；数量最多的是兰科，有 15 种；其次是木兰科，有 6 种；红豆杉科有 5 种。详见下表。

凤阳山自然保护区珍稀濒危植物名录及保护等级

序号	种名	所属科	1975年农林部通知	1981年浙江省人大公布	1987年国家环境保护局、植物研究所确定	1999年国务院批准	2004年中国红色物种名录	主要分布地
1	无毛拳叶苔	大萼苔科						
2	秦岭囊绒苔	多囊苔科						
3	大瓣疣鳞苔	细鳞苔科						
4	江南油杉	松科		√				屏南、龙南等毗连村边
5	黄杉	松科	二级	√	渐危 二级	Ⅱ级	易危	乌狮窟仙岩背
6	铁杉	松科	三级	√	渐危 三级		近危	凤阳湖、将军岩、上圩桥等
7	柏木	柏科					易危	毗连村边等地
8	福建柏	柏科	二级	√	渐危 二级	Ⅱ级	易危	大田坪、将军岩、小黄山
9	竹柏	罗汉松科					近危	海拔较低处毗连村边偶见
10	白豆杉	红豆杉科	二级	√	稀有 三级	Ⅱ级	易危	大田坪、老鹰岩、小黄山等
11	红豆杉	红豆杉科				Ⅰ级	易危	凤阳湖、大坑、乌狮窟等
12	南方红豆杉	红豆杉科				Ⅰ级	易危	海拔略低处毗连村附近
13	榧树	红豆杉科				Ⅱ级		炉岙村边
14	长叶榧	红豆杉科		√		Ⅱ级	易危	将军岩下沟边
15	榉树	榆科				Ⅱ级		十里笼翠
16	福建马兜铃	马兜铃科					濒危	海拔800米以下林中偶见
17	短萼黄连	毛茛科	三级	√	渐危 三级	Ⅱ级	易危	上圩桥、乌狮窟、大坑等地
18	八角莲	小檗科	三级	√	渐危 三级		易危	乌狮窟、大坑
19	鹅掌楸	木兰科	三级	√	稀有 二级	Ⅱ级	易危	上圩桥、石梁岙、大坑等
20	黄山木兰	木兰科	三级	√	渐危 三级		易危	海拔千米以上有零星分布
21	厚朴	木兰科	三级	√	渐危 三级	Ⅱ级	易危	龙井背、大田坪、大坑等
22	凹叶厚朴	木兰科	三级	√	渐危 三级	Ⅱ级	易危	龙井背、大田坪、大坑等
23	天女花	木兰科	三级		渐危 三级		易危	龟岩、烧香岩
24	乐东拟单性木兰	木兰科	三级		渐危 三级		易危	大坑、屏南
25	樟树	樟科				Ⅱ级		海拔较低处
26	闽楠	樟科	三级		渐危 三级	Ⅱ级	易危	老鹰岩、将军岩下
27	浙江楠	樟科		√	渐危 三级	Ⅱ级	易危	海拔较低处林中偶见
28	钟萼木	钟萼木科	二级	√	稀有 二级	Ⅰ级	易危	大田坪、京梨园
29	蛛网萼	绣球科	二级	√	稀有 二级	Ⅱ级	易危	哨卡、官浦垟附近
30	台湾林檎	蔷薇科					易危	
31	黄山花楸	蔷薇科	三级		渐危 三级		易危	小黄山
32	野大豆	蝶形花科	三级		渐危 三级	Ⅱ级		海拔较低处可见
33	花榈木	蝶形花科		√		Ⅱ级	易危	海拔较低处可见
34	毛红椿	楝科				Ⅱ级	易危	海拔较低处偶见

（续）

序号	种名	所属科	1975年农林部通知	1981年浙江省人大公布	1987年国家环境保护局、植物研究所确定	1999年国务院批准	2004年中国红色物种名录	主要分布地
35	温州冬青	冬青科					濒危	
36	紫茎	山茶科	三级	√				凤阳湖水口、上圩桥
37	毛花假水晶兰	水晶兰科					极危	凤阳湖水口、上圩桥、龙井背
38	马醉木	杜鹃花科					易危	上圩桥、将军岩等
39	银钟花	安息香科	三级	√	稀有 三级		易危	大田坪水口、凤阳湖
40	香果树	茜草科	二级	√	稀有 二级	Ⅱ级	近危	大湾、麻连岱
41	黄山风毛菊	菊科					易危	
42	南方兔儿伞	菊科					易危	
43	短穗竹	禾本科			稀有 三级		易危	海拔较高处水沟边
44	白芨	兰科					易危	海拔较高处林下
45	大花无柱兰	兰科					濒危	乌狮窟偶见
46	虾脊兰	兰科					易危	乌狮窟偶见
47	钩距虾脊兰	兰科					易危	乌狮窟偶见
48	建兰	兰科					易危	较低海拔处岩上可见
49	蕙兰	兰科					易危	海拔较低处林中
50	多花兰	兰科					易危	海拔较低处岩上
51	春兰	兰科					易危	海拔较低处林中
52	细茎石斛	兰科					濒危	海拔较高处岩上、老树干上
53	中华盆距兰	兰科					易危	
54	天麻	兰科			稀有 三级		易危	大塆、乌狮窟偶见
55	短距槽舌兰	兰科					易危	海拔较高处岩上
56	长唇羊耳兰	兰科					易危	
57	独蒜兰	兰科		√			易危	海拔较高处岩上
58	带叶兰	兰科					易危	垟栏头村附近

说明：序号1~3号：依据《中国濒危苔藓植物名录》（2004）。

濒危种：指处于快要绝灭的临界水平，如再不采取拯救措施将面临灭绝。

稀有种：其分布区比较局限，要求的生境独特，个体数甚少，如适生环境改变，则易成为濒危种。

渐危（易危）种：目前个体数量逐渐减少，正在趋向衰落的种类。

有些资料上公布的一、二、三保护等级，其意义和濒危、稀有、渐危大致相同。

一、分布区类型

参照属的分布类型划分标准，凤阳山珍稀濒危种子植物可分为中国特有、东亚分布、中国—喜马拉雅、亚洲热带、亚洲温带5个分布区类型。种类最多的是中国特有种，主要分布于长江中下游及以南的亚热带地区，其中温州冬青、毛花假水晶兰、大花无柱兰等3种为浙江特有。其次为东亚分布种，它们大多属于中国—日本分布类型。中国—喜马拉雅型、亚洲热带型、亚洲温带型，种数较少。

二、主要分布地带

1. 水平分布

（1）大垟及黄茅尖北坡沟谷地带：海拔 1200～1700 米，这里保存有大片常绿、落叶阔叶混交林或常绿阔叶林。珍稀濒危植物共有 20 多种。珍稀濒危植物中的落叶物种均可见到，如鹅掌楸、香果树、黄山木兰、凹叶厚朴、蛛网萼、银钟花、天女花等。珍稀濒危植物中的草本种类也以这里最多，如兰科植物中的天麻、独蒜兰等多种以及八角莲、短萼黄连等。

（2）凤阳湖水口至小黄山一带：该地多裸岩、陡坡、瀑布。海拔 1450～1600 米，是凤阳山原生植被保存较好的地带之一。分布有 20 多种珍稀濒危植物，如红豆杉、福建柏、铁杉、白豆杉、黄山花楸、鹅掌楸、短萼黄连、紫茎、毛花假水晶兰等。

（3）大田坪水口一带：海拔 1100～1450 米。这里在建立保护区之前已经多年采伐，但仍然有近 20 种珍稀濒危植物被保留下来。绝大部分为乔木树种，如福建柏、南方红豆杉、银钟花、黄山木兰、鹅掌楸、凹叶厚朴及白豆杉等。

（4）老鹰岩（仙岩背）及乌狮窟一带：海拔 1200～1500 米，多裸岩的陡坡地带，原生植被保存较好。有珍稀濒危植物 15 种左右，如黄杉、铁杉、福建柏、白豆杉、南方红豆杉、闽楠、黄山木兰、天麻、独蒜兰、八角莲以及最近发现的疏花无叶莲等。

（5）石梁岙一带：海拔 1300～1600 米，以常绿阔叶林、针阔混交林为主。有珍稀濒危植物 15 种左右，如铁杉、福建柏、鹅掌楸、黄山木兰、凹叶厚朴、独蒜兰等。

（6）将军岩一带：海拔 900～1500 米。由于地处偏远、险要，人为活动极少，现仍保存有大面积常绿阔叶林和常绿、落叶混交林，是凤阳山森林植被的精华所在地之一。有珍稀濒危植物 20 余种，如铁杉、福建柏、鹅掌楸、凹叶厚朴、黄山木兰、钟萼木、长叶榧、香果树、红豆杉、毛花假水晶兰、短萼黄连、八角莲、多种兰科植物等。

2. 垂直分布

根据凤阳山自然保护区的海拔高程和地形地貌，可划分为 3 个垂直分布带：

（1）海拔 500～1000 米的低山地带：有珍稀植物 30 多种，主要是一些热带成分的种类，分布比较分散。因为这一带大部分是集体林，已经长期开发利用，以人工群落类型居多。主要珍稀濒危植物有：南方红豆杉、野大豆、花榈木、樟树、浙江楠、毛红椿、福建马兜铃及多种兰科植物。其中垟栏头村附近的带叶兰是浙江省仅有的两个分布点之一。

（2）海拔 1000～1500 米的中山带：地形复杂，多独特的小生境，交通不便。原生植被保护良好，是珍稀濒危植物种类最丰富、种群数量最大的地带。其中红豆杉、福建柏、白豆杉、铁杉、鹅掌楸、黄山木兰、香果树、短萼黄连等均是浙江省内独产、最大或主要分布中心。

(3)海拔 1500~1929 米的顶峰地带：地形变化少，坡度较缓，但风大气温低。在山顶、山脊形成中山草甸，沟谷地带则有针阔混交林和矮曲林。约有近 10 种耐寒种类在此生存，如天女花、毛花假水晶兰、少数兰科种类等。

三、部分珍稀濒危植物

1. 黄杉

松科，常绿乔木。以前文献将它定名为华东黄杉，近年多数学者主张将其归并入黄杉。黄杉属是东亚—北美间断分布属，本种为中国特有珍贵树种。是树木育种中难得的种质资源，对研究植物区系有一定的学术价值。黄杉耐阴湿，根系发达，材质优良，树姿雄伟，被列为国家二级重点保护植物。

黄杉在龙泉仅见于老鹰岩边陡坡上，现存 9 株，其中 6 株高 12~18 米。

2. 铁杉

松科，常绿乔木。以前的文献将它定为铁杉的变种，称南方铁杉，现已被归并。铁杉为中国特有的第三纪孑遗植物，数量少，分布星散。其材质坚硬，花纹美丽、耐腐性强，是上等用材树种。有一定的经济和科研价值。

分布于凤阳湖水口、将军岩、老鹰岩、上圩桥、石梁岙等地，海拔 1350~1700 米之间。古木大树较多。

3. 福建柏

柏科，常绿乔木。为中国特有的单种属植物，对研究柏科植物系统发育有重要意义。珍贵用材树种，被列为国家二级重点保护植物。

据《浙江林业自然资源》(野生植物卷)提供的数据，浙江省野生福建柏株数在 100 株以上仅有 4 个县(市)，龙泉总株数为浙江省之首(计有 40260 株)。凤阳山又是福建柏在龙泉最集中的分布点，其分布面积和株数均占龙泉的大部分。以大田坪水口、小黄山、石梁岙、将军岩、乌狮窟海拔 1100~1500 米的针阔混交林中较集中。更新良好，中幼龄植株多。屏南镇(坪田李村，土名墓林)罗木桥珍稀树种自然保护小区、海拔 1000 米左右的沟谷中幼树较多，百年以上古树还有 25 株。

4. 白豆杉

红豆杉科，常绿灌木。是中国特有的单种属植物，属第三纪残遗种，对研究植物区系及红豆杉科系统发育有科学价值。被列为国家二级重点保护植物。喜凉爽、荫蔽的环境。

白豆杉模式标本采于龙泉市昂山，现该山已难觅其踪。凤阳山是浙江省白豆杉集中分布区之一，估计有 10000 多株。主要分布于大田坪、仙岩背、小黄山、石梁岙、将军岩海拔 1100~1550 米的针阔混交林中。

5. 红豆杉和南方红豆杉

红豆杉科，常绿乔木。树皮、枝叶含紫杉醇，是治疗一些癌症的有效药物。材质优良，为高级用材。种仁含油酸、亚油酸等，出油率可达69%。树姿古朴，已列为国家一级重点保护植物。

红豆杉在浙江仅见于凤阳山海拔1200～1600米的凤阳湖、大田坪、乌狮窟、大坑、将军岩等地的针阔混交林中。资源总数仅为60余株。南方红豆杉分布于凤阳山海拔较低的山地及村庄附近，虽数量有限，但古木大树较多。

凤阳山分布的红豆杉和南方红豆杉差别不大，较难区分，唯红豆杉叶片较短，下面中脉带上密生圆形乳头状突起。二者结果枝上的种子数量有所不同，红豆杉小枝上种子数量较少，南方红豆杉则较多。

6. 短萼黄连

毛茛科，多年生常绿草本。中国特有珍贵药用植物，根状茎入药，以"苦"闻名，是传统中药材，与黄连有相似的药用功能，在中医上常被称为"浙黄连"，以区别产于四川的"川连"，有重要的经济价值。被列为国家二级重点保护植物。

生于阴凉潮湿的林下沟边，畏强光，忌高温、干旱。由于过度采集，资源已趋枯竭，现仅在海拔较高，人员较难深入的上圩桥、仰天槽、乌狮窟、将军岩一带有少量留存。

7. 八角莲

小檗科，多年生草本。中国特有植物，其根状茎为民间常用中草药，对动物肿瘤有抑制作用，具有较好的药用开发前景。叶形大而奇特，多分八叉，花艳果大，具有较高的观赏价值。适生于海拔较高、湿度较大、腐殖质层较厚、上层林冠略疏的阔叶林下。现因适生环境减少，加上过度采挖，野生资源渐趋枯竭。有一近似种称六角莲，药用价值、生存环境和八角莲相似。

主要分布于乌狮窟、将军岩、大坑一带。

8. 鹅掌楸

木兰科，落叶大乔木。古老的孑遗植物。东亚—北美间断分布种。在古植物学、植物系统发育研究上有重要意义。既是珍贵用材树种，又是优良的园林绿化树种。现野生种群已较稀少。被列为国家二级重点保护植物。

分布于大垟、上圩桥、石梁岙、将军岩等地。

9. 黄山木兰

木兰科，落叶乔木。中国特有种。对研究植物区系有学术意义。其花蕾入药，也可作浸膏。也因花艳朵大被园林界列为园林绿化树种。由于花蕾被摘供药用，天然更新困难。现存数量渐少。

凤阳山零星分布，以凤阳庙、大田坪、凤阳湖一带较为集中。

10. 厚朴和凹叶厚朴

木兰科，落叶乔木。中国特有种，是木兰属比较原始的种类，对研究东亚和北美的植物区系及木兰科的系统发育、分类方面有学术意义。其皮、花入药，是重要的药用植物。龙泉是中国野生状态的凹叶厚朴、厚朴最集中分布区。历史上凤阳山一带所产厚朴皮厚、油足、质优，多出口东南亚。由于大量采剥树皮，野生资源也渐趋枯竭，大树极少。被列为国家二级重点保护植物。

主要分布于龙井背、大坑、上圩桥等地。

11. 天女花

木兰科，落叶小乔木。间断、跳跃式分布于中国、朝鲜、日本，对研究东亚植物区系有重要意义。因其花朵明显小于玉兰花故又称"小花木兰"。其植株秀丽，花艳而芳香，是珍贵的观赏树种。由于对生境条件要求苛刻，天然植株很少。

主要分布于海拔1500米以上的龟岩、烧香岩等地。

12. 钟萼木(伯乐树)

钟萼木科，落叶乔木。它是中国特有、古老的单种科植物，是第三纪古热带植物区系的孑遗种，对研究被子植物系统发育及古地理等均有学术意义。木材可作优良的工艺用材。野生植株呈星散分布，且结实少，更新困难，被列为国家一级重点保护植物。

分布于京梨园和大田坪。

13. 蛛网萼

绣球科，落叶灌木。东亚特有单种属植物，间断分布于中国和日本，对研究植物地理、植物区系有较大学术意义。花分"受孕花"和"不孕花"，不孕花状如一把小伞，又似一块盾牌，上有蛛网状脉纹，颇具特色。对生境要求严格，种群数量日趋减少，被列为国家二级重点保护植物。

分布于哨卡附近海拔1200米的小溪沟旁的灌丛中，官浦垟村去龙泉公路上侧海拔600余米处也有分布。

14. 野大豆

蝶形花科，一年生缠绕藤本。在耐盐碱、抗寒、抗病等方面具有优良性状。它是栽培大豆的近缘种，在遗传育种上有重要利用价值。被列入国家二级重点保护植物。

凤阳山低海拔地区可见。

15. 花榈木

蝶形花科，常绿乔木。中国特有种。是优良的用材树种。被列为国家二级重点保护植物。

它和红豆树较相似，因枝叶有臭味，群众称其为"尿桶柴"。海拔较低的荒山中幼树较常见，但多遭砍伐。生于墓旁的则被保留下成为大树，但数量不多。

凤阳山低海拔地区可见。

16. 尖萼紫茎

山茶科，落叶乔木。中国特有的古老残遗树种，紫茎属是北美与东亚的间断分布属，对研究植物区系及古植物地理有学术意义。其根、皮入药。由于树皮呈金黄色，光滑，在林中十分显眼，故又是海拔较高之地的园林绿化树种。对生境条件要求较严，种群数量渐趋减少。

主要分布于凤阳湖水口、龙井背、将军岩上部、上圩桥等地。

17. 毛花假水晶兰

水晶兰科，腐生小草本。模式标本就采于凤阳山。植株无叶绿素而呈银白色，故有其名。对环境条件要求极为严格，适生于清凉、湿度大、腐殖质层厚的环境。因分布区狭窄，植株十分稀缺而被《中国红色物种名录》列为极危种。

凤阳湖水口、上圩桥、龙井背、乌狮窟海拔 1300 米以上林下于春夏季偶可见其踪。

18. 银钟花

安息香科，落叶乔木。中国特有古老孑遗植物。东亚—北美间断分布种，对研究美洲和亚洲的大陆变迁、植物区系、植物地理有重要学术价值。花有清香，状似银钟，果形奇特，秋叶变红，可作园林观赏树种。分布零星，植株较少。

主要分布于大田坪水口下部、小黄山等地。

19. 香果树

茜草科，落叶乔木。中国特有单种属植物，它在研究茜草科系统发育和中国南部、西南部的植物区系特点等方面都有一定意义。生长较快，花美叶秀，宿存的大型萼片尤为醒目，是优良的园林绿化树种。现植株已少，被列为国家二级重点保护植物。

主要分布于大塆、十里笼翠、麻连岱村边等地。

20. 细茎石斛

兰科，多年生附生草本，属附生兰。中国、朝鲜、日本间断分布。在研究东亚植物区系上有学术意义。传统珍贵药用植物。因长期过度采挖，再加生境要求严格，野生资源已近枯竭。

在凤阳湖、将军岩、官浦垟等地的古树、悬崖峭壁上偶有发现。

21. 天麻

兰科，多年生腐生草本。无根、叶片也退化成膜质鳞片，无法进行光合作用，依靠共生的蜜环菌供给营养。喜腐殖质厚、雨量适中、阴暗湿润的气候环境。在研究兰科植物的系统发育上有学术意义。系名贵中药材，有很高的药用价值。现人工栽培的天麻已基本满足市场的需要，但野生天麻由于长期过度利用，对生境要求严格，自然繁殖困难等原因，资源已十分稀少。

在乌狮窟、大坑、凤阳庙后等地曾采到过标本。

22. 独蒜兰

兰科，多年生草本。民间常用中草药。生于海拔较高、湿度较大、阔叶林下布满苔藓等附生物的岩石上。由于对生境要求非常特殊，再加上人工过度采集，现野生资源已较稀少。

主要分布于乌狮窟、大坑上部、上圩桥、龙井背、将军岩等地的沟谷阴湿处之峭壁上。

23. 异叶假盖果草

茜草科，多年生草本。茜草科假盖果草属中中国只有该种分布，浙江省仅产凤阳山（《浙江植物志》）海拔 1600 米左右的林下阴湿的岩缝或溪沟边。

该种虽未列入保护，但属稀有种类，且多处特征和原始描述不甚一致，故特于介绍。

第五节　古树名木

凤阳山国有林及毗连地区的部分森林起源比较古老，多属半原生森林植被，再则历史上交通闭塞，人烟稀少，木材生产、人为破坏的情况相对较轻，如按古树的树龄百年以上的标准计算，保护区内规格较大的黄山松、大部分阔叶树都属古树范畴，因而古树名木众多。龙泉于 20 世纪 80 年代就已开始古木大树调查，凤阳山保护区也自行组织过一些调查。90 年代后，国家规定了古树名木的标准，龙泉市于 1997 年开始第一次全面系统调查，凤阳山保护区未列入调查范围。2002 年凤阳山保护区进行第一次较为系统的调查，但范围仅限于国有林部分（集体林部分由各所属乡镇调查，其数据统计在各乡镇中），调查地点限于交通等原因而未深入林内，散生古树仅调查到 140 株，古树群 6 片（共 170 株），因而其调查到的古树数量仅占保护区内实际数量的极小部分。

从调查数据分析，140 株古树分属 19 个科，有 33 个树种。其中松科和壳斗科共 78 株，超过总数的一半以上，数量最多的黄山松有 33 株，次为亮叶水青冈 15 株，第三是甜槠，有 9 株。从科、种数量多少来看，和凤阳山特殊的气候环境所形成的森林类型完全符合，但与龙泉市古木大树数量多少的顺序则完全不同。

凤阳山保护区该次调查到的散生古树名木有以下几个特点：一是规格都不是很高。缺胸径 1.0 米以上、树龄 300 年以上的古木大树（20 世纪 80 年代，已调查到一些树种的胸径超出 1.0 米，树龄超过 500 年）。这和未深入林内调查、海拔较高、坡度较陡、自然条件比较特殊有关。二是一些在人们印象中长不大的树种，在这里却多为大树，如乌冈栎胸径近 60 厘米，猴头杜鹃达 54.8 厘米。三是珍稀濒危树种较多，计有 8 种。龙泉市最大的红豆杉、黄杉、鹅掌楸、猴头杜鹃、紫茎、黄山木兰、香果树都分布在凤阳山。

现将有代表性、较特殊的古树名木简介如下:

1. 黄山松

松科,常绿大乔木。广布于长江流域以南、海拔800～1000米以上山地。因其松针较马尾松短而又称"短叶松"。它是用材树种,又是经济树种,更是海拔较高之地荒山绿化的先锋树种。凤阳山上黄山松广布,规格较大的黄山松其年龄均可达到古树标准,长在裸岩、山顶上的植株,虽粗度不大,状似盆景的黄山松,很多树龄也在百年以上。最大1株生长在海拔1400多米的乌狮窟,胸径71.0厘米,树高17米,树龄近200年。

2. 铁杉

松科,常绿大乔木。生长缓慢,寿命长。顾名思义,它因木材坚硬而得名,纹理细致而又均匀,抗腐能力强,尤其耐湿。适用于木制耐磨构件,用途广泛。龙泉分布于凤阳山、披云山、屏南等海拔千米以上地区。凤阳山主要分布于凤阳湖水口、将军岩、上圩桥、老鹰岩、石梁峧等海拔1300米以上的针阔叶混交林中。最大1株长于乌狮窟海拔1440米处,胸径79.3厘米,树高14米,树龄220年。以前在乌狮窟至均溪的阔叶林中也曾查到过1株胸径1.03米、树高19.0米,树龄超过500年的古木大树。

3. 福建柏

柏科,常绿大乔木。因模式标本采自福建而得名。生长缓慢,木材有香气,花纹美丽,材质软硬适中耐水湿,有埋地数百年而不朽的报道,为木材中之上品。龙泉是浙江省福建柏的中心分布区,数量达4万多株,约占全省株数的80%以上,主要生长于凤阳山、屏南等地。凤阳山以大田坪最为集中,但大树已于20世纪60年代砍伐殆尽,现最大1株生于凤阳湖水口,胸径62.0厘米,树高15.0米,树龄约200年。

4. 亮叶水青冈

壳斗科,落叶乔木。生长缓慢,材质坚硬。种子含油量高,炒熟后果仁松脆,味香,口味极佳。因种子呈三角形,当年凤阳湖职工、家属称其为"三角籽",龙泉其他地方有而不多。凤阳山主要分布于凤阳湖,最大1株胸径64.3厘米,高12米,树龄200年。

5. 乌冈栎

壳斗科,常绿灌木。耐干旱、严寒。环境十分恶劣的悬崖峭壁、岩石裸露之地常是它们的栖身之处,因而生长缓慢。是我国南方林区保持水土、维护生态平衡一个必不可少的树种。它的木材是烧制优质白炭的上好材料,为此也常遭砍伐。一般地方粗不过十多厘米,在常人的眼中乌冈栎是长不大的。但在凤阳山的绝壁奇松景区的峭壁上,生长着1株胸径58.9厘米,树高6米,树龄约150年的大树。

6. 甜槠

壳斗科，常绿乔木。它是凤阳山常绿阔叶林的主要建群种之一。木材坚硬耐水湿。种仁味甜可生食，含淀粉及可溶性糖 61.4%，可制糕点，古书中早有记载。凤阳山最大的当数长于绝壁奇松景区 1 株，胸径 69.1 厘米，树高 10 米，树龄 130 年。

7. 云锦杜鹃

杜鹃花科，常绿灌木或小乔木。6 月份开花，色艳丽，花球较大。常分布于海拔较高之地，在海拔近 1700 米的仰天槽一带分布数量最多，局部地段成为纯林，花期时，远看有如一片花海。最大 1 株长于黄茅尖下海拔 1700 米处，胸径 35.7 厘米，树高 6 米，树龄约 200 年。

8. 猴头杜鹃

杜鹃花科，常绿灌木或小乔木。主要分布在海拔较高的山体上部，常成为山顶矮曲林的优势树种。由于该地段风大、云雾多、湿度大、土层薄，从而树体矮化，枝干弯曲，根系发达，对水土保持有特殊作用。6~7 月开花，花球大，和云锦杜鹃一起成为凤阳山夏季一景。最大 1 株长于黄茅尖下海拔 1520 米处，胸径 54.8 厘米，树高 6 米，树龄约 300 年，可称"杜鹃之王"。

9. 香果树

茜草科，落叶乔木。生长迅速，材质较好，因树型、花色美丽，可作优良的园林绿化树种。龙泉主要分布于凤阳山、八都南窖八宝山、锦旗昂山、屏南干上。凤阳山分布于大墺、十里笼翠等地，数量不足百株，大树已不多见。在大墺海拔 1360 米的常绿落叶混交林中发现有胸径 53.2 厘米、树高 16 米、树龄 120 年的大树，在龙泉市已属罕见。

10. 尖萼紫茎

山茶科，落叶乔木。分布于海拔较高地带。其树皮光滑且呈金黄色，为海拔较高之地的优良园林绿化树种。凤阳山呈零星分布，其中凤阳湖水口至小黄山、上圩桥、将军岩一带数量略多。最大 1 株长于海拔 1440 米的双折瀑，胸径 44.9 厘米，树高 17 米，树龄约 120 年。

11. 褐叶青冈

壳斗科，常绿乔木。性喜凉爽的气候条件，是常绿阔叶林的建群种之一。木材硬重、质地优良。海拔 1500 米以下区域常见。凤阳山最大 1 株长于双折瀑附近，胸径 88.2 厘米，树高近 10 米，树龄约 200 年。

12. 亮叶桦

桦木科，又称光皮桦，落叶大乔木。分布于海拔 600 米以上山地。树皮可环状剥落，易燃，木材质优，花纹美丽，常用于制造枪托等军工用材。凤阳山零星分布于常绿、落叶阔叶林中。凤阳山古树名木调查时，在双折瀑海拔 1420 米处，查到 1

株胸径 65.6 厘米，树高 22 米，树龄 150 年的大树。实际上凤阳山的亮叶桦大树较多，1972 年在龙井背海拔 1600 米处，曾砍伐 1 株胸径 100 多厘米，树高 20 米以上的大树，在树干 3 米处截取一段，锯出厚 2.5 厘米、宽 65 厘米以上桌面板 15 块。以前在大猫凹也已查到 1 株胸径 1.06 米，树高 21.0 米，树龄 300 年的古木大树。

古树名木调查时，对树龄一项，仅凭调查人员的经验判断。因而树龄数据仅供参考。

第六节　经济植物

凤阳山经济植物资源丰富，约有 1529 种（部分物种一物多用），根据其用途分：纤维植物、油脂植物、芳香油植物、鞣质植物、树脂植物、果胶植物、色素植物、食用植物、药用植物、材用植物、观赏植物。

一、纤维植物

约 103 种，以禾本科和莎草科种数最多，约占 1/3。棕榈是重要的纤维植物，其叶鞘纤维是编织绳索、棕棚和蓑衣的最佳原料；苎麻的茎皮纤维一直是农村制作蚊帐和夏布的上佳原料，可以精纺成高级服装面料；龙须草的地上茎可编织草席；山类芦的叶可编缆绳。芒、黑莎草、藨草属、灯心草属，均是造纸的良好原料。细叶水团花、枫杨、小构树、榕属、臭椿、扁担杆、浆果楝、木槿、荛花属等的树皮纤维亦可代麻使用。

二、油脂植物

约有 90 种。主要有：浙江红花油茶、油桐、乌桕等；山矾属的多种植物，如华山矾、老鼠矢、羊舌树等种子榨油可制皂；而薄叶山矾种子是制润滑油的原料；白檀则用于制造油漆；宜昌荚蒾的种子含油在 40% 以上，是工业用油的优质原材料。还有山油麻、算盘子、珍珠菜、蜡子树、黑莎草、朱砂根等种子也可榨油，含量在 20% 左右。食用油如山茶科的油茶和浙江红花油茶，种子含油率较高，主要成分是油酸和亚油酸等不饱和脂肪酸，有利于人体健康，是高档食用油。此外，世界上石油资源面临短缺，植物油脂是可再生资源，生物质能源利用也是一个发展方向。

三、芳香油植物

有 41 种，常见的有樟科植物如香叶树、乌药、山鸡椒，菊科植物如香青、天名精、烟管头草，芸香科花椒属，蔷薇科的野蔷薇、粉团蔷薇，唇形科和松柏类植物大多属于这类。此外还有亮叶蜡梅、白苞芹、木犀和清香藤（花）、金银花（花）、枇杷叶紫珠（叶）、橘草等。

四、鞣质植物

约50种，其中以壳斗科最丰富，如栎属、石栎属、栲属、水青冈属、青冈属，这些植物的树皮和壳斗都富含鞣质。此外还有蔷薇科的悬钩子属、地榆和委陵菜的根，以及化香树、密花树、南酸枣、臭椿、杜英、落新妇等。

五、树脂植物

6种。最重要和利用最多的是马尾松和黄山松，其次是紫花络石、枫香、细柄阿丁枫等也是含树脂的重要资源。

六、胶质植物

约13种，常见的有野山楂、桃属、李属、猪屎豆属、白芨、豆腐柴等。

七、色素植物

100多种。常见的有桑科植物葨芝的果实、蔷薇科金樱子的果实、忍冬科荚蒾属的果实均含红色素，可用作食用色素。鼠李科的冻绿茎皮含绿色素可染棉织品。此外，青葙叶的绿色素、栀子果实的黄色素、小果冬青果实的紫色素、厚壳树树皮的黑色素、多穗石栎的棕色素、越橘属植物浆果中含越橘红色素均可用作饮料、色酒的着色。茜草的根紫红色也可作天然染料和食用色素等。

八、食用植物（含饲料植物）

56种。植物某些部位可供食用，如浙南普遍食用的有蕨、白花败酱、东风菜、树参等；又如藜、繁缕、泥糊菜、黄鹌菜、大蓟、全缘叶马兰、水芹等可以作为蔬菜；野生水果如猕猴桃属多种、悬钩子属多种、乌饭树、四照花等的果实，枳椇的果梗等；豆腐柴（叶）和华东魔芋（块根）可用于磨制"豆腐"；壳斗科多种（果）、荚蒾（果）、菝葜（块根）、南酸枣（果）、赤楠属（果）等，富含淀粉，是酿酒的好材料；还有如大叶冬青的叶片（苦丁茶）有减肥功效；绞股蓝、饭汤子、光叶山矾、金银花（花）、淡竹叶、青蒿等用于泡茶的材料，有清热解毒、防中暑之功效，其中绞股蓝和光叶山矾已为大众注意。还有如柿和野柿的果实和叶富含维生素，柿加工以后的"柿饼"既可长期贮存，又是很好的食品；杨梅、悬钩子等都是很好的果品资源。此外，绒苔、指叶苔等，质地软，内含糖分极少，是开发保健食品的理想原料。

九、药用植物（含有毒植物）

660多种。种类较集中的科有毛茛科、小檗科、唇形科、菊科、伞形科和百合科等。主要药用植物如天麻、鹿蹄草、槲寄生、多花勾儿茶、秀丽野海棠、网脉酸藤子、虎刺属、羊角藤、徐长卿等有祛风除湿的功效；清热解毒类的资源植物有龙胆属、大青属、风轮菜属、忍冬属、鬼针草属、荔枝草、爵床、半夏、车前、阔叶十大功劳、华东唐松草等；有止血活血功效的植物如紫珠属、楼梯草、见血愁、茜草、南方兔儿伞、梓木草、虎杖等；可治跌打损伤的植物如接骨木、杜根藤、毛果南烛、密花山矾等；消炎利尿类的如紫金牛属、泽兰、淡竹叶、鸭跖草、大蓟等；杜鹃花属的刺毛杜鹃、麂角杜鹃、满山红等槲皮素含量高，对感冒或支气管炎有治疗效果，除此以外，细辛、牡荆、紫苏、兰香草、紫花前胡等也有同样功效；越橘属乌饭树、江南越橘和小叶乌饭、亮叶蜡梅等可助消化；有些唇形科植物如藿香、牛至、石香薷具消暑作用；夏枯草、兰花参和钩藤等有降低血压的功效；大叶藓属植物对治疗心血管病有疗效；山姜和蘘荷用于理气；防己科、过路黄属的过路黄、黑腺珍珠菜、半边莲属、七层楼、杜箬、紫萼等可治疗毒蛇咬伤；益母草、野芝麻、南丹参、野菰等治疗妇科疾病；薯蓣属植物是常用的激素类药物资源；何首乌、牛膝、毛药藤、土茯苓、黄精属、羊乳、菟丝子、淫羊藿等民间用作进补药材。近年研究表明，三尖杉含有三尖杉酯类和高三尖杉酯类，治疗淋巴结白血病有特效。红豆杉属植物含紫杉醇，对治疗一些癌症有疗效。

蕨类植物门的蛇足石杉、深绿卷柏、阴地蕨、槲蕨、石韦等许多种类也是常用的药用植物，如蛇足石杉含石杉碱，对老年性痴呆有较好疗效。

常见有毒植物有牯岭藜芦、雷公藤、络石、马醉木和羊踯躅等，但多数也是药用植物，如雷公藤对治疗类风湿疾病有较好效果。

十、材用植物

160 余种。多为高大乔木和特用树种。如胡桃科的少叶黄杞、华东野胡桃，壳斗科的甜槠、锥栗、水青冈、小叶青冈、白栎，榆科的糙叶树、榉树，木兰科的鹅掌楸、深山含笑和松柏类很多种，以及木荷、江南桤木等。这些树种大多木质坚硬，是装饰、建筑的好材料，如柿树木质坚硬，称"乌木"。还有拟赤杨等木质疏松，是制造木材切片的原材料。红皮树则是造林的速生树种。

也有少数灌木树种，如黄杨、水团花、檵木等，是雕刻的好材料。

十一、观赏植物

近 250 种。如可以作为行道树或园林绿化观赏的浙江楠、红楠、枫香、黄连木、蓝果树、猴欢喜、铁冬青、小叶白辛树、银钟花、山柳、杜英、石楠、光叶石楠、深山含笑、尖萼紫茎等；可以作为活绿篱的如波叶红果树、绣球属、胡枝子属、荚蒾属、紫珠属、赤楠、野珠兰等；可以作为盆景的如紫金牛属、雀梅藤、赤楠等；可以盆栽或花坛栽培供观赏的花卉植物如杜鹃花属、凤仙花属、蔷薇属、百合属和兰科的多种植物；作为观叶植物的如蜘蛛抱蛋、阔叶山麦冬以及多种蕨类植物，如卷柏、华南紫萁、倒叶瘤足蕨、凤尾蕨、紫柄蕨、狭翅铁角蕨、胎生狗脊等；茵芋、朱砂根、南天竹、草珊瑚等种类的果实色彩艳丽且经久不落的可以作为观果植物；还有作为地被植物的如马蹄金、诸葛菜、地苍、射干、吉祥草等；可用于垂直绿化的如中华常春藤、爬山虎等；用于边坡绿化，保持水土的如知风草、类芦、狗牙根等。

第三章　动物资源

第一节　昆　虫

凤阳山其独特的地理位置和自然条件，适宜于昆虫的繁衍生息，种类极其丰富。

从20世纪50年代起，不少学者已对凤阳山的昆虫资源进行过初查，晋升国家级自然保护区以后，国内多所院校及相关单位前来调研。2003～2005年，保护区和浙江林学院对凤阳山管理处进行过观赏昆虫调查。2007～2009年，由浙江林学院、凤阳山管理处联合开展全面系统的昆虫资源调查，并对其多样性和区系成分进行分析。3年间先后组织10次76人参加考察，同时，采用马氏网诱捕器按照不同生境进行全年不间断捕捉。共采集昆虫标本10万余号，经鉴定，计25目239科1690种，其中发现有1个新属，64个新种，4个中国新纪录属和7个中国新纪录种，113个浙江新纪录种。调查范围主要在海拔1000米至1600米之间，超过1600米，种类数量开始下降。

凤阳山昆虫中的区系成分，有东亚分布种1067种，占总种数的63.1%。东洋种390种，占23.1%，广布种169种占10%，古北种64种，占3.8%。凤阳山昆虫种类比较丰富，凤阳山管理处的管理范围约占浙江省面积的0.142%，昆虫种类却占浙江省的17.8%。如果将凤阳山调查到的1690种昆虫定为100%，那么其他省份分布的昆虫和凤阳山共有种百分比较高的省区依次是：福建(50.1%)、四川(40.7%)、云南(39.0%)、湖南(38.0%)、广西(35.5%)、江西(35.3%)、湖北(34.7%)、广东(33.0%)、贵州(30.7%)、台湾(28.3%)。和邻近国家共有种百分比最高的依次为日本(26.9%)、印度(16.8%)、朝鲜(13.5%)、越南(7.3%)和缅甸(7.2%)。

凤阳山昆虫成分的主要来源可分为4个部分：其中最主要的是印度—马来亚成分向东扩散至我国南部。次为中国—喜马拉雅成分也有相当比重，三是本地起源部分，最后是欧洲—西伯利亚成分(见下表)。

凤阳山昆虫区系成分分析

类群	总种数	东洋		古北		广布		东亚							
								浙江凤阳山		中国		中国—日本		合计	
		种数	%	种数	%	种数	%	种数	%	种数	%	种数	%	种数	%
蜉蝣目	2	0	0.0	0	0.0	0	0.0	0	0.0	2	100.0	0	0.0	2	100.0
蜻蜓目	31	6	19.4	0	0.0	6	19.4	0	0.0	17	54.8	2	6.5	19	61.3
襀翅目	17	1	5.9	0	0.0	0	0.0	9	52.9	7	41.2	0	0.0	16	94.1

(续)

类群	总种数	东洋		古北		广布		东亚							
								浙江凤阳山		中国		中国—日本		合计	
		种数	%	种数	%	种数	%	种数	%	种数	%	种数	%	种数	%
蜚蠊目	5	0	0.0	1	20.0	3	60	1	20.0	0	0.0	0	0.0	1	20.0
等翅目	17	2	11.8	0	0.0	1	5.9	4	23.5	9	52.9	1	5.9	14	82.4
螳螂目	10	1	10.0	0	0.0	1	10	2	20.0	3	30.0	3	30.0	8	80.0
革翅目	17	3	17.6	0	0.0	3	17.6	6	35.3	4	23.5	1	5.9	11	64.7
直翅目	85	10	11.8	0	0.0	5	5.9	21	24.7	42	49.4	7	8.2	70	82.4
竹节虫目	7	0	0.0	0	0.0	0	0.0	6	85.7	1	14.3	0	0.0	7	100.0
虫齿目	2	0	0.0	0	0.0	0	0.0	0	0.0	2	100.0	0	0.0	2	100.0
食毛目	2	0	0.0	0	0.0	0	0.0	0	0.0	2	100.0	0	0.0	2	100.0
虱目	3	0	0.0	0	0.0	0	0.0	0	0.0	3	100.0	0	0.0	3	100.0
缨翅目	6	3	50.0	0	0.0	1	16.7	0	0.0	0	0.0	2	33.3	2	33.3
同翅目	112	31	27.7	1	0.9	26	23.2	6	5.4	32	28.6	16	14.3	54	48.2
半翅目	104	31	29.8	8	7.7	11	10.6	3	2.9	40	38.5	11	10.6	54	51.9
广翅目	6	4	66.7	0	0.0	0	0.0	0	0.0	2	33.3	0	0.0	2	33.3
蛇蛉目	1	0	0.0	0	0.0	0	0.0	1	100.0	0	0.0	0	0.0	1	100.0
脉翅目	12	1	8.3	2	16.7	1	8.3	0	0.0	6	50.0	2	16.7	8	66.7
鞘翅目	221	71	32.1	14	6.3	15	6.8	18	8.1	88	39.8	15	6.8	121	54.8
长翅目	7	0	0.0	0	0.0	0	0.0	3	42.9	4	57.1	0	0.0	7	100.0
双翅目	164	23	14.0	3	1.8	24	14.6	46	28.0	63	38.4	5	3.0	114	68.9
蚤目	3	0	0.0	0	0.0	0	0.0	3	100.0	0	0.0	0	0.0	3	100.0
毛翅目	21	2	9.5	1	4.8	0	0.0	1	4.8	16	76.2	1	4.8	18	85.7
鳞翅目	565	139	24.6	16	2.8	40	7.1	53	9.4	245	43.4	72	12.7	370	65.5
膜翅目	270	62	0.2	18	6.7	32	11.9	36	13.3	99	36.7	23	8.5	158	58.5
合计	1690	390	23.1	64	3.8	169	10.0	219	13.0	687	40.7	161	9.5	1067	63.1

注：该表东亚分布中浙江凤阳山一栏的种数，系指就目前调查的结果，仅在凤阳山自然保护区发现的种类，也称之为特有种。

第二节　脊椎动物

一、鱼类

凤阳山的水系属瓯江上游干流的龙泉溪和支流小溪的山谷型溪涧。共记录有鱼类45种，隶属于4目10科36属。内鲤形目种类最多，有33种，其中鲤科25种，鳅科5种，平鳍鳅科3种；鲇形目次之，7种；鲈形目再次之，4种；鳗鲡目仅1种。其中缨口鳅为瓯江水系鱼类新纪录种。

凤阳山鱼类中，除了红鲤为引进品种外，其余均为本地种。属广布性种类有红鲤、鲫、鳗鲡、宽鳍鱲、马口鱼、泥鳅、黄颡鱼和子陵栉鰕虎鱼等12种。

凤阳山鱼类具明显的垂直分布特性，随着海拔升高，种类明显减少。在1300米以上的大田坪等溪流中只有鲤科鱼类中的厚唇光唇鱼、温州光唇鱼和台湾白甲鱼以及平鳍鳅科中的缨口鳅等4种，而在海拔630米左右的官浦垟较大的溪流中，主要分布有鲤科中的鮈亚科鱼类以及鲇形目、鲈形目等鱼类，共计41种。

凤阳山海拔较低处的溪流因筑坝蓄水、修建水库、建造电站等原因，原有鱼类生存环境有所改变。坝下至发电厂之间的溪涧经常断流，从而破坏了鱼类生存的基本条件，以至鱼类资源减少。在20世纪80年代前能采集到鮈亚科鱼类，现已难见其踪。

二、两栖类

凤阳山共记录有两栖类动物32种，占浙江省43种的74.4%，隶2目7科19属。其区系成分以东洋界华中区种类为主，有18种，如中国瘰螈、有斑肥螈、东方蝾螈、淡肩角蟾、崇安髭蟾、中国雨蛙、弹琴水蛙、花臭蛙、棘胸蛙、镇海林蛙、华南湍蛙、斑腿树蛙等，占56.3%；东洋界华中华南区种类次之，有11种，如福建掌突蟾、黑眶蟾蜍、三港雨蛙、沼水蛙、泽陆蛙、虎纹蛙、粗皮姬蛙、饰纹姬蛙等，占34.4%；古北界种类最少，只有3种，即大蟾蜍、黑斑侧褶蛙和金线侧褶蛙，占9.3%。凤阳山生态环境的多样性，本类动物有溪流、静水、树栖和陆地生态类群。

三、爬行类

凤阳山共记录有爬行类动物49种，占浙江省82种的59.8%，隶3目9科32属，是浙江省爬行类物种最丰富的地区之一。其区系特点是以华中华南区成分为主，有28种，即石龙子科4种、游蛇科18种、眼镜蛇科3种和蝰蛇科3种，占57.1%；其次是东洋界华中区成分，有铅山壁虎、蹼趾壁虎、脆蛇蜥、黑脊蛇、黄链蛇、玉斑锦蛇、双斑锦蛇、黑背白环蛇、锈链腹游蛇、台湾小头蛇和五步蛇11种，占22.4%；广泛分布于古北界东洋界的种类有乌龟、中华鳖、北草蜥、红点锦蛇、黑眉锦蛇和虎斑颈槽蛇6种，占12.2%；华中西南区及华南区成分最少，各有2种，即华中西南区的赤链蛇和颈鳞蛇与华南区的环纹华游蛇和渔游蛇，分别只占4.1%。计有水栖、半水栖、树栖、穴栖、陆栖生态类群。

四、鸟类

凤阳山共记录有鸟类121种，分隶于10目35科。其中留鸟80种，占66.1%；夏候鸟25种，占20.7%；冬候鸟12种，占9.9%；旅鸟4种，占3.3%。繁殖鸟共有105种，占总数的86.8%，其中留鸟占76.2%。构成该地优势种以森林类型的种类为主。林雕、小仙翁、黑颏凤鹛、山鹪莺、高山短翅莺、棕腹柳莺和灰喉柳莺等7种为浙江省新纪录种。不同海拔高度、鸟类的群落组成存在明显的差异，凤阳山中等海拔(1000～1500米)地区是鸟类保护的重点区域。

五、兽类

根据多次资源调查和文献资料记录,凤阳山共有兽类62种,隶8目23科,占全省总数99种的62.6%。内有东洋界种类47种,占75.8%;古北界种类15种,占24.2%。东洋界种类在兽类区系组成中占优势,但低于全省的比例。在这62种兽类中,鼯鼠、黑白飞鼠、狼和虎是基本绝迹,豹、云豹、黑熊、狐、大灵猫和水獭等种类的数量十分稀少。除了食虫目、翼手目和啮齿目以外,在凤阳山内的常见种主要是野猪、华南兔、猕猴、穿山甲、黄麂、黑麂、毛冠鹿和鬣羚等种类。

第三节　珍稀动物

凤阳山拥有国家级重点保护动物36种,其中昆虫1种、两栖类1种、鸟类19种、兽类15种。一级重点保护动物有黄腹角雉、虎、云豹、豹和黑麂等5种;二级重点保护动物有31种(详见下表)。

凤阳山国家级重点保护动物名录

种　　名		保护等级		备注
		I	II	
阳彩臂金龟	*Cheirotonus jansoni*		+	
虎纹蛙	*Hoplobatrachus rugulosus*		+	
黑冠鹃隼	*Aviceda leuphotes*		+	
黑鸢	*Milvus migrans*		+	
蛇雕	*Spilornis cheela*		+	
赤腹鹰	*Accipiter soloensis*		+	
松雀鹰	*Accipiter virgatus*		+	
雀鹰	*Accipiter nisus*		+	
苍鹰	*Accipiter gentilis*		+	
林雕	*Ictinaetus malayensis*		+	
乌雕	*Aquila clanga*		+	VU
鹰雕	*Spizaetus nipalensis*		+	
白腿小隼	*Microhierax melanoleucus*		+	
燕隼	*Falco subbuteo*		+	
黄腹角雉	*Tragopan caboti*	+		VU
勺鸡	*Pucrasia macrolopha*		+	
白鹇	*Lophura nycthemera*		+	
褐林鸮	*Strix leptogrammica*		+	
领鸺鹠	*Glaucidium brodiei*		+	

（续）

种 名		保护等级		备注
		I	II	
斑头鸺鹠	*Glaucidium cuculoides*		+	
鹰鸮	*Ninox scutulata*		+	
猕猴	*Macaca mulatta*		+	LR/NT
藏酋猴	*Macaca thibetana*		+	LR/NT
穿山甲	*Manis pentadactyla*		+	LR/NT
豺	*Guon alpinus*		+	
黑熊	*Selenarctos thibetanus*		+	
青鼬	*Martes flavigula*		+	
水獭	*Lutra lutra*		+	NT
大灵猫	*Viverra zibetha*		+	
小灵猫	*Viverrcula indica*		+	
原猫	*Felis temmincki*		+	
云豹	*Neofelis mebulosa*	+		VU
豹	*Panthera pardus*	+		VU
虎	*Panthera tigris*	+		EN
黑麂	*Muntiacus crinifrons*	+		VU
鬣羚	*Capricornis sumatraensis*		+	VU

注：EN：濒危，VU：易危，LR：低危，NT：接近受危。

同时，凤阳山地区还有 10 种动物被列入世界受胁物种红色名录，其中有濒危物种虎和易危物种乌雕、黄腹角雉、黑麂和鬣羚等。

珍稀动物中一是以森林类型为主，二是鸟类中以肉食性猛禽居多，三是兽类的种群数量已明显减少。

凤阳山地区珍稀濒危脊椎动物简介如下：

虎纹蛙 又名田鸡、水鸡。多栖息于中山区的溪沟水田、沼泽地，以及附近的草丛中和棘胸蛙混生。夜间外出活动。性甚凶猛，大量捕食昆虫，对保护农作物有积极意义。繁殖期为 5~8 月。由于过度捕捉棘胸蛙，也把虎纹蛙连同捕获，致使数量剧减。

黑冠鹃隼 体型略小的黑白色鹃隼。雌雄羽色相似，黑色的长冠羽常直立头上。整体体羽黑色，胸具白色宽纹，翼具白斑，腹部具深栗色横纹。通常栖息于山区林间及山麓林带，成对或小群活动，捕食大型昆虫。夏候鸟。

黑鸢 一种较常见的猛禽。栖息于开阔的林区、城镇及村庄等地。不畏干扰，常单独或一群于高空滑翔，以小动物、鱼类和动物尸体为食。留鸟。

蛇雕 又名凤头捕蛇雕、白腹蛇雕等。栖居于深山高大密林中，常在高空盘旋飞翔，发出似啸声的鸣叫。以蛇、蛙、蜥蜴等为食，也吃鼠和鸟类、蟹及其他甲壳动物。常用树枝筑巢于高大树上，每窝产卵 1 枚。留鸟。

赤腹鹰　又名命子鹰。中等体型，一般栖息于山麓、林缘及村落附近的林中。常单独静立于较高处窥伺猎物并伺机捕捉。营巢于树上，有时亦占用旧鹊巢，每窝产卵 2～5 枚，喜食动物性食物。夏候鸟。

松雀鹰　小型猛禽。栖息于山区及丘陵地带的针叶林、阔叶林和混交林中。多单独生活，性机警，不易接近。常在林缘及附近的农田上空飞翔。筑巢于较高的乔木上，以树枝编成皿状。每窝产卵 4～5 枚，以小鸟、昆虫等为食。留鸟。

雀鹰　又名鹞子。是鹰类中体型较小的一种。栖息于山地林间及山脚林缘地带，亦见于村落附近。多单独活动、觅食。飞翔时，往往鼓动两翅后再向前滑翔。鸣声尖锐，捕猎的主要对象是雀类。

苍鹰　俗称老鹰。中型猛禽，栖息于山区的悬崖或林中。大多单独活动、觅食，飞行疾速，视力敏锐，鸣声尖锐而宏亮。以野鼠、野兔及小鸟等为食。在高树上营巢，5～6 月间产卵，每窝 4～5 枚。冬候鸟。

林雕　栖息于海拔 1000 米上下的山地常绿阔叶林内，常在树层上空盘旋，捕食鼠类、蛇、蜥蜴、蛙、小鸟等。在高大的树木上筑巢或侵袭其他鸟类的窝巢，每窝产卵 1～2 枚。留鸟。

乌雕　栖息于沼泽附近的阔叶林和针叶林。食物以啮齿动物和昆虫为主，兼食部分鱼、蛙、蜥蜴及小鸟等。以树枝或嫩松枝在高树上或崖缝中筑巢，一般产卵 2 枚。冬候鸟。

鹰雕　体大，数量稀少。栖息于群山林间，喜森林及开阔林地，鸣声长而尖厉。留鸟。

白腿小隼　又名小隼，小型猛禽。栖息于山地林间，尤喜在溪河近旁的低山地带活动、觅食。常停栖于树上，在空中飞翔时常成圈状。主要以昆虫为食，兼食小鸟等其他小型动物。卵产于树洞中。留鸟。

燕隼　又名青条子、蚂蚱鹰，小型猛禽。大多栖息于比较开阔的林区旷野、农田及其附近的林地。飞行快速而敏捷，翅长似镰刀，尾较短。通常于清晨和黄昏间活动，善于在空中捕取飞虫或小鸟等为食。留鸟。

黄腹角雉　又名角鸡、吐绶鸟。雄鸟脸部裸皮朱红色，有翠蓝色及朱红色组成的艳丽肉裙及翠蓝色肉角，于发情时向雌鸟展示。主要栖息在海拔 1200～1400 米常绿阔叶林和针阔混交林内，冬季下迁至海拔 500～1000 米林中，夜宿树上，飞翔能力较弱。主要以植物的种子果实、叶和花为食，尤对交让木的果实及叶有依赖性，并兼食少量小型无脊椎动物。留鸟。

勺鸡　栖息于海拔略高的山林地带，特别喜在高低不平的岩坡灌丛中生活。白天多在地面活动，晚间上树，清晨常在夜宿树上或岩石上鸣叫。4 月开始繁殖，营地面巢，每窝产卵 4～6 枚。以各种植物种子、果实、嫩茎叶等为食。留鸟。

白鹇　分布于海拔 400 米以上的山林地带，多栖于常绿阔叶林和常绿阔叶、针叶混交林，但也活动于针叶林等生境内。一般集小群活动，警觉性高，白天在地面活动，夜宿树上。主要以各种浆果、种子、嫩叶、草籽及苔藓等为食，亦食少量昆虫。留鸟。凤阳山数量较多，在凤阳湖去烧香岩便道上常见其羽毛。

褐林鸮 中型猛禽。通常栖息于高山森林间。白天遭扰时体羽缩紧如一段朽木，眼半睁以观动静，黄昏出来捕食，以鼠类、昆虫为食。筑巢于树洞中。留鸟。

领鸺鹠 是中国体型最小的鸮类，常栖息于山地森林和林缘灌丛地带，冬寒季节亦见于山麓林带或丘陵平原。夜出觅食，白天单独静息于枝叶较茂盛的大树上。常在夜晚鸣叫，音似"咯、咯"。食物以鼠类为主，亦捕食小鸟等。通常营巢于树洞和天然洞穴中，也利用啄木鸟的巢。留鸟。

斑头鸺鹠 通常栖息于丘陵及平原地区的树林间，村落附近较多见。昼夜均有活动，但入夜活动较频繁，鸣声响亮，因它的鸣叫声很像有辘轳的车轮声，所以在中国古代被称为"鬼车"。食物以昆虫、鼠类为主，亦食小鸟、蜥蜴、蛙等小动物。留鸟。

鹰鸮 又名褐鹰鸮，通常栖息于山区或丘陵地带较荒僻的树林中，亦可见于村落附近的林间。其翅形尖长，善于疾飞。食物以昆虫为主，亦捕食鼠类、小鸟及蛙类等。留鸟。

猕猴 又名恒河猴、广西猴，是最常见的一种猴子，个体稍小，尾较长，约为体长一半。分布较广，喜欢生活在石山的林灌地带。集群生活。原数较多，1976年建兴一带还被湖南人一次抓捕30余条外运，后数量减少，现逐步回升。主要分布在海拔1300米以下，边有农田的林缘地带，大田坪水口以下常有活动。

藏酋猴 又名短尾猴，是中国猕猴属中最大的一种。常活动于深山的阔叶林、针阔叶混交林或稀树多岩的地方。喜群栖，由十几只或20~30只组成。每群有2~3只成年雄猴为首领，遇敌时首领在队尾护卫。喜在地面活动，在崖壁缝隙、陡崖或大树上过夜。杂食性，以多种植物的叶、芽、果、枝及竹笋为食，也吃昆虫、蛙类、小鸟和鸟蛋等动物性食物。偶有发现。

穿山甲 俗称鳞狸甲。栖息于润湿地带丘陵山地，栖息洞多在大山体的一面。主要以蚂蚁、白蚁、蜜蜂、昆虫为食。因鳞甲供药用，常被捕捉，数量减少。

豺 又名豺狗、红狼、斑狗、棒子狗等，体型比狼小。为典型的山地动物，活动范围较大，性喜群居，但也能见到单独活动的个体。性警觉，嗅觉很发达，晨昏活动最频繁。集体猎食，常以围攻的方式捕食狍、麝、羊类、野猪等中型有蹄动物。凤阳湖曾发生4条豺追捕家羊到羊舍的事件。

黑熊 又名狗熊、黑瞎子，俗称人熊。常栖息于阔叶林和针阔混交林中，活动范围大。主要在白天活动，善爬树、游泳，能直立行走。视觉差，嗅觉、听觉灵敏。杂食性，以植物叶、芽、果实、种子为食，有时也吃昆虫、鸟卵和小型兽类，尤喜吃蜂蜜、白蚁等，也盗食玉米、蔬菜、水果等农作物。1981年冬，乌狮窟的雪地上曾见长30余厘米的脚印。现数量已很稀少。

青鼬 又名黄喉貂、黄腰狐狸、蜜狗。体型大小如小狐狸，是貂属动物中个体最大的一种。喜欢栖息于沟谷灌丛中，行动敏捷，善爬树，常居于树洞中。常见晨昏活动，单独或成对，主要以鼠、鸟、昆虫、蛙等为食，尤其喜食蜂蜜。

水獭 又名水狗、獭猫。珍稀皮毛兽，体型细长，半水栖，喜欢栖居在陡峭的岸边、河岸浅滩，以及水草少和附近林木繁茂的溪涧，过着隐蔽的日伏夜出穴居生活。听觉和嗅觉发达，有惊人的游水技能。以鱼为主食，也捕食蟹、蛙、蛇、水禽以及各种小型兽类等。官浦垟、均溪一带溪边偶有发现

大灵猫 又名九江狸、九节狸、麝香猫。主要生活在高山深谷地区、林缘茂密的灌木丛或草丛中。多单独活动，夜间捕食，食性广，以动物性食物为主，亦食植物果实，

小灵猫 又名香狸猫、笔猫、七节狸等。体型纤细，广泛分布于海拔略低的丘陵地区和半山区的灌木丛中。营独栖穴居生活，常黄昏出洞，半夜返回，杂食性。

原猫 又名金猫等。比云豹略小，由于体毛多变，有几个由毛皮颜色而得的别名：全身乌黑的称"乌云豹"，体色棕红的称"红椿豹"，而"狸豹"以暗棕黄色为主，其他色型统称为"芝麻豹"。主要生活在热带、亚热带山地森林。属于夜行性动物，白天多在树洞中休息，独居，多在地面行动。食性较广，以野兔、鼠类和鸟类为食。

云豹 又名龟纹豹。中型猫科动物。全身黄褐色，体侧有对称深色大块云状斑纹，周缘近黑色，而中间暗黄色，状如龟背饰纹，故有龟纹豹之称。栖息于山地及丘陵的常绿林中。它是豹类中最典型的林栖动物，能轻松攀爬上树，白天在树上睡眠。

豹 又名金钱豹、银钱豹、文豹。外形似虎而体型较小，为大中型猛兽。主要生活在山地林区，其巢穴多筑于浓密树丛、灌丛或岩洞中，营独居生活。常夜间活动，捕食各种有蹄类动物，如鹿类、野山羊、野猪、猴、野兔、鼠类和野禽等。

虎 为大型、典型的山地林栖动物，特别喜欢在人迹罕至的草丛山地活动。无固定巢穴，多在山林间游荡寻食，能游泳不会爬树，捕食野猪、鹿类等有蹄类动物。龙泉历史上多虎患，据史料记载：宋宝祐三年（1255）至宝祐五年（1257），虎伤人1600多。20世纪60年代以前，均溪的张砻、建兴的麻连岱等村，常有老虎的踪迹。21世纪初，屏南南溪村等地相继发现大型猫科动物足迹（已做石膏模），是否华南虎足迹未作定论。

黑麂 又名蓬头麂、红头麂，是体型较大的麂属动物。我国特有种类，主要栖息于丘陵山地密林中，多以木本植物的叶及嫩枝为食，亦食大豆、红薯叶、玉米等农作物。多单独晨昏活动，偶尔成对出现。凤阳山尚有一定数量。

鬣羚 又名苏门羚。体型较大，主要生活于丘陵山地或高山悬崖林区，平时常在林间大树旁或巨岩下隐蔽和休息。以草类、树叶、菌类和松萝为食。

大鲵 俗称娃娃鱼，生活于林区溪涧的两栖动物。20世纪70年代以前，在瓯江支流小溪上游的桌案际、岱根及双溪以下的山坑深潭还有发现。现有否残存无法肯定，故本志两栖类名录中未予列入。

另：保护区建立前，当地有村民说凤阳山上有"野人"。1980年，保护区职工在十八窟去双折瀑的一小山岗上看见一个席地而建已被废弃的兽窝，长、宽分别为155厘米、120厘米，窝边的树枝有编织痕迹，疑似"野人窝"。是年12月18日，杭州大学生物系动物专家诸葛阳等6人在保护区人员陪同下前往察看，他们从现场分析，认为是黑熊窝的可能性比较大。

第三编

保 护 区 建 设

凤阳山因海拔高，环境条件严峻，可耕地不多而人口稀少。由于交通条件制约，木材经营产业发展滞后，从而造成大片荒山及常绿阔叶林无人管理，以至在中华人民共和国成立后的土地改革中，离村较远的山地无人登记而成为无主山林。

1963 年，林业部调查规划局第六森林经理调查大队到龙泉进行森林资源调查，凤阳山的森林资源现状、国有山林面积等情况才被进一步掌握。龙泉县森工局得知上述情况后，为开发、绿化凤阳山国有林地，于 1966 年组织 6 个水运单位职工 700 余人上山整地造林，至 1967 年，共营造杉木、松树、茶叶、红花油茶、毛竹林 6437.5 亩，开设防火（境界）线 68 千米，后移交给其下属单位第三采伐队管理。由于第三采伐队是企业单位，无力承担大面积的营林工作，1970 年后，县森工局决定将凤阳湖、凤阳庙、乌狮窟 3 个点分别交由城郊森工站，上圩、吴湾水运站管理，大田坪则仍然由第三采伐队搞木材采伐工作。当时未建有专门机构，对外称"凤阳山林场"。

1975 年 5 月，凤阳山经浙江省革命委员会批准，建立省级自然保护区。由于地方上对建立自然保护区的重要意义不甚了解，故一直未建立办事机构，以致在 1978 年底，龙泉县革委会在林业机构调整时，凤阳山还成为龙泉县林业总场的一个分场。

1980 年 7 月 1 日，凤阳山自然保护区建立了办事机构，下设 4 个保护点，有职工 22 人，管理面积 7.0 万亩。在省级保护区的 10 多年间，主要开展了自然资源保护、基础设施建设、国有山林确权、科学技术研究、培训接待及多种经营工作。由于取得较大成绩，1986 年被国家林业部评为全国先进自然保护区。

1992 年 3 月，国家林业部分管自然保护区领导和部分专家到凤阳山保护区考察，得知凤阳山和庆元百山祖 2 个省级保护区毗连时，遂建议将 2 个保护区合并，并申请为国家级自然保护区。该建议经 2 市县研究同意后，随即开始申报的筹备工作。浙江省林业厅考虑到自然保护区综合体的完整性，要求扩大保护区面积，凤阳山部分经龙泉市政府研究，决定把毗连村中的部分集体林划归保护区管理。是年10月，国务院批准浙江凤阳山—百山祖自然保护区为国家级自然保护区。凤阳山保护区的管理面积为227571亩，其中国有林面积63678亩，占27.98%，集体林面积163893亩，占72.02%。和凤阳山自然保护区毗连的尚有后畲大柳杉、屏南罗木桥珍稀树种2个浙江省重点自然保护小区。

凤阳山成为国家级保护区后，浙江省、丽水行署、龙泉市和保护区的领导，及时抓住这一机遇，积极开展自然资源保护、科学研究、接待培训、旅游开发等工作。通过各级主管部门和相关单位的共同努力，在近20年的时间内，取得了不菲的业绩。

第一章 管理机构

第一节 建区以前

凤阳山坐落在洞宫山山脉中段，地势高峻，森林茂密，但海拔较高之山冈、山顶则为大片荒山。龙泉县在明朝(1368～1644)的270多年中，人口大多在4万～5万人之间。清朝时人口有所增加，到清末已超出10万。处在龙泉和庆元、景宁县交界的凤阳山周边，粮食不能自给，经常出现饥荒。据《龙泉民国档案辑要》载：民国三十三年(1944)四月，龙溪乡(现龙南乡建兴片)乡长呈："本乡山多田少，土质极瘦，粮食素感缺乏。经竭力耕种，播种杂粮，全年收获仅足供二三月之需。其余各月，悉赖经营香菇及树木等购买粮食，以资接济。今年菇业凋落，树木不销，农村经济除完纳人民应尽捐税外，早已罗掘殆尽，无法张罗。兹届农村下种时期，菇民回梓耕作，粮食顿起恐慌，况有坐饿终日不能劳作者。断炊饿饭时有所闻。倘不迅于设法救济，势必哀鸿遍野，饿尸横道。犹忆三十年，本乡饿死180余人，全家外出乞食未返者80余户，约计270余人。职恐三十年之惨状，重演于今年。"以上呈文大致反映了凤阳山周边村民当时的生活现状。

凤阳山上偏远之处及海拔较高地区无固定居民，交通也极为不便，周边村民则以外出种植香菇为其主业，一到秋冬，大量劳力外出江西、湖南做香菇，留村多为老、弱、妇、幼。因劳力和交通的制约，再加山上多松树、阔叶树，杉木、毛竹等便于运输的常用树种比较少，且常有猛兽出没，以经营木材为生的农户不多；从而使凤阳山部分离村略远之地留下茂密的森林。因周边群众缺粮，冬春时节到凤阳山挖掘山粉已成常规，夏秋则常赶耕牛上山散养。为使山蕨、牧草生长旺盛，黄凤阳山、凤阳坞、十九源、大小天堂一带常在冬天放火烧山，加剧海拔1500米以上的山地成为连片荒山，这种情况一直延续到20世纪60年代初期。

凤阳山地处龙(泉)、庆(元)、景(宁)菇民区中心地带，菇民相传的香菇之祖吴三公，就是离此不远的庆元县龙岩村(1975年前属龙泉县)人。由于是菇民聚居区，他们外出做菇时长期住在山上，不但生活艰辛，且随时有危险发生，为企求平安、香菇丰收，他们诚信神灵保佑。为便于信息技术交流，他们急需寻找一处清静、四方来客距离又较为相近的公众之地为相聚之处。经多年寻访，凤阳山成为他们的首选之地。清朝康熙年间，龙泉13坊菇民先在凤凰山一山岙中建有一座菇神庙，后遭太平天国起义军破坏，为恢复凤阳庙，民国二年(1913)，在原13坊(即原建兴乡的双溪、麻连岱、安和、西坪、叶村、杨山头、大庄、上兴；大赛乡的官浦垟、炉岙、粗坑；均溪乡的张砻和石达石乡的芦地垟+陈村)的基础上，又增加了梅地村和夏边村共15坊，筹措资金4万银元，无钱者则投劳或物资，即使是少年儿童，也会挑几块砖瓦上山，以供建庙所需。正是通过菇民的不懈努力，民国初年在原庙址兴建了颇具规模的"五显殿"，它虽无崇楼伟阁，殿内也建有戏台、天井、厢房及正殿，可供庙期演出。由于上山人数较多，且不乏坐轿上山的阔佬，以至官浦垟、东湖、双溪、麻连岱、均溪均修建了通往"五显殿"之石砌大道。处于当时肩挑人背、一锄一锹的劳作条件，其工程的艰辛也就可想而知。

经查阅中华民国前的史料，未见有"凤阳山"之名称。《重修浙江通志》中将凤阳山划归枫岭山脉中一分支，称它为"黄茅山脉"。群众则习称为"凤凰山"。后建菇神庙"五显殿"，由于它坐落于形似"凤凰"的山岙中，且朝南向阳，寓丹凤朝阳之意，后群众渐称其为"凤阳庙"，其山也跟称为"凤阳山"。据有的专家考证："东夷瓯越之民，图腾鸟与太阳，嘉名凤阳亦与此不无干系"。该庙地处高山，为炎夏避暑理想之地，故夏季庙期，来客上万，香火旺盛，热闹非凡。为便于本村民众山上住宿，邻近15个村都在庙边建有房屋，从而形成一处名闻龙、庆、景和福建、江西菇民的朝拜圣地，这种繁华景象一直延续到20世纪30年代。后因国内战事频繁，菇民为避战祸，外出做菇人数日减，凤阳山逐渐失去了往日的兴旺，但上山求神拜佛的人数仍然较多。中华人民共和国成立后，因破除迷信，凤阳庙逐渐衰败。1966年8月，时值"文革"初期，上山造林的森工系统工人以"破四旧"之名，把"五显殿"拆毁。

凤阳山海拔较高处均为荒山，中下部则多为黄山松和阔叶林，杉木人工林、毛竹林相对较少，在肩挑人背年代，运距过远、木材又重的阔叶树，群众并未把它当成一种财富，处于无人管理的状态，以至土地改革时群众怕纳"空头粮"而无人登记，从而成为龙泉最大的一片无主山林，并保存下丰富的生物资源。但在1958年"大跃进"、大办钢铁时，海拔略低、离村较近的将军岩及村庄周边，杉木林曾遭砍伐，但因木材太大，人工很难搬运，很多就丢在山上任其腐烂，1969年，还发现有几垛已经造材的杉木遗弃在林中，每堆均在50立方米以上。

20世纪30~40年代，省内外少数生物学家已上凤阳山采集标本，抗日战争时期，浙江省农业改进所的章绍尧、傅朝湘先生曾到凤阳山调查森林资源，浙江大学龙泉分校也有师生前去采集标本。综观上述史述，"中华民国"以前，凤阳山的无主山林未建有专门的管理机构。

中华人民共和国成立初期至"文革"前,南京中山植物园、华东师范大学、上海师范大学、杭州植物园、杭州大学、浙江自然博物馆、浙江省林业厅及林业调查大队、林业部调查规划局第六森林经理调查大队、丽水林校等单位及有关专家,曾到凤阳山进行过野生植物资源普查、药用植物调查和森林资源清查,为摸清凤阳山的生物资源奠定了一定的基础。但因生活条件的限制,离村较远的深山险地并未深入。

根据浙江省林业厅踏查组在 1958 年 3 月 31 日编报的《龙泉县新建林场踏查报告书》第 2 号中,已把黄茅尖、凤阳山一带 33300 亩,烧香岩一带 38738 亩山林,规划建立 2 个林场。乡、县及丽水专署林业局都已签署了同意建场的意见,省林业厅也于 1958 年 5 月 9 日作出"已审查同意建场"的批示,同年 5 月 23 日又批"交调查设计处"。后因"三年自然灾害"等原因,建场之事搁置。

1962 年,第三采伐队在大田坪一带开始筹建采伐工段,计划采伐国有林。1963年大田坪至夏边手拉车运材小马路开通。1964 年,大田坪驻 2 个采伐班,有采伐工人 24 人,年采伐量 1500 立方米左右。至自然保护区建立前,采伐面积达 2000 多亩,共采伐黄山松、木荷、青冈、栲类、福建柏原木 20000 多立方米。

1964 年 1 月 21 日,龙泉县林业局向浙江省农业厅特产局上报了《关于建立国营凤阳山茶场》的报告,未批。

1966 年春,龙泉县森工局为开发、保护凤阳山国有森林资源,组织营林技术人员上凤阳山进行绿化造林规划。

是年 6 月中旬,龙泉县森工局成立了"绿化凤阳山指挥部",抽调 6 个水运单位工人 700 余人上凤阳山开辟境界防火线和造林整地。经 3 个余月的工作,计劈山整地5061.5 亩,开境界防火线 68.0 千米,以及开垦农地、开小马路等。

为加速凤阳山绿化,巩固已取得的成果,以及长期经营管理所需,龙泉县人民委员会于 1966 年 9 月 29 日,向浙江省农业厅上报了《龙泉县人民委员会为请审批建办(凤阳山)林场的报告》,由于"文革"等原因,未批。

绿化凤阳山投入了大量人力、物力,取得了一定的效果,也结束了历史上无人管理的状态。由于具备了生活必备的基本条件,省内外有关单位的技术人员相继到凤阳山进行调查、考察,这也为今后建立自然保护区打下一定的基础。

1966 年第四季度,第三采伐队接管了凤阳山。1967 年春,第三采伐队把队部也搬到了凤阳湖,建起了简易办公室、宿舍、火力发电厂、畜牧场 600 多平方米,人数达 30 多人。但毕竟第三采伐队是以采伐、木材收购为主的企业单位,队部上山给木材生产及调运带来诸多不便,且"文革"逐渐深入,山上生活条件又极为艰苦,工作人员逐步减少,当年冬季,队部依旧搬回夏边,山上仅留 10 余人的营林队,负责防火、护林、营林工作。

1970 年,各单位都建立了革委会,生产、工作渐趋正常。由于凤阳山管理面积较大,光靠第三采伐队在凤阳湖的营林队,已无法完成全面管理凤阳山的使命,龙泉县森工局研究决定:凤阳湖及新建的凤阳庙、乌狮窟等 3 个管理点分别交由城郊森工站、上圩水运站和吴湾水运站派员管理，共有职工 32 人，但未建专门机构，各点职工行政关系仍归属原单位管理，对外称"凤阳山林场"。有关护林防火、营林生产则由凤阳湖的陈豪庭负责统一安排。大田坪则仍然搞木材采伐工作。

1972 年，由县森工局出资，3 个点抽调人员，架设了由大赛至凤阳湖、凤阳庙、乌狮窟的电话线。

1972 年 3 月，凤阳山又进行了黄山松飞机播种造林。

凤阳山自 1966 年开始就由森工部门下属单位管理，虽做了大量的工作，但机构编制一直都未解决，造成既不能上又不能下的两难境地，山上人员逐年减少，最后 3 个点仅留 10 多人。

1975 年 5 月，浙江省革命委员会批准凤阳山成立自然保护区，但办事机构迟迟未建，以至 1976 年 6 月 8 日，龙泉县革委会向省林业厅上报了《关于要求建立龙泉县林业总场的报告》，凤阳山被列为其 5 个分场之一，省厅未批准。1978 年 12 月 30 日，龙泉县革委会在《关于调整林业机构的批复》(龙革(78)137 号)中，同意建立龙泉县林业总场，下设凤阳山等 5 个分场。凤阳山分场包括大田坪、收购组、小料厂等下属机构，有职工 80 多人。1979 年 1 月 16 日，龙泉县林业总场筹建领导小组成立，由王孝良任副组长。1979 年 3 月 14 日，龙泉县林业总场凤阳山分场印章正式启用。

因凤阳山具有众多的森林植被类型，植物区系成分复杂，起源古老，孑遗种类多，是一个不可多得的种质基因库和科研基地，且过渡性明显等特点而享有"华东地区古老植物的摇篮"之誉。动物资源也很丰富，因此早就引起生物科技工作者的关注。1963 年 2 月，浙江省林业厅邀请省内一些著名专家参加林业科技人员座谈会，杭州植物园的章绍尧工程师提出了《浙江省建立自然保护区的区划意见》，他建议在临安县天目山、龙塘山，开化县古田山，天台县天台山，宁波市天童寺，景宁县坑底岘，龙泉县凤阳山、昂山等 8 处建立自然保护区。会后形成《关于在本省建立自然保护区的意见》报省人民政府。1973 年，省林业局又邀请有关专家，召开征求建立自然保护区会议，会上章绍尧、省林业局姜文奎、周家骏等先生提出了临安天目山、龙泉凤阳山、泰顺乌岩岭、开化古田山建立自然保护区的建议。1975 年浙江省革命委员会批准上述 4 处建立省级自然保护区。

当时国家正处于非常时期，各地筹建保护区管理机构进展缓慢。1978 年 8 月，省林业局向龙泉县林业局过问建立凤阳山自然保护区事宜，县局即派员去凤阳山调查相关情况，并向杭州植物园、省自然博物馆、省林业局有关专家请教建立自然保护区事项。同年 10 月底，县林业局局长徐秀水、副局长瞿志正以及郑睦英、王孝良、陈豪庭等 5 人到凤阳山分场就凤阳山建立自然保护区一事进行协商。后将《浙江凤阳山自然保护区规划设计书》送省林业局姜文奎处长，并汇报了实施计划。

1979 年 7 月，浙江省林业局、浙江省财政局下达了林计 278 号、财农 280 号《关于追加林业事业费指标的通知》中，有追加凤阳山自然保护区开办经费 1.0 万元的项目，这是省里拨给凤阳山保护区的第一笔经费。

是年 10 月，为建凤阳山保护区管理机构，龙泉县林业局工程队上凤阳山开建石梁岙到凤阳庙 2.2 千米公路及保护区综合楼等用房。

是年 11 月，凤阳山自然保护区筹建组成立，成员有陈豪庭、郑卿洲、樊子才、杨万云等人。后增加凤阳山分场陈仕舜、留吾兴 2 人。

1980 年 1 月 8 日，凤阳山自然保护区筹建人员和凤阳山分场召开联席会议，主要研究 2 个机构编制、人员、财产分割、保护区管理范围等事项。

是年 3 月，省林业局下达通知，决定 5 月召开全省自然保护区会议，临安、龙泉、开化、泰顺 4 县林业局负责人，凤阳山、遂昌九龙山、西天目山林场、开化古田山采育场派员参加会议。并要求准备各自然保护区基本情况、划为自然保护区后所做工作、自然保护区发展规划等材料到会汇报。龙泉县林业局局长徐秀水、凤阳山自然保护区筹建组陈豪庭参加会议。省内有关专家也邀请到会指导。会后，龙泉县林业局加快了建立凤阳山自然保护区工作机构的步伐。

是年 6 月，县林业局研究确定了凤阳山自然保护区领导班子及人员编制。决定把凤阳山分场的大田坪工段划归保护区管理；由陈仕舜担任凤阳山自然保护区中共党支部书记、管委会主任。在编职工 22 人（文件公布为 23 人，后 1 人未到）。

凤阳山自然保护区筹备期间，中共龙泉县委书记王昭胜，副书记吴思祥、管世章，县林业局局长徐秀水等领导经常过问筹建进程，或亲临凤阳山了解情况、指导工作，协调、处理保护区和周边公社、大队的相关问题，为凤阳山自然保护区管理机构的组建起到了决定性的作用。

1980 年 7 月 1 日，在省林业局、丽水地区林业局、中共龙泉县委、县林业局及周边公社、大队的多方努力下，浙江凤阳山自然保护区在大田坪正式挂牌成立。它预示着一个新单位的诞生，也结束了凤阳山管理机构多变的历史。凤阳山建立自然保护区，除各级领导的正确决策、支持和科技人员辛勤工作外，还有文化界人士为保护自然资源的大力宣传、呼吁，如著名画家刘旦宅、龙泉县报道组沈卫国、龙泉县文化局中共党组书记舒喜春等文人墨客，都为宣传凤阳山做了大量工作。

凤阳山建立保护区之前，省内外相关科研机构经常来人调查考察，积累了一定的技术基础资料，为批准凤阳山建立自然保护区提供了依据，但考察内容偏重植物，动物中的鸟类、兽类，昆虫、微生物、森林土壤、地质地貌、气象水文、保护区规划等学科则资料较少或缺项。且考察后的有关资料多掌握在各考察单位和个人手中。

1979 年底，丽水地区科委、丽水地区林业局根据国家科委、林业部、中国科学院、国家农委、农业部、国家水产总局、地质部、环境保护领导小组等 8 个部委，在 1979 年 10 月 6 日发出的《关于加强保护区管理、区划和科学考察工作的通知》精神，着手组织凤阳山自然保护区多学科科学考察。1980 年 4 月 25 日，丽水地区科委、丽水地区林业局召开凤阳山自然保护区考察预备会议。4 月 27 日，考察队向中共龙泉县委书记王昭胜、副书记管世章汇报了凤阳山考察的有关工作，后即上山考察。凤阳山自然保护区多学科科学考察组织邀请了 18 个单位 53 名科技工作者参加，考察内容共 8 个学科，其调查范围之广、考察规模之大、研究内容之多，在浙江省自然资源调查的历史上还是第一次。

考察工作既集中又分期分批，历时 7 个月，它对浙南山区的森林植被，动、植物分类及区系，经济植物的综合开发利用和营林生产等事业的发展都具有重要的价值，为今后凤阳山自然保护区的科学研究提供了丰富的科学依据，该次考察成果于 1981 年获得了浙江省人民政府颁发的科技成果三等奖。

凤阳山自 1966 年森工系统开展绿化造林，到 1980 年 7 月 1 日正式成立自然保护区前的 15 年中，一直未建独立机构，山上 3 个营林管理点先后隶属第三采伐队、城郊森工站、上圩、吴湾水运站和凤阳山分场管理。初期，凤阳山的局部地段也曾有过"砍除杂木，营造杉木"、开垦农田等违反生态平衡和植被自然演替规律的行为，但县级领导和业务部门仍然明确规定以保护凤阳山的森林资源作为各管理点首要任务，以致这十多年中，凤阳山国有林部分从未发生森林火灾，也未发现较为严重的猎捕野生动物事件。到后期，接待上山技术人员、开展科学考察、筹建自然保护区的任务日益加重，通过全体职工的不懈努力，为保护区的顺利建立做出了贡献。

第二节　建区之后

一、省级自然保护区期间

1980 年 7 月 1 日，凤阳山自然保护区管理机构正式成立。它处在热带—暖温带（海洋性）生物群落交错区，是典型的东南沿海季风区中山地区丘陵森林生态系统为主的综合型自然保护区。其行政上归属龙泉县林业局管理，业务上由省林业厅直管。管理范围为凤阳山中的国有林部分，面积约 7.0 万亩。至此，凤阳山自然保护区成为当时浙江省 4 个、全国 72 个自然保护区之一。保护区办公地点先在大田坪，下设凤阳庙、凤阳湖、大田坪、乌狮窟 4 个管理点。建区之初，保护区干部职工面对的是一个自然条件严酷、生活条件艰苦、工作业务生疏的新建单位。在上级行政、业务主管部门和有关专家的指导、帮助下，保护区领导班子经多次研究，确定了以自然资源保护、基础设施建设、国有山林确权、科学技术研究、培训接待为重点的工作内容，并在随后的十多年中认真予以实施。其工作业绩受到上级主管部门和省内外科技人员的一致肯定。

二、国家级保护区建立后

凤阳山晋升为国家级自然保护区，既有自身所具备的条件，也有机缘的巧合。

1992 年 3 月，庆元县举行"水杉、银杉、秃杉、百山祖冷杉四种邮票首发式"，国家林业部分管自然保护区的孟沙处长和一批专家前往参加。首发式结束后，孟沙及中国科学院植物研究所傅立国研究员等专家在省林业厅林政处副处长陈行知的陪同下，前往龙泉凤阳山自然保护区调研，当他们得知凤阳山和百山祖 2 个省级自然保护区相连时，有专家提出将 2 个保护区合并后，要求晋升为国家级自然保护区的建议。

丽水地区林业局局长王玉槐得知这一建议后，迅速抓住这一难得的机遇，并及时和龙泉市、庆元县的领导协商，2市县研究后均同意保护区合并及晋升国家级自然保护区。

1992年3月23日，龙泉市人民政府以龙政〔1992〕32号《关于要求凤阳山自然保护区升级的报告》请求省政府向国务院报告，将凤阳山自然保护区晋升为国家级自然保护区。4月25日，丽水地区林业局召集龙泉、庆元林业局和凤阳山、百山祖自然保护区负责人，研究有关保护区合并及晋升国家级保护区会议，并决定由丽水地区林业局程秋波、庆元县林业局吴鸣翔、龙泉市林业局陈豪庭负责撰写晋升国家级保护区的有关材料。

由于凤阳山自然保护区海拔偏高，浙江省林业厅考虑到自然保护区综合体的完整性，提出扩大自然保护区范围的建议。龙泉市人民政府根据省林业厅意见，由分管副市长王来喜带领程秋波、陈豪庭、吴鸣翔及凤阳山保护区叶立新到凤阳山周边的大赛、建兴、均溪、屏南、瑞垟等乡调查，并根据森林植被、自然保护区的完整性、便于管理等多种因素，确定和凤阳山毗连的一些集体山林，划给保护区管理。后经多方协调，最终将163893亩集体山林划入凤阳山自然保护区，从而使保护区的管理面积扩大到227571亩。1992年5月21日，浙江省环境保护局主持召开了"凤阳山—百山祖保护区申报国家级自然保护区论证会"。

1992年6月，丽水专员公署向国家环境保护局提出申请，要求成立浙江凤阳山—百山祖国家级自然保护区。为使晋升工作顺利进行，省林业厅又组织丽水地区林业局，龙泉、庆元林业局，以及凤阳山、百山祖自然保护区相关人员去北京，向国家环境保护局、林业部及部分评委做有关保护区晋升工作的口头汇报。是年10月，凤阳山—百山祖自然保护区晋升为国家级自然保护区获国务院批准。

1992年10月27日，中华人民共和国国务院以国函〔1992〕166号《国务院关于同意天津古海岸与湿地等十六处自然保护区为国家级自然保护区的批复》，批准建立浙江凤阳山—百山祖国家级自然保护区。丽水、龙泉、庆元相关部门开始了保护区的机构、人事等筹备工作。

1993年10月7日，浙江凤阳山—百山祖国家级自然保护区成立大会在龙泉市隆重举行，100多位领导、专家学者及相关人员出席成立大会。保护区管委会主任由丽水地区行署副专员夏金星担任；常务副主任由行署副秘书长黄金根担任；副主任有丽水地区林业局副局长王来喜、中共龙泉市委常委洪兴邦、庆元县政府副县长邝平正；委员有程秋波、张璋还、吕德木、姚建群、吴鸣翔、陈豪庭、戴圣者、麻益杰。管委会下设办公室，程秋波兼任主任。级别的晋升，既提高了知名度和工作的广度及深度，也给凤阳山自然保护区各项事业的发展创造了难得的机遇，并依托国家级保护区的优势，促进了资源保护、科教宣传、基础设施建设、社区共管等工作的全面发展，同时保护区积极贯彻"保护第一、合理利用"的方针，开展生态旅游，从而推动了龙泉旅游业的发展。

凤阳山自建立省级保护区到晋升为国家级保护区,其科室设置始终围绕"严格保护、科学规划、合理开发、永续利用"的原则进行。凤阳山保护区建区初期,由于编制人员较少,职工文化程度偏低,管委会下仅设办公室和技术组及4个管理点,其中的资源保护、行政管理、基础设施建设、接待培训等业务由办公室负责。技术组则分管调查规划、科学研究、多种经营。受当时一些条件的限制,几个文化程度较高的年轻干部,多数身兼数职,他们既是一个部门的主管,又是技术骨干,后随着技术人员陆续分配到区,这一情况才得以改善。成为国家级保护区后,由于管理面积的扩大、业务的拓展、人员的增加,科室开始细化,保护站相继建立,编制逐步完善。

自成立保护区30年来,机构级别和名称虽有变化,工作的侧重面也有不同,但始终围绕资源保护和科学研究两个方面展开,如加强森林防火、组建扑火队、国有山划界确权、护林员队伍建设、科研项目的扩大和深化等,保护区几乎是倾全区之力才取得令人满意的成绩。

第三节 机构编制

1975年,经浙江省革命委员会批准,建立凤阳山自然保护区。

1980年7月1日,凤阳山自然保护区管理机构正式成立。隶属龙泉林业局,为股级事业单位。

1992年10月27日,经国务院批准,龙泉凤阳山、庆元百山祖两个自然保护区合并升格为国家级自然保护区。后经省人民政府批准设立浙江凤阳山—百山祖国家级自然保护区管理局。

1993年5月20日,丽水地区编制委员会丽地编委〔1993〕16号文件《关于凤阳山—百山祖国家级保护区组织机构等问题的批复》,决定保护区实行管委会、管理处、管理所三级管理形式,其中管委会为地区虚设机构,凤阳山、百山祖管理处为科级事业单位。保护区所需人员编制在林业系统内部调剂解决。

1993年6月15日,丽水地区林业局以丽地林(93)63号《转发浙江省丽水地区编制委员会关于凤阳山—百山祖国家级自然保护区组织机构等问题的批复》:龙泉凤阳山自然保护区的名称改为浙江凤阳山—百山祖国家级自然保护区凤阳山管理处。领导班子由当地组织部门按干部管理权限审批任命。

1995年11月3日,浙江省机构编制委员会下达《关于浙江凤阳山—百山祖国家级自然保护区管理局机构与编制问题的批复》(浙编〔1995〕77号文件),同意设立浙江凤阳山—百山祖国家级自然保护区管理局,下设凤阳山管理处和百山祖管理处。管理局为相当于县处级的事业单位,与丽水地区林业局合署办公。管理处为副县处级事业单位,受管理局和当地政府双重领导。

1996年9月3日,丽水地区编制委员会丽地编委〔1996〕07号文件,全面落实浙江省机构编制委员会下达浙编〔1995〕77号文件精神。确定保护区管理局编制3名,凤阳山管理处增编 22 名连同原编制共 42 名。

2000 年 1 月 30 日，龙泉市编制委员会以龙编委〔2000〕1 号《关于确定科室级别的请示》的批复，同意凤阳山管理处内设 4 个科室，分别为行政科、保护科、科教科、经管科，各科为正股级建制。

2002 年，凤阳山—百山祖国家级自然保护区凤阳山管理处由龙泉市直管。

2002 年 4 月 5 日，龙泉市编制委员会以龙编委〔2002〕2 号《关于同意浙江凤阳山—百山祖国家级自然保护区凤阳山管理处增设内部机构的批复》：同意管理处下设森林防火指挥部办公室、凤阳庙保护站、龙南保护站、屏南保护站，为股级建制。

2003 年，浙江省机构编制委员会下达浙编〔2003〕20 号文件《关于调整我省部分自然保护区管理机构事业编制和经费形式的通知》，凤阳山管理处人员编制由 42 人减至 30 人，人员经费按当地同类事业单位定额标准，由当地财政和省财政按 3∶7 比例负担，确定为纯公益事业单位。编制调整后，凤阳山管理处的管理体制、机构性质和规格不变。

2009 年，凤阳山管理处的事业经费按编制每人每年 6 万元的标准由省财政全额拨款。由此，管理处的人头经费得到了保障。

凤阳山晋升为国家级保护区后，进行了 5 次较大的内部人事制度改革。1993 年开始实行科长负责制，管理处下设行政科、保护科、科教科、旅游开发科、食用菌场。1995 年，在实行科长负责制的基础上，各科站设岗定员，实行双向选择并健全劳动管理制。1997 年取消食用菌场。1999 年 8 月 27 日，在管理处职工大会上，通过"凤阳山管理处各科室定员和岗位职责"、"凤阳山管理处规章制度实施细则"。并决定取消旅游开发科，经营科下设生产队、保护科增设巡护队，改科教科为科研所。2002 年 4 月，凤阳山管理处实行中层干部聘用制。重新确定各科站负责人，取消经营科建制，增设经管科及凤阳庙、龙南、屏南 3 个保护站。2006 年初，进行中层干部竞聘上岗，改科研所为科教科。

为了便于加强与地方政府和相关部门的联系，管理处办事机构于 1993 年首次在龙泉市区水南车站对面设立城区办事处。后四易其址，1997 年，租用龙泉大酒店商务房办公。2001 年改租市财政局新华街 38 号 6 楼。2006 年，购买新华街新华大厦原质量技术监督局办公楼。2009 年 8 月，由市政府调剂，管理处城区办公室迁至中山西路 55 号原林业局办公楼。

保护区有下列 2 个社会团体：

工会：凤阳山自然保护区工会成立于 1980 年 8 月，时有会员 22 人。首任工会主席留吾兴，后樊子才、戴圣者、项伟剑、游昌华、章晓群、刘国龙、刘朝兴、高德禄均当任过工会主席。工会为保护区的科研、生产，为职工排忧解难，开展文体活动发挥了积极作用。

共产主义青年团（下称共青团）：保护区成立不久即建有共青团支部。首任团支部书记由郑卿洲担任，后梅盛龙、游昌华继任。20 世纪 90 年代后，由于青年职工人数减少，共青团支部未再建。

凤阳山自然保护区历任中共党支部、党组负责人见下表。

凤阳山自然保护区历任中共党组织负责人

姓名	职务	任职时间	任命文件
陈仕舜	支部书记	1980.7～1984.5	龙泉县农业办公室龙农(80)3号文件
陈仕舜	支部书记	1984.5～1985.5	中共龙林党委(84)3号文件
何国从	支部书记	1985.5～1995.8	中共龙林党委(85)8号文件
郑卿洲	支部副书记	1987.7～1992.4	中共龙林党委(87)6号文件
梅盛龙	支部书记	1998.12～2002.3	选举产生(任命文件不详)
周晓娥	支部书记	2002.3～2004.3	中共龙泉市直机关工委(2002)27号文件
叶茂平	支部书记	2004.3～2006.3	中共龙泉市直机关工委(2004)26号文件
叶茂平	支部书记	2006.4至今	中共龙泉市直机关工委(2006)22号文件
徐双喜	中共凤阳山管理处党组副书记	2003.10～2005.6	龙干任(2003)26号文件
洪起平	中共凤阳山管理处党组书记	2005.1～2007.4	中共龙泉市委〔2005〕2号文件
姜苏民	中共凤阳山管理处党组成员	2005.6～2007.5	龙泉市委组织部龙组干〔2005〕5号文件
叶磁仙	中共凤阳山管理处党组书记	2007.5～2011.10	中共龙泉市委龙干任〔2007〕9号文件
梅盛龙	中共凤阳山管理处党组副书记	2007.5～2009.12	龙干任〔2007〕10号文件
叶茂平	中共凤阳山管理处党组成员	2009.6至今	中共龙泉市委组织部龙组干〔2009〕7号
陆正寿	中共凤阳山管理处党组副书记	2010.5至今	中共龙泉市委龙干任〔2010〕15号文件
张长山	中共凤阳山管理处党组书记	2011.10至今	龙干任〔2011〕14号文件

凤阳山保护区(管理处)历任行政领导负责人

单位名称	姓名	职务	任职时间
凤阳山自然保护区管理委员会	陈仕舜	主任	1980.7～1985.5
凤阳山自然保护区管理委员会	陈豪庭	副主任	1980.12～1984.5
凤阳山自然保护区管理委员会	周善森	副主任	1984.6～1987.12
凤阳山自然保护区管理委员会	何国从	主任	1985.5～1987.12
凤阳山自然保护区管理委员会	郑卿洲	主任	1987.12～1992.4
凤阳山自然保护区管理委员会	戴圣者	副主任	1987.12～1993.9
浙江凤阳山—百山祖国家级自然保护区凤阳山管理处	郭宗道	处长(兼)	1993.9～1996.7
浙江凤阳山—百山祖国家级自然保护区凤阳山管理处	戴圣者	副处长(主持工作)	1993.9～2001.12
浙江凤阳山—百山祖国家级自然保护区凤阳山管理处	吴荣林	副处长(兼)	1996.8～1999.1
浙江凤阳山—百山祖国家级自然保护区凤阳山管理处	周业新	处长(兼)	1999.10～2001.3
浙江凤阳山—百山祖国家级自然保护区凤阳山管理处	刘显龙	副处长(兼)	2001.7～2003.6
浙江凤阳山—百山祖国家级自然保护区凤阳山管理处	徐双喜	副处长	2001.7～2001.12

（续）

单位名称	姓　名	职　务	任职时间
浙江凤阳山—百山祖国家级自然保护区凤阳山管理处	罗新海	副处长（兼）	2003.6～2005.6
浙江凤阳山—百山祖国家级自然保护区凤阳山管理处	徐双喜	副处长（主持工作）	2001.12～2005.6
浙江凤阳山—百山祖国家级自然保护区凤阳山管理处	梅盛龙	副处长	2001.12～2009.12
浙江凤阳山—百山祖国家级自然保护区凤阳山管理处	洪起平	处长	2004.6～2007.5
浙江凤阳山—百山祖国家级自然保护区凤阳山管理处	姜苏民	副处长	2005.6～2007.5
浙江凤阳山—百山祖国家级自然保护区凤阳山管理处	叶砝仙	处长	2007.5～2010.5
浙江凤阳山—百山祖国家级自然保护区凤阳山管理处	陆正寿	副处长	2007.6至今
浙江凤阳山—百山祖国家级自然保护区凤阳山管理处	叶立新	总工程师	2007.6至今
浙江凤阳山—百山祖国家级自然保护区凤阳山管理处	张长山	处长	2011.7至今

凤阳山保护区工作过的人员有：

1980年7月保护区成立时人员：马同金*、叶星慰*、田崇丁*、刘开发*、杨万云、陈仕舜、陈永康*、陈豪庭、吴正康*、吴世妹、金大会*、林永略*、郑卿洲、胡凤郎*、胡道松*、高汝振*、留吾星*、陶岳松*、夏朝楼*、樊子才、颜怡清*、戴圣者。

后分配、调入到保护区的工作人员有：田德杉、陈景明、周仁爱、颜决新（1981）；周修志*、周善森（1982）；高德禄（1983）；张先祥（1984）；何国从（1985）；吴方树、夏新森（1986）；梅盛龙、游昌华、童红卫、廖必云、余盛宽、张小伟、王伟文（1987）；叶茂平、刘朝新、林利金、周丽飞（女）、周松秀*、金建兴、胡旭清、钭艳芳（女）*、留岳翠（女）、留雪芬（女）、高爱芬（女）、周丽华（女）、留雪平、何千总（1988）；叶立新（1989）；马　毅、刘荣越、季清红（女）（1990）；项伟剑、周晓娥（女）（1992）；章晓群、陈小薇（女）（1993）；何小平（女）、李美琴（女）（1994）；刘国龙（1996）；刘小东、刘胜龙、刘玲娟（女）、林莉军（女）、戴张叶（女）（1997）；徐双喜、周世珍、倪学坤（2001）；王爱玲（女）（2002）；洪起平（2004）；姜苏民（2005）；叶砝仙、陆正寿（2007）；张长山（2011）。

其中，姓名后有＊号者在保护区工作至退休。

为提高决策的科学性，1999年至2001年间，保护区聘请陈豪庭、张寿橙、毛善华、连□□等4人为技术与法律顾问。

保护区职工担任历届县级以上党代表、人大代表、政协委员的有：陈仕舜任中共龙泉县第五次（1979年12月）代表大会代表；周善森任政协龙泉县第一届（1984年

5 月)政协委员；戴圣者任政协龙泉市第五届(1998 年 3 月)政协委员；叶砬仙任中共龙泉市第十一、十二届市委委员，中共丽水市委第一、二、三届党代会代表，龙泉市第十三、十四届人大常委。龙泉市第十四届人民代表大会代表。

第二章　保护职能

第一节　管理范围

1980 年凤阳山自然保护区建立管理机构时，保护区管辖范围是根据 1966 年龙泉县森工局绿化凤阳山时开辟的国有山境界线(防火线)确定为保护区的境界。由于保护区无力完成区界的勘测工作，上报保护区面积 7 万亩，是根据地形图计算面积所得，因而存在一定的误差。

在 1989～1992 年的定权发证工作中，将原国有境界线范围内的集体山林予以归还，境界线外连片的无证山林则收归国有。十九源一带的部分山林在 1975 年龙、庆分县时已划归庆元县百山祖自然保护区(1966 年开防火线时庆元县并在龙泉县内)。至此，凤阳山自然保护区管理的国有山面积为 63678 亩。国有山大部分都联在一起，惟龙南乡的荒村尖、新兰尖、大杨尖的中上部为孤立的国有山，而山的下部为集体所有，1992 年该 3 山中下部的集体林划入保护区后，其顶部国有山已和保护区联为一体。四至为：东：荒村沿公路到交溪桥转弯沿山岗到新兰尖、凤阳尖防火线，到大扬尖防火线，到桌案际沿公路到麻连岱外第一大岗，到烧香岩龙泉和庆元县交界，到大天堂、锅帽尖到梅岙。南：梅岙沿小路到干上沿溪到南溪口。西：狮子头沿山岗到菖蒲塘国有林防火线，到乌狮窟水口沿溪，到显溪源沿溪，到均溪公路沿公路，到双港桥沿山岗，到海拔 1499 米山头沿岗，到大黄连山国有林防火线，到岙背沿山头，到牛山随山岗坑奢沿溪到南溪口。北：狮子头沿公路到夏边，夏边随坑到后田畈，再到公路至到荒村。

凤阳山自然保护区管理处管理面积中的集体山林涉及龙南、兰巨、屏南 3 个乡镇的 27 个行政村。

第二节　功能区划

凤阳山自然保护区成立前后，为科学、合理、全面发挥保护区应有作用，在筹建及省级保护区期间曾两次提出功能区区划意见。

1980 年，由丽水地区科委、丽水地区林业局组织的"凤阳山自然保护区综合科学考察"中，其功能区划分为绝对保护区、森林恢复区和森林经营区。

1983 年，由省林业厅组织的浙江自然保护区考察时，将凤阳山自然保护区的功能区划分为绝对保护区（核心区）、面积 12000 亩；经营性保护区（经营区），面积 58000 亩。

凤阳山自然保护区晋升为国家级保护区后，由于保护理念的进一步深化和面积的扩大，急需编制保护区总体规划。1995 年 3 月 18 日，委托浙江省林业勘察设计院编制的《凤阳山保护区总体规划研究》，经林业部规划院副院长徐孝庆、浙江自然博物馆研究员韦直、杭州大学教授诸葛阳等 13 位专家鉴定通过。同年 6 月 16 日，国家林业部以林计批字〔1995〕64 号文件《关于同意凤阳山—百山祖国家级保护区总体规划可行性研究报告》的批复，同意保护区设立核心区、缓冲区、实验区。

2000 年 5 月 27 日，因原规划不能满足保护功能的需要，凤阳山管理处向浙江省林业厅提交《关于迫切要求调整凤阳山保护区总体规划功能区的请示》。随后，功能区调整工作由浙江省林业勘察设计院负责总体规划编制。

是年 11 月 4~6 日，浙江凤阳山—百山祖国家级保护区功能区规划论证会在龙泉大酒店召开，龙泉市市长李会光主持会议，国家、省、市林业局领导、中国科学院研究员王献溥、浙江大学教授诸葛阳、北京林业大学教授罗菊春等 19 位专家参加了论证会。

2001 年 1 月 16 日，国家林业局司局函《关于浙江凤阳山—百山祖国家级自然保护区凤阳山管理处"功能区调整方案"的认可函》（林护自字〔2001〕05 号）同意《功能区调整方案》，并待国家林业局批复总体规划时，最后确定整个保护区的功能区，批转给浙江省林业局。1 月 19 日浙江省林业局以浙林办资〔2001〕5 号文件予以转发。2002 年总体规划又进行了重新编制。

2003 年 7 月 3~4 日，由国务院国家级自然保护区评审委员会办公室和国家林业局野生动植物保护司，组织国家环境保护总局自然保护区专家评审委员会副主任陈家宽教授、浙江省环境保护局省级自然保护区评审委员会主任诸葛阳教授等专家考察组，在省林业厅、省林业勘察设计院、丽水市林业局、龙泉市等领导的陪同下，到凤阳山实地考察功能区调整区划方案。2003 年 10 月 11 日"调整方案"经国务院国家级自然保护区评审委员会评审通过。

2003 年 12 月 4 日，国家林业局以林护发〔2003〕215 号《国家林业局关于浙江凤阳山—百山祖国家级自然保护区功能区调整方案的批复》，同意保护区功能区调整方案，要求保护区按方案落实保护区总体规划。

2003 年 12 月 31 日，国家林业局以林计发〔2003〕246 号文件，对浙江凤阳山—百山祖等 13 个国家级自然保护区总体规划予以批复。

《总体规划》中将凤阳山保护区的功能区划分为核心区、缓冲区、实验区。

核心区　是被保护对象具有典型性并保存完好的自然生态系统和珍稀濒危动植物集中分布地，采取禁止性保护措施。面积 52452 亩，占总面积的 23.1%。具体位置：北起大坑外沿山脊线至梧树湾头；西至黄茅尖沿山坡中上部经黄凤阳尖、大南坑头、烧香岩、大黄莲山、大天堂、小天堂；南至锅帽尖与百山祖管理处核心区相连；东至梧树湾头、双溪龙井、麻连岱西面岗上防火线、烧香岩后和百山祖管理处十九源保护站毗连。该区在将军岩、锅帽尖、小黄山一带保存有面积较大的常绿阔叶林和常绿、落叶阔叶及针阔混交林，是红豆杉、南方红豆杉、白豆杉、福建柏、铁杉、香果树、黄山木兰、天麻的集中分布地；在烧香岩至天堂山一带，植被类型主要以山地草灌丛为主，人为活动极少，是华南虎活动、栖息的适生场所。

缓冲区 为缓减外界对核心区的干扰，采取限制性保护措施。面积42160.5亩，占总面积的18.5%。具体位置：南界从黄茅尖向西绕至凤阳庙外金梨地，沿山坡至大田坪，后随山脊，北至大坑外合水上山坡，经梧树湾头东至双溪屋后山，黄茅尖向南，经黄凤阳尖至凤阳湖屋后，绕过瓯江源，东至凤阳湖对面山顶；东界从麻连岱屋后至里八坑，西至保护区防火线，北至麻连岱村对面岗；北界从小黄山溪沟沿山青源、张畬、瞭望哨、烧香岩、龙虎岙、马车后山、至雨滴岩；西界从牛山经枫树坑、高岗、高际下至锅帽尖与百山祖自然保护区相连。该区域能防止核心区免受外界冲击、干扰和破坏，另一方面也可以适用于基础性科学试验研究。

实验区 除核心区、缓冲区外，其余区域均为实验区，可从事科学研究、教学实习、科普旅游、教育培训及一定的生产经营活动。采取控制性保护措施。面积132958.5亩，占总面积的58.4%。

2001年，浙江省林业调查规划设计院会同凤阳山管理处，共同组成项目组，编制《浙江凤阳山—百山祖国家级自然保护区总体规划(凤阳山部分)》。

本规划指导思想：认真贯彻执行国家有关自然保护区管理的方针政策和法律法规，全面贯彻落实"加强保护、积极发展、合理利用"的保护管理方针；以保护为宗旨，科技为依托，宣教为重点，可持续发展为目标，加强以保护为主体的基础设施建设，积极保护生物资源，拯救濒危野生动植物，发展珍稀种群；进一步开展科研、监测、宣传教育、科普培训、生态旅游、多种经营等活动，努力把保护区建设成为生态系统完整、各类资源持续发展、综合效益不断提高、具有自身特色和示范作用的国家级自然保护区。

规划期限为2001~2010年。2001~2005年为前期，2006~2010年为后期。前期主要安排一些基础性和急需实施的项目，后期对保护区的保护管理体系作进一步补充和完善，对2010年以后只作远期瞻望。总体规划在详细分析凤阳山地理位置、资源状况、社会经济、历史沿革、法律地位等基础上，制定总体布局和规划目标。内容涵盖保护管理、科研监测、宣传教育、基础设施、社区共管、生态旅游、多种经营、组织机构与人员编制、投资概算、效益评价等10个方面。其工程建设项目投资概算15090.9万元。2003年12月31日，国家林业局以林计发〔2003〕246号文件批复此规划。

第三节 保护职责

一、凤阳山管理处

贯彻执行国家有关自然保护区的法律法规、方针政策，制定发展规划和各项管理规章制度；在浙江凤阳山—百山祖国家级自然保护区管理局和龙泉市人民政府的领导下管理自然保护区；负责对自然保护区自然资源和生态环境实施有效管理，加强护林和森林消防工作，保护好森林生态环境和国家重点保护的珍稀动植物资源；组织开展科教宣传，调查自然资源并建立档案，组织环境监测，组织、协助有关部门开展自然保护区的科学研究；在不影响保护区管理和生态环境保护的前提下，合理利用实验区资源，开展生态旅游、多种经营，增强保护区自身发展经济实力；依据相关法律法规授权和龙泉市人民政府行政管理部门的委托，承担保护区内行政监督检查职能；按照总体规划设计，切实做好保护区各项基础设施建设；协调处理与周边乡镇、毗邻村关系，落实社区共建工作；承担国家、省市相关部门和保护区管理局、龙泉市人民政府交办的其他工作。

二、科室职能

行政科 负责管理处的文秘、档案、机要、财务、后勤、车辆调度管理、来信来访办理；协助行政领导掌握各职能机构的工作情况，协调各职能机构的工作；监督自然保护区有关规章制度的实施和执行，组织对各职能机构的年度考核；组织职工政治、理论和业务知识学习培训和考核。

保护科 负责保护站、巡护队、哨卡的业务指导，组织开展资源保护和森林防火；制止破坏森林资源的违法行为，配合有关部门查处违反森林资源管理的行政案件，危害较大的及时报请上级有关部门查处；保持同毗邻乡镇政府、工作站、毗邻村及护林员的工作联系，掌握资源保护情况和潜在隐患；负责保护区内资源保护和森林防火设施的建设和日常维护。

科教科 完成上级及管理处下达的科研、调查任务，积极开展横向科研交流和课题合作，争取课题立项；组织开展科普宣传教育，做好职工业务知识培训；负责科研成果及材料的收集建档，建立自然资源档案，掌握生物资源消长变化情况；定期编辑更新保护区网站内容。

经管科 负责生态旅游规划的实施及生态旅游项目开发经营和协调服务工作及区内导游业务培训和管理；负责保护区的多种经营和协调保护站做好社区共建工作。

保护站 管理处下设凤阳庙、龙南、屏南3个保护站，负责辖区内的资源保护和森林防火，制订和落实巡护计划，确保森林资源的安全，发现问题及时上报；掌握辖区内森林资源管理动态和毗邻村的社会经济发展情况，做好毗邻村的服务；负责辖区内护林员的管理、联系工作；做好保护站的财产管理和相关材料的收集建档。

巡护队　落实日常巡护计划，认真记录巡护内容和日记，做好巡护报告，建立巡护档案，协助做好区内的资源监测和调查工作；发现有破坏资源的违法行为和其他重大事件，及时制止、及时报告；做好防火值班，确保信息畅通；做好巡护队财产和工具用品的管理工作。

护林防火检查哨卡　对进出车辆、人员进行检查、登记，宣传保护区的有关规章制度；做好哨卡周围地区资源保护与森林防火，发现问题及时报告；做好周围的环境卫生工作。

森林防火指挥部办公室　负责森林火灾的预防、扑救及防火物资的贮备；组织协调准专业扑火队的工作等。

第四节　来宾接待

凤阳山自然保护区建立后，曾接待过很多行政领导、文化名人及国际友人（中外科技专家详见第五编）。

1980 年 10 月 18 日，中国林业科学研究院宋朝枢主任一行到凤阳山考察。

1982 年 4 月 7 日，中国社会科学院农保所副研究员宋宗水，国家林业部森保局自然保护处工程师施光孚在省林业厅华永明、丽水地区林业局支存定科长陪同下到区考察。

8 月上旬，龙泉中学"三好学生"夏令营在凤阳山自然保护区举办。

1983 年 5 月上旬，中国摄影协会主席徐肖冰与著名摄影家侯波一行在浙江摄影协会领导、中共龙泉县委书记王昭胜，县宣传部、文化局领导陪同下到凤阳山采风。

7 月，浙江省党群书记会议在凤阳山召开，省委副书记卢展工及各地级市的党群书记参加会议。

8 月 3～4 日，杭州市政协书画会组织浙江著名书画家郭仲选、孔仲起、商向前、包辰初、朱恒、何水法 10 余人，由县政府办公室和县文化局负责人陪同上凤阳山采风创作。

9 月 16 日，浙江省副省长张兆万由丽水地区副专员支存定、中共龙泉县委书记王昭胜等陪同下到凤阳山进行调研。

12 月 1 日，南京军区副司令员张明在省军区、丽水、温州等军分区及龙泉县副县长翁家禄等领导陪同下到凤阳山考察。

10 月 25 日至 11 月 15 日，省测绘局测绘大队人员到凤阳山，对主峰黄茅尖海拔高度重新进行测量。

1989 年 8 月 29 日，被誉为"羽坛皇后"的李玲蔚在亲属陪同下登上凤阳山。

1996 年夏，中共浙江省省委副书记、省长柴松岳到凤阳山调研。

9 月，中共浙江省省委书记李泽民，省委秘书长吕祖善到凤阳山考察。

1999 年 2 月，中共浙江省省委原书记薛驹到凤阳山考察。

10 月 16 日，省政协副主席汪希萱到凤阳山，为"瓯江源"石碑揭幕。

同日，接待了来自美、英、德、法等国家在华留学生登山运动员，前来凤阳山参加第一届登山节。

2000年5月20日，国家环境保护总局副局长祝光耀到凤阳山调研。

9月，省政协副主席龙安定到凤阳山参加大型电视系列片《八百里瓯江》开机仪式。

2001年9月24日，省交通厅厅长郭学焕到凤阳山考察。

2002年11月22日，中国地震局局长宋瑞祥到凤阳山调研。

2003年2月11日，浙江省副省长钟山、丽水市市长谢力群到凤阳山调查生态保护工作。

5月15日，省林业局局长陈铁雄，副局长叶胜荣到凤阳山调研。

7月7日，中共浙江省省委副书记、省政法委书记夏宝龙到凤阳山调研。

10月11日，中共丽水市市委书记楼阳生到凤阳山考察。

2004年4月3日，中共丽水市市委副书记焦光华到凤阳山调研。

9月16日，德国波鸿鲁尔大学生物系主任Tnomasstuetzel到凤阳山考察生物资源。

10月14~15日，韩国康津代表团以康津郡厅林京龙团长一行5人应邀来龙泉，参加龙泉山登山节开幕式等活动。同时，中国作家协会副主席黄亚洲，浙江省作家协会专职副主席王旭烽，中国作协创研部研究员季红真、牛玉秋，宁夏作协副主席戈悟觉，河南作协副主席杨东明，上海市作协专业作家孙甘露等40多位知名作家到凤阳山，一同参加"龙泉论剑"活动。

11月9~10日，中共浙江省省委副书记周国富到凤阳山考察。

2005年4月21日，省林业厅副厅长叶胜荣，杭州市政协副主席蒋福弟，中共丽水市市委书记楼阳生、副书记陈荣高、副市长刘秀兰，国务院参事、中国林业科学研究院首席科学家盛炜彤，中国林业科学研究院产业处处长张华新等人到凤阳山，参加"2006杭州休闲博览会圣火采集仪式暨龙泉山开山大典活动"。

6月17日，国家林业局驻合肥特派办主任王招英到凤阳山考察。

6月21日，国家林业局《中国林业》杂志社社长丁付林到凤阳山调研。

8月11日，中共浙江省省委书记习近平，省委秘书长李强，省农办主任王良仟，省财政厅厅长黄旭明，在丽水市领导楼阳生、刘希平、陈荣高，龙泉市领导李一飞、梁忆南等陪同下到凤阳山调研。习近平登上江浙第一高峰黄茅尖，实地考察了凤阳山生态旅游资源。习近平指出：要充分利用生态优势加快旅游发展，以带动地方相关产业的发展，在旅游开发的同时要加强生态环境保护，促进生态文明建设。

11月9日，副省长钟山、省政府副秘书长楼小东、省旅游局局长纪根立一行到凤阳山调查旅游业发展情况。

11月18日，国家林业局纪检组副组长、监察局局长刘双来，监察二室主任吴兰香到凤阳山调研。

12月12日，副省长茅临生到凤阳山了解旅游景区、景点开发情况。

2006年3月24~25日，国家林业局野生动植物保护司司长刘永范，政策法规司司长文海中到凤阳山考察野生动植物资源保护工作。

8月1~3日，浙江自然博物馆康熙民馆长与日本丹青社小野等9人到区考察，为博物馆新馆3D展厅森林部分设计取景。

8月3~4日，中共浙江省省委副书记乔传秀到保护区调研。

10月，丽水市副市长肖建中到凤阳山考察。

2007年5月28日，浙江省军区司令员王贺文，丽水军分区司令员程海南、参谋长秦景号到凤阳山考察。

5月31日，中共丽水市市委副书记张成祖，在龙泉市副市长罗诗兰陪同下到凤阳山考察。

6月2日，省生态办主任、环境保护局局长戴备军，到凤阳山调查生态建设与环境保护工作。

7月25日，中共浙江省省委常委、组织部部长斯鑫良到凤阳山调研。

10月15~16日，省政协常委、人口资源委员会主任韩春根，副主任郭基达、徐良骥在省林业厅资源处俞肖剑、丽水市政协副主席陈翠仙、龙泉市政协副主席包建平陪同下到凤阳山了解自然保护区管理工作。韩春根留有"登黄茅尖"、"绝壁奇松"诗作。

10月18~19日，国家林业局野生动植物保护与自然保护区管理司副司长严旬、处长贺超，省林业厅资源处副处长赵岳平一行到凤阳山考察。

10月30日，国家濒危物种进出口管理办公室副主任孟宪林和万自明，到凤阳山考察国家濒危物种的保护管理工作。

11月21日，省环境保护局吴玉琛副局长、计财处周碧河处长，在龙泉市副市长罗诗兰、市环境保护局局长林怀瑞陪同下到凤阳山调研。

2008年2月23日，省林业厅副厅长叶胜荣到凤阳山指导雨雪冰冻灾害抗灾自救工作。

4月1~2日，省武警总队副参谋长郑其水带领省督查组，在丽水市林业局副局长王智勇等人陪同下到龙泉检查森林消防工作。

5月10日，省编委办事业机构编制处处长杨利民、副处长叶伦一行5人，到保护区了解人员编制情况。

5月27日，国家环境保护部、国土资源部、水利部、农业部、国家林业局、中国科学院、国家海洋局7个单位代表到凤阳山，对保护区的各项工作进行评估。

7月31日，国家林业局湿地保护管理中心主任马广仁一行到凤阳山考察。

8月2日，省林业厅副厅长邢最荣到凤阳山调研。

9月18~20日，国家林业局5人到凤阳山，对保护区的国债项目资金使用情况进行检查。

11月23日，国家旅游局规划资源处处长窦群带领国家景区质量等级评定委员会专家小组到凤阳山，对创建国家4A级景区工作进行评定。

2009年1月17~18日，龙泉的国际友好城市韩国康津郡 Saint – Joseph 的女子高中与龙泉一中七十余位师生到凤阳山参观游览。他们先后浏览了绝壁奇松、凤阳湖、黄茅尖，对凤阳山一流的生态环境赞叹不已。管理处处长叶砝仙、龙泉一中校长孙方鸿陪同。

3月12日，省林业厅副厅长张全洲到凤阳山考察生态公益林保护管理情况。

3月21日，省人大副主任程渭山，在丽水市人大副主任张春发、龙泉市人大主任钟鸣、副主任陈吉明陪同下到凤阳山考察。

4月29日，副省长龚正、省政府副秘书长夏海伟、省林业厅厅长楼国华、省旅游局局长赵金勇到凤阳山考察森林旅游发展情况。

5月22~23日，福建梁野山国家级自然保护区管理局局长戴德昇等一行5人到凤阳山考察生态旅游和资源保护工作。

6月25~26日，省环境保护厅生态处处长韩志福、丽水环境保护局副局长徐国华到凤阳山考察。

8月21日，省林业厅厅长楼国华，资源管理处处长卢苗海，丽水市市林业局局长邝平正，龙泉市领导赵建林、包新华、叶学明等到凤阳山参加保护区管护中心大楼落成典礼。

8月28日，省林业厅副厅长叶胜荣到凤阳山调研。

8月29日，中共丽水市委书记陈荣高、丽水市副市长廖思红到凤阳山考察。

11月22日，中国林业科学研究院森林生态系统网络中心主任王兵一行到凤阳山考察生态定位站项目。

2010年4月10~11日，美国国家自然历史博物院研究员文军到凤阳山考察。

5月7~8日，国家林业局野生动植物与自然保护区管理司副司长陈建伟到区调研集体林。同时省环境保护厅、林业厅、海洋渔业局联合考察组到凤阳山，对保护区2009年度工作进行考核。

8月7~8日，省人大副主任刘奇、省林业厅厅长楼国华、文化厅厅长杨建新、国土资源厅副厅长马奇、省林业厅资源处处长卢苗海、义乌市市长何美华一行在中共凤阳山管理处党组书记叶砝仙、龙泉市市长助理金爱武、市林业局局长张长山陪同下到凤阳山调研。

10月5日，南麂列岛国家级自然保护区管理局局长方晓明一行来凤阳山考察交流。

11月10日，浙江清凉峰国家级自然保护区管理局局长童彩亮、副局长翁东明到凤阳山考察。

保护区建立以来，由于干部职工努力工作，积极完成上级下达的任务，数次受到上级表彰，所获荣誉称号见下表。

凤阳山自然区所获荣誉名称

序号	荣誉名称	颁奖单位	颁奖时间
1	先进自然保护区	国家林业部	1986 年
2	先进党支部	中共龙泉市委	2004 年 2 月
3	浙江省连续 20 年无森林火灾先进单位	浙江省森林防火指挥部	2007 年
4	自然保护区规范化建设优胜单位	浙江省环境保护局 省林业厅 省国土资源厅 省海洋与渔业局	2008 年
5	2007 年度自然保护区管理工作考核优胜单位	丽水市林业局	2008 年 2 月
6	2008 年度先进集体	中国自然科学博物馆协会	2008 年
7	中国最佳生态环境保护十大自然保护区	科技部《管理观察》杂志社、中国 城市建设与环境提升评比活动组委会	2009 年
8	2008 年度自然保护区规范化建设优胜单位	浙江省环境保护局 省林业厅 省国土资源厅 省海洋与渔业局	2009 年
9	2008 年度自然保护区管理工作考核优胜单位	丽水市林业局	2009 年 2 月
10	2008 年度先进党支部	中共龙泉市委	2009 年 2 月
11	龙泉市 2009 年度工作目标责任制考核三等奖	中共龙泉市委龙泉市人民政府	2009 年
12	自然保护区规范化管理优秀单位	浙江省环境保护局 省林业厅 省国土资源厅 省海洋与渔业局	2010 年
13	中国最具影响力十大生态旅游区	中国国际经济发展促进会 中国国际信 用评估中心 经济发展、生态建设国际 合作大会组委会	2010 年
14	2009 年度自然保护区管理工作考核优胜单位	丽水市林业局	2010 年 2 月
15	丽水市第一届科技兴林奖	丽水市人民政府办公室	2011 年 2 月
16	浙江省野生动植物保护先进集体	浙江省野生动植物保护协会	2011 年 4 月
17	浙江省第十一届林业科技兴林奖二等奖	浙江省林业厅浙江省林学会	2011 年 5 月

凤阳山自然保护区（管理处）个人先进

姓名	荣誉称号	颁奖时间	颁奖单位
叶茂平	1991 年度优秀工会积极分子	1992.2	龙泉市总工会
戴圣者	自然保护区管理先进工作者	1999.12	国家环保总局 林业部 国土资源部 农业部
季清红	2004 年度先进共产党员	2005.2	中共龙泉市委命名
叶立新	2006 年度自然保护区先进个人	2007.2	丽水市林业局
刘胜龙	2006 年度自然保护区先进个人	2007.2	丽水市林业局
季清红	2006 年度先进共产党员	2007.2	中共龙泉市直属机关工作委员会
叶茂平	2007 年度森林消防先进个人	2007.12	丽水市森林消防指挥部
陆正寿	"第二届龙泉青瓷、宝剑节"工作先进个人	2007.12	中共龙泉市委 龙泉市政府
马 毅	2007 年度自然保护区工作先进个人	2008.2	丽水市林业局
刘国龙	2007 年度自然保护区工作先进个人	2008.2	丽水市林业局
叶茂平	"双十项目百日会战"先进个人	2008.2	中共龙泉市委 龙泉市政府
高德禄	2007 年度工会积极分子	2008.4	龙泉市总工会
季清红	2008 年度先进共产党员	2009.2	中共龙泉市直属机关工作委员会

（续）

姓名	荣誉称号	颁奖时间	颁奖单位
林莉军	2008 年度保护区管理工作先进个人	2009.2	丽水市林业局
高爱芬	2008 年度保护区管理工作先进个人	2009.2	丽水市林业局
陆正寿	市管干部综合考核优胜个人	2009.2	中共龙泉市委
陆正寿	2008 年度森林消防先进个人	2009.3	丽水市森林消防指挥部
叶碰仙	中国生态环境保护杰出贡献人物	2009.4	中国国际经济发展促进会中国社会科学院城市发展环境研究中心
高德禄	龙泉市优秀农村工作指导员	2009.4	中共龙泉市委龙泉市政府
刘胜龙	先进林业科技工作者	2009.9	丽水市林业局
高德禄	2009 年度森林消防先进个人	2010.1	丽水市森林消防指挥部
叶立新	创建省级生态市先进个人	2010.5	中共龙泉市委龙泉市政府
刘国龙	优秀农村工作指导员	2010.8	中共龙泉市委龙泉市政府
叶立新	中国自然科学博物馆协会先进个人	2010.12	中国自然科学博物馆协会
刘国龙	森林消防先进个人	2011.1	丽水市森林消防指挥部
高德禄	2010 年度工会积极分子	2011.4	龙泉市总工会
叶茂平	2006～2010 年度森林消防先进个人	2011.10	浙江省人民政府森林消防指挥部

第三章　建筑设施

第一节　道路交通

凤阳山交通条件历史上十分闭塞。根据清光绪《龙泉县志》记载的龙泉四至八到中，主要人行道有 8 条，其中经过凤阳山周边村庄的仅有龙泉县城到庆元县的一条石砌干道，长 180 华里[①]，它自县城南过济川桥，经大沙、瞿源、官浦垟、西岙、一溪桥、梅七、乌皮亭、大岙岭、南溪、梅岙至庆元县治。龙泉境内有 90 余华里。

民国初年，凤阳山四周的当地百姓，修筑了去凤阳山腹地五显殿朝拜的古道有 5 条：一路由荒村经西岙、铁炉岙、大坑、石梁岙而进凤阳庙。二路由双溪、麻连岱上凤阳湖后，经上圩桥至凤阳庙。三路由张砻村经将军岩脚而上凤阳庙；四路由塘山村经乌狮窟、仰天槽至凤阳庙。五路由官浦垟、粗坑上大田坪经石梁岙进凤阳庙。5 条道路均用块石砌筑而成，宽约 1 米，蜿蜒曲折，入山香客拾级而上。

1963 年，龙泉县森工局第三采伐队，为大田坪运材之需，开建了自大田坪至夏边一条宽约 2.5 米，长约 7 千米的人力车运材小马路。

---

①　1 华里 = 500 米。

周边公路 主要有 5 条,均为中华人民共和国建立后所建。其中北、东向有 4 条:一是安仁—荒村—喇叭口—炉岙—凤阳山;二是百山祖—龙岩—荒村—喇叭口—炉岙—凤阳山;三是景宁英川—荒村—喇叭口—炉岙—凤阳山;四是龙泉市区—豫章—官浦垟—喇叭口—炉岙—凤阳山,该线全长 51 千米,为进区旅游的主要路线,其中豫章—官浦垟段已多次扩建,2001 年 8 月,由龙泉市政府投资 1200 万元,兰巨大赛—凤阳山路面改造工程完工,2004 年又对兰巨至大赛段路面进行了加宽,2008 年始,由龙泉市政府投资的大赛至官浦垟段公路,再次进行改造加宽。

凤阳山自然保护区西南向有接于龙后线 17.5 千米处的后岭背,止于杉树根(原瑞垟乡政府驻地)全长 67 千米的的后瑞公路。该路穿越于崇山峻岭,修建难度大,建筑费用高,故它自 1972 年 8 月开建,分 7 期施工,至 1983 年 12 月才完工,历时 11 年。它的建成为屏南镇奠定了交通基础,也为扩建后的凤阳山自然保护区座落在该镇范围内的集体、国有山林的管理提供了交通条件。

内部公路 主要包括以下几条:

九节岭(喇叭口)—石梁岙—大田坪公路:全长 11.64 千米,1975 年 9 月开通。

石梁岙—凤阳庙公路:为改善保护区的交通条件,1979 年 10 月,接自石梁岙至凤阳庙(保护区驻地),长 2.18 千米的公路开通。

凤阳庙—凤阳湖公路:1995 年 3 月 10 日,龙泉市计经委批准建设凤阳庙—凤阳湖林区道路 3.66 千米,项目总投资 80 万元。龙泉市林业局补助 30 万元,由龙泉市林业局林建公司施工,1996 年 2 月 7 日,该路通过验收,结束了凤阳湖护林点不通公路的历史。2001 ~ 2002 年,因该公路为等外公路,为了行车安全和旅游发展的需要,对该公路按交通部山岭重丘四级标准进行了拓宽。宋城集团对公路沿线内边坡进行了石砌、公路外沿石砌了高 80 厘米的护栏,后因与保护区周边环境不协调,将沿线护栏进行了拆除。2004 年对公路路面进行柏油路面铺设。

凤阳庙至乌狮窟简易公路:全长 7.8 千米。2000 年 12 月开通,该公路由保护区职工自行测量设计。

1998 年 11 月,省财政厅拨款 90 万、市交通局配套 42 万完成九节岭(喇叭口)—凤阳庙公路砂石路面改柏油路面。2009 年 7 月,由管理处投资 30 余万元完成石梁岙至大田坪公路砂石路面改柏油路面。

游步道:为开发景点和游览的安全,景区内建有游步道 8 条:一是上圩桥—黄茅尖—凤阳湖为青石板路面;二是凤阳湖—瓯江源—凤阳湖为沙石路面;三是凤阳湖—小黄山—双折瀑为青石板路面和栈道组成;四是凤阳庙—柳杉林—小黄山十里笼翠线为青石板路面;五是绝壁奇松线为青石板路面和栈道组成;六是小田坪—七星潭—十八窟为青石板路面;七是凤阳庙—乌龟岩—黄茅尖为泥石相间便道;八是凤阳庙—凤阳尖为青石和泥石相间道路。

古桥梁(上圩桥):位于凤阳庙至凤阳湖老路上,系石拱桥,长 10 米,宽 3.5 米。建造年代为民国初年,无名称,桥头边建有一凉亭。1966 年,上圩水运站重修了凉亭,故此后称此桥为"上圩桥"。

第二节　电力　通讯

供电　1974年，第三采伐队在大田坪水口筑坝建成一座12千瓦的小水电站，白天蓄水，夜晚发电几个小时，保护区建立时，凤阳庙的照明用电也由该电站提供。枯水时期几乎断电，职工只能以煤油、蜡烛照明。1987年8月，动工架设了夏边至凤阳庙5.6千米10千伏高压线，1988年架设了至凤阳湖的电灯线路，从此解决了凤阳山日常用电需要。为预防临时限电，在凤阳庙安装有备用柴油发电机1台。随着旅游业的发展，用电量的增大，2001年，政府投资95万元，架设了龙南—凤阳山27千米10千伏高压线路。是年还架设凤阳庙—凤阳湖高压线路。

通讯　1972年，由龙泉县森工局投资，凤阳山职工自行施工架设大赛—凤阳庙、凤阳湖、乌狮窟有线电话，凤阳山的通讯条件得以改善。1988年，更新改造凤阳庙—凤阳湖、乌狮窟护林点有线电话线路9千米。1989年安装了自动电话，从而结束了手摇电话的历史。1993年，安装地面接收卫星电视。1998年8月，凤阳山移动电话开通，基站设在凤阳庙后瞭望台上。1999年10月，凤阳山举办第一届登山节之际开通了程控电话。2002年10月，凤阳山联通基站开通，基站设在凤阳庙对面山头原保护区气象观测站下方。2008年，凤阳湖移动基站开通，为了与保护区景观环境相协调，该基站以钢筋混泥土仿松立木形状建于凤阳湖边山坡上。

供水　1992年，门卡护林站的供水渠道完工。1997年在上圩桥上方山岙内筑拦水坝，建蓄水池，铺设管道引水至凤阳庙供凤阳山宾馆使用。在石梁岙至大田坪公路下筑小坝拦溪水，以管道引水至大田坪管护中心使用。

第三节　楼馆　庙宇

凤阳庙原有楼馆　1980年12月，凤阳山自然保护区综合楼落成，建筑面积600平方米。1981~1982年，食堂、办公楼（标本室）等落成，面积350平方米。1983~1984年，会议室、仓库、职工宿舍落成，面积800平方米。1989年，商店、职工食堂落成，面积250平方米。宋城集团投资凤阳山旅游项目后，位于凤阳庙的上述房屋陆续拆除改建。

宾馆　综合楼原只留有小量房间供来客住宿，职工宿舍、办公楼建成后，成招待所。1993年，投资20余万元，对综合楼一层改建成标准客房。1997年，引进乐清邵仕富投资后，为了提高旅游接待能力，将原保护区职工食堂拆除后扩建成3层的凤阳山宾馆。2000年，龙泉市政府为了发展旅游业，引进杭州宋城集团投资凤阳山，其下属的龙泉山旅游公司将凤阳山宾馆进行了内外部装修并更名为"猎户山庄"，很多人对该名有异议，后又改名为"绿野山庄"，为欧式建筑风格，三星级山地度假酒店，拥有各类客房80余间，床位200余个。

保护区管护中心　坐落于大田坪，3层砖混结构，红瓦、外墙涂米黄色漆，面积

2930平方米。该中心集科研宣教、资源保护、旅游接待、值班、职工宿舍、办公于一体。由管理处争取国债项目和地方政府配套投资1000万元所建。该项目是根据2003年保护区总体规划批复后于2005年立项报批，2006年动工开建，2009年7月15日，举行了管护中心试运行及职工统一着装仪式。8月21日，凤阳山自然保护区管护中心落成典礼在大田坪隆重举行。

办公生活用房　1988年，凤阳山保护区职工宿舍在城区剑池湖落成，面积1000平方米。1996年管理处利用林业局职工培训中心土地，由2单位职工集资建造宿舍1840平方米（其中管理处职工宿舍1040平方米）。2005年在龙泉市区新华大厦购置办公用房227平方米。2006年在龙南乡荒村购买龙泉市信用联社房产297.29平方米，土地425.52平方米用作龙南保护站管理用房。2007年，在屏南镇购得龙泉地方税务局房产1100平方米，作为屏南保护站用房。

凤阳庙　凤阳山古庙由麻连岱、一溪、西坪、杨山头、上兴、叶村、大赛、安和、炉岙、粗坑、张砻、官浦垟12个村，再加陈村和炉地垟二村合一坊，共十三坊出资，于清朝康熙二年(1663)兴建。19世纪中期，凤阳山庙遭太平天国起义军严重破坏（菇民称"长毛造反抄庙"）。

民国二年(1913)，由安下村杨枝隆、杨至彦、杨枝桂，杨山头村柳楹树养四人牵头，在清朝十三坊基础上又联合梅地村、夏边村共15坊，筹集大洋4万余元，建成了五显庙、普云殿、降神殿、庙祝房、戏班房、理事房和庙管火厢，庙管共6幢。为方便十五坊上山村民住宿，饮食及香客，各村又自建招待所（当时称村火厢）一座，安下村杨至彦还私建店面房一幢。在这不大的范围内，共建有22幢庙堂及住房，常住人员有120余人。庙会期间（农历七月初一至初七），日上山人数多达千人，热闹非凡。20世纪50年代初，其庙遭毁灭性破坏，其他房屋逐渐倒塌（见下图）。

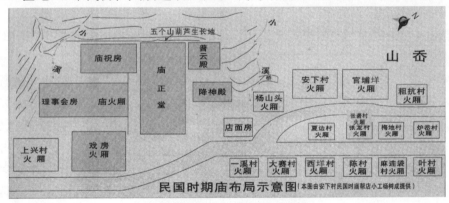

民国时期凤阳庙建筑布局示意图

1966年"破四旧"时，凤阳庙又被上山造林的水运职工拆烧，只残留下部分石条、石雕。

现今的凤阳庙，系1993年由附近麻连岱、桌案际、西坪、杨山头、石崇（景宁县）、后岙、双溪、大庄、叶村、上兴、安和、兴源、炉岙、粗坑、官浦垟、梅地、金龙等村各出资3.7万元；陈村、炉地垟、空坑头合资3.7万元，南排村出资1.85

万元，共集资 64.75 万元，杉木 178 立方米，于 8 月 10 日动工建设。"十八坊"村民前后共投工 2512 个，在凤阳庙原址上重建而成。

新庙正面为三进，侧面各两进，大门正上方用花岗岩刻有"凤阳庙"3 字，大门两侧书写"秉正除邪恒资大地，降魔卫道永护南天"，侧门上方分别书写"护国"、"佑民"两字。大门两侧有大小两对石狮把守，其中小狮为原古庙遗留。殿正厅为五显灵官之塑像，其左侧为土地公之位，其右侧为刘伯温、吴三公位。大殿前柱挂"品香菇明皇明相荣封龙庆景，学种菇菇神菇师艺传子媳孙"之联，两侧有一对铸铁狮子，大厅前隔天井建有戏台。天井两侧上层建厢房。

1994 年，龙泉市人民政府宗教事务办公室确定凤阳庙为文化殿庙，不属宗教范畴。根据市政府意见，同意凤阳山香菇庙对外开放，并希望凤阳山庙董事会切实遵守凤阳山管理处的有关规定，积极做好自然保护工作，制定庙宇管理制度，使资源保护与香菇古文化相得益彰。

是年 10 月 12 日，凤阳庙举行开光仪式。成立凤阳庙董事会、理事会，聘请专人常年管理。并延续古制每年农历七月上旬请戏班演出。

2009 年，在凤阳庙右侧新建"普云殿"，是年农历 6 月 12 日新庙落成。殿正中为观音菩萨雕像，侧立金童玉女，两侧柱挂"南海慈航宝瓶滋化雨，众生普渡莲坐灿恩光"对联。

乌鼻山顶庙　坐落在乌狮窟老鹰岩（仙岩背）顶部，四周均为悬岩，仅一小道可上，该庙建于清朝末年，仅两间房子，供奉有八仙、龙母娘娘。逢大旱年，乡民会上山求雨，据说十分灵验。

第四节　碑台建筑

凤阳山自然保护区碑　高 2.8 米，位于保护区门卡内大坑公路边，1983 年立，碑上由县林业局办公室主任顾松铨书写"凤阳山自然保护区"。

江浙顶峰碑　1985 年，在黄茅尖首建浙江顶峰简易碑，购缙云产凝灰石两块，一块中心凿孔平放地面作基座，另一块高约 1.5 米、阔 0.4 米作碑石，一端做隼插入基座，碑刻姜东舒先生手书，后因冰冻破裂，碑毁。1990 年，保护区在黄茅尖重新竖起了由著名书法家姜东舒先生书写的"江浙第一高峰"的石碑，后因雷击倒塌。1999 年 10 月 15 日又在原址重立花岗岩石碑，其碑体造型由时任市林业局办公室主任顾松铨设计，碑身由 14 块花岗岩经打磨叠加而成，顶尖，高约 4 米，正面刻有姜东舒先生重写"江浙第一高峰"6 个大字，背面由顾松铨书写"黄茅尖海拔一千九百二十九米"。今为龙泉市地标性建筑之一。

瓯江源石碑　位于凤阳湖之源头，以自然大石料为碑，上刻由杭州西泠印社吕国璋先生所题的"瓯江源"3 字。1999 年 10 月 16 日立，浙江省政协副主席汪希萱等领导为碑揭幕。

瓯江源头碑　2002 年 10 月立，位于龙庆交界的锅帽尖下，屏南镇南溪村至庆元县百山祖老路旁，碑文"瓯江源头"由时任龙泉市市长林健东书写。边上尚有凤阳山自然保护区所立的"消灭森林火灾、保护森林资源"的防火牌。

凤阳山自然保护区碑 位于石梁岙岔路口处，2009年7月立，由整块巨石矗立而成，上刻浙江省林业厅楼国华厅长书写的"凤阳山自然保护区"。

浙江省空气质量检测站凤阳山背景站 坐落于凤阳湖边山坡上，外形为外三层内五层的塔形建筑。2007年4月28日，龙泉市政府召开"关于加快推进省级凤阳山空气质量背景自动监测站工程建设"专题会议，对省环境保护局投资项目进行落实。会议要求市环保、国土、建设等相关部门要齐心协力，特事特办，确保工程顺利实施。后经各方努力，总投资496万元、用于大气监测的自动监测站于2008年6月建成。由于造型别致，外观漂亮，又处在旅游景点凤阳湖边，现已成为观光旅游的一个新景点。

紧水滩水文自动测报中继站 位于凤阳山尖顶，1994年紧水滩水电站投资建立，二层钢筋水泥方形结构，高约7~8米，主要用于测量凤阳山周边降水量。

瞭望台 位于凤阳庙后方山尖上，三层钢筋水泥结构，1987年由保护区投资建设，主要用于观察森林火情。

第五节 军事设施

凤阳山地处龙、庆、景3县边界，地域宽广、人烟稀少、森林连绵。且距东海海岸直线距离不足200千米，是国家军事部门实施反空降的重点设防要地。

凤阳山自20世纪30年代起，就是红军挺进师的活动场地，麻连岱村至今尚留存有红军书写的标语。

1953~1954年，凤阳山驻扎有部队，负责对空监视，以防空投、空降。

1958年3月，中国人民解放军总参谋部测绘局第一地形测量队，在凤阳山黄茅尖制高点埋设标石、立木质标架为国防测量设施。

1962年，国家军事机关确定凤阳山为防敌空降重点地区。龙南公社民兵武装拉练时凤阳山为其主要目的地。

1963年，军事部门指定在凤阳山设立对空瞭望哨，由原均溪乡金龙大队（今张砻村）民兵连担任对空瞭望。1976年，在一处高岗上建造了瞭望哨所，后按上级指示，于1982年撤销。当地民兵在凤阳山瞭望哨坚持了近20年，先后为上级军事机关提供相关情报，为保卫祖国领空安全作出了贡献，受到省、地、县有关部门多次表扬和奖励。1978年，南京军区司令部、政治部授予凤阳山对空瞭望哨所为民兵工作"三落实"先进单位；金龙大队民兵被誉为"高山红哨兵"称号。1979年7月，省电影摄制组到金龙大队民兵连拍摄了以不畏艰苦、日夜坚守高山对空瞭望哨为题材的电影纪录片。

1983年冬，南京军区副司令员张明，在浙江省军区、丽水、温州、舟山军分区等10余个军事部门相关人员陪同下到凤阳山进行军事考察。

2007 年 5 月 28 日，省军区司令员王贺文少将、丽水军分区司令员程海南大校、丽水军分区参谋长秦景号大校，在龙泉市人武部部长魏安龙上校陪同下到凤阳山勘察反空降地域。

凤阳山山顶尚有 2 个测量标志。一是军委测绘局用水泥平面浇筑的测量标志，水泥块 50 厘米×50 厘米，正中置有一个直径 8 厘米的圆形铁铸件。二是由省公安厅、省军区司令部、省测绘局联合埋设的三角形水泥测量标志，地上高度为 50 厘米。

第四章　多种经营

第一节　种植业

为增加经济收益，改善职工生活，凤阳山自开发之日起，就想利用其独特的自然条件，开发生产比较特殊的产品，以增强自我发展能力。在试种过程中，虽有部分项目取得成功，总因管理机构不全、经费短缺、技术人员调离等原因，致使大部试种工作半途而废。保护区成立前期，试种项目继续开展，成为国家级保护区后，逐步停止。

一、茶叶生产

利用凤阳山大面积的国有荒山，开发高山茶叶早有打算。1964 年 1 月 21 日，龙泉县林业局向浙江省农业厅特产局上报了《关于建立凤阳山茶场的报告》，未批。1966 年绿化凤阳山时，就在大田坪、凤阳湖、上圩桥、乌狮窟开垦茶园 107.0 亩。1967 年后，经种子直播及抚育管理，建成茶园近 100 亩。凤阳湖职工为增加收入，解决新鲜蔬菜的短缺，还在茶叶地中套种黄花菜 20 多亩。1970 年新茶开采，由于凤阳山开春时间较迟，至 5 月份才有茶叶可摘，虽产量不大，炒制水平不高，但茶汁浓、味特香，很受消费者欢迎。1993 年，凤阳山高山名茶曾获全省评比第 7 名。20世纪 80 年代，年产茶叶 400 千克左右，除自用外还有出售。茶园面积因基建等原因逐年减少，现仅留 20 余亩，已承包给浙江金福茶业有限公司经营。

二、药用植物栽培

凤阳山由森工系统管理后不久，即开展药用植物栽培试验，品种有党参、云木香、四川黄连、人参等。在县中西药公司的指导下，除人参栽培失败外，其余均获成功。但未形成规模生产。

1. 党参

1971 年，县中西药公司为发展本县的中药材产业，组织了凤阳山，部分乡、村干部 8 人，去山东烟台市参观学习党参种植技术。考察组由森工局革领小组副组长王兴恩带队。党参种子由烟台市中西药公司提供。1972 年开始试种。

党参种植试验放在凤阳湖和凤阳庙，面积约 1.0 亩。生长情况良好，并已开花结实，第二年根茎增粗。后因凤阳山管理机构不全，技术人员调离，试验工作停顿，所留植株被挖。

2. 云木香

1971 年，由县中西药公司提供种子，在凤阳湖种植，面积约 0.5 亩。经精心栽培管理，云木香生长良好，植株高近 1 米，根茎粗壮。邻近部分村民讨得小苗栽植后，生长较好。后因无人继续研究，试验终止。

3. 四川黄连

1982 年，由县中西药公司提供种子，在凤阳山水口一带溪坑边有短萼黄连生长的地方，用种子直播培养，发芽率尚高，但幼株生长较慢。乌狮窟则栽植本地所产的短萼黄连于平缓的杉木幼林林下，生长尚可，面积约有 3 亩。后试验工作未继续。

4. 人参

1981 年冬，保护区从黑龙江引进种子，春播后未发芽。1982 年冬又购进种子，经低温窖藏，种子开始发芽，后移栽到上圩桥上阔叶林下种植。因主管人员外出考察时间较长，回区后小苗不知去向。

5. 铁皮石斛

1997 年，管理处和浙江医药科学院合作，开展铁皮石斛试管苗繁殖栽培研究，试验搞了 2 年，成果并不理想，后放弃。

三、水果种植

1. 猕猴桃

从石梁呑至岭头一段老路两侧，1983 年移栽经选种的猕猴桃野生苗 100 多株。原想在路上搭架后成为一道景观。后因路边杉木林长高，老路废弃而停止。现留植株较多，并称该地为京梨园。

2. 南方苹果、梨

为发展特种水果业，给游客一处观光、采收水果之地，1997 年，凤阳湖栽植南方苹果 10 余亩，经数年管理，树势生长尚可，因授粉树配置不当等原因而未结果，后逐年淘汰。

梨由浙江农业大学引进，品种为翠冠梨，栽于凤阳湖及大田坪，面积约 5 亩，结果尚可，品种也好，因疏于管理产量较低。现所留植株不多。

3. 锥粟

建保护区前,在凤阳湖育有种子来自庆元和山的 1.0 亩锥栗苗,后栽植于凤阳湖四周,结实较少。

另外,还种植过杨梅、桃等水果。杨梅栽于凤阳湖,苗期就基本冻死。

四、食用菌生产

1. 银耳

1972 年,龙泉县科协组织人员到富阳等地参观段木银耳种植,凤阳山派人前去学习。回来后,经段木接种试栽成功。后未扩大试验,项目终止。

2. 香菇菌种栽培

1985 年,大田坪开始香菇菌种压块生产,由于技术过关,菌种质量较好,销路也较正常,总因生产规模较小,竞争加剧,于 1990 年左右停止生产。

2000 年 1 月 20 日,凤阳山管理处和福建省福鼎市福昌农产品有限公司签订了《合作开发食用菌合同》,合同主要内容:保护区在十八窟提供 20 亩供开发的场地,有效期 5 年。后停止。

3. 段木灵芝栽培

1993 年,凤阳山管理处和福建闽江真菌研究所合作,开展段木灵芝栽培,接种放上圩水运站,灵芝栽培基地放在金沙林场。本次栽植共用段木 200 立方米,生产中解决了部分高产技术问题。1994 年向台湾出口灵芝 2 个集装箱,计 6 吨(部分产品系县内收购)。

五、绿化苗木生产

凤阳山自然保护区建立后,因科研工作之需,1980 年在凤阳庙去凤阳湖老路边开辟有 5 亩实验苗圃。除试验所需外,约有 3 亩左右用于绿化苗培育,育有金钱松、尖萼紫茎等苗木,多为自用。2001 年,管理处在城区南秦村、兰巨大汪村租用近 40 亩圃地,开展红豆树、深山含笑、黄山木兰、马褂木、乳源木莲等树种育苗。后因苗木销售业绩不良,于 2003 年停办。

第二节　养殖业

一、黄牛

1967 年秋,县森工局第三采伐队,根据局里安排,经县土产公司联系,从平阳县购进黄牛 38 头,运到城里后又经 3 人 2 天把牛从龙泉赶上凤阳湖。后逐步发展到50 余头。1970 年停养。

二、山羊

1988 年，到江西广丰县购进种羊 100 只，放在凤阳湖散养。由于野兽危害和管理不善等原因，种群发展较慢，最多时也只有 140 ~ 150 只。凤阳山保护区晋升为国家级后，很多专家对自然保护区养殖山羊提出不同看法，于 1994 年停养。

三、美国七彩山鸡

1993 年从上海引进在大田坪饲养，达数百只。于 1997 年停养。

四、生猪饲养

1986 年，大田坪建造 400 平方米猪舍，开始生猪饲养，饲养数量最多时达 135 头。由于畜牧场距城较远，饲料运费等成本较高，再加上肉价下跌，从而造成亏损，1991 年停养。

第四编

资 源 保 护

　　保护自然资源是保护区最根本、最重要的工作。保护内容包括地形地貌、水系水质、空气质量、森林植被、生物物种等方方面面。因为自然资源之间是一个相互影响的整体，往往会牵一发而动全身，某些方面的变化或许就会破坏生物物种之间的平衡，造成自然演替规律的变更。现今自然环境改变的最大起因除自然因素外，往往是人为造成的，因而资源保护的重点主要是自然资源、森林生态、生物多样性免受人类干扰和破坏。如区内的地形地貌、河流水系不得随意开发更改；不得兴办对空气、水质有影响和声音分贝较高的行业；不得采伐森林、人为改变森林植被；严禁采挖珍稀濒危和资源植物；严禁猎捕野生动物；引进动植物必须慎之又慎等等。

　　为使保护工作有法可依，有章可循，国家颁布了一系列的法律、法规。龙泉县(市)人大、政府依据国家颁布的有关法律，根据本地的实际情况，多次发出保护凤阳山自然资源的通知、通告，保护区也制订了相应的实施细则。

　　保护工作的最大威胁是森林火灾，为此，县(市)各有关部门和自然保护区高度重视，发出了数量众多的文件和通知，并在宣传、人员配备、防火措施、防火物资等工作作出了部署，如防火线的开辟、维修，森林火灾扑救的组织、领导，防火物资的配备等。为预防森林火灾的发生和群众参与扑救，保护区还和周边乡镇建立了护林联防组织。正因各级领导的重视，群众自觉遵守各项规章制度，凤阳山自建立自然保护区以后的30年中，国有林部分除因雷击发生数次火警外，未曾发生森林火灾。森林病虫害发生和生态平衡密切相关，保护区范围内虽有病、虫危害，但不成灾，惟黄山松的松栎锈病则普遍发生在海拔较高之处，有的病瘤直径达70多厘米。

　　山林权属的确定直接关系到林区群众的社会和谐及经济收益，因而自然保护区建立之初就已开始国有山林的定界工作，到1992年，大量山林纠纷相继处理完毕，保护区领取了国有林山林权证。

建立保护区之前，为绿化凤阳山，就已开展大规模的人工植树、飞机播种造林以及林木抚育等工作。保护区建立后，人为改变林相等行为已逐步停止。

为改善林分环境促进林木生长，区内的人工林也进行过小规模的抚育间伐。种植业、养殖业2000年后也已全部停止。

第一章　保护重点

第一节　自然生境

一个地区现今的自然环境，是在多种自然因素漫长的综合作用下逐步形成的，某些条件的改变，必然会引起连锁反应。特别是一些生物物种，会随着生态环境的变化而灭绝。因而，保护好当今的自然生境是开展保护工作最基础的工作之一。必须禁止在保护区内进行一切可能改变生物适生环境的人为活动。

凤阳山的自然生境具有以下特点：

一、独特的地理位置

凤阳山是处在北纬28°区间一个特殊的区域。地史古老，未受第四纪冰川严重影响，且距海较近，海拔高低悬殊，光、热、水资源匹配良好，能满足多种生物的生存之需。也因人为影响较少，从而造就了生物资源的多样性、典型性、古老性、珍稀性、一定的原生性和过渡性，因而有着无可比拟的保护价值。特别是凤阳山又处在中国经济较发达、人口密度大、交通便利的长三角和海西经济区的交汇地带，能保存下这么一块"宝地"，实属难能可贵。因而保护好自然生境是保护工作的重中之重。

洞宫山山脉由龙泉市西南部入境后向市东北部延伸。它是闽浙山地沿海地区一条比较高大的山脉，其海拔最高地段就坐落在龙泉市凤阳山，连同庆元县百山祖，成为浙江省地势最高的地区。凤阳山保护区海拔千米以上的面积占总面积的80%以上，内有海拔1500米以上山峰20余座，1800米以上山峰8座。纵观中国沿海省（市、区）的近海地带，凤阳山及其周边数县是我国沿海一处面积较大的中山区域。大气的下垫面复杂，地貌多样，从而给闽北、浙南气候造成较大影响。丰富的气候资源形成众多的植被类型及生物种类，从而成为具有国际意义的陆地生物多样性的关键地区之一。

二、丰富的水资源

凤阳山自然保护区南部的锅帽尖是瓯江的发源地，其西部则是瓯江和闽江上游的分水岭。这一区域地势高峻，成为北方寒潮南侵，东南台风、雨带北移的一道天然屏障，因此成为浙江省西南部的暴雨中心之一，年平均降雨量 2325 毫米，但蒸发量只有 1171 毫米，年均降雨日数达 206 天（≥0.1 毫米），多年平均水资源总量 2.06 亿立方米，是瓯江最重要的水源涵养地。该地水资源的变化，将直接影响到下游人民的生活、工农业生产的发展和森林植被及生物资源的变更。

凤阳山良好的自然环境、优质的水资源，给水生、两栖动物的生存提供了适生的条件。但过多建造水电站，使溪流沟渠化、湖泊化，已带来诸多生态问题，如造成鱼类肥育场面积减少，水温降低，巡游路线阻隔，溪水断流等原因而导致水生、两栖生物不适合生存的因素增加，以至造成一些对生境条件要求较高的生物面临灭绝。

三、人为影响较少

凤阳山处在浙江省人口密度最低的地区，保护区周边既无较大的工业设施，也无采矿业，仅建有一些小型木材加工企业，人为活动对自然环境的影响相对较轻，给生物（特别是动物）的生存，提供了一处良好的生存环境。由于经济欠发达，受就业、子女求学的限制以及政府为提高人民生活水平，帮助该地区群众下山脱贫，21世纪凤阳山毗连区域的常住人口连年下降，从而减少了人类对自然资源的需求，也减轻了保护工作的压力。

由于具备上述特点，造就了凤阳山丰富多彩的生物资源，并保留下大自然的"原始版本"，也为保护工作创造了有利条件。但旅游业的开发，也给保护工作带来一定的压力。

第二节　森林生态

森林生态是保护区最重要的保护对象之一，凤阳山所以能晋升为国家级自然保护区，是因这一地区保存有较为完整的中亚热带常绿阔叶林生态系统，如这一系统受到破坏，该地区的生态将会产生蜕变，必将出现"皮之不存，毛将焉附"的尴尬局面。

凤阳山保护区植被属中国中亚热带常绿阔叶林南部亚地带，地带性植被为亚热带常绿阔叶林及相应的生物群落。又因海拔高度的变化，在相应的气候垂直分布带上形成森林植被的垂直带谱系列。凤阳山是浙江南部、福建东北部森林植被的典型山体（浙江北部为天目山）。植被类型相对丰富，有针叶林、针阔叶混交林、阔叶林、竹林、灌丛、草丛等 6 种植被类型组，11 个植被类型，21 个群系组和 27 个群系。针叶林主要有黄山松、柳杉林等；针阔叶混交林主要有黄山松木荷林、黄山松多脉青冈林等；常绿落叶阔叶混交林主要有亮叶桦、木荷、短尾柯林等；常绿阔叶林主要有褐叶青冈、小叶青冈等；山顶矮曲林主要是猴头杜鹃林；竹林主要有毛竹、玉山竹等；灌丛主要有马银花、波叶红果树等；草丛主要是芒、野古草等。将军岩、小黄山等地保存有比较完整的常绿阔叶林类型，暖性针叶林类型则以黄山松为主，广布于海拔 900～1750 米之间，它是保护区分布最广的一个群落。

凤阳山常绿阔叶林群落植物组成丰富，以常绿高位芽被子植物占显著优势，主要分布在海拔较高的中山地带。其群落组成与浙江其他地区的常绿阔叶林存在差别，与广东鼎湖山季风常绿阔叶林更有明显差异，具有其特异性。

常绿阔叶林主要组成树种有壳斗科、山茶科、山矾科一些适生中山地带的植物，其形成的外貌和结构在亚热带常绿阔叶林中并不典型。优势树种以褐叶青冈和木荷为主，林中分层比较明显，林冠较整齐，在植被类型的物种多样性较邻近山地的常绿阔叶林低，这和其海拔较高有关。

保护区内尚分布有急需保护的稀有群落，主要有白豆杉、铁杉、黄杉、福建柏、红豆杉、蛛网萼、香果树等群落。

第三节　生物多样性

生物多样性包括物种多样性、植被类型多样性及生态系统多样性。它是生物及其与环境形成的生态复合体以及与此相关的各种生态过程的总和，是人类生存与发展的重要物质基础，它的兴衰直接关系到人类生存环境的质量。因此，保护生物多样性不仅仅是自然保护区的使命，也是全人类的共同任务。它包括数以万计的动物、植物、微生物和它们拥有的基因以及它们与生存环境形成的复杂生态系统，主要包括遗传多样性、物种多样性、生态系统多样性和景观多样性。

凤阳山自然保护区是一个中亚热带森林生态系统，区内有丰富的生物群落，还有大面积的半原生植被类型。属于有夏雨的热带—暖温带(海洋性气候)群落交错的特殊地带。地理位置独特，又使生物区系成分具有古老性，生物资源具有多样性、稀有性、典型性、一定的原生性和过渡性。

一、植物资源

凤阳山生物资源调查起步于 20 世纪 30 年代，但所留资料不多。建立自然保护区后，其调查资料才陆续积累。现今已知：植物方面计有大型真菌、苔藓植物、蕨类植物、种子植物 2294 种(包括分类群)。

二、动物资源

有昆虫 1690 种，脊椎动物中的鱼类、两栖类、爬行类、鸟类、兽类共 309 种。由于昆虫、鸟类流动性较大，调查比较困难，其掌握的数据和实际存量尚有一定的差距。

造就凤阳山生物资源丰富的主要原因有：

(1)凤阳山地理位置处在具有国际意义的陆地生物多样性关键地区之一的"浙闽山地"的范围内，从而形成了动植物区系的复杂性，该地还是我国生物物种的分化变异中心之一，整个生物群落地带具有特殊性。

（2）凤阳山地史古老，受第四纪冰川影响较小，成为北方植物南移时幸运的"避难所"和南方植物向北延伸的"栖息地"，许多古遗植物在此被保存下来，因而保存有大批原始古老的生物种群，生物区系起源具有其古老性。

（3）凤阳山的高低悬殊，气候资源丰富，植物类型众多，具备了很多物种的适生环境。

（4）凤阳山地广人稀，人口密度低，人类对各种生物的影响比较少，以致这一区域保留下天然的"本底性"。群众也有保护森林及野生动、植物的良好传统。

因保护区自然资源丰富，生物物种众多，是《中国生物多样性保护行动计划》的重点实施区域。

第二章 保护措施

第一节 分区保护

自然保护区是一个具有多功能的自然区域。除把保护作为主要任务外，还应成为科学实验、教育、生产示范、旅游基地。

保护区根据其保护目的、功能及环境条件，应合理、科学的实行分区保护管理。凤阳山保护分区保护为：

一、核心区

该区大至分布于保护区内交通不便、无人烟、生境复杂的中心地带。

区内生物多样性丰富。是列入国家保护动、植物的生存、栖息地和集生地；有特殊的森林群落、典型的中亚热带常绿阔叶林，具有明显垂直地带谱系列的各种森林植物类型；森林生态系统复杂，且具有一定的原生性。它是保护区的核心，是最重要的地段，也是各种原生性生态系统类型保存最完好的精华所在。

核心区采取禁止性保护措施。即禁止在该区从事除管理、观察、监测以外的一切人为活动；禁止非特别允许人员进入。其保护的主要目的是尽可能保持其自然原生状态，使之成为一个生物基因库，并可作为生态系统基本规律研究和作为对照区监测环境的场所，但不得进行任何试验性行为。

二、缓冲区

一般分布在核心区外围，以确保核心区不受外界影响和破坏，起到缓冲作用。缓冲区采取限制性的保护措施，严格限制人为活动，只允许进行无破坏性的科研、教学活动。

三、实验区

保护区中除核心区、缓冲区外的其他区域均为实验区。对它采取控制性保护措施，即控制生物资源消耗总量；禁止经营性采伐林木，控制一定的经营项目；控制外来人员的承受量等。该区在保护好物种资源和自然景观的前提下，可发展特有的植物和动物资源、开展科学研究、科普教育及在划定区域内进行生态旅游等活动，但必须坚持以保护为目的，一切活动要有利于保护，有利于珍稀濒危生物物种生存和发展以及生态环境的改善。要杜绝环境污染及严格火种管理。

该三区保护、管理的重点在于：核心区要最大限度地减少人为干扰，使其中的生物资源依据本身的生长规律自然生长。实验区则应在保护的前提下，充分利用其特有条件，开展科学研究等活动，以造福人类。

第二节　制订法规

自中华民国开始，森林保护工作逐渐受到社会重视，政府也颁布了一些法令、法规。如民国三年（1914），北洋政府农商部公布《中华民国狩猎法》和《中华民国森林法》。民国二十一年（1932）九月十六日，民国政府重新发布经修订后的《中华民国森林法》。民国二十五年（1936），浙江省建设厅训令各市县长，为令各县市保护森林，实施伐木申请许可办法。龙泉县各乡村除旨在保护森林的"禁山会"等组织外，还成立了林业公会，以求保护现有森林，恢复荒废林野，开展育苗造林。总因社会制度、战争及国民素质、生产要素等原因，上面颁发的法令，地方上未能切实执行，收效甚微。

中华人民共和国成立后，森林保护工作进一步受到重视，随着体制的完善、经济和科学技术的发展，人们逐步认识森林在维护生态平衡方面的特殊作用。国家在各个时期下发了一系列保护森林资源的法律、法规，地方各级政府和单位根据相关规定，制订了切实可行的规章、制度，为森林保护工作提供了法律依据，给保护工作打下基础。

一、资源保护法规

依据《中华人民共和国森林法》、《中华人民共和国野生动物保护法》、《中华人民共和国环境保护法》、《森林和野生动物类型自然保护区管理办法》、《浙江省自然保护区条例》及《浙江省陆生野生动物管理条例》等法律法规，龙泉县（市）人民政府和人大及保护区依法制订资源保护管理规章，积极开展内部管理制度建设。1981年7月7日，龙泉县人民政府发布《关于加强凤阳山自然保护区管理和建设的布告》。1982年1月16日龙泉县第七届人大常务委员会第五次会议通过、颁发了《龙泉县凤阳山自然保护区管理规定》，龙泉县人民政府龙政（82）27号文件，《关于执行县人大常委会颁发的〈龙泉县凤阳山自然保护区管理规定〉的通知》，要求广大干部群众大力宣传、自觉执行自然保护区管理规定，共同搞好凤阳山自然保护区的管理工作。该管理规定共8条，对保护区资源保护的重要意义、进入保护区从事参观考察等活动的人员以及进入保护区必须遵守的制度和严格禁止的行为都有了明确的表述和规定。1994年，龙泉市人民政府〔1994〕2号文件规定，凤阳山自然保护区参与毗连地区25个行政村集体林的林政管理。2005年3月16日，龙泉市人民政府办公室发出龙政办〔2005〕26号文件《关于公布行政处罚实施主体资格的通知》，根据《中华人民共和国行政处罚法》的规定，经市政府法制办公室审核，报市政府确认，凤阳山管理处具有行政处罚主体资格。依据上述一系列法律法规和规章，结合凤阳山实际，管理处制订出台了《生态旅游管理办法》、《凤阳庙管理办法》、《进区生产作业人员管理办法》及《护林员管理办法》等规章，切实加强了保护区森林资源的保护管理，确保了保护区森林资源的安全。

二、森林防火规章

森林火灾会造成自然资源和环境的极大破坏，对生物多样性产生不可逆转的灾难性后果，建立健全保护区森林防火制度是确保森林资源安全的前提。根据国务院《森林防火条例》、《浙江省森林消防条例》，凤阳山管理处制订一系列森林防火的规章制度。

1. 森林防火工作制度

参照原有制度，结合新情况，2007年重新制订出台。其内容包括：一是森林防火督查制度。制度规定领导班子成员每月到基层督查森林防火工作不少于3天，"五一"、国庆、清明节、凤阳山庙会和重大活动期间，班子成员至少有一人在一线督查森林防火工作。二是森林防火检查制度。制度规定凤阳山保护区防火办每月到基层指导森林防火工作不少于5天，负责制订节日、庙会和重大活动期间工作方案，组织实施防火线除草清理、防火林带营造等。三是森林防火巡查制度。制度规定各保护站人员每月到村（山场）开展森林防火宣传检查工作不少于10天，严格按巡护路线进行检查。确定由管理处职工负责巡护的路线共26条，其中凤阳庙保护站巡护路线12条、龙南保护站6条，屏南保护站8条。由各保护站的护林员负责巡护路线共50条。认真做好巡护记录，发现问题及时制止和汇报。各站负责辖区内护林员工作的检查指导，严格护林员工作报告制度，并定期召开工作会议。凤阳庙保护站下设巡护队和检查哨卡。巡护队主要负责旅游景区内的森林防火工作，哨卡主要负责进出保护区人员、车辆的登记检查和火种收缴代管。四是森林防火值班制度。在大田坪设立专门的防火值班室，坚持24小时值班，做好电话记录、情况报告和信息传递。五是森林防火设施管理制度。设立大田坪森林防火物资储备库，配足50人以上森林防火设备，防火办负责做好防火设施的维修和更新（包括瞭望台、护栏、宣传牌等）。防火值班室负责做好防火物资储备库财产管理，建立财产进出明细账，不得擅自挪

128

用和出借防火设备。

2. 凤阳山庙会期间森林防火工作方案

凤阳山香菇文化古庙于1993年由毗邻18坊菇民自筹资金恢复重建，并按当地习俗每年举办庙会。2002年，凤阳山保护区生态旅游暂停对外开放，庙会停止活动。2004年重新开放后，根据凤阳庙理事会和18坊菇民的要求，介于该庙乃凤阳山香菇文化古庙的事实，开展积极、向上的民俗活动，有利于弘扬龙泉市香菇文化，增进香菇技术、经验交流，更好地发展香菇产业，繁荣地方经济，龙泉市人民政府同意举办凤阳山庙会。为确保自然保护区资源安全，特制定庙会期间工作方案：一是凤阳庙理事会在举行庙会期间，对自然保护区资源保护与森林防火工作负全责。二是按照国家宗教活动的有关规定，禁止从事迷信和传播反动、腐朽思想活动，禁止聚众闹事。三是进区从事庙会活动要严格遵守保护区管理规定，严禁将火种带入保护区，严禁燃放鞭炮和野外吸烟、烧香、烧纸。四是菇民进区要按照《关于进入龙泉山生态旅游度假区有关事项的通知》(龙政办发〔2005〕64号文件)规定办理手续，除从事庙会活动外，不得进入景区参观旅游。五是毗邻3乡(镇)人民政府要组织力量深入毗邻村做好资源保护和森林防火及人身安全知识宣传教育，提高广大群众保护和安全意识。六是管理处除落实各入区口人员值岗外，还应加强哨卡的宣传力度，严禁菇民将火种带入保护区，同时加强森林防火巡护检查，及时制止各种违反保护区管理规定的行为。

3. 清明、"五一"期间森林防火工作方案

清明、"五一"期间，进入保护区参观、考察人员增多，毗邻群众从事农业生产活动频繁，又恰逢草木干枯，易燃物堆积，是森林火灾多发季节，稍有不慎极易引发森林火灾。根据中共龙泉市委、市人民政府的统一部署，每年在毗邻3乡镇组织召开清明、"五一"期间森林防火专题会议，制订工作方案，进一步明确职责，部署落实具体措施：一是印制《致毗邻村村民一封信》，由各保护站负责在毗邻27个行政村户户张贴，并协同乡(镇)、林业工作站深入农户走访、宣传检查，在各主要路口挂插防火彩旗，把森林防火宣传教育工作做到家喻户晓、妇孺皆知。二是重点加强对乌狮窟、十八窟、凤阳湖等3处有农户坟墓地段的巡护检查，在各坟点放置告示卡片，制止上坟点香烧纸活动。三是加大哨卡的宣传检查力度，严格火种收缴代管制度，加大景区景点的巡护检查，严禁一切野外吸烟等用火行为。四是防火值班室坚持24小时值班，确保信息畅通，认真做好通话记录，对防火物资进行一次全面检查清点，对讲机、喊话器等及时充电，确保各种扑火工具、设备拿得出、用得上。五是实行领导带班巡查制度，对保护区及其周边地区森林防火工作开展巡查；督促各保护站做好森林防火各项工作，保持与毗邻乡(镇)、龙泉山景区工作联系和沟通；各准专业扑火队要严阵以待，一旦发生火情，服从指挥，及时投入扑救。

4. 进区作业民工须知

为切实加强对进入保护区从事资源保护基础设施建设(如交通、通信等)相关人

员的管理，确保工作人员人身安全和保护区资源安全，管理处对进入保护区的作业人员印发《进区作业民工须知》，要求进区民工自觉遵守自然保护区各项规章制度，服从保护区管理机构管理；爱护一草一木、一鸟一兽，禁止在保护区内折花采药、砍伐树木、猎捕野生动物；讲究卫生，保持生活用棚内外清洁；严禁吸烟、野炊等一切野外用火，生活棚四周开设宽 6 米以上防火隔离带；爱护公物，严禁破坏、损毁或擅自移动保护区界标、警示标志及各种保护设施，不得将保护区财产擅自带出保护区；注意安全，在规定场所生活、作业，不得聚众赌博、酗酒闹事。

第三节　确定权属

凤阳山历史上较大范围内无固定居民。木材交易行业滞后，群众仅对杉木、毛竹比较重视，对松杂木则未当成财富，再加山区群众历来就有"重田轻山"的思想，因而在中华人民共和国成立后的土改运动中，大部分离村较远的荒山和部分阔叶树、黄山松林地无人登记。在所发的土地证中，山林权属的四至较为笼统，多用岗、沟、白木等含义不清的词语。至 20 世纪 80 年代，群众已意识到山林权属即是资产，但因界址不清、权属不明，再加行政区划变动，嫁女带山等原因，故在保护区划定国有山时，产生了大量山林纠纷，给山林定权发证增加了难度。

1979 年 5 月，中共龙泉县县委副书记吴思祥、管世章到凤阳山检查、指导工作时，就对凤阳山自然保护区筹建人员提出了"要认真、细致地做好凤阳山自然保护区与毗邻社队山林权属的界定工作"的指示。保护区成立管理机构后，县林业局领导一再强调要做好山林权属的确定工作，并于 1981 年 12 月派员到区，商讨有关山林定权发证事宜，后龙泉县山林定权发证办公室 4 人到区协助开展国有山林定权发证。为搞好该项工作，保护区集中精力，分 2 个组到建兴、大赛、均溪公社及庆元县了解有关山林纠纷山片，征求处理意见。经近 3 个月的调查了解，摸清部分山林纠纷的大致情况及提出处理山林纠纷的意见。1982 年 7 月 21 日，县定权发证工作组到区研究定权发证事宜。随后的几年里，在县有关部门的帮助下，通过确权、交换山片等办法，处理了小部分纠纷山片。但毕竟山林纠纷案件多，面积大，国有山的定权发证工作未能有突破性的进展。

1985 年后，木材市场开放，木材售价节节攀升，林农为了加快致富速度，林权纠纷也随之增多。为保护森林资源，保护区的工作重点转向调处山林纠纷或森林案件。1987 年，由于龙泉县处理山林纠纷办公室、国有林定权发证领导小组成立，为解决山林纠纷、山林确权有了组织保障。中央、省里也对国有林定权发证下发了一系列文件。1991 年，为切实解决国有山林权属问题，龙泉市人民政府起草了《关于解决凤阳山自然保护区国有林权属、界线问题的若干政策规定》，为使该文件更具法律依据，市政府又分别向省、地法院汇报，在充分听取上级及龙泉市法院意见经修改后，于 5 月 2 日以龙政〔1991〕44 号文件发布。各级政府发布的有关文件，为处理国有林权属、界线提供了政策依据，凤阳山国有林的确权才取得突破。1992 年 4 月 15

日，龙泉市人民政府为凤阳山保护区颁发了国有林山林权证。

国有林定权发证后，管理处和有关单位又对国有林中集体所有的插花山等进行了调查处理。1992年夏，为扩大保护范围，凤阳山自然保护区划入集体林面积163893亩。2008年根据保护工程建设项目有关保护区界碑、界桩安装工程要求，组织制作和安装保护区界碑25个、界桩120个、防火指示牌35个。

凤阳山从建自然保护区开始，确定山林权属就成为自然保护区的一项大事，历届县、市、林业局领导均十分重视，保护区则投入大量人力，尽力解决山林权属的遗留问题，在各级政府的重视、帮助下，经10余年的艰苦工作，国有山林确权终于完成，它为凤阳山的自然保护、长治久安奠定了基础。

第四节　纠纷调处

凤阳山自然保护区建立之初，就十分重视山林纠纷调处工作，只因机构成立不久，工作千头万绪，也因自身力量不足，国家调解山林纠纷的机制尚未健全，因而虽解决了少部分山林纠纷，但取得的成果不大。

1987年9月，龙泉县人民政府处理山林纠纷办公室（简称山林办）成立，成为调处山林纠纷的权威机构。1989年9月，龙泉县国有林定权发证领导小组建立。是年11月，凤阳山自然保护区国有林定权发证小组成立。相关机构的建立，为国有林定权发证创造了有利条件。12月，县定权发证领导小组和保护区发证小组共赴屏南镇硋铺村调查横源山场的大土地证和1964年国有林划界坐落情况，从而开启了凤阳山国有山林调处工作的进程。1990年2月，省政府办公厅下发了《关于抓紧完成国有林定权发证工作的意见》。同年12月，屏南镇辖区内的均益等16个行政村和国有林存在纠纷的外业调查工作完成。

由于组织机构健全，办事人员到位，从而有力地推动了国有林与集体林山林纠纷调处工作的进度。

当时与保护区毗邻的瑞垟、屏南、均溪、大赛、建兴5乡27个行政村，提起有山林纠纷的有24个村、队，受理纠纷案件49起，涉及纠纷面积26135亩。

1991年5月2日，龙泉市人民政府出台《关于解决凤阳山自然保护区国有林权属、界线问题的若干政策规定》（龙政〔1991〕44号）文件，为妥善解决凤阳山自然保护区山林纠纷和顺利完成国有林定权发证工作提供了政策依据。市处理山林纠纷办公室、凤阳山自然保护区在市政府的统一领导下，严格执行龙政〔1991〕44号文件精神，充分利用历史资料，通过以戴圣者等5位国有林代表，以何宗圭、范显华等8位山林办工作人员大量的社会调查取证，以及集体林代表150余人参与现场勘界与协议签订，于1992年4月顺利完成了凤阳山自然保护区山林纠纷调处和国有林定权发证工作，绘制了《凤阳山国有山林权属界至图》，把原错划给集体的国有山林重新确权为国家所有，使保护区国有的面积增加到6.37万亩。据统计，4年中协调解决山林纠纷34起，详见下表。

1990～1992 年龙泉市人民政府关于凤阳山保护区与毗连地区签订山林权属协议的批复

序号	文件批复日期	批复文号	争议单位	争议山场土名	批文标题
1	1990.11.19	龙政（90）134 号	官田村第四、五生产队	大堀	关于凤阳山保护区与官田村第四、五生产队土名"大堀"集体与国有山林权属划界协议书的批复
2	1990.11.19	龙政（90）135 号	金林村一、二、四、五生产队	金龙村境内	关于凤阳山保护区与金林村一、二、四、五生产队所签国有林、集体林划界协议的批复
3	1990.11.19	龙政（90）136 号	均益村	岩上头	关于凤阳山保护区国有林与均益村土名"岩上头"等集体林划界协议的批复
4	1990.11.19	龙政（90）137 号	梅地村	大堀	关于凤阳山自然保护区国有林与梅地村大堀集体林权属划界协议书的批复
5	1990.11.19	龙政（90）138 号	金龙村	留尾坑	关于金龙村土名留尾坑山林与国有林界线纠纷的处理决定
6	1990.11.6	龙政（90）157 号	均山村	与岩、斜梁坑、温风若钢堀 3 处	关于凤阳山保护区国有林与均山村土名与岩、斜梁坑等三处集体林划界协议的批复
7	1991.6.1	龙政（91）59 号	干上村	高际头、鹿松垟	关于凤阳山保护区国有林与干上村土名高际头、鹿松垟等集体山林划界协议的批复
8	1991.6.6	龙政（91）60 号	横溪村五队	尖下	关于土名"尖下"山林权属、界线纠纷的处理决定
9	1991.6.27	龙政（91）77 号	东山头村	枫树坑大小天堂	关于土名"枫树坑"集体林与土名"大、小天堂"国有林划界协议的批复
10	1991.6.27	龙政（91）79 号	烂泥岙自然村	小尖下大淤	关于土名"小尖下"、"大淤"集体林与国有林权属认定协议的批复
11	1991.8.7	龙政（91）96 号	横坑头村	干上大天堂	关于土名"干上大天堂"山场国有林与集体林权属、界线认定协议的批复
12	1991.8.7	龙政（91）97 号	南溪村	石卓田后壁	关于土名"石卓田后壁"山场国有林与集体林权属、界线认定协议的批复
13	1991.8.7	龙政（91）98 号	官浦垟二队	弱垟儿头	关于土名"弱垟儿头"集体林与国有林权属、界线问题调解协议的批复
14	1991.8.16	龙政（91）107 号	横溪村一队	黄虎岙雨伞尖	关于土名"黄虎岙"、"雨伞尖"山林纠纷的处理决定
15	1991.8.16	龙政（91）108 号	横溪村一队	白水际	关于土名"白水际"山林纠纷的处理决定
16	1991.9.10	龙政（91）111 号	安和村	大坑	关于凤阳山保护区与安和村土名"大坑"国有与集体山林权属、界线调解书的批复
17	1991.9.10	龙政（91）112 号	龙案村1、2、3 队卓案际自然村	仙坑弯槽、上斜、梅茶坑等7 处	关于保护区与龙案村有关自然村、生产队国有与集体山林权属、界线调解书的批复
18	1991.9.10	龙政（91）113 号	叶村	上曹、大乌尖等6 处	关于"上曹"、"大乌尖"等六处山林划界协议的批复
19	1991.9.10	龙政（91）114 号	西坪自然村	源底樋树口、大淤、后犇5 处	关于保护区与西坪自然村国有与集体林权属、界线纠纷调解书的批复
20	1991.9.13	龙政（91）116 号	坪田李村	捐梨、企岗头	关于土名"捐梨"、"企岗头"集体林与国有林权属、界线纠纷的处理决定
21	1991.9.21	龙政（91）121 号	均益村2、4、5 生产队	榴尾坑	关于保护区与均益村第2、4、5 生产队为土名"榴尾坑"山场划界协议的批复

（续）

序号	文件批复日期	批复文号	争议单位	争议山场土名	批文标题
22	1991.10.10	龙政（91）132号	官浦垟村3队	若垟	关于土名"若垟"集体林与国有林权属、界线纠纷调解书的批复
23	1991.10.10	龙政（91）133号	官浦垟村第3队	若垟横栏	关于土名"若垟横栏"集体林与国有林权属界线纠纷调解书的批复
24	1991.10.10	龙政（91）134号	官浦垟村第3队	乌石第一过步	关于土名"乌石第一过步"集体林与国有林权属、界线纠纷调解书的批复
25	1991.10.10	龙政（91）135号	金龙村第4队	宗梨淤	关于土名"宗梨淤"山场集体与国有林权属界线纠纷的处理决定
26	1991.10.10	龙政（91）136号	金龙村	岩背后	关于土名"岩背后"山林权属纠纷的处理决定
27	1991.10.15	龙政（91）138号	杨山头自然村	风门岙、石头山等4处	关于凤阳山保护区与杨山头自然村国有与集体山林权属界线纠纷调解书的批复
28	1991.10.21	龙政（91）145号	南垟村	乌磜堀担米岗	关于土名"乌磜堀"、"担米岗"山场集体与国有林权属界线纠纷调解书的批复
29	1991.10.30	龙政（91）150号	均何村	石批岭	关于土名"石批岭"山场集体林与国有林界线调解协议书的批复
30	1991.11.15	龙政（91）160号	官浦垟村第一、第二队	大山心岩下	关于土名"大山心岩下"集体林与国有林权属、界线纠纷调解书的批复
31	1992.1.6	龙政（92）6号	坪田李村	罗木桥坪田墓林	关于土名"罗木桥坪田墓林"山林权属调解协议的批复
32	1992.7.28	龙政（92）8号	百山祖乡栗垟村	梅五坑到鱼寮大岘	关于印发《坐落梅五坑到鱼寮大岘地段的国有与集体林权属、界线协议书》的通知

凤阳山自然保护区调解山林纠纷和国有林定权发证工作的完成，为1992年10月顺利晋升为国家级自然保护区创造了条件，为推进保护区资源保护各项工作的进行和保护事业的快速发展提供保障，同时也为正确处理好凤阳山自然保护区与毗邻乡镇村干部群众的利益关系、维护毗邻地区社会和谐稳定奠定了基础。

第五节　社区共建

凤阳山保护区的管理范围除国有山林外，尚有3个乡镇的27个行政村的全部或部分集体山林归由保护区管理，划入面积163893亩。27个行政村计有3480户、12699人（2008年7月数据）。林业、食用菌、外出劳务收入是村民的三大经济来源。总体来讲，经济尚欠发达。

划入凤阳山管理处的集体林，因停止木材采伐，造成毗邻村经济收入减少。中共龙泉市委、市人民政府对帮助当地居民改善生产、生活条件、提高生活水平方面高度重视，自2002年开始，市里相继出台了补助和扶持政策，主要措施有：一是为加强毗邻村基础设施建设，确定27个市直部门分别联系27个行政村。二是因毗邻村经济来源主要依靠林业及林副产品食用菌产业，据1999～2001年乡、镇统计报表显示，毗邻村中12个重点村（划入面积占该村总面积50%以上）该2项产业收占总收入达47.6%，为弥补这一损失，自2002年起，市里实行专项补助，补助标准也逐年提高，2010 年给毗邻村的补助经费已达 412.93 万元。三是为减轻毗邻村对森林资源的依赖，龙泉市人民政府积极鼓励下山脱贫，现已有 285 户入住城区南大洋农民公寓。在城区购有商品房的住户则给予一定的补助。在子女进城入学方面也减免部分费用。以上措施的实施，对毗邻村的社会稳定及经济发展均起到积极作用。

社区共管　凤阳山自然保护区自成立始，就积极依靠保护区毗邻群众和社会力量保护凤阳山自然资源。20 世纪 90 年代初，保护区开始探索社区共管的经营模式。

1992 年 8 月 3 日，为了加强凤阳山和毗邻地区的团结和协调，切实做好护林联防工作，确保凤阳山、百山祖毗邻地区的森林资源安全，龙泉市的凤阳山自然保护区、屏南镇、龙南、兰巨乡人民政府、庆元县的百山祖自然保护区、百山祖乡人民政府以及与保护区毗邻行政村组成凤阳山—百山祖毗邻地区护林联防委员会。护林联防委员会的成立，将各成员单位的任务、责任进一步明确，同心协力保护、管理好各项自然资源。

2001 年 12 月，凤阳山管理处组织毗邻乡镇干部代表 6 人，在副处长徐双喜带领下，赴福建武夷山国家级自然保护区考察、学习社区共管经验。

2002 年 2 月 31 日，龙泉市人民政府以龙政发〔2002〕11 号文件《关于加快凤阳山毗邻 27 个行政村农村经济发展的若干意见（试行）》，鼓励毗邻村发展有利于保护的替代产业，并派出 27 个部门分别联系 27 个行政村，要求每个联系单位每年必须为联系村办一件以上实事，年投资不得少于 1 万元。通过几年的联系帮扶，毗邻村的基础设施得到了较大改善。

2002 年，国家对被划入保护区核心区、缓冲区的集体林每年每亩补助资金 10 元；2003 年提高到 25 元，实验区确定为 5 元；自 2004 年起，实验区补助经费不断提高，至 2009 年补助金额"三区"同补 25 元/亩。

2003~2004 年，凤阳山管理处为岭后村浇筑农田灌溉水渠 1 千米，扶持该村发展高山蔬菜产业。2005 年、2009 年凤阳山管理处联系毗邻村上兴村，帮该村浇筑村内水泥路 1.5 千米，扶持该村发展夏菇产业。2006~2008 年联系均山、周岱村。历年来管理处和联系毗邻村的单位部门积极筹措资金，支助社区建设资金达 63 万元。

2009 年，龙泉市政府在城区南大洋建成下山脱贫小区，为保护区毗邻村下山脱贫致富创造良好条件，毗邻村中已有部分住户入住该小区。

利益共享　自然保护区生态旅游业的发展，为周边社区居民提供了参与旅游经营的机会。2006 年，兰巨乡炉岙村依托临近凤阳山管理处和进区必经该村的地理优势，开始发展"农家乐"，2007 年全村实现"农家乐"收入 70 万元，2008 年收入已达 92 万元，2009 年全村 46 户已有 22 户发展"农家乐"。2007 年毗邻村龙南乡麻连岱村因位于凤阳山和庆元百山祖交界处的优势，开展"农家乐"旅游，目前已发展"农家乐"12 户，以接待百山祖到凤阳山的游客为主。

通过社区共建活动及安排机关单位结对帮扶，至使毗邻村基础设施建设有所完善。帮助毗邻村的经济发展是保护区面临的新任务，今后还需加大调研力度，开发新的致富项目，促进毗邻村的经济收入逐年提高，使区、群关系更趋和谐。

第三章　护林防火

第一节　火灾预防

凤阳山海拔较高之处多为荒山，历史上火灾频发。究其原因：一是凤阳山周边虽人口不多，但农田较少，由于气候等原因，粮食产量很低，是一个缺粮区。在冬、春粮食青黄不接时，常上山挖掘蕨根获取山粉，或采集野菜(俗称罕萝)，以求果腹。再是邻近农村在夏秋季节赶牛上山放养(这一习俗现在尚存)。为使蕨菜、牧草生长旺盛，常会人为烧荒，任其自烧自灭，如殃及森林，则形成森林火灾。二是雷击起火。凤阳山海拔高，且山顶上有少量黄山松孤立木，雷雨季节也会因雷击起火，如起火后未下大雨或人工扑救不及时，也会引起森林火灾。三是这一带人口稀少，冬春火险季节劳力外出做菇未归，村中所留人员多为妇、幼及老年人，即使发生森林火灾也无力扑救。如民国三十五年(1946)，和凤阳山情况较为相似的屏南、瑞垟、小梅交界的琉华山发生山林火灾，以至三天三夜无人扑救，大片森林化为灰烬。四是保护区内的大多山地坡陡、土薄，不易积水，且海拔较高处多茅草、黄山松，因而形成火灾后，灾情蔓延快，较难扑救。

为保护珍贵的森林资源，自龙泉县森工局所属单位进驻凤阳山后就十分重视森林火灾的预防，自然保护区建立后，更加强化了森林防火工作。

一、制度建设

根据国家、浙江省下发的有关森林防火法规及龙泉市森林防火指挥部统一部署，凤阳山保护区针对区内实际，制订了一系列规章制度。后又与龙泉山旅游度假有限公司、凤阳庙董事会、进区作业单位和个人签订森林防火责任状，并及时督促落实各项防范措施。2007年，凤阳山管理处对1990年制订的《凤阳山自然保护区森林火灾应急处置预案》进行了修改，具体内容有：建立凤阳山管理处森林防火指挥所，下设防火办公室，明确了指挥所、办公室、保护站、扑火队、巡护队、哨卡等单位的具体职责；建立火情报告网络体系，明确火情报告责任单位及报告制度；完善火灾处置机制和火情报告程序；明确火灾案件查处和善后处理及保护区毗连地区聘请护林员等工作。

二、火源管理

加强火源管理是避免森林火灾发生的重要手段之一，保护区严格遵守"以防为主、积极消灭"的方针，切实加强火源管理，制止一切野外用火。防火工作首先是加大森林防火宣传教育，其办法有：向居民印发宣传单、道路边插防火彩旗、宣传车进村宣传、对精神病人实施监护等。通过宣传教育，不断提高广大群众的森林防火意识。二是禁止在保护区周边从事烧田坎、烧菜地、烧灰积肥等生产性用火和野外烧果灰、野炊、燃放烟花、户外吸烟等非生产性用火；到保护区内上坟禁止烧纸点香等活动。三是加大森林巡护检查，及时查处违规用火案件，消除火灾隐患。四是根据保护区重点防火时节如清明、庙会、旅游黄金周、重大节庆活动等，分别制订不同的工作方案，采取各种有效措施加强野外火源管理。五是强加扑火物资、通讯及扑火队伍的管理，以防万一。

三、防火线与生物防火林带建设

1966 年，龙泉县森工局在凤阳山开设了 8 米宽防火隔离带 68 千米，以阻止森林火灾蔓延。保护区成立前后已行多次维修。1987 年，凤阳山保护区原则上以保护区国有林权属界线为主，开设 12 米宽防火隔离带 110 千米，并每年实施防火线维护。1992 年，开始在部分防火线上营造以木荷为主的生物防火林带，因苗木购于低海拔地区，在高山种植不适应，成活率不高。1995 年，采用凤阳山邻近地区野生木荷苗种植，成活率达到 90% 以上，共营造了 40 余千米。为防止水土流失，2006 年防火线修理由人工铲草改为除草剂除草 71.7 千米，并在凤阳湖周边开设 20 米宽的红花油茶生物防火林带 1 千米，其他地方营造 12 米宽防火林带 5.9 千米。2007 年制订 5 年规划，开始对 110 千米防火线实行 20 米拓宽工程建设，到 2009 年已完成 45 千米。2008 年对毗邻各村通往保护区的林间小道（即防火便道）进行了全面维修，共 160 千米。至于使用除草剂会对林内的动、植物造成何种影响，现尚未有定论。

第二节　护林联防

1981 年 9 月，保护区和毗连人民公社就"群防群治"的护林防火工作做出了安排。正式建立护林联防组织始于 1987 年，由城郊、龙南、屏南 3 个区公所所辖的大赛乡、建兴乡、屏南乡、瑞垟乡、均溪乡、凤阳山自然保护区等 6 个成员单位及毗邻 21 行政村组成。制订了《凤阳山自然保护区毗邻地区护林联防实施办法》，明确了各成员单位的护林联防工作职责和工作方针，并规定了各联防成员单位实行一年一度轮流值班制度。由值班单位牵头，组织开展护林防火宣传、检查（每年两次），定期召开护林联防工作例会（4 月份）和年终工作总结、交流、表彰、交接班会议（10 月份）。到 1992 年各成员单位各司其职，认真贯彻执行"自防为主、积极联防、团结互助、保护森林"的护林联防方针，并积极开展各项工作；值班单位认真部署年度工作，始终坚持做到 1 年 2 次巡回宣传、检查、督促等事项，及时召开会议，总结交流工作经验。通过不懈的努力，使这个联防组织日趋完善，毗邻乡、村的干部群众的森林防火意识也不断提高，森林火警、火灾逐年减少，乱砍滥伐和破坏森林资源案件也得到有效遏制。

1992 年，龙泉市开展了"撤区、扩镇、并乡"工作，各成员单位的组织机构和人员都有了很大的变化。为了使护林联防这个民间组织继续保持下去，并发挥其积极作用，经凤阳山自然保护区、屏南镇人民政府共同提议，由龙泉市、庆元县森林防火办公室牵头，在丽水地区林业局、龙泉市、庆元县林业局的重视和支持下，在原凤阳山自然保护区毗邻地区护林联防的基础上扩展了与庆元县百山祖自然保护区、百山祖乡人民政府的护林联防。

1992 年 8 月 3 日，经龙泉市、庆元县森林防火办公室牵头，凤阳山、百山祖自然保护区、屏南镇、龙南乡、兰巨乡、百山祖乡人民政府在凤阳山召开会议。讨论决定成立"凤阳山、百山祖毗邻地区护林联防委员会"，并由龙泉市、庆元县森林防火指挥部联合发文，龙森防指(92)8 号、庆元防指(92)6 号《关于建立凤阳山、百山祖毗邻地区护林联防委员会的通知》。同时制订出台了《凤阳山—百山祖毗邻地区护林联防工作细则》，细则规定联防委员会由龙泉市的凤阳山自然保护区、屏南镇、龙南乡、兰巨乡人民政府；庆元县的百山祖自然保护区、百山祖乡人民政府等 6 个成员单位组成。成员单位的主要职责：一是大力宣传、认真贯彻、执行《中华人民共和国森林法》、《森林防火条例》等有关林业方针、政策、法令、法规。二是坚持以"自防为主、积极联防、团结互助、保护森林"的护林联防方针为原则，做好森林防火。三是防止盗伐及制止乱砍滥伐，协调解决毗邻地区的山林纠纷，防治森林病虫害以及野生动物、植物的保护工作。

细则还规定，凤阳山—百山祖毗邻地区护林联防委员会聘请龙泉、庆元两市县人民政府分管领导担任顾问；龙泉市林业局分管局长为委员会主任，庆元县林业局分管局长为委员会副主任；两县市森林防火办公室主任及 6 个成员单位的主要领导为委员会成员。委员会下设联防办公室，设在当年的值班单位，办公室主任由当班单位分管领导担任；副主任由下一年值班单位分管领导担任，办公室负责主持日常联防工作，负责制订护林联防的实施办法。成员单位值班顺序为：屏南镇人民政府、凤阳山自然保护区、百山祖自然保护区、龙南乡人民政府、兰巨乡人民政府、百山祖乡人民政府。交接班时间定于每年的 9 月底，在交接班时，交班单位负责召开会议，总结教训、交流经验，评比、表彰先进单位和个人，并提出下年度工作建议。接班单位负责布置下年度联防工作与任务，提出制订与修改联防的有关规章制度。

第三节　组织　设施

一、指挥机构

自龙泉县出台《龙泉县扑救森林火灾预防方案》以后，凤阳山保护区按照县森林防火指挥部的统一部署，于 1990 年制订了《凤阳山自然保护区森林火灾应急处置预案》。预案确定成立凤阳山自然保护区森林防火指挥部，由保护区主要领导担任总指挥，分管领导担任副指挥，指挥部下设森林防火办公室。1990～1998 年，森林防火办公室主任由保护科长兼任。1999～2000年单独设立办公室，专人专职负责森林防火工作。2000年以后，杭州宋城集团公司来保护区投资开发生态旅游，成立了龙泉山旅游度假有限公司。为了确保保护区森林资源安全，切实加强景区森林防火工作，对《凤阳山自然保护区森林火灾应急处置预案》进行了修订，指挥部总指挥由保护区主要领导担任，副指挥分别由龙泉山旅游度假有限公司负责人和保护区分管领导担任，成员由龙泉山旅游度假有限公司分管经理和保护区班子成员组成，办公室设在管理处，由保护科长兼任办公室主任，2009年改称凤阳山管理处森林防火指挥所。

二、护林员队伍

《中华人民共和国森林法》第19条规定，护林员的主要职责是：巡护森林，制止破坏森林资源的行为，对造成森林资源破坏的，护林员有权要求当地有关部门处理。凤阳山保护区护林员是承担保护区资源保护和森林防火任务的基层队伍，是保护区资源保护工作的重要组成部分。

1988年，凤阳山保护区就开始在毗邻村聘请了兼职护林员18人，月补助工资30元。1999年因保护区管理经费困难，护林员人数减至5人，基本上以重点村（如双溪、炉岙等）为主。2003年增加到12人，月补助工资提高到60元，并制订出台了"凤阳山管理处护林员管理办法"，开始了护林员的规范化管理建设，每年组织护林员进行法律、业务知识培训、考试和火灾扑救实战演练。为了明确职责，2004年制订出巡护路线共42条，规定护林员要严格按照巡护路线巡查，每月不少于2天到辖区检查。2006年护林员队伍扩大到了15人，月补助工资提高到120元。为加强凤阳山管理处护林员队伍建设和管理，充分发挥他们在资源保护和森林防火等工作中的积极作用，修订了护林员管理办法，制订了护林员年度工作考核方案，实行了工作考核奖惩制度。2008年护林员队伍增至20人，巡护路线扩大到50条（其中龙南13条，屏南27条，兰巨10条）。管理处进一步规范护林员基本工资与工作考核奖金相结合的管理模式，为护林员办理人身意外伤害保险，同时还聘请了27个毗邻村的村支书和村主任共54人为保护区森林防火协管员。保护区护林员队伍建设正逐步走向规范化管理，护林员的工资、福利待遇也逐年提高，他们在保护区的资源保护与森林防火各方面工作中的作用也日益显现。

三、准专业扑火队

自1990年成立了凤阳山自然保护区森林防火指挥部以后，保护区就组建了3支准专业扑火队。2支主要由男同志组成的20人为扑火主力队，一旦发生火险，第一时间赶赴现场投入扑救；1支主要由女同志组成的10人为后勤保障队，负责做好扑火期间所需食品、药品、交通及相应医疗等后勤保障工作。2001年组建了由龙泉山旅游度假有限公司12名保安组成的景区森林防火准专业扑火分队，保护区改成了1支扑火主力队和1支后勤保障队，各15人。2008年9月组建了由炉岙村村民16人组成的准专业扑火分队，并为扑火队员办理了人身意外伤害保险，每年组织开展准专业扑火队业务知识培训、体能训练和实战演习．每年给队员发放防火阻燃服装 1 套，配备相应扑火工具如灭火拍、风力灭火器等。

四、防火基础设施

1. 瞭望台

1987 年凤阳山自然保护区投资 4.8 万元，在凤阳庙后山建设森林防火瞭望台，可观察凤阳庙周边林地约 30 平方千米，对保护区森林火灾的预防发挥了重要的作用。

2. 交通运输

保护区境内有公路 27.5 千米，林区道路 7.5 千米，林区小道 160 千米，石砌路 15.5 千米，和保护区毗邻的 27 个村均通公路，现大部分路面进行硬化改造。1992 年 8 月投资 1.5 万元购置森林防火三轮摩托车 1 辆。1993 年投资 18 万元购置森林防火专用吉普车 1 辆。2000 年投资 28 万元购置森林防火指挥专用车 1 辆。交通工具的不断充实和提高，解决了高山地区道路崎岖的具体困难，为森林火灾的预防和扑救赢得了时间。

3. 通讯设施

1985 年，对 1972 年架设大赛到凤阳庙电话线路进行维修，安装手摇电话总机 1 台。1989 年改装为程控电话，当年龙泉县林业局在凤阳庙瞭望台安装无线电通信转换台，为凤阳山保护区配备无线对讲机 2 台。2001 年以后专门设立森林防火值班室，安装森林防火专用电话，增购对讲机 2 台，并为各科室安装程控电话，彻底解决了凤阳山自然保护区的通讯问题，确保了信息畅通。

4. 物资储备

1987 年凤阳山自然保护区共有扑火工具铁扫帚 20 把、锄头 10 把、对讲机 2 台、风力灭火机 2 台、柴刀 20 把等。2006 年配置了割灌机 1 台、风力灭火机 2 台、防火阻燃服装 50 套、手电筒若干，此后每年为扑火队队员和护林员配备了防火阻燃服装。2009 年建立森林消防物资储备库，配置了对讲机 3 台、组合消防泵组 1 套、水枪 2 把、电动水枪 1 台、灭火拍 20 把、腰包 30 只及喊话器、头灯、阻燃服等。

5. 监测系统

2007 年 8 月，凤阳山管理处（甲方）与浙江电信有限公司龙泉分公司（乙方）签订了《全球眼业务租用协议》。甲方租用乙方全球眼网络视频监控业务，用于森林防火远程图像监控和管理。2008 年凤阳山管理处投资建成了一中心、一个远程视频监控前端，主要监控范围是对岗岩、烧香岩、乌龟岩以及十九源、凤阳湖、凤阳庙及庆元百山祖。2009 年继续投资建成了保护区检查哨卡、景区闸口、绝壁奇松入口、凤阳湖等 4 个全球眼监控点，进一步完善了凤阳山保护区的资源保护和森林防火远程视频监控系统。对保护区入口和龙泉山景区各重要路口，都实行了 24 小时实时监控，有效提高了资源保护和森林消防预防和应急处置能力。

由于护林防火工作深入人心，并采用了各种切实可行的防火措施，凤阳山的国有林部分，自1966年起就未发生森林火灾，几次因雷击等原因造成的森林火警，因扑救及时，未造成较大损失。

第四章　病虫防治

第一节　病虫发生

据调查，凤阳山保护区的病虫害主要是寄生性真菌，如松针锈病、杉木炭疽病、柳杉赤枯病和松栎锈病。前3种病大多发生于人工林内，松栎锈病普遍发生在海拔较高的黄山松林，病瘤大的直径达70多厘米。主要森林虫害有天牛科的拟星天牛、桃红颈天牛、黑角瘤筒天牛、松褐天牛、日本筒天牛、八星粉天牛、椎天牛、红翅瘦花天牛、黄纹花天牛等，蛀果蛾科的桃蛀果蛾，织叶蛾科的油茶蛀茎虫，卷蛾科的梨小食心虫，螟蛾科的桃蛀野螟，刺蛾科的梨娜刺蛾、扁刺蛾、桑褐刺蛾，枯叶蛾科的马尾松毛虫、云南松毛虫、思茅松毛虫。尽管保护区的病虫害种类较多，因具有丰富的天敌昆虫和其他昆虫天敌，如蜘蛛类、鸟类和昆虫病源菌，从而保持了这一地区的生态平衡。各种生物之间相互制约、相互依赖，起到了一定自然抑制作用，降低了病虫害的种群数量和密度。所以凤阳山保护区国有林部分没有出现过病虫成灾现象。但集体林中的部分区域，由于森林植被比较单一，且多为针叶树人工林，因而也会发生病虫害成灾的情况，如1985年，龙泉发生柳杉毛虫大爆发，遍及屏南、龙南、安仁、锦旗、城北等区12个乡，2000余亩柳杉受害，也波及保护区。2002年6月，凤阳山毗连地区又发生大面积柳杉毛虫危害。6月27日，丽水市林业局局长、凤阳山—百山祖保护区管理局局长王瑞亮就曾带领森防技术人员到凤阳山管理处及毗连地区调查研究柳杉毛虫预防措施。2006年5月，毗连村显溪自然村，还曾出现成千上万只木蜂（属蜜蜂科），蛀食住户的梁柱、木板，并在其中筑巢产卵，也会咬人。白蚁危害在低海拔地区较为普遍，特别是杉木人工林内，海拔较高处尚轻。经多年观察，保护区森林病虫害虽有发生，但危害情况并不严重。

第二节　防治措施

保护区虽未出现病虫害成灾现象，但也决不可以掉以轻心。对于森林病虫害的防治，必须坚持"以防为主，防重于治，以生物防治为主的方针"。具体措施有：

一、生物防治

保护区内病虫害的防治主要在于促使生物与环境、生物与生物之间保持正常的生态平衡。一旦发生病虫害，主要利用生物之间食物链的关系，采取利用天敌的生物防治措施。最大限度避免使用药物防治而消灭了生物天敌，造成生态平衡失调，导致病虫害大量繁殖，灾害扩大。

二、树木检疫

制订《凤阳山管理处林业有害生物防治应急预案》，成立凤阳山管理处突发性重大林业有害生物灾害应急处置协调领导小组，负责对保护区重大林业有害生物灾害处置工作的统一领导，在保护区设立病虫害检查哨卡，加强进区车辆、货物的检查，严格检疫制度，以防检疫对象及其他病虫害进入保护区。

三、营林防治

对保护区实验区内的宜林地及疏林、残次林根据森林自然演替规律，最大限度的保留阔叶树苗木，以便形成针阔混交林，因为混交林内生物资源丰富，蜜源植物多，有利于鸟类及天敌昆虫的营养补充和栖息。所以营造针阔混交林是阻隔病虫害蔓延并为病虫天敌提供良好栖息场所的有效措施。

四、调查观察

对区内及周边病虫危害加强调查观察。一旦发现有新的病虫种类，及时采取防范措施。如在小范围内病虫危害较重的情况发生，除加强生物防治外，也可辅以药物防治，以防病虫害蔓延。

第五章　造林绿化

第一节　人工植树

凤阳山规模较大的人工植树造林可分为 2 个时期，一是 1966～1967 年，二是1980～1983 年。其他年份虽也进行绿化，但面积较小。

1966 年春，龙泉县森工局为绿化凤阳山，抽调林业技术人员姜金土、周协祥、刘水养和丽水地区林业局的周润芝上凤阳山进行绿化造林规划。为明确凤阳山中的国有山界至，他们根据中央林业部调查规划局第六森林经理调查大队，在森林资源清查时划定的国有山范围进行规划。经近 2 个月的辛勤工作，凤阳山绿化规划工作完成。

国有山大部分坐落在海拔 1000 米以上地区,其中海拔 1400 米以上山冈、山顶上,荒山、疏林地面积较大。当时中国南方地区注重营造用材林中的杉木,对阔叶树种造林并未放到应有的位置。至于生态保护等问题,基层单位尚未顾及,故在规划中,对海拔 1500 米以上荒山规划栽植黄山松;1500 米以下(部分在 1600 米以下)生境条件较好的沟谷、疏林地则砍除松、杂木经整地后营造杉木,以及少量的毛竹、茶叶等经济树种。杉木林营造以大田坪、上圩桥、凤阳湖、凤阳庙、乌狮窟、龙井背一带为主,茶叶则以大田坪、凤阳湖、乌狮窟、上圩桥较为平坦之地及工棚四周为主。

1965 年春,县森工局机关部分干部到大田坪营造杉木林。1966 年 6 月,森工系统的木材水运任务已近完成,枯水期即将来临,为绿化凤阳山,县森工局成立了“绿化凤阳山指挥部”,由副局长曾宪起任总指挥。是月下旬,森工局抽调水运单位干部、职工 700 多人上山造林整地。其中人数最多的吴湾木材水运站,分配在仰天槽、乌狮窟;上圩水运站在凤阳庙去凤阳湖老路一带;城郊森工站在石梁岙至凤阳庙一带;八都、安仁森工站在凤阳湖;道太森工站在黄凤垟尖西南侧的龙井背;第三采伐队负责部分后勤工作。

根据绿化凤阳山指挥部安排,这一阶段的主要工作是:开辟国有山境界(防火)线、造林区块的劈山整地、凤阳湖农用地的开垦及排水渠、小马路的营建。至 9 月下旬,天气转冷,各单位也已完成任务,山上人员逐渐返回原单位,所留生产工具等由第三采伐队接管。期间完成劈山整地 5061.5 亩,开劈境界防火线 68.0 千米,在凤阳湖开垦农地 84.7 亩,开挖深 1.5 米、宽 2.0 米排水沟 700 多米,开小马路 900 多米,估算投工 20000 余工(未包括前期准备工作及后勤投工)。1967 年春,有造林任务的单位又抽调部分人员上山植树造林,经近一个月劳动,共造林 6437.5 亩,其中杉木 2132.5 亩、黄山松 2781.5 亩、茶叶 107.5 亩,红花油茶 30 亩,毛竹 10.0 亩。黄山松直播造林 1376 亩。

凤阳山的第一次大规模造林,已过去 40 多年,由于造林地海拔高、生长期较短,自然条件较为严酷,所营造的杉木虽不能和低海拔的速丰林等相比,但从总体上看,在沟谷等地风雪灾害较轻、土壤肥沃、小环境良好的地方,杉木生长尚属可以。如十八窟去上圩桥、凤阳湖现瓯江源一带海拔 1400～1600 米的杉木林,一般树高在 13～15 米,胸径 20～25 厘米,亩均蓄积在 12.0 立方米左右。个别生长较好的杉木,树高已达 18 米,胸径 45 厘米。至于当时砍除松杂木,营造杉木,人为改变林相等不符合自然发展规律的行为,也是受国家政策导向及认识水平所限。

第二次较大规模造林处在自然保护区成立前后,即 1980～1983 年。

1979 年冬到 1980 年春,自然保护区即将建立,筹建人员为改善进区公路两侧景观,对大坑至凤阳庙、石梁岙至大田坪约 5 千米的公路进行绿化。绿化树种确定为适宜高海拔生长的金钱松、柳杉和日本扁柏,苗木由景宁草鱼塘林场调进。至 2010 年行道树生长良好,立地条件较好的地方,金钱松、柳杉高约 15 米以上,胸径 20 厘米左右，日本扁柏则略为矮小，已成为一大景观。凤阳湖至上圩桥老路二侧的扁柏也生长尚好，只因栽植密度大，下部枝条多枯死，急需人工整枝。

由于大田坪一带经多年采伐，局部地块的林相已残破不堪，和自然保护区的称呼格格不入，因而保护区建立后，即对大田坪水口、大田坪至仰天槽一带200多亩的采伐迹地已行补植造林。

规模较小的造林尚有：

1970年春，驻凤阳湖的职工，对黄茅尖四周直至黄凤阳尖海拔1650米以上的荒山进行人工黄山松种子直播，面积约500亩，用种120多千克。由于人工直播，种子撒不远且不均匀，四、五年后，山谷处已能清晰看见似扇形分布的幼树生长。

1971年春，由于凤阳湖职工宿舍四周空旷、冬季风大寒冷，为减轻风害，该地职工在凤阳湖盆地中部营造防风林，栽植柳杉300多株，后又在凤阳湖四周山沿栽植柳杉1000多株，所用苗木挖自麻连岱一带野生植株，现都已成林。

1972年，凤阳湖职工为绿化宿舍后山一片面积60多亩荒山(1967年已造过杉木，因海拔太高、生长不良)，进行块状整地后栽植毛竹，母竹购于双溪村。造林后虽成活率尚可，总因缺少管理，生长不良，现已成针阔混交林。

是年，凤阳庙开始对庙后一片毛竹残次林进行抚育管理，并采取鞭根诱导等扩大竹林的技术措施。以使之面积扩大，立竹量增加。

1981年后，保护区根据林业厅种苗站安排，调进一批日本扁柏、日本花柏、日本冷杉、华山松苗木，栽于凤阳庙、上圩桥、仰天槽、乌狮窟等地。其中日本扁柏生长较好。日本冷杉前几年高生长很慢，5年生后长速加快。华山松生长一般。日本花柏则生长不良。

以后又在京梨园进行过约15亩的毛竹造林。

第二节 飞播造林

为加快消灭集中连片荒山，1971年，丽水行署根据有些县份部分地形复杂、交通不便、不易开展人工造林的区域尚有大面积连片荒山的实际情况，决定在龙泉、青田、遂昌、松阳等县实施黄山松、马尾松飞机播种造林(简称飞播)。

根据飞播涉及面广，需区、社、林业、气象、通讯、航空、武装部的通力合作，龙泉县成立了飞播工作领导小组，下设办公室，办公室主任由林业局徐明三担任，具体负责飞播工作日常事务处理。各有关区、社也成立了相应的组织机构。

飞播任务确定后，龙泉县分2个飞播片，龙泉片(另一个为庆元片)的兰巨、剑湖、屏南、瑞垟4个公社的部分山片规划为飞播区，后又增补了凤阳山飞播区。

1971年，飞播的各项准备工作紧锣密鼓地进行，一是外出考察学习：县里组织人员到临海、县林业局派技术人员到福建省华安县学习飞播造林规划设计、地面信号设置、信号员队伍的组建与技术培训。二是种子采集，凤阳山也分配到黄山松种子采集任务。三是飞行员到飞播区实地踏查，了解飞播区的具体情况。地面人员在飞播地块做好标记。

1972 年 1 月，担负飞播工作的空军部队派出 3 人，在龙泉县人武部人员陪同下，到凤阳山飞播区实地踏查播区地形、地貌、山脉走向、海拔高程等相关情况。

是年 3 月 9 日，飞播部队 4 人，带一部电台（人工手摇发电）到凤阳山，入住凤阳湖，以便及时向机场报告播区的气象等信息。次日，飞播办公室主任徐明三带领当地公社领导、林业技术人员、信号员 10 余人到凤阳湖做飞播前插信号旗、备点火草、柴用料等准备工作。

3 月 12 日上午 10 时，地面飞播作业正式开始，草堆开始点火，由于用火不慎，风力较大，凤阳湖飞播点还引发一次跑火事故，好在人多，及时扑灭火警。半小时后，飞机由黄茅尖方向过来，机尾带着一条撒播种子时淡淡的"云带"，飞过头顶不久，地面人员能听到种子掉在枯草上的声音。飞机向西南的烧香岩飞去再返回，经 5 ~6 个来回后回金华机场，飞机播种结束。龙泉片的屏南、凤阳山、剑湖，合计飞播黄山松、马尾松面积 45380 亩。

20 世纪 70 年代末期，县林业局对飞播成效作了调查，由于飞播区草、灌生长茂密，种子不易接触土壤，效果一般。黄茅尖、十九源播区的黄山松幼树生长尚好。1984 第二次调查时，部分地点的黄山松平均高已达 3.0 米以上。

第三节　林木抚育

凤阳山林木抚育工作的重点是 1967 年绿化凤阳山后所栽的 2000 多亩杉木和 100 余亩茶叶，以及后来营造的小量毛竹和柳杉等林地。黄山松幼林地则未实施抚育。

1967 ~1968 年，由于"文革"运动，驻守凤阳山的第三采伐队营林队也和其他单位一样，生产上基本趋于瘫痪，仅有少数工人对石梁呇至上圩桥老路两边约 300 多亩杉木幼林开展过林木抚育，乌狮窟等地由于无固定职工且距凤阳湖路程较远等原因，其杉木幼林基本上未开展该项工作。

1970 年后，凤阳湖、乌狮窟、凤阳庙分别由城郊、吴湾、上圩站管理，杉木林的抚育工作才逐步开展，年抚育面积约 300 亩。1975 年后，抚育工作基本停止。

凤阳山自然保护区建立后，对部分从未进行过抚育管理的杉木林进行劈草抚育，对部分密度较大的幼林进行间伐抚育。据 1980 年 11 月统计，是年 4 个点共抚育320.0 亩，其中职工抚育 200 亩，家属抚育 120.0 亩。1981 年，在交通较便利的石梁呇一带进行间伐抚育，面积 150.0 余亩，生产杉木小径材 60 余立方米销往萧山。

1998 年、2000 年，凤阳山自然保护区实验区的龙井背、横山源、乌狮窟一带，黄山松及人工营造的杉木林生长已十分茂密，林分郁闭度均达到 1.0，林木个体竞争十分激烈。为提高林木生长量，充分利用资源，增加保护区的经济收入，经上级批准，开展了以黄山松、杉木为主的择伐抚育。现部分沟、谷的杉木林生长尚可。茶叶抚育较为正常。凤阳庙的毛竹抚育比较及时。凤阳湖后山的毛竹林抚育收效不大，仅能看见少数散生竹。公路两侧的绿化苗自1980~1984年，每年均进行抚育、补苗，部分生长良好，个别地段因土层太薄等原因，生长不良。凤阳湖周边的柳杉林、杉木林，也连续数年进行抚育，生长较好。

进入21世纪后，抚育工作基本停止。

第 五 编

科 研 科 普

　　自然保护区是保护自然环境和自然资源、维护国家生态安全、拯救濒于灭绝的生物物种、进行科学研究的重要基地。在生物多样性、古生物研究，探索自然演替规律和合理利用自然资源新途径方面都具有重要的科研价值。是人与自然发展最具体、最直接的场所。

　　凤阳山自 20 世纪 30 年代起，就有学者上山调查考察。抗日战争期间，浙江大学龙泉分部部分师生及浙江省农业改进所的部分人员就曾去凤阳山采集标本和调查森林资源。

　　中华人民共和国成立后，浙江省的一些大专院校、科研单位到凤阳山的人数有所增多。凤阳山丰富的森林资源、众多的生物物种逐渐为外界所了解，并引起科技界的关注，为凤阳山以后建立自然保护区打下基础。

　　凤阳山建立自然保护区以后，区内的技术人员根据自身条件，组织实施一些项目的调查研究。由于生活条件的改善，外地来区的专家、学者逐年增加，考察研究项目也增多加深。晋升为国家级保护区后，科研工作又更上一层楼。

　　凤阳山的科研工作，总体上可分 3 个阶段：

　　第一阶段自 1930 年后至 1979 年，主要科研活动是省内外的科技工作者到凤阳山采集标本、调查森林资源。

　　第二阶段是 1980 年到 1992 年的省级保护区期间，科研工作的重点是摸清保护区的"本底"及开展珍稀植物的繁育。其中规模较大、时间较长的有：保护区科技人员实施 20 余种珍稀、药用植物的繁育、物候观察及引种；丽水地区科委、地区林业局组织的多学科综合科学考察；保护区和杭州大学开展的动、植物资源调查；由省林业厅组织的凤阳山等 5 个自然保护区的综合考察；凤阳山保护区和县林科所组织的龙泉县木本植物资源考察等。

第三阶段是 1993 年到 2010 年，这一阶段的考察项目、考察内容扩大到真菌、苔藓、昆虫、脊椎动物的系统调查；植被类型、生物多样性、稀有植物群落、群落结构和一些动植物的生物学、生态学特性的研究，以及调查中一些新技术的应用等。

自 20 世纪 70 年代至今，凤阳山自然保护区的科技人员和国内外学者，就凤阳山区划、植物、动物、生态、植被、植物群落、真菌、珍稀植物等方面发表学术论文 60 篇，学术专著 5 部，其中获优秀论文、科技成果奖 11 篇(项)。

为更加科学地保护自然资源和发挥保护区的功能，凤阳山保护区还进行了多次总体规划、功能区调整及生态旅游规划。

由于凤阳山所处的特殊环境，为收集相关数据，一些专业机构在保护区内建立了气象、水文、大气等环境观测站。

学习外地建设、管理自然保护区的先进经验、开阔视野、了解有关学科的进展、提高自身的学术水平，凤阳山保护区的领导和技术人员多次参与国内外科技交流活动，获益良多。

为更好地保护凤阳山的宝贵资源，提高周边和来区群众保护自然资源的自觉性，保护区积极开展多种形式的科普宣传，并加强了基地建设。有多所高校在凤阳山保护区建立了教学实习基地。

第一章　科学研究

第一节　资源考察

一、国家级保护区成立前

据报道，早在 20 世纪 20 年代后，我国生物界科技工作者常有人员来龙泉采集植物标本，并发表有不少新种。虽当时主要采集地是锦溪昴山一带，到 20 世纪 30 年代后已有少数学者前往凤阳山调查考察，如浙江省建设厅、浙江省农业改进所的技术人员，浙江大学龙泉分校的师生等。50 年代中期至 70 年代末，中国科学院植物研究所吴鹏程，江苏中山植物园单人骅，上海师范学院欧善华，华东师范大学王金诺、钱明，杭州大学张朝芳、郑朝宗、黄正璋，杭州植物园章绍尧，浙江林业学校王景祥、陈根蓉，浙江自然博物馆韦直，浙江林科所周家骏等学者对凤阳山的植物区系和植物资源作过调查研究。

随着凤阳山自然保护区管理机构的建立，调查考察的次数和规模有所增加，到国家级保护区成立前，较大规模的考察有 3 次：

第一次是 1980 年 4 月，丽水地区科委、丽水地区林业局组织了 18 个单位，53

名科技人员对凤阳山自然保护区的历史、自然条件、森林植被、动植物资源、珍稀濒危植物进行综合性调查与考察，并提出了自然保护区区划建议，其考察成果汇编成《凤阳山自然保护区综合科学考察报告》。这次考察，对浙西南山区的动植物分类、动植物区系、经济植物的综合利用、清查凤阳山自然保护区的"家底"、如何开展自然保护区的工作都具有重要的意义。并为今后开展多种林分起源、树木群体结构及其生物学特性、生态习性、森林自然演替规律等科学研究提供了丰富的科学依据。

这次外业调查考察从 4 月底开始至 9 月中旬结束。考察区域：①以凤阳山主峰黄茅尖为中心，经粗坑，苦路坪、石梁坳、大坑、炉岙村，海拔由 600 米到 1929 米；②乌狮窟到老鹰岩，乌狮窟水口到梅地大队，海拔由 800 米到 1600 米；③以凤阳坞（凤阳湖）为中心，往西到将军岩，往北由凤阳坞水口沿溪涧直下到凤阳庙，往南到麻连岱，东去双溪大路到双龙抢珠至大坑，海拔从 700 米到 1850 米。该次考察中采集到木腐菌和寄生性植物病原真菌 264 份，已初步鉴定 200 种。采集到植物标本 9000 多份，并参阅有关标本室标本和资料，整理和鉴定的种子植物有 138 科 501 属 1028 种（包括变种）；采集到动物标本 347 号 139 种，内有鸟类 63 种，爬行纲蜥蜴 137 号 4 种，蛇目 10 种，两栖纲 128 号 17 种，鱼纲鲤形目 11 种，鳗鲡目 1 种。采集昆虫标本 5000 多号 1300 多种（已鉴定 526 种）。根据这次考察发表的植物新种有显脉野木瓜。

考察结果表明，凤阳山保护区还保存着面积较大的亚热带常绿天然阔叶林。并发现部分植被发育完整，林相较好，约有 300 多年未受人为破坏的半原生林。综合情况充分说明了凤阳山植物成分的多样性和亚热带地区森林植被的特色。

第二次是 1980 年 3 月至 10 月，由杭州大学省生物资源考察队和凤阳山自然保护区联合组织的动、植物资源考察。其重点是采集蕨类植物和种子植物标本 3000 多号，记录、采集鸟类和啮齿类动物标本。这次考察发现的植物新种有凤阳山铁角蕨、凤阳山复叶耳蕨等新种。

第三次是 1983 年 7 月至 1984 年 12 月，由省林业厅组织凤阳山、临安天目山、开化古田山、泰顺乌岩岭、遂昌九龙山 5 个保护区的 7 名科技人员，对全省自然保护区进行综合考察，考察组由省林业厅华永明、凤阳山自然保护区副主任陈豪庭负责。考察取得的成果有：一是通过本次调查考察，使省林业厅掌握了各保护区的基本情况，为保护区的发展提供了依据；各保护区也相互交流了工作中的经验和教训。二是共采集了 5000 余份植物标本，汇编出木本植物名录计 101 科、332 属、1083 种（包括变种和栽培种）。三是为各保护区提出了规划意见。后编写了《浙江自然保护区》一书。

先后参加这 3 次考察的动植物专家和学者主要有杭州植物园的章绍尧、毛宗国，浙江博物馆的韦直，浙江林业学校的王景祥、陈根蓉，杭州大学的诸葛阳、张朝芳、韦今来、丁炳扬、洪利兴，浙江林学院的丁陈森、楼炉焕，上海师范学院钱明、吴世福，丽水地区林业局的程秋波，庆元县林科所的吴鸣翔，遂昌县林科所的汤兆成、李志云，凤阳山保护区的陈豪庭、郑卿洲、周仁爱、樊子才等 50 余人。

其他科学考察尚有：

1981 年 8 月 14 日，浙江农业大学 8 位老师带领 39 位学生到凤阳山保护区进行昆虫调查，历时 13 天。

（上海）第二军医大学进行药用植物资源调查。

省自然博物馆周文豹一行到区进行昆虫蝶类资源调查。

1981 年 4 月 26 日，由凤阳山自然保护区牵头，会同龙泉县林业科学研究所，实施龙泉县木本植物资源考察，历时 2 年。保护区陈豪庭、郑卿洲、樊子才、周仁爱，龙泉县林科所刘水养、张锡清等人参加考察。先后到八都、南窖、竹垟、宝溪、住龙、锦旗、岩樟、屏南、瑞垟等地采集标本。在宝溪、岩樟、住龙等地发现了穗花杉、长柄双花木等地理分布新记录种。同时还记载了调查区域内的珍稀濒危植物、古木大树。并在此基础上整理编写出《龙泉县木本植物名录》，龙泉计有野生及习见栽培的木本植物 103 科，357 属，1105 种（含种下分类群）。

凤阳山自然保护区技术人员还参加了遂昌九龙山、庆元百山祖、临安清凉峰自然保护区的考察及省里组织的诸如野生花卉资源专业调查等。

二、国家级自然保护区成立后

1992～1994 年，凤阳山管理处与上海自然博物馆合作的动物调查：两单位在凤阳山保护区动物资源调查中，发现国家二级保护鸟类凤头鹃隼在龙泉的分布新记录。通过采集并制作标本，为保护区建立起 200 余平方米标本陈列室；经调查，进一步摸清了凤阳山的动物资源。在原有基础上，两栖爬行类动物种数增加 10 种，鸟类增加 23 种，兽类增加 5 种，昆虫增加 54 种。上海自然博物馆周海忠、马积藩、丁夏明、岑建强、汤俊等十余人参加，凤阳山叶立新、刘朝新、陈景明等陪同调查。

1993～1995 年与华东师范大学朱瑞良合作，对凤阳山保护区苔藓资源进行调查，发现了凤阳山耳叶苔、凹瓣细鳞苔、苏氏冠鳞苔 3 种苔藓植物新种。

1994 年，台湾东海大学赖明州教授到凤阳山考察苔藓植物。

1997 年 10 月，"浙江省植物学会第九届会员代表大会"的参会代表到凤阳山考察。

2002 年，保护区技术人员叶立新、刘胜龙、李美琴等调查区内古树名木，记录有古树 141 株，古树群 6 群。2008 年又进行了复查，用 GPS 定位，拍摄数码照片，进行建档。

2003～2006 年，受浙江省生态与环境保护专项资金资助，先后进行了植物、昆虫、脊椎动物的补充调查。

2003 年 8 月，管理处与浙江大学、浙江自然博物馆、浙江中医学院等单位合作进行了珍稀濒危植物、大型真菌、核心区植被类型、维管束植物的分布、生境特点、种群结构、保护现状、前景的调查研究。维管束植物区系的补充调查，种子植物和蕨类植物名录的修订和区系特征分析。参加此次调查的主要科技人员有浙江大学的郑朝宗、丁炳扬、于明坚；浙江自然博物馆的张方钢，浙江中医学院的陈锡林和张水利等。此次调查发现的新纪录植物有疏花无叶莲、广西越橘等。

2003～2005年，与浙江林学院徐华潮等人合作，对保护区的昆虫资源进行了补充调查。

2004年，与浙江大学、浙江自然博物馆、浙江师范大学等单位合作，对保护区的兽类资源、鸟类资源、两栖爬行类进行了补充调查。参加的专家和学者主要有浙江大学生命科学院的诸葛阳、丁平，浙江自然博物馆的陈水华、蔡春抹，浙江师范大学鲍毅新，台州学院的施时迪等。凤阳山自然保护区叶立新等技术人员参与调查。调查中发现本省新纪录鸺鶹、小仙翁鸟等鸟类7种，瓯江水系鱼类新纪录缨口鳅1种。

2005～2006年，进行了森林资源二类调查。由浙江省林业调查规划设计院指导，采用2002年拍摄的1∶10000遥感卫星图像加等高线为调查底图，利用调查成果建成了保护区资源管理信息系统。该项目获丽水林业局2008年科技兴林三等奖。

2007年3月30日至5月20日，浙江林学院徐华潮、曹剑、周宝锋等9人到区考察，共采集昆虫标本3000余号。

6月，深圳市城市管理科学研究所研究员陈涛到区考察异叶假盖果草。

7月12～14日，中国科学院成都生物研究所李成、齐银2人到区考察弹蛙、大绿树蛙、崇安髭蟾、肥螈等两栖类动物。

7月25日至8月2日，有中国科学院动物研究所5人、中国农业大学2人、南开大学5人、浙江大学2人、西北农林科技大学6人、福建农林大学2人、广西师范大学1人、长江大学3人、河北大学2人、浙江林学院8人共10所院校36人在保护区调查期间采集昆虫标本20000余号。

8月24～26日，苏州大学蔡平、沈雪林和浙江林学院郝晓东，在凤阳山共采集昆虫标本500余号。

9月，江西师范大学生命科学院鲁顺宝、张艳杰到凤阳山管理处老鹰岩一带考察黄杉，并采集嫩叶标本进行DNA分析。

10月，中国科学院植物研究所高乞到区采集毛茛科植物标本，为凤阳山管理处植物名录新增赣皖乌头。

是年，凤阳山管理处技术人员刘胜龙、李美琴、刘国龙、陆正寿等人利用马氏网诱集，在炉岙村、大田坪、石梁岙、京梨地、凤阳庙等12个地方共采集昆虫标本5000余号。

2007年4月，在资源补充调查的基础上，收集历年考察资料编写的《凤阳山自然资源考察与研究》一书出版。该书主编为洪起平、丁平、丁炳扬；副主编有梅盛龙、徐双喜、叶立新、陈锡林、陈水华、鲍毅新、于明坚、张方钢、徐华潮。书中整理了止于2007年的调查数据，统计出凤阳山共记录有大型真菌256种；苔藓植物368种；蕨类植物196种和7变种；野生或野生状态的种子植物计1464个分类群；昆虫982种；鱼类45种；两栖类32种；爬行类49种；鸟类121种；兽类62种。并对多种植物群落及动、植物的群落结构、生态学进行研究表述。

2008 年，有下列单位的科技人员到区进行科研活动：

5 月 12 日，浙江林学院蒋挺、郑艳伟 2 人，采集波叶红果树种子进行人工繁殖试验，后来发表了论文《波叶红果树种子萌发特性》。

6 月 3～6 日，浙江林学院徐华潮、郝晓东、吴小波等 9 人到保护区采集昆虫标本 1000 余号。

7 月 31 日至 8 月 6 日，中国科学院 7 人、北京林业大学 1 人、浙江大学 2 人、中南林业科技大学 2 人、南京师范大学 3 人、中国科学院上海昆虫博物馆 2 人、西北农林科技大学 9 人、扬州大学 3 人、浙江林学院 6 人，在考察调查工作中共采集昆虫标本 20000 余号。

9 月，安徽师范大学生命科学院周守志、刘坤等 4 人，到凤阳山调查国家重点保护植物。

10 月 24～25 日，杭州植物园黎念林、钱江波、张海珍、王雪芬，对尖萼紫茎、伞花石楠等观赏植物进行引种调查。

12 月 3～6 日，中国科学院成都生物研究所两栖爬行动物研究室郑渝池到凤阳山，考察两栖动物崇安髭蟾。

2009 年，有下列科学考察活动：

3 月和 7 月，浙江大学丁平、张竟成、王思宇等 5 人 2 次到凤阳山，在不同季节对选定的路线进行动物调查。

4 月 20～29 日，中南林业科技大学李泽建、聂帅国，浙江林学院郝晓东到区采集昆虫标本。

5 月 22～28 日，扬州大学薛海洋、吴欢到区采集昆虫标本。

6～12 月，凤阳山管理处和华东师范大学教授朱瑞良签订了 3 年的合作协议，开展"凤阳山自然保护区苔藓植物的物种多样性及苔藓植物对凤阳山环境的监测指示作用研究"。

12 月 23 日，浙江林学院白伟琴、董丽君到区采集波叶红果树种子和枝条，进行离体培养及再生体系研究。

是年，中国森林生态系统定位研究网络（CFERN）管理中心主任、首席专家王兵，在浙江省林业生态工程管理中心和省林业科学研究院专家的陪同下就建立国家级森林生态定位站可行性进行了实地考察。

2010 年 7 月 10～13 日，华东师范大学教授朱瑞良在凤阳山考察苔藓植物资源。

是年，保护区管理处采购红外线数码相机 8 架，放置于不同地点，拍摄动物活动影像。

三、国外学者来访

1987 年 7 月，美国华盛顿树木园主任、联合国粮农组织官员戴德理博士，在浙江省自然博物馆韦直研究员、省林业厅华永明、丽水地区林业局程秋波工程师、龙泉县林业局陈豪庭的陪同下，历时 3 天在凤阳山考察森林植被、珍稀植物等，嗣后，与凤阳山自然保护区签订了《长期科技合作意向书》。

1987 年 8 月，美国华盛顿大学生态学家琢田松雄，在中国科学院植物研究所杜乃秋，在龙泉县林业局陈豪庭陪同下，到凤阳湖采取不同土层深度的土样，带回去进行古代植物花粉的研究考察。

1992 年 4 月，接待日本昆虫专家久保快哉、大岛良美、吉田良和、伊东矢惠子在丽水农科所童雪松、潜祖琪陪同下到凤阳山考察昆虫。

1994 年 7 月 17～21 日，中、日植物合作考察队到凤阳山考察。日方队员有：东京国立科学博物馆真菌学专家土居祥兑博士（领队），筑波植物园植物学专家八田洋章博士，岐阜大学教育学院种子植物学专家高桥弘博士，农林省林学和林产品研究所真菌学专家阿部恭久博士和服部力 5 人。中方队员有：杭州大学蕨类植物学专家张朝芳教授，上海自然博物馆苔藓学专家刘仲苓副研究员，植物学专家秦祥塈副研究员，蕨类植物学顾锦辉助研，植物区系郝思军助研，藻类植物学戴惠平助研；华东师范大学植物系张雪研究生；丽水地区林业局森林生态专家程秋波高级工程师；庆元县林业局植物分类专家吴鸣翔高级工程师 9 人参加考察。在凤阳山进行中国—日本植物区系对比研究。

2004 年 9 月，德国波鸿鲁尔大学（Ruhr – University Bochum）生物系主任 Thomas Stuetzel 教授在北京林业大学生物科学与技术学院院长张志翔教授、丽水市林业科学研究所所长柳新红等人的陪同下到凤阳山考察。

2010 年 4 月 23～24 日，美国国家自然历史博物院植物系统学专家文军研究员、浙江大学植物学专家傅承新教授等到凤阳山考察。

第二节　模式标本

模式标本是指首次采集到、并经鉴定为一个植物新种，被新种命名者指定为模式那一份标本。它是植物分类学家确定一个新种最重要的实物基础资料。

凤阳山植物种类丰富，又是一些植物的分化和变异中心，因此成为模式标本重要产地。据初步统计，模式标本采于凤阳山的有 17 种（如加上邻近地区则达 47 种），发表时间多在 20 世纪 80 年代后。种类上以蕨类、苔藓类为主。

1. 凤阳山耳叶苔 *Frullania fengyangshan* R. L. Zhu et M. L. So，*The Bryologist*，1997，100（3）：356；龙泉凤阳山，朱瑞良 961118（Holotypus，HSNU）

2. 凹瓣细鳞苔 *Lejeunea convexiloba* M. L. So et R. L. Zhu，*The Bryologist*，1998，101（1）：137，龙泉凤阳山，朱瑞良 9611228（*Paratypus*，HSNU）

3. 苏氏冠鳞苔 *Lopholejeunea soae* R. L. Zhu et Gradst.，*Systematic Botany Monographs*，2005，74：69；龙泉凤阳山，朱瑞良 9611198（*Holotypus*，HSNU）

4. 凤阳山铁角蕨 *Asplenium fengyangshanense* Ching et C. F. Zhang，植物研究，1983，3（3）：36；龙泉凤阳山，张朝芳等 037（*PE*），现归并于闽浙铁角蕨 *A. wilfordii* Mett. ex Kuhn

5. 凤阳山复叶耳蕨 *Arachniodes fengyangshanensis* Ching et C. F. Zhang ex Y. T. Hsieh, 植物研究, 1991, 11(2): 2; 龙泉凤阳山, 张朝芳5945(PE). 归并于刺头复叶耳蕨 *A. exillis* (Hance) Ching

6. 凤阳山鳞毛蕨 *Dryopteris fengyangshanensis* Ching et C. F. Zhang, 植物研究, 1983, 3(3): 33; 龙泉凤阳山, 张朝芳等5965(PE). 归并于桫椤鳞毛蕨 *D. cycadina* (Franch. et Sav.) C. Chr.

7. 凤阳山鳞毛蕨 *Dryopteris fengyangshanensis* Ching et Chiu, 植物学集刊, 1987, 2: 33; 龙泉凤阳山, 裘佩熹 4149. 归并于桫椤鳞毛蕨 *D. cycadina* (Franch. et Sav.) C. Chr.

8. 龙泉鳞毛蕨 *Dryopteris lungquanensis* Ching et Chiu, 植物学集刊, 1987, 2: 1; 龙泉凤阳山, 裘佩熹4079

9. 显脉野木瓜 *Stauntonia conspicua* R. H. Chang, 植物分类学报, 1987, 25(3): 235; 龙泉凤阳山, 丁陈森等5311(*ZJFC*)

10. 浙江蜡梅 *Chimonanthus zhejiangensis* M. C. Liou, 南京林学院学报, 1984, (2): 79; 龙泉凤阳山, 刘茂春790101(ZJFC). 后归并于亮叶蜡梅 *C. nitens* Oliv.

11. 浙江虎耳草 *Saxifraga zhejiangensis* Z. Wei et Y. B. Chang, 植物研究, 1989, 9(2): 33; 龙泉凤阳山, 毛宗国10139(HHBG)

12. 毛花假水晶兰 *Monotropastrum pubescens* K. F. Wu, 植物分类学报, 1978, 16 (1): 73; 龙泉凤阳山, 王金诺等 698 (HSNU) = *Cheilotheca pubescens* (K. F. Wu) Y. L. Chou

13. 聚头帚菊 *Pertya desmocephala* Diels, Not. Bot. Gartn. Mus. Berlin, 1926, 9: 1032; 龙泉, 胡先骕409

14. 橄榄竹 *Sinobambusa gigantea* Wen, 竹子研究汇刊, 1983, 2(1): 57; 龙泉, 温太辉80556(ZJFI) = *Indosasa gigantea*(Wen) Wen

15. 金鞭毛竹 *Phyllostachys pubescens* Mazel f. *viridosulcata* Wen, 植物研究, 1982, 2(1): 76; 龙泉, 温太辉等80555(ZJFI)

16. 矮雷竹 *Shibataea strigosa* Wen, 植物研究, 1983, 3(1): 96; 龙泉, 温太辉等80557(ZJFI)

朝芳薹草 *Carex chaofangii* C. Z. Zheng et X. F. Jin, 植物分类学报, 2004, 42 (6): 548; 龙泉凤阳山, 张朝芳485(holotype, HZU; isotype, PE)

第三节　区划调查

凤阳山成为国家级自然保护区后, 由于国家宏观政策的变化、森林植被的自然演替、面积的扩大、旅游产业的开发, 保护区又进行了总体规划。

(1)1990~1994年, 由凤阳山保护区、浙江省林业勘察设计院共同完成了《凤阳山总体规划(1994~2003年)》。

（2）随着社会经济的发展，原"凤阳山总体规划"已不能适应保护事业的发展，为更好地保护重点保护动物的栖息地，合理开发利用自然资源，对原规划作适当调整。2000年，委托浙江省林业勘察设计院编制《凤阳山功能区调整方案》。是年11月6日，国家林业局、省林业局、省环境保护局、中国科学院植物研究所、北京林业大学、浙江大学以及丽水市、龙泉市、庆元县15个相关单位的代表对该方案进行了论证。功能区调整后，保护区总面积227571亩，其中：核心区38242.5亩、缓冲区45958.5亩、实验区143370亩。2001年，国家林业局下达《关于浙江凤阳山—百山祖国家级自然保护区功能区调整方案的认可函》，待总体规划批复后一并实施。

（3）2001年，浙江省林业勘察设计院根据国家林业局《关于浙江凤阳山—百山祖国家级自然保护区功能区调整方案的认可函》编制了《总体规划》，2003年获国家林业局批复。

（4）2004年，浙江省林业勘察设计院根据批复的功能区调整方案、总体规划中编制了《凤阳山生态旅游规划》，同年获国家林业局行政许可。

第四节　研究课题

自然保护区是进行生态学、生物学研究的重要基地，是对外科技交流的重要平台。

凤阳山建立自然保护区后，区内的技术人员除积极配合、协助外来人员的工作外，还根据自身的学术水平，组织实施一些力所能及的科研工作，并取得一定的成果。凤阳山晋升为国家级保护区后，来区的国内外各大专院校、科研单位的专家学者逐年增多，研究领域逐步扩大，研究层次从"本底调查"向生物多样性、种类结构、种群生态学等高深学科方面深入。他们的到来，既发挥了保护区科技平台的作用，也带来最新的科技信息和理念，并为区内科技人员提高学术水平创造了条件。

一、白豆杉无性繁殖试验

20世纪60～70年代，一些科研单位经常来人来函，要求提供白豆杉种子，以攻克白豆杉繁殖关，但未见有繁殖成功的报道和信息。保护区建立后，为有效的保护这一珍稀树种，1980年底，保护区自行立项（后由龙泉县科委立项），由陈豪庭主持的"白豆杉无性繁殖试验"课题开始进行。实施中，把试验材料按原着生部位、年龄、及扦插深度、是否遮荫作了不同对比试验。至1981年底检查，扦插枝发根众多，试验取得了成功，从而首先突破了白豆杉无性繁殖关。

二、珍稀树种繁育试验有

1980～1984年，保护区开展了地产珍稀树种天女花（小花木兰）、黄山木兰、福建柏、尖萼紫茎、钟萼木、香果树、银钟花、长柄双花木、穗花杉的育苗试验。上述树种除穗花杉因原产地海拔较低（600米），种子发芽成苗后冻死外，其余均获成功。其中黄山木兰还和低海拔的金华东方红林场、余杭林场开展育苗协作试验，效果尚可。尖萼紫茎苗在原产地生长良好，但移栽到龙泉城镇（海拔 200 米）后，虽能成活，但生长较差，树皮颜色也由金黄变为灰褐，失去了原来的特色。天女花、福建柏苗木移植到低海拔地区后生长不良。

同时保护区还开展红松、红皮云杉引种试验，二者均告失败。从天目山保护区老殿引进的朝鲜落叶松（栽于凤阳庙厕所后山坡），生长尚可。

1985 年春，保护区和龙泉园林管理站合作，开展波叶红果树低海拔（200 米）扦插繁殖。经试验，成活率达 95% 以上，但生长加快，叶形变大，叶间距离拉长，失去了原盆景状的树型。后放弃。

1988 年，保护区技术人员对白豆杉、穗花杉、长柄双花木等 10 多个珍稀树种开展物候观察。

1995 年，在京梨园试建珍稀物种树木园。

三、药用植物栽培试验

1985 年前，保护区在县中西药公司的资助下，进行了药用植物党参、云木香、川黄连、人参的试种栽培试验。其中党参、云木香生长良好、川黄连生长缓慢，人参引种失败。

1981 ~ 1984 年，配合杭州植物园承担国家环保局下达的"浙江濒危植物引种栽培试验"课题。凤阳山保护区把珍稀繁育试验中的部分资料提供给杭州植物园。

1995 年，管理处参与"遥感技术在森林资源清查与环境监测中的应用"研究，项目获浙江省林业厅 1996 年科技进步一等奖。

2001 年，凤阳山管理处叶立新参与开化古田山国家级自然保护区主持的"珍稀濒危树种繁育技术研究"课题。

2006 年，管理处承担了林业科技项目中的"浙江凤阳山自然保护区昆虫分类及区系研究项目"。2007 ~ 2009 年期间，按照线路踏查和定点详查相结合的方式对该区进行了 8 次系统的昆虫资源调查和标本采集，其中 2 次规模较大。来自中国科学院动物研究所、中国农业大学、南开大学、西北农林科技大学、福建农林大学、长江大学、浙江大学、北京林业大学、浙江林学院等 15 所大专院校的 100 余位专家、学生参加野外调查。经标本鉴定，昆虫种类共计 1690 种。后经数年整理编写，2010 年 9 月出版了《浙江凤阳山昆虫》一书。

期间一些学者对凤阳山植物群落、物种多样性、基本特征、部分植物（木荷、福建柏、白豆杉、铁杉）种群结构和两栖爬行类、鸟类、鼠类、黑麂的种群、生境作了深入研究。

第五节 气象监测

凤阳山气象数据记录始于 1970 年，当时仅在凤阳湖安装了百叶箱，开始记录气温数据。由于未和县气象站联合，且无专人负责，工作时断时续，记录也不规范，仅收集到 1970~1972 年凤阳湖最高、最低气温。

为收集洞宫山脉西北坡的气象数据，1980 年 10 月 15 日，龙泉气象站王昌昆来区，协商筹建凤阳山气象哨事宜，并确定气象哨设在凤阳庙边海拔 1490 米的一小山顶上。12 月 1 日，凤阳山保护区开始平整山头，建防护栏。

1981 年 3 月 23 日，中央气象局张一夫、省气象站王伟平来区协商建立气象本底二级站事宜。后遂昌县气象专业技术人员章华长住凤阳庙（约半年），开展气象数据收集及培训凤阳山保护区气象记录员。

1984 年，浙江省气象局下达了《关于开展物候观察的通知》，确定凤阳山自然保护区为其主要观察点，其中低海拔的大赛、垟兰头等地为毛竹（或茶叶）观察点，凤阳庙为松树物候观察点。

1994 年，紧水滩水电站为收集水文资料，在凤阳山尖建立了水文自动测报中继站。

2007 年 12 月，管理处与龙泉市气象局合作，在景区入口内一小山包上建立了观测风向、风速、气温、降水等气象六要素的自动记录气象站，数据通过中国移动 GPRS 自动传送到市气象局。

2008 年，由浙江省环境保护局投资，在凤阳湖建设了空气背景站，实施大气自动监测，所得数据通过中国联通光缆传送到省环境保护局。

是年 11 月 26 日，管理处成立凤阳山森林生态环境负离子监测小组，叶立新、刘胜龙任正副组长。

2010 年，与龙泉市水文站合作，在大田坪建设了水文自动观测站，数据通过中国移动 GPRS 自动传送。

第六节　标本收藏

凤阳山自然保护区的标本采集工作主要有以下几次：

（1）1980 年凤阳山多学科科学考察时，采集植物标本 9000 多份，昆虫标本 5000 多号，真菌标本 264 份。鱼类、两栖类、爬行类标本少量。鸟类、哺乳类动物作了观察记录。由于当时保护区尚未正式建立机构，尚未具备保存标本的条件等原因，除留下约 2000 份植物标本外，其余标本由采集人员带走继续研究鉴定。

（2）1981~1983 年龙泉县木本植物资源调查时，共采集木本植物标本约 2000 余份，由保护区保存管理。

（3）1983~1984 年省林业厅组织全省自然保护区综合考察和保护区科技人员零星采集植物标本约 2000 份。昆虫标本 5000 余号。

（4）2004 年进行过观赏昆虫调查及标本制作。

（5）2007~2009 年，在"浙江凤阳山自然保护区昆虫分类项目"实施中，共采有昆虫标本 10 万余份。因鉴定工作所需，标本大部分由各采集单位带走。

（6）保护区为保存这些标本，1982 年底购置相关设备，开设了标本室，后标本室迁移到龙泉城内。

第七节 著作 论文

自 20 世纪 70~80 年代以来，省内外学者和保护区的科研人员在凤阳山自然资源领域开展调查研究的基础上，省内外学者及保护区技术人员先后参与编写著作 5 部，在各类刊物发表论文 60 篇，内有 11 篇（项）论文及科技成果获奖。

一、著作

序号	作者	书名	出版时间	出版单位
1	陈豪庭、郑卿洲、周仁爱等	浙江自然保护区	1985	浙江省林业厅
2	汪传佳*、方腾*、叶立新等	珍稀濒危树种繁育技术	2002	中国农业出版社
3	洪起平、丁平*、丁炳扬*等	凤阳山自然资源考察与研究	2007	中国林业出版社
4	陈豪庭*、张建章*、叶立新等	龙泉市林业志	2009	中国林业出版社
5	徐华潮*、叶碇仙等	浙江凤阳山昆虫	2010	中国林业出版社

注：*号为外单位作者。

1983 年 7 月，浙江省林业厅抽调全省 5 个自然保护区的 7 名技术人员，组成浙江省自然保护区考察组，1984 年 12 月考察结束，经过基础资料整理编写了《浙江自然保护区》。书中有关凤阳山自然保护区的考察报告、植被类型、规划设想等篇幅由陈豪庭、周仁爱、郑卿洲撰写。

《珍稀濒危树种繁育技术》一书，凤阳山管理处叶立新任编委并编写了部分章节。《龙泉市林业志》中的"凤阳山自然保护区"，也由叶立新撰稿。

凤阳山自然保护区曾多次组织、参与较大规模、多学科的综合性考察。2003~2006 年，管理处又邀请有关专家进行植物、昆虫与脊椎动物资源较全面的调查，在此基础上编辑出版了《凤阳山自然资源考察与研究》。该书是几代从事凤阳山自然资源调查与研究的专家和学者集体智慧的结晶，它为凤阳山自然保护区的管理提供了依据，具有较高的学术价值，由省内外和保护区专家、学者担任主编、副主编，凤阳山管理处的洪起平、梅盛龙、徐双喜、叶立新名列其中，刘胜龙、李美琴、姜苏民任编委，叶茂平、项伟剑、刘小东参与了动植物的补充调查。

2007~2009 年间，由浙江林学院、凤阳山管理处等 18 个单位联合开展昆虫资源调查，先后组织 10 余次 100 余人参加考察，后出版《浙江凤阳山昆虫》一书。书中详细介绍了凤阳山昆虫的多样性，探讨了该地区昆虫的区系及起源，较为全面地反映了凤阳山的昆虫资源，也为自然保护区的规划设计、管理建设和开发利用提供了重要的科学依据。该书由徐华潮、叶碇仙任主编，吴鸿、陈学新、叶立新任副主编，管理处的高德禄、李美琴、林莉军、刘朝新、刘国龙、刘胜龙、刘玲娟、刘荣越、陆正寿、马毅、梅盛龙、叶茂平、周丽飞参与编写和野外考察。

5 部著作中,《凤阳山自然资源考察与研究》、《浙江凤阳山昆虫》由凤阳山管理处出资付印。

二、以凤阳山为研究基地所发表的论文

据不完全统计,以凤阳山为研究基地所发表的论文共收集到 60 篇(详见下表)。发表时间自 1978 年至 2010 年。其中由保护区科技人员纂写的论文有 5 篇,保护区有 11 人和外单位科技人员合写论文有 23 篇。

以凤阳山为研究基地所发表的论文

	作者	论文标题	发表刊物	发表时间
1	吴国芳	假水晶兰属新植物	植物分类学报	1978,16(1)
2	郑朝宗	双果草属——中国大陆茜草科的一个新记录属	杭州大学学报	1981,8(2)
3	郑朝宗	假盖果草属——中国茜草科的一个新记录属	杭州大学学报	1981,8(1)
4	樊子才 陈豪庭	白豆杉扦插繁殖试验小结	浙江林业科技	1982,(2)
5	陈豪庭 陈根蓉 何庭亮	凤阳山自然保护区现状	环境污染与防治	1983,(1)
6	陈豪庭 郑庆洲	黄山木兰育苗技术及幼龄期观察初报	浙江林业科技	1983,(4)
7	徐同 曹若彬	浙江省凤阳山真菌名录初报	浙江林学院学报	1985,(1)
8	陈豪庭	穗花杉在浙江的物候期观察——兼对几个重要特征的商榷	浙江林业科技	1986,(3)
9	周仁爱	凤阳山森林植被类型	浙江林业科技	1986(2)
10	何雄飞 薛加林 柯忠庚等8人	浙江凤阳山竹林区白纹伊蚊的垂直分布	医学动物防治	1987,(1)
11	张若蕙	浙江野木瓜属一新种	植物分类学报	1987,25(3)
12	诸葛阳 姜仕仁 丁 平	凤阳山自然保护区鸟类调查	杭州大学学报	1988,15(4)
13	张先祥 周善森	夏季木屑料栽培香菇试验	食用菌	1988 年第 4 期
14	周文豹 朱宝云 周善森	宽尾凤蝶研究初探	考察与研究	1988 年第 4 期
15	韦 直 张韵冰 张方钢	浙江被子植物新资料	植物研究	1989,9(2)
16	童雪松 潜祖琪 叶立新	凤阳山自然保护区环境与植被	やどりが YADORIGA	1993(153 号)
17	叶立新	浙江凤阳山自然保护区生物资源的特点及价值	中国环境科学出版社《绿满东亚》论文集	1994
18	马积藩 岑建强 汤 俊 吴文孝	浙江凤阳山自然保护区两栖、爬行动物调查及区系研究	中国环境科学出版社《绿满东亚》论文集	1994
19	朱瑞良 叶立新	中国浙江省凤阳山自然保护区叶附生苔	俄罗斯《Ayctod》	1994,97(3)
20	程秋波 吴鸣翔 陈豪庭	浙江凤阳山—百山祖自然保护区综合考察报告	浙江林业科技	1996,16(6)
21	朱瑞良	中国的一个新种——凤阳山耳叶苔	苔藓植物学家(美国)	1997,100(3)

（续）

	作者	论文标题	发表刊物	发表时间
22	张 雪 朱瑞良	浙江凤阳山自然保护区苔藓植物区系的研究	广西植物	1997, 17(3)
23	朱圣潮	凤阳山的植物群落	丽水师范专科学校学报	1999, 21(5)
24	张 彦	浙江省鸟类新记录——小白腰雨燕	丽水师范专科学校学报	1999, 21(5)
25	林植华 潜祖琪 张永普	凤阳山、百山祖、九龙山、大洋山蛱蝶科蝶类调查研究	温州师范学院学报	1999, 20(6)
26	林植华 潜祖琪	凤阳山、百山祖、九龙山、大洋山眼蝶科蝶类相似度的研究	杭州师范学院学报	1999, 6
27	潜祖琪 林植华	凤阳山、百山祖、九龙山、大洋山凤蝶科蝶类调查研究	台州师专学报	1999, 21(6)
28	丁炳扬 陈根荣 程秋波 陈豪庭 郑卿洲 叶立新	浙江凤阳山自然保护区种子植物区系的统计分析	云南植物研究	2000, 2(1)
29	朱圣潮	凤阳山蕨类植物的生态特点	丽水师范专科学校学报	2000, 22(2)
30	朱圣潮	凤阳山—百山祖自然保护区药用蕨类植物资源	中药材	2003, 26(4)
31	朱圣潮	浙江凤阳山—百山祖自然保护区蕨类植物区系研究	亚热带植物科学	2003, 32(2)
32	朱圣潮	浙江凤阳山自然保护区的藓类植物资源	福建林业科技	2003, 30(2)
33	金孝锋 郑朝宗 丁炳扬	中国浙江省莎草科苔草新分类群	植物分类学报	2004, 42(6)
34	叶立新 梅盛龙 徐双喜 金孝锋	凤阳山自然保护区植物分布新记录及其区系地理学意义	浙江林业科技	2004, 24(1)
35	梅笑漫 丁炳扬 朱圣潮	凤阳山蕨类植物资源及其园林绿化应用	浙江林业科技	2004, 24(3)
36	杨 旭 于明坚 丁炳扬 徐双喜 叶立新	凤阳山白豆杉种群结构及群落特性的研究	应用生态学报	2005, 16(7)
37	邱云美	凤阳山国家级自然保护区森林旅游开发研究	云南地理环境研究	2005, 17(6)
38	陈锡林 张水利 叶茂平	浙江凤阳山大型经济真菌资源特点及分布	中国野生植物资源	2005, 24(1)
39	哀建国 丁炳扬 于明坚	凤阳山自然保护区福建柏群落特征的初步研究	浙江林学院学报	2005, 22(2)
40	哀建国 丁炳杨 于明坚	凤阳山自然保护区福建柏种群结构和分布格局研究	西部林业科学	2005, 34(3)
41	梅笑漫 朱圣潮 徐双喜 叶立新 丁炳扬	浙江省凤阳山自然保护区蕨类植物区系的研究	植物研究	2005, 25(1)
42	丁炳扬 杨旭 叶立新 刘胜龙	凤阳山白豆杉各群落区系组成和物种多样性的比较研究	浙江大学学报	2006, 33(4)

（续）

	作者	论文标题	发表刊物	发表时间
43	哀建国 梅盛龙 刘胜龙 丁炳杨	浙江凤阳山自然保护区福建柏群落物种多样性	浙江林学院学报	2006, 23(1)
44	姚小贞 丁炳扬 金孝锋 杨 旭 叶立新	凤阳山红豆杉群落乔木层主要种群生态位研究	浙江大学学报	2006, 32(5)
45	曹培建 丁炳扬 李伟成 哀建国 金孝锋	凤阳山自然保护区福建柏群落主要种群种间联结性研究	浙江大学学报	2006, 33(6)
46	金则新 周荣满 叶立新	猴头杜鹃种群结构和分布格局研究	安徽农业科学	2006, 34(22)
47	贾景丽 楼 崇 叶立新 李美琴 鲁小珍	凤阳山常绿阔叶林土壤养分特性	华东森林经理	2008,（2）
48	张先祥 刘荣松 李一君 陈生作 周丽飞	龙泉市杉木"小老头林"成因分析与对策	华东森林经理	2008, 22(4)
49	谭江丽 花保祯	浙江蚊蝎蛉属一新种（长翅目，蚊蝎蛉科）	动物分类学报	2008, 33(3)
50	高俊香 梅盛龙 鲁小珍 李美琴	凤阳山自然保护区麂角杜鹃种群结构与分布	南京林业大学学报	2009, 33(2)
51	王志杰 梅盛龙 李美琴 鲁小珍	基于 TS/ PDA 森林植物多样性监测方法研究	林业资源管理	2009, 2
52	叶立新 刘胜龙 贾景丽 鲁小珍 张 勇	凤阳山不同群落土壤肥力质量评价	林业科技开发	2009, 23(6)
53	蒋 挺 林夏珍 刘国龙 李美琴 刘胜龙	波叶红果树种子萌发特性	浙江林学院学报	2009, 26(5)
54	张先祥 周丽飞	龙泉市森林资源地理信息系统的研制	江苏林业科技	2009, 36(5)
55	郑哲民 赵 玲	中国闽浙地区澳汉蚱属 2 新种记述（直翅目：枝背蚱科）	华中农业大学学报	2009, 28(4)
56	门秋雷 秦道正 刘国龙	中国鳎扁蜡蝉属一新记录种	昆虫分类学报	2009, 31(1)
57	门秋雷 秦道正 刘国龙	中国鳎扁蜡蝉属分类研究（半翅目：蜡蝉总科：扁蜡蝉科）	昆虫分类学报	2009, 31(4)
58	高俊香 鲁小珍 马 力 胡绍庆 周丽飞 马 毅	凤阳山常绿阔叶林乔木层优势种群生态位分析	南京林业大学学报	2010, 34(4)
59	白伟琴 林夏珍 高德禄 马 毅	波叶红果树离体培养及再生体系建立	植物生理学通讯	2010, 46(9)
60	周善森 刘 伟 周红敏 刘国龙 陈杏林	中国宽尾凤蝶的生物学、生态学特性观察与研究	浙江林业科技	2011, 3

三、保护区职工获奖科技成果及论文(见下表)

保护区职工获奖成果及论文

论文标题或科技项目	完成人员	获奖时间	获奖名称	颁奖单位
凤阳山多学科科学考察	陈豪庭 郑卿洲 樊子才等	1981	科技成果三等奖	省人民政府
白豆杉扦插繁殖试验小结	樊子才 陈豪庭	1982	优秀论文三等奖	丽水地区行署
凤阳山自然保护区总体规划方案	戴圣者 叶立新等	1996	科技进步三等奖	省林业厅
遥感技术在森林资源清查与环境监测中的应用	戴圣者等	1996	科技进步一等奖	省林业厅
遥感技术在森林资源清查与环境监测中的应用	戴圣者等	1998	科技进步三等奖	省科委
珍稀濒危树种繁育技术	叶立新等	2002	科技兴林二等奖	省林业局
珍稀濒危树种繁育技术	叶立新等	2003	科技进步三等奖	省人民政府
凤阳山白豆杉种群及群落特性的研究	徐双喜 叶立新等	2007	自然科学优秀论文二等奖	省人民政府
凤阳山保护区资源管理信息系统	梅盛龙 叶立新 刘胜龙 高德禄 李美琴	2008	科技兴林三等奖	丽水市林业局
凤阳山自然保护区昆虫资源及其与生境关系研究	叶立新 叶茂平 刘胜龙 李美琴 梅盛龙等	2011.3	丽水市第一届科技兴林奖	丽水市人民政府办公室
凤阳山自然保护区昆虫资源及其与生境关系研究	叶立新 叶茂平 刘胜龙 李美琴 梅盛龙等	2011.5	浙江省第十一届科技兴林奖	浙江省林业厅、林学会

注:以上完成人员中仅标保护区的参与人员,外单位人员未予列入。

第二章　科普宣传

第一节　科普工作

一、标本陈列室

1989 年,配合龙泉县林业局,在龙泉九姑山博物馆内布置"林业馆",馆内设有凤阳山自然保护区地形地貌沙盘,并由保护区提供动物、植物、昆虫等标本 100 多份。2000 年,重新进行了布置,2007 年撤出。

1993 年,在凤阳庙办公楼,布置了标本陈列室,展示动植物标本,2001 年搬出。

2009 年,在大田坪综合楼内布置陈列室。展示动植物标本。

二、景区树木挂牌

2003 年,保护区在景区游步道边的树木上挂牌。内容包括:树种名称、所属科、主要特征及用途或在植物分布区系中的意义等。2004 年，挂牌材料改成铝塑板。2008 年，龙泉山旅游度假公司对保护区景区内游步道两边树木增加了挂牌数。

三、毗邻小学主题宣传活动

从 2003 年开始，管理处在毗邻的屏南、兰巨、龙南 3 乡镇的龙南乡中心小学、建兴小学、屏南镇中心小学、均溪小学、瑞垟小学、兰巨乡中心小学开展以"保护资源、爱我家园"为主题宣传教育活动，通过多媒体讲课、防火吉祥物卡通贴图、发放森林消防宣传伞、致毗邻村村民的一封信等形式，宣传保护区和森林消防知识。

四、网站、摄影宣传

2004 年 8 月 28 日，中央电视台《走遍中国》丽水天地人"山灵仙秀"摄制组来凤阳山拍摄。

2006 年建立保护区网页，2008 年 2 月进行改版，建立保护区网站 http：//www. zjfys. org，并及时发布和更新信息。

2007 年管理处组织参加丽水日报、丽水林业局主办的"享受'中国第一森林浴'征文(摄影)比赛"，并取得了优异成绩。由管理处选送的作品《绿谷丛林》获图片类一等奖，《满山红》获图片类二等奖，《涧林》、《秋山叠彩》获图片类三等奖，另有《深山老林》、《竹诗雪韵》、《雾中游》、《森林》(4)获图片类鼓励奖。

2008 年，管理处和龙泉市文联组织龙泉的摄影爱好者到凤阳山采风，主办了"凤阳山杯——我眼中的自然保护区"摄影比赛，比赛共收到照片 418 张，经大赛评委会评比，评出了金奖 1 名、银奖 2 名、铜奖 3 名及优秀奖 50 名。并从中精选出 224 张照片上报参加国家林业局与北京奥组委、大自然保护区协会共同主办的"自然中国、和谐家园，我眼中的自然保护区"摄影大赛，"瓯江源"和"秋归"获得生态功能服务类的三等奖。同时组织参加浙江省野生动植物保护协会主办"和谐 2008——野生动物摄影比赛"，《石蛙观瀑》、《昆虫》分别获得最佳构成奖和最佳光影奖。

2009 年，凤阳山管理处和龙泉市文联一起，收集有关凤阳山的诗词文章，出版了一期《龙泉人文杂志》生态文化专刊。

2009、2010 年"爱鸟周"期间，管理处会同龙泉市林业局在市区荷花塘举办"科学爱鸟，保护生物多样性"宣传活动。通过展示标本、宣传图片、发放倡议书等形式，宣传动物保护知识。

五、教育基地

1999 年，凤阳山管理处被授予"中国摄影家创作基地"；2005 年，被浙江省绿化委员会、文明办、教育厅、林业厅等 8 家单位评为"浙江省生态道德教育示范基地"；2005 年，被浙江省生态建设工作领导小组办公室、省环境保护局评为"浙江省生态环境教育示范基地"；2009 年，凤阳山管理处成为"浙江大学科研实习基地"；2009 年，列为"中共龙泉市委党校培训基地"。

第二节 科技交流

1979年5月，凤阳山自然保护区筹备组邀请杭州植物园工程师章绍尧先生来龙泉作"保护森林、维护生态平衡"的学术报告，县林业局领导、林业科技人员，凤阳山筹备组成员参加了聆听。

1980年9月，全国农业区划委员会、林业部在四川成都召开全国首届自然保护区区划会议，在林业部副部长唐子奇主持的会议上，凤阳山自然保护区陈豪庭在会上做了"浙江凤阳山自然保护区区划意见"的发言。

1982年5月21～24日，北京自然博物馆邀请了林业部，中央环境保护局，上海、天津、大连自然博物馆及11个省16个自然保护区的代表，召开了自然保护区工作经验交流会。凤阳山保护区代表陈豪庭在会上全面介绍了凤阳山自然保护区的科研、管理工作。此次会议还吸收凤阳山自然保护区为全国自然保护区协会团体会员。

1983年9月6日至10月9日，由林业部委托南京林学院主办，龙泉县林业局、凤阳山自然保护区协办的全国第三期自然保护区训练班在龙泉举办，来自20个省1个部属单位的38名学员参加培训。期间各保护区介绍交流了有关科研、保护等相关情况，并到凤阳山自然保护区实地考察、学习。

1988年6月，全国自然保护区科技干部培训班在中国科学院植物研究所举办。保护区派员参加，并介绍了有关科技工作。

1993年9月13～18日，管理处叶立新参加"第一届东亚地区国家公园与保护区会议暨IUCN CNPPA第41届工作会议"，并提交论文《浙江凤阳山自然保护区生物资源的特点及价值》，上海自然博物馆马积藩、岑建强、汤俊、吴文孝提交论文《浙江凤阳山自然保护区两栖、爬行动物调查及区系研究》。

1998年11月，在北京举办的全国自然保护区局长（管理处处长）上岗培训座谈会上，凤阳山管理处戴圣者在会上交流汇报了《浙江凤阳山国家级自然保护区现状及发展设想》。

2001～2002年，凤阳山管理处主持工作的副处长徐双喜带领毗连乡镇干部及保护区有关人员，二次赴武夷山自然保护区考察交流有关社区共建和科研工作。

2008年8月7日，浙江省首期植物分类与生物多样性保护高级研讨班在天目山举办，凤阳山管理处叶立新、刘胜龙参加。

2009年7月20～25日，由浙江省植物学会（青年工作委员会）和浙江省野生动植物保护管理总站主办，凤阳山管理处协办的第二期植物分类与生物多样性保护高级研讨班在凤阳山管理处举行，来自华东师范大学、广东棕榈园林股份有限公司园林科学研究院、浙江省林业科学研究院、杭州师范大学生命与环境科学学院、杭州植物园、宁波大学生命科学与生物工程学院、丽水市林业科学研究所等23家单位的近40名学员参加了培训。

第 六 编

旅 游 与 文 化

　　凤阳山历史上人烟稀少，经济落后，文化生活枯燥。清朝时，因香菇业的发展，菇民为了解菇业的各种信息，需有一处交流中心，凤阳山处在龙、庆、景3县菇民聚居区的交汇地带，且多为"公山"，所处位置正符合菇民之愿。后经庙宇建造，道路修筑，聚集中心逐步形成。民国初年，五显殿重建后，每逢庙会，日上山多达千人，期间举办有丰富多彩的民俗文化活动。但它毕竟只是菇民及基层劳动人民的聚会场所，遍查资料，未见有哪位政要或较著名的文人雅士及高僧名道上山的记载，也未发现有描述凤阳山的诗词、作品留存于世。唯有菇民用其特有语言叙说做菇经验和生活中甜酸苦辣的"山寮白"及防身术留传至今。凤阳山自建立自然保护区后，上山人员逐年增多，除科技人员外，也不乏文化精英，凤阳山的文化事业由此繁荣兴旺。

　　20世纪50~60年代，由于破除迷信、国家重视粮食生产而压缩劳力外出制菇等原因，凤阳山逐渐失去菇民集聚中心的地位。保护区成立之后，为充分发挥自身的资源优势，并根据上级的有关指示精神，就已开始研究发展旅游产业，但受当时的经济条件和交通、住宿等条件限制，旅游事业尚未形成规模，除科技人员来区较多外，仅接待了部分领导和文化界人士。到20世纪90年代后，由于国家经济的发展，人民生活水平的提高，旅游意境也由城市转向崇尚自然，再加保护区的基础设施明显改善，凤阳山旅游开始迈入实质性发展阶段。

　　1997年初，凤阳山管理处引进民间资本开发旅游项目。随后几年，龙泉市人民政府也十分关注凤阳山的旅游事业，批复建立"龙泉市凤阳山旅游开发有限责任公司"，并投入资金，对凤阳山的旅游基础设施进行了改扩建。2000年后，旅游业进一步发展，凤阳山优良的原生态景观引起了各级领导和旅游界的关注，龙泉市成立了凤阳山旅游开发领导小组，并由市主要领导担任组长。不久，市人民政府、杭州宋城集团有限公司、凤阳山管理处3方在杭州签订了《浙江龙泉山国家原始森林公园旅游项目总合同书》，自此，凤阳山的旅游业虽一波三折，但毕竟有了很大的发展，现已成为4A级景区。

由于凤阳山具有独特的区位、自然景观和气候条件，更因森林茂密，原生态景观丰富以及香菇文化的渊源深厚，从而吸引了大量游客。许多文人墨客均为其神韵所折服，并激发创作灵感，因而留下众多脍炙人口的散文、诗词和歌曲。摄影工作者将捕捉到山川形胜定格在一瞬间，画家则用妙笔丹青把美景浓缩在宣纸上。

凤阳山这座人间"瑰宝"，将以其山川之灵异，吸引科技工作者、文化人士和广大游客永不停留的探索，凤阳山旅游文化必将绽放出更加瑰丽的光辉。

第一章　生态旅游

第一节　旅游景观

一、地理区位

凤阳山国家级自然保护区位于浙江省西南部龙泉市境内，距市区50千米。龙泉市因宝剑、青瓷名扬四海，它地处浙江西南部，是浙闽边境城市，西界福建省浦城县。江南一带历史上的交通干道大多以江河为主，瓯江这一黄金水道使龙泉成为"瓯婺八闽通衢"、"驿马要道、商旅咽喉"之地，也是温州、金华、丽水进入闽赣两省的重要通道。现今又地处人口密集、国内经济最活跃的长江三角洲经济区南端边缘，海峡西岸经济区的辐射区。丽龙、在建中的龙庆(元)、龙浦(城)高速贯通龙泉市域东西，交通便捷，龙泉至温州、杭州均在4小时交通圈内，至上海、南京也在6小时左右。凤阳山与省内外国家级风景名胜区金华双龙洞、缙云仙都、乐清雁荡山、永嘉楠溪江、福建武夷山、江西三清山等地，距离在130~250千米。区域优势明显，旅游前景广阔。

2004年，浙江省林业调查规划设计院，在详细调查分析凤阳山现状的基础上，编制完成《浙江凤阳山—百山祖国家级自然保护区生态旅游规划》。规划共分19章，规划范围为浙江凤阳山—百山祖国家级自然保护区的凤阳山部分，保护区外围的相关地区也统筹考虑。保护区的生态旅游建设和生态旅游活动全部在保护区实验区范围内。规划期限为2004~2010年，投资额达9455.9万元。规划经浙江省林业厅、浙江大学、浙江林学院等单位的专家评审通过。2004年8月27日，国家林业局以林护许可准字〔2004〕117号《国家林业局关于同意浙江凤阳山—百山祖国家级自然保护区(凤阳山部分)生态旅游规划的行政许可决定》文件批复。浙江省林业厅以浙林资

〔2004〕149 号文件予以转发。

二、旅游资源

大气清纯 凤阳山保护区内空气清新纯洁，大气环境质量符合风景旅游区、名胜古迹和疗养地所要求的一级标准。由于森林茂密，素有"浙江氧吧"之称。负氧离子有益人类健康，据检测数据显示，2008 年 11 月下旬至 12 月中旬，大田坪的负氧离子最大值达每立方厘米 12400 个，凤阳庙最大值为 13100 个，杜鹃谷最大值为 14400 个，凤阳湖最大值 46300 个。均大于城区等地数倍。实为观光游览和度假休养的理想场所。

水质优良 年均降雨量 2325 毫米，年蒸发量 1171.0 毫米。水源涵养丰富，溪涧流量四季稳定，pH 值为 6 左右。保护区内溪涧地面水环境质量达《地面水环境质量标准》(GB3838 – 1988)一级标准。

气候清凉 凤阳山自然保护区属亚热带湿润季风气候。气候特点与浙江省同纬度地区相比是夏凉冬寒，气温低，雨量多，湿度大，露、雾出现的概率大。年平均气温 11.8℃，最热 7 月，极端最高气温 30.4℃，最冷 1 月，极端最低温 – 13.0℃。凤阳庙、大田坪、凤阳湖、乌狮窟一带，极端高温仅 30.0℃，炎夏无暑，誉为清凉世界，是避暑休闲的理想之地。

林木丰盛 景区内森林覆盖率达 96.2%，森林植被类型丰富，珍稀植物、奇花异草众多，树姿千奇百怪，被誉为"天然植物园"。一年四季色相变化明显，春、夏繁花似锦，秋天满山红叶，冬季晶莹剔透。它像一本丰富的教科书，是开展科普教育一处难得的课堂。

峰谷幽奇 自然景点多悬崖壁立，流瀑飞溅，烟云缥缈，竞秀争奇，蔚为大观。充分体现出"山灵、峰秀、林幽、水媚"的自然景观。

主要景观有：

凸峰景观 黄茅尖、凤阳尖、将军岩、老鹰岩。

奇石景观 乌龟岩、石鼓、天马峰、风动石、野人倚松、玉笋、石印。

峭壁岩缝 绝壁奇松、天阶、雨崖、一线天。

峡谷段落 凤阳峡、浙西南大峡谷。

岩洞沟壑 卧龙窟、野人洞、乌狮窟。

水域风光 高山湖泊、瓯江源、五彩涧。

瀑布深潭 双折瀑、百丈瀑、凤阳瀑、藏龙潭、乌狮潭、米桶潭。

植被群落 阔叶林、珍稀植物群落、柳杉倚天、十里笼翠、万松彩屏、杜鹃花海、高山草甸。

天象奇观 黄茅尖日出、云顶佛光、凤阳山云海、雾凇、冰瀑。

景观建筑 凤阳湖、绝壁云梯栈道、瞭望台、凤阳湖空气监测站、大田坪管护中心、凤阳尖水文观察台。

碑刻石刻 黄茅尖的姜东舒碑刻："江浙第一高峰"；瓯江源的吕国璋碑刻："瓯

江源"；石梁岙楼国华碑刻："凤阳山国家级自然保护区"；进区公路边的顾松铨碑刻："凤阳山自然保护区"；郭学焕石刻："名随剑瓷走四海、宝由龙泉领千秋"、"龙泉木鱼石"；张建平石刻："杜鹃谷"。

香菇文化历史遗迹　凤阳庙。

人文活动　凤阳庙香菇文化节、凤阳山登山旅游节。

三、旅游资源定量评价

旅游资源单体定量评价　根据中华人民共和国国家标准《旅游资源分类、调查与评价》(GB/T 18972－2003)，旅游资源单体评价结果：凤阳山保护区现有旅游资源单体 70 个，其中优良级 27 个。特品级(五级)旅游资源单体有江浙顶峰黄茅尖，四级旅游资源单体有珍稀阔叶林、奇松盘云、双折瀑等。2009 年，国家旅游局公布凤阳山旅游区为 4A 级景区。

风景资源定量评价　依照《中国森林公园风景资源质量等级评定》(GB/T18005～1999)，对浙江凤阳山—百山祖国家级自然保护区(凤阳山部分)的森林风景资源进行逐项评价、评定结果：浙江凤阳山—百山祖国家级自然保护区(凤阳山部分)风景资源质量为一级。资源价值和旅游价值高，难以人工再造，应加强保护，制定保全、保存和发展的具体措施。

四、景区景点

凤阳山国家级自然保护区地处洞宫山脉中段，高峰群集，黄茅尖海拔高达 1929米，为洞宫山山脉最高峰，也是江浙第一高峰。景区内山地多处于 1000 米以上，其中海拔 1500 米以上的山地面积占 80%，有"浙江高原"、"华东古老植物摇篮"之称，又为瓯江之源头，旅游资源丰富。浙江省原省长柴松岳 1996 年考察凤阳山自然保护区时，题词赞为"难得净土"。

凤阳山景点的名称，其来源有：一是当地群众的俗称，如黄茅尖、张老岩、五显殿、龙井等。二是 1980 年后，保护区和到区的林业系统职工，对部分较为特殊的地形、地貌所取的名称，如龟岩、双折瀑、凤阳瀑、小黄山、将军岩等。三是自开展生态旅游后，由于很多景点无名称，为取既雅又妥帖的景点名，1998 年凤阳山保护区邀请了龙泉的文化名人林世荣、应文兴、顾松铨，在原保护区老领导陈豪庭的陪同下，对部分景点进行命名，如绝壁奇松、卧龙窟、十里笼翠、风动石等。四是龙泉山旅游开发公司对一些景点进行命名。

2001 年宋城集团龙泉山旅游开发公司根据各处自然景观的特点，因地制宜开发，完成了贯穿各主要景区(点)20.6 千米的游步道。建成了各具特色的绝壁奇松、江浙顶峰、瓯江源、龙泉大峡谷、七星潭五大景区。

1. 绝壁奇松景区

位于凤阳庙西南部。景区的特点可用惊、险、奇 3 字概括。这里绝壁千仞，耸立苍穹；苍松万棵，缘壁而生。凤阳山天然植被群落非常丰富，其中黄山松最精华部分当属绝壁奇松景区。这里的松树，无论是从数量、树龄，还是在姿态、生长环境上来说，相比黄山毫不逊色。为了让游客在这里从最好的角度观赏到最美的景色，在绝壁之上修建了 1000 多米长的栈道和观景台。是观赏凤阳山云雾、雾淞、松、雪景观的最佳所在。主要景点有：

观松台 位于绝壁栈道之起点。这里是观看绝壁奇松景区最佳地点，站在观松台上，千姿百态的奇松尽收眼底。环顾四周，大自然的鬼斧神工由此可见。山风起时，松涛阵阵，听涛看松，意趣无穷，让人流连忘归。

奇松盘云 位于绝壁栈道之上。矗立于栈道上方石壁上的一松一柏，裂石而悬，缘壁而生，树干虬曲古朴，针叶簇簇如云，姿态万千，又似云龙盘松、飞云戏松、松立吐雾。

绝壁云梯 位于瞭望台下悬崖峭壁上修建的栈道称"绝壁云梯"。它宛如玉带沿悬崖峭壁蛇形延伸，长 1000 余米，一侧依山，一侧临渊，置身栈道给人一种凌空漫步的感觉。李白之诗"山从人面起"就是生动而真实的写照。

玉笋 二石一粗一细、一高一矮，似玉笋破土而出。高者近 20 米。游人经由此境，莫不赞叹。

2. 江浙顶峰景区

位于黄茅尖西侧。由上圩桥沿石阶攀登 3 里可至黄茅尖。由于地势高差大，随着海拔高度的变化，依次形成森林植被垂直带谱系列。主要景点有黄茅尖、龟岩、云顶佛光等。

黄茅尖 它是江(苏)浙第一高峰，登上峰顶，大有"一览众山小"之感，故游人有"未上黄茅尖就未到凤阳山"之说。山尖上曾 3 次建顶峰碑，前 2 次因冰冻、雷击倒塌。黄茅尖也是观云海日出的绝佳所在，新千年黄茅尖第一缕曙光，比我国大陆最早见到太阳的温岭石塘镇只晚 5 分钟。黄茅尖景区同时也是欣赏天然森林植被垂直分布带的最佳所在，从黄茅尖景区入口到峰顶，短短 50 分钟的游程中，就可以欣赏到落叶常绿阔叶混交林、针阔混交林，山地矮林，山地灌、草丛等植被分布带。一路上还可以观赏到天女花、鹅掌楸等珍贵树种和极具原始风貌的森林景观。登上黄茅尖可以真切体会"不畏浮云遮望眼，只缘身在最高层"的意境。

龟岩 位于黄茅尖北侧山岗中段海拔 1770 米处，由三块乌黑巨岩组成，在凤阳庙门口远眺，巨石似一神龟当空向东爬行，惟妙惟肖，故称"龟岩"。该名称是在 1980 年一天傍晚，当时任林业局营林股股长的崔南山在凤阳庙观景时，看见黄茅尖方向几块岩石形似乌龟，戏称其为"龟岩"，该名一直沿用至今。从景区入口攀登半个多小时可至。

云顶佛光 黄茅尖与乌龟岩之间，偶有佛光出现。站在乌龟岩宽厚的龟背上，是观察佛光的最佳位置。1999 年 10 月 17 日，龙泉凤阳山首届登山节开幕，那天清晨，几位记者首次发现黄茅尖下的佛光，并拍下照片。此次佛光出现时间在 8 时许、持续时间约 20 分钟。佛光出现前，空中还时而飘着细柔的雨丝，凤阳群山似乎都没入湿漉漉的、静悄悄的雨雾中。浓雾渐渐散去，雨丝不再飘零，只有轻雾时起时伏，若即若离，天边的云海中突然跃幻出一个特大的彩色光环，光环中有一尊佛像，佛像的肚子里似乎又有一座佛殿，整个佛光放射出桂红色的光芒。

3. 瓯江源景区

瓯江是浙江省第二大江，在龙泉境内流长 125 千米，主源出于凤阳山锅帽尖。瓯江源景区坐落在凤阳湖一带。主要景观为凤阳湖、高山草甸、塔杉林、瓯江源等。

凤阳湖 1998 年 5 月，坐落在海拔 1540 米的凤阳湖拦水坝工程竣工，它是浙江省最高的人工湖，两岸层层参天古木把湖水染成黛色，风起波漾，树景摇曳。湖尾山谷呈草甸风光，空旷开阔。面对如此湖光山色风情画，游人疲态顿解，尘忧暗消，心灵净化。

塔杉林 凤阳湖畔，西侧山麓，众多宝塔形的柳杉聚集成林，远远望去像一棵棵圣诞树，蔚为壮观。林内柳杉或"五世同堂"或独木成林，粗大者需几人合抱，其中一棵树基部分成五权，很像佛手又像情人树。

高山草甸 凤阳湖内的一处山谷盆地，俗称"凤阳坞"，面积近百亩，它是一块高山湿地，周边古树、柳杉罗列，湿地上长满茅草，冬春泛黄，夏秋葱绿，风起草浪，一派塞北风光。春夏之间，草甸百花盛开，其间点缀七彩野花，令人神往。

瓯江源 位于凤阳湖之源头，流向大峡谷、双折瀑之溪流源出此处。建有以大石为碑刻"瓯江源"三字。1999 年 10 月 16 日立，浙江省政协副主席汪希萱等领导为碑揭幕。

4. 龙泉大峡谷景区

位于凤阳湖北部。景区以瀑布和珍稀植物为特色，生长有红豆杉、白豆杉、福建柏等众多国家保护物种。主要景点有杜鹃谷、石鼓、双折瀑、天马峰、珍稀阔叶林等。

杜鹃谷 位于大峡谷西面山坡，因以猴头杜鹃和云锦杜鹃为主而得名，成片面积达 100 多亩。每年 5～6 月杜鹃竞相绽放、争奇斗艳，蔚为壮观。在峡谷上建有高空揽桥，桥头石壁上刻有"杜鹃谷"三字。过揽桥经石壁栈道可至天马峰（小黄山）经双折瀑至揽桥形成环形游线。

石鼓 位于大峡谷开阔处河床上。石鼓灰中泛黄，中虚空罅，扁圆光滑，以石敲之，嗡嗡作响故称之为"石鼓"。古有民谚道："金鸡啼，石鼓响，风调雨顺禾苗长"。真可谓"云过半山石鼓隐，泉流深树听无音。凤阳说是神龙下，鹤唳风声击鼓鸣"。刻有"龙泉木鱼石"于峡谷边悬崖上。

双折瀑 该名于 1980 年由时任县林业局局长徐秀水所取，位于大峡谷下方，落差 30 余米，因成两折故称"双折瀑"。瀑底形成一深潭，潭边建一观景台，可以领略双折瀑全貌。30 余米高的大悬崖非常整齐地叠成双折，从大峡谷流出的溪流，从悬崖上奔腾而下，声如雷鸣，喷雾 10 多米，十分壮观。夏日至瀑底，寒意侵骨；隆冬则成冰瀑。

天马峰（小黄山）　位于双折瀑之西山岗，两边均为悬崖。天马峰亦称"龙脊"，呈马鞍形，犹如将军坐骑。峰立千仞，峭壁如削；峰间古松奇木，虬枝傲立，令人顿生"我欲乘风而去"之感。

珍稀阔叶林　位于天马峰东南方向，山谷里保存有完好的常绿阔叶林，林内分布有众多国家重点保护的珍稀树种，如白豆杉、红豆杉、香果树、伯乐树、福建柏、铁杉、银钟花、黄山花楸等。深秋季节，野果、霜叶猩红，色彩斑斓，山野成为迷人的红叶岭。游人至此，既爽心悦目，又能学到不少科普知识。

5. 七星潭景区

七星潭景区邻近景区接待中心，这里森林蔽日、流绿滴翠、急流拍石，大小瀑布、危岩、悬崖、石窟匿藏置身于古意幽深的山水画廊之中。景区铺设有 1.9 千米的环形游步道，落差达 200 余米。这里还铺设了约 1 千米游步道与绝壁奇松景区及凤阳庙相连，还有一条长约 1.5 千米的森林古道与大峡谷景区的天马峰相通。主要景点有七星潭、欧冶子剑窟、古杉林、风动石等。

七星潭　位于凤阳庙下山青源上，黄茅尖、凤阳尖之水在这里汇集，形成七个碧潭，排列形状十分像北斗七星，所以叫七星潭。

传说铸剑先师欧冶子在龙泉城郊剑池湖，用七星井水淬火，先后铸就"龙渊"、"工布"、"泰阿"三把神剑之后，又到此神游，发现幽谷险峻，潭深水碧，乃铸剑神谷仙水之地，于是用七星潭水淬剑，创造出著名的龙泉"七星剑"，还在剑身上纹饰北斗七星图案。金庸先生的武侠小说《笑傲江湖》中对此景也有描述，称这里为"龙泉铸剑谷"，并称用七星潭水所淬之剑为"碧水剑"。

卧龙窟　位于山青源之北面山腰处，凤阳庙至双折瀑十里笼翠路经窟前而过，窟南北长约 30 米，深约 10 米，窟内宽阔平坦，能容纳近百人。是凤阳山自然保护区里发现的最大一处天然洞窟。

柳杉林　位于山青源溪南侧，凤阳庙至双折瀑十里笼翠路经此林，几十棵百年柳杉拔地而起，棵棵粗壮挺拔，高在 20 米以上。置身其间，令人肃然起敬。

风动石　位于卧龙窟南面，十八窟下方山腰中。岩高 3 米，周长 15 米，近扁圆形。悬在半空，似无依无靠，山风吹过，似动非动，故称之为"风动石"。

6. 其他景观

凤阳尖　海拔 1845.7 米，位于黄茅尖西侧约 3.5 千米。凤阳山顶，高耸如台，山体气势雄伟，挺拔俊秀。其景致可用"高、凉、险、幽"四字概括。山峰南坡绝壁陡险，岩石裸露，俗称仙岩，北坡则较平缓。顶峰奇松盘曲似盆景，野花斑斓美如画。山顶建有紧水滩水库（仙宫湖）阁楼式水文自动监测站，外观雅致。

杜鹃坡　凤阳尖山峰北坡到仰天槽一带，有天然杜鹃林 200 多亩。仰天槽南侧杜鹃林以云锦杜鹃为主，北侧则以映山红为主。由于面积大、种类多、林密、树高、花期长，每逢花开季节，满山遍谷，红花簇拥，着实耀眼，形成一个杜鹃类植物群落奇观。前人吟咏"杜鹃花似海，高山留异香"，正是此时此地此情此景的生动写照。

五彩涧 为显溪的主源头，五彩涧上半部源自乌狮窟。乌狮窟山涧先北再折西流，形成标准的"之"字形。该段溪流是长达 500 米的缓坡型小溪沟，由于赤红的砂、砾岩经风霜雨雪和激流的冲刷、化学沉淀物的浸染，溪床呈现调色板样的斑驳彩纹，水流其上，光彩夺目。

乌狮潭（石枕瀑） 五彩涧下部溪床陡然断截，形成石枕瀑和乌狮潭，潭大且深，如临龙渊。

百丈瀑（白水涧地窟） 白水涧中部，溪流飞落百丈断崖，两山对峙，一水中分，洋洋洒洒，似"银河倒泻、百丈翻腾"，故名"百丈瀑"。

老鹰岩（仙岩背） 位于均益村后的老鹰岩，俗称仙岩背，主峰海拔 1484 米，东邻乌狮窟。其山峰极似一只巨大的老鹰，栩栩如生，主峰为头、喙，两侧对称的山峰为翅肩。从老鹰岩侧面看，半山峭壁中，有一石块形似观音，且其脚下生有横空而出的一株松树，其形有如观音脚踏祥云，其景惟妙惟肖，越看越像。主峰顶上有清末所建小庙一座，乡人称仙岩背乌鼻山顶庙，殿里供奉八仙、龙母娘娘、金童玉女。据传，该龙母娘娘系安仁柳氏，天旱时，八都一带乡民来仙岩背请龙母娘娘降雨，十分灵验。为表彰此庙灵验，中华民国时，曾有县令赠赐锦旗，今仍挂在庙中。

凤阳瀑（乌狮瀑） 位于凤阳山北坡的乌狮坑中上部。凤阳尖山泉经仰天槽流入乌狮坑，至海拔 1500 米处溪坑断落，出现高达 46 米的大瀑布，电掣雷鸣紫烟生，甚为壮观。该瀑布上游还有一处高 27 米的瀑布。

米桶潭 又称龙井，位于双溪村龙井背溪流上的一个碧潭，潭形似米桶，呈长椭圆形，长径近 11 米、短径宽近 7 米，深不可测。

柳杉王 位于龙南乡建兴片的后畲村口，共 5 株，树龄 600 余年，最大一株胸径 2.76 米、高 49 米，单株蓄积达 130 余立方米。堪称全国柳杉之王。

将军岩 位于屏南镇均溪片张奢村后，天马峰以西，原称张老（和尚）岩。将军岩坐南面北，高几十丈，壁面光滑，气势宏大，威风凛凛，故称此岩为"将军岩"。著名书法家姜东舒至此，写诗赞曰："挺胸昂首大将军，剑倚龙泉倍有神"。

第二节 旅游线路

景区路线 顶峰瓯江源线：凤阳庙→上圩桥→黄茅尖→凤阳湖→塔杉林→瓯江源→凤阳湖停车场乘车回绿野山庄。

绝壁奇松线：凤阳庙→观景台→绝壁云梯→奇松盘云→石笋→凤阳庙。

十里笼翠线：凤阳庙→卧龙窟→七星潭→柳杉林→风动石→凤阳湖公路乘车返回。

龙泉大峡谷线：凤阳庙乘车至杜鹃谷→石鼓→双折瀑→天马峰→杜鹃谷过高空揽桥乘车返回。

探险线 凤阳庙乘车至乌狮窟→老鹰岩返回，或到五彩涧观百丈瀑返回，或到凤阳瀑返回。

区边路线　凤阳山→炉岙→后岙(观看大柳杉)→双溪(观看米桶潭)→百山祖保护区。

凤阳山部分景点名称变化

现名称	来源	原名称	备注
凤阳庙	1966 年后渐用	五显殿	当地村民俗称
凤阳湖	1966 年后渐用	凤阳坞	当地村民俗称
将军岩	1980 年后渐用	张老岩	地形图、当地村民俗称
天马峰	1998 年取名	小黄山	1980 年后称呼
双折瀑	1980 年取名	双折瀑	
大峡谷	宋城集团所用景点名	凤阳湖水口	当地村民俗称
老鹰岩	当地村民俗称	仙岩背	地形图上名称
绝壁奇松	1998 年取名	凤阳庙岩漈	当地村民俗称
塔杉林	宋城集团所用景点名	柳杉林	当地村民俗称
高山草甸	宋城集团所用景点名	原无名称	
卧龙窟	1998 年取名	土匪洞	当地村民俗称
小田坪	2000 年渐用	苗圃上	保护区所用称呼
锅帽尖	地形图上所用	钴金莽尖	当地村民俗称
七星潭	宋城集团所用景点名	原无名称	
乌狮瀑	宋城集团所用景点名	凤阳瀑	1980 年后取名
瓯江源	宋城集团所用景点名	原无名称	
杜鹃林	宋城集团所用景点名	仰天槽	当地村民俗称

第三节　旅游开发

凤阳山自然保护区的旅游开发可分三个阶段：

一、凤阳山保护区自身开展生态旅游(1980～1997 年)

1980 年保护区成立后，一直都在尝试旅游开发。是年 12 月，凤阳山自然保护区综合楼交付使用，初期集办公、宿舍、招待所兼用。办公室、职工宿舍建成后，才正式成为招待所。1989 年，商店、职工食堂落成。出于当时的经济水平、凤阳山的知名度、交通、接待条件等原因的限制，旅游规模较小，多接待各级领导、科学考察的技术人员和少量文化界人士。20 世纪 80 年代，旅游目的地大部分游客选择大城市及固有风景区，上凤阳山旅游人数不多。

1992 年，凤阳山保护区晋升为国家级自然保护区，保护区设旅游开发接待科，并将招待所进行改造，接待条件有所提高。随后几年开通了凤阳庙至凤阳湖林区公路，建起了凤阳湖水库。随着旅游崇尚自然、保护区知名度的提升、人民生活水平的提高及各种条件的改善，来区旅游的人数逐渐增多，保护区的接待能力渐显不足。

1997年，保护区委托省林勘院在总体规划的基础上完成凤阳庙、凤阳湖景区的规划方案，并报上级审批。

二、引进乐清邵仕富投资开展生态旅游（1997～2000年）

为了开创凤阳山旅游事业新局面，更好地促进龙泉市旅游经济的发展，1997年1月16日，凤阳山管理处与乐清市投资商邵仕富签订了《保护区投资承包经营协议》，期限10年。是年邵仕富投资方拆除了原保护区食堂，在原址上扩建了凤阳山宾馆，旅游接待能力有了较大提高。是年5月22日，凤阳山管理处向龙泉市政府提交了《关于要求建立旅游开发公司的报告》。1998年4月22日，市政府召开凤阳山自然保护区旅游开发现场办公会议。市长李会光、市财政局、林业局、水电局、交通局、凤阳山管理处等有关单位负责人参加会议，会议就凤阳山自然保护区旅游方案的调整、凤阳庙至凤阳湖高压线路建设、凤阳庙至豫蛟线岔路口段铺设柏油路等问题的资金、工程进度、质量要求等事项做出具体安排。李会光指出："旅游业作为发展龙泉经济的新兴产业，新的经济增长点，是到了下决心认真抓好的时候了，凤阳山是国家级自然保护区，也是龙泉发展旅游业的核心环节，重中之重。"1998年11月3日，龙泉市人民政府批复同意设立"龙泉市凤阳山旅游开发有限责任公司"。

1999年6月1日，中共龙泉市委常委、副市长林健东主持召开凤阳山基础设施建设协调会议，市府办、交通局、电信管理局、凤阳山管理处、移动通信公司等有关单位负责人参加了会议。会议就举办首届凤阳山国际登山旅游节有关道路、通讯等基础设施建设问题进行部署落实。

1999年10月29号，龙泉市人民政府以龙政〔1999〕180号文件，同意凤阳庙、凤阳湖景区开发规划方案。

1999年11月5日，丽水地区计划委员会批准凤阳山管理处旅游开发项目建议书。

1999年，完成凤阳庙—瞭望台—石笋—凤阳庙环绕线、凤阳庙—卧龙窟—风动石—小黄山—双折瀑—凤阳湖公路十里笼翠线、上圩桥—黄茅尖步行道建设。

由于杭州宋城集团介入凤阳山旅游开发，经协商，2000年11月7日，龙泉市政府、凤阳山管理处与邵仕富终止了《保护区投资承包经营协议》。

三、宋城集团投资开发生态旅游（2000年至今）

2000年4月12日，为切实加强对凤阳山旅游开发的领导，确保旅游开发的顺利进行，龙泉市人民政府成立了以市长李会光为组长，副市长周竞夫为常务副组长，姚增祥、卢苗海、叶放为副组长，有关部门负责人为成员的凤阳山旅游开发领导小组。

是年4月18日，龙泉市人民政府、凤阳山管理处在杭州与宋城集团签订了凤阳山生态旅游开发协议书。宋城集团成立了"龙泉山旅游开发有限公司",负责凤阳山生态旅游开发与管理。

是年10月16日,龙泉市政府召开旅游开发专题会议,就旅游区土地证问题进行了决定。

2001年,龙泉山旅游开发公司拆除原保护区招待中心、会议室、办公楼,建成具有西欧建筑风格的"猎户山庄",后更名为"绿野山庄"。2001年4月18日试开园。2000~2002年,用长1米、宽33厘米的石板铺设旅游道13640米,架设栈道1340米。创建了五大景区。

宋城集团自投资凤阳山生态旅游后,部分群众对一些建设项目持不同看法,并向上级反映,以致2002年4月4日晚7时38分,中央电视台《焦点访谈》栏目以"如此开发,怎能保护"为题,对凤阳山保护区内功能区调整和总体规划未经国家林业局批复,对环境保护、项目审批、凤阳山改名、猎户山庄营建等旅游开发存在的问题提出了批评。节目播出后,国务院和中共浙江省委、省政府领导高度重视,多次作出了批示。国家林业局,浙江省人民政府相继派出工作组到凤阳山进行调查。8月,龙泉市人民政府组织了27个调查组,分赴龙南、兰巨、屏南3乡镇,对保护区中集体林禁伐及宋城集团因建设所需而损坏森林景观等问题进行了为时1个月的调查处理。

2002年4月,凤阳山旅游开发全面停止。

2003年2月19日,浙江省人民政府对凤阳山旅游开发项目有关情况发出了通报。通报中指出了主要错误,并对相关责任单位及个人予以处罚。

为使凤阳山生态旅游开发按有关法规进行,中共龙泉市委、市人民政府、凤阳山管理处,把《关于浙江凤阳山—百山祖国家级自然保护区凤阳山管理处功能区调整方案》、《浙江凤阳山—百山祖国家级自然保护区总体规划》审批当成大事来抓。经多方努力,2003年12月31日,国家林业局批复了总体规划,2004年8月27日,国家林业局批准《关于同意凤阳山部分生态旅游规划的行政许可决定》,从此凤阳山的生态旅游重新对外开放。

第四节　旅游事件

森林景观旅游之地,大多林密沟深坡陡。最引人入胜的部分景点的险要地段,虽有安全防范设施,但仍需游客小心提防。凤阳山景区的游步道多数筑在密林之中,岔路口也竖立了标志牌,但少数游客对深山中错综复杂的地形及方向难以掌握,以至走错道路迷失方向。

凤阳山自开展生态景观旅游以来,数次发生游客失踪、伤亡事件。

2001年9月23日,龙泉一小学退休老师随老年旅游团上山观光。导游在返城清点人数时发现少了1人,即刻报警。龙泉市公安局接警后,迅速安排警员上山,并会同龙泉山度假区、凤阳山管理处拟定寻找方案,统一组织人员实施搜寻工作。经过全体人员的努力，次日上午终于在七星潭景点附近找到了仅受惊吓、身未受伤的失踪人员。

2001年国庆节，云和一男性游客到凤阳山旅游。他在双折瀑景点拍照时，一不小心摔了下去而身受重伤。龙泉山旅游度假区与凤阳山管理处闻讯后，马上派人将受伤人员抬上公路，送往龙泉市人民医院抢救，奈因其伤势十分严重，车行驶至中途，伤者停止了呼吸。

2007年5月13日，温州市一女士随团到凤阳山旅游，到凤阳湖景点后，游客乘车返回绿野山庄用餐，当车行驶至急转弯处因离心力作用将王女士摔出车外公路上受了重伤。后急送龙泉市人民医院救治，终因伤势严重失去了宝贵的生命。

同年9月，温州一批老年人组团到凤阳山旅游。在黄茅尖至凤阳湖途中，体能欠佳、视力不好的林某某落在最后面，由于未注意岔道上的指路牌，只身一人走错了方向。下午旅游团准备返城，导游在检查人数时发现少了1人，即向度假区求助。龙泉山旅游度假区一边向就近的安仁派出所报警，一边请求凤阳山管理处协助找人。当日下午4时许，安仁派出所、凤阳山管理处、龙泉山度假区抽调30余人上山寻找，到晚上9时搜救仍无结果，遂向龙泉市人民政府报告，同时也向失踪人员家属通报。

翌日早上，龙泉市政府分管旅游工作的领导，带领公安民警、市政府部分工作人员及医务人员上山，与龙泉山度假区、凤阳山管理处职工组成一个100多人的搜救队，进行全方位搜寻。下午2时，凤阳山管理处职工首先在一密林深谷中发现失踪者并及时报告管理处，后经医师检查、观察与询问，林某神志清醒，只有轻微外伤。

第二章　节庆　基地

第一节　登山节

一、首届浙江龙泉凤阳山登山节

由龙泉市人民政府和丽水地区旅游局共同主办。活动主题：探瓯江之源，攀江浙之巅。1999年10月16日下午在龙泉大酒店召开"'99浙江龙泉凤阳山登山节新闻发布会暨经贸旅游项目说明会"，晚7时，'99浙江龙泉凤阳山登山节开幕式暨凤阳山之歌文艺晚会在龙泉剧院举行，中共龙泉市市委书记陈荣高致开幕词，参加开幕式的有浙江省政协副主席汪希萱以及省人大办公厅、省林业厅、省计经委、省旅游局、中共丽水地委、丽水地区行署等单位的领导，有《中国改革报》、《浙江日报》等16家新闻媒体的记者，以及上海市国内旅游协会、杭州西湖旅行社、温州国际旅行社等

22 家旅游界的老总等 500 余名嘉宾、运动员参加。

10 月 17 日 9 时在凤阳山门卡举行登山比赛开幕式，丽水地区旅游局局长蔡小华宣布比赛开始，来自国内外的杭州钱江长跑队、杭州大学登山队、福建队、政联队、留学生登山队等 13 支代表队 295 名运动员参加了比赛。男子比赛路线：凤阳山门卡至黄茅尖，女子比赛路线：凤阳山庄至黄茅尖。经过激烈的角逐，浙大西爱曲公司代表队、杭州钱江长跑协会、龙泉辰龙药业有限公司分列团体 1、2、3 名。贾云伟（金华）、李清芳（浙大）分获男、女个人第一名。17 日 10 时，在凤阳湖瓯江源举行揭碑仪式，龙泉市市长李会光致揭碑词，浙江省政协副主席汪希萱、中共丽水地委副书记施基城为"瓯江源"碑揭幕。本届登山节还举行全国摄影创作基地授牌仪式，中国摄影家协会常务理事吴品禾授牌，至此凤阳山保护区成为全国摄影创作基地。11 时 30 分在凤阳山庄广场举行，'99 浙江凤阳山登山节颁奖仪式及闭幕式，省、地、市领导分别为获奖运动员颁奖，中共龙泉市市委常委、副市长林健东致闭幕词。至此，首届浙江龙泉凤阳山登山节胜利闭幕。

二、庆祝建市十周年暨第二届凤阳山登山节

由中共龙泉市委、龙泉市人民政府、浙江体育局主办。2000 年 9 月 26 日晚在龙泉市体育场举行"龙泉市建市十周年暨第二届凤阳山（龙泉山）登山节"庆祝大会。会后举行了彩车游行、焰火晚会等庆祝活动，著名歌星郁钧剑、浙江歌舞团参加了演出。9 月 27 日 9 时在凤阳山门卡举行了登山比赛开幕式，省体育局领导陈妙富宣布比赛开始，来自浙江杭州、宁波、温州、金华，江苏等地的 16 支代表队，以及来自德国、美国、西班牙的留学生代表共 200 余名运动员参加了比赛。比赛路线：男子中青年组炉岙—门卡—龟岩—黄茅尖；女子中青年、男女老年组为门卡—龟岩—黄茅尖。本次比赛，杭州市钱江长跑协会获团体第一名，浙江大学的林辉以 52 分 01 秒 2、田仕花（杭州拱墅区）以 46 分 38 秒 3 分获男女中青组第一名；沈宝泉（杭州拱墅区）以 52 分 19 秒 8、陈序华（江苏扬州）以 55 分 48 秒 3 分别获男女老年组第一名。9 时 30 分在龙泉山庄举行由丽水电视台、温州电视台联合举办的大型系列片"八百里瓯江"开机仪式。下午在凤阳山广场举行了颁奖仪式和闭幕式，浙江省政协副主席龙安定、丽水市政府领导刘秀兰、丽水政协副主席胡振康、省体育局领导、中共龙泉市市委书记陈荣高等参加了闭幕式，省市领导分别致词，中共龙泉市市委常委、副市长林健东宣布第二届凤阳山（龙泉山）登山节胜利闭幕。

三、第三届浙江龙泉凤阳山登山旅游节

由浙江省旅游局、浙江省体育局、中共龙泉市委、龙泉市人民政府主办。2001 年 10 月 24 日晚 7 时 30 分在龙泉市露天运动场举行第三届凤阳山登山旅游节开幕式，开幕式由中共龙泉市市委副书记、龙泉市市长林健东致欢迎词，浙江省政协副主席王务迪宣布浙江省第三届凤阳山登山旅游节开幕。参加开幕式的有省、市、兄弟县领导 42 名，嘉宾 40 名，华侨 21 名，有来自上海、江苏及浙江杭州、宁波、温州、

金华、丽水等地旅行社老总和中央电视台、《人民日报》、《国际日报》、《浙江电视台》、《华东旅游报》等11家新闻媒体的记者。开幕式后举行了"龙泉山之夜"广场文艺晚会，著名歌星毛阿敏、著名主持人李湘登台献艺，上万名市民观看了晚会。

10月25日上午8时30分在凤阳山门卡举行了登山比赛开幕式，开幕式由龙泉市副市长黄丽萍主持，浙江省体育局叶佩素处长宣布比赛开始。杭州市拱墅区长跑队、杭州市钱江长跑队、温州路跑协会长跑队等16支代表队267名运动员参加了比赛。比赛设男子、女子中、青年组，男、女老年组。男子中、青年组比赛路线，炉岙—门卡—龟岩—黄茅尖全长12.7千米；女子中、青年组，男、女老年组比赛路线为景区入口—龟岩—黄茅尖全长约3.7千米。最后，杭州市拱墅区长跑队、浙江通力温州分公司长跑队、杭州钱江长跑队分获青年组、中年组、老年组团体第一名；林辉（杭州拱墅区队）以53分00秒获男子青年组第一名；田仕花（杭州拱墅区队）以46分59秒获女子青年组第一名；陈和平（通力温州队）以55分02秒获男子中年组第一名；樊桂花（通力温州队）以55分32秒获女子中年组第一名；朱正伦（永康方岩队）以48分41秒获男子老年组第一名；陈序华（江苏扬州队）以56分07秒获女子老年组第一名。下午1时30分在凤阳山广场举行了颁奖仪式和闭幕式，闭幕式上中共龙泉市市委副书记俞福尧宣布第三届凤阳山登山旅游节胜利闭幕。登山节期间还举行了各旅行社老总踩线、青瓷宝剑工业园区开园仪式、旅游经贸洽谈会等活动。

四、"龙泉论剑"暨浙江省第四届凤阳山登山旅游节

由浙江省作家协会、《钱江晚报》社、浙江省登山协会、龙泉市市人民政府联合主办。2004年10月14日9时，"龙泉论剑"暨浙江省第四届凤阳山登山旅游节开幕式在市体育场隆重举行，丽水市副市长刘秀兰宣布"龙泉论剑"暨浙江省第四届凤阳山登山旅游节开幕。随即，35个方队1000多人参加盛大的踩街活动，数万市民观看了这一盛况。

10月15日8时30分至11时30分，"龙泉论剑"在凤阳山绿野山庄隆重举行。本次论坛以"登凤阳之巅，论剑道书香"为主题，是龙泉市有史以来规格最高的一次文化论坛。省作协专职副主席、茅盾文学奖得主王旭烽担任坛主，中共龙泉市市委副书记徐光文，龙泉市宝剑文化研究专家吴锦荣，宝剑剑匠代表、沈广隆剑铺第三代传人沈新培，龙泉籍文学评论家、散文家、中国作协创研部季红真研究员，文学评论家、散文家、中国作协创研部牛玉秋研究员，原宁夏文联副主席、宁夏作协副主席、小说家戈悟觉，河南省作协副主席杨东明，上海市作协专业作家、中国文坛先锋派作家孙甘露等8位嘉宾在论坛主席台上就座，黄亚洲、陈源斌、聂鑫森等40多位省内外作家、学者、钱江晚报等媒体的资深编辑、记者、龙泉市领导、作协代表、宝剑生产厂家代表等共150余人参加了论剑活动。论剑活动把剑文化提升到一个新的高度，也把该次节庆活动推向了高潮。

15日下午，登山比赛在凤阳山举行。比赛设男女中、青年组，男、女老年组。男子中、青年组比赛路线门卡—上圩桥—黄茅尖；女子中、青年组。男、女老年组

比赛路线绿野山庄—上圩桥—黄茅尖。杭州钱江队、丽水铁人队、青田县长跑队、黄岩双鸽登山长跑队、金华强广剑减震器登山队、扬州市长跑协会、龙泉市长跑队、龙泉市高级职业中学队、龙泉市新世纪旅行社长跑队共9支代表队，100名运动员参加了比赛。杭州钱江长跑队、丽水铁人队、龙泉市长跑队分别获得团体第1、2、3名；俞庆峰（台州）以43分35秒、巫小爱（温州）以33分9秒的成绩分获男、女青年组第一名；朱东林（丽水）以46分30秒、樊桂娟（杭州）以32分7秒的成绩分获男、女中年组第一名；陈和平（杭州）以23分45秒、付荣先（扬州）33分7秒的成绩分获男、女老年组第一名。

15日下午4时，"龙泉论剑"暨浙江省第四届凤阳山登山旅游节闭幕式在凤阳山绿野山庄举行，中共龙泉市市委常委、宣传部长季柏林主持闭幕式，副市长陈良伟致闭幕词，省登山协会秘书长宋剑波及市领导等出席闭幕式。

五、第五届"绿城杯"凤阳山（龙泉山）登山节

由浙江省旅游局、浙江省体育局、龙泉市人民政府主办。活动时间2007年11月16～17日。16日晚8时在绿野山庄举行了向奥运冠军王军霞赠送龙泉宝剑仪式。17日上午8时30分在门卡举行了开幕式。参加开幕式的领导、嘉宾有省体育局副局长应祖名，宋城房产集团总裁周竞夫、绿城房产集团执行总经理应国勇，奥运冠军王军霞，龙泉市领导梁忆南、徐光文、陈吉明、罗诗兰，凤阳山管理处长叶砼仙。开幕式由中共龙泉市市委副书记徐光文主持，龙泉市人民政府市长梁忆南致欢迎词，省体育局副局长应祖名致词，奥运冠军王军霞宣布比赛开始。比赛路线：门卡—上圩桥—黄茅尖。有上海田径队、浙江田径队、温州鹿城区登山协会、温州风子户外俱乐部、丽水铁人长跑队、丽水长跑协会、云和县队7支代表队以及以个人名义参加比赛。经过激烈的角逐，于野（上海田径队）以37分38秒59、李季（深圳大学）以41分56秒43，分获男、女第一名。17日晚在龙泉市行政中心广场举行了闭幕式，至此第五届凤阳山登山节胜利闭幕。

2004年9月10～11日，浙江省移动公司第一届职工登山运动会在凤阳山举行。2007年7月又举办了第二届登山运动会。

第二节　基地创建

凤阳山自然保护区在有关单位支持下，经过自身努力，创建了摄影、教学、爱国主义教育等基地。

一、全国摄影创作基地

1999年10月17日，中国摄影家协会将"全国摄影创作基地"牌匾授予凤阳山保护区。

基地成立后，举办规模较大、影响面广的摄影活动有以下几次：

1999年12月8~10日，来自全国各地的200余名摄影家分两批到凤阳山，在山上进行了3天摄影创作。

2008年，由龙泉市摄影家协会承办了"凤阳山杯——我眼中的自然保护区"摄影比赛。

2009年9月10~11日，由中国艺术研究院摄影研究所、《中国摄影家》杂志社、龙泉市人民政府联合举办的"中国摄影大PK"活动。摄影家分成2组活动，其中B组的崔茂元、梁达明等一批全国知名摄影家深入凤阳山，进行了2天艺术创作。

二、教学培训基地

凤阳山建立保护区后，由于生物资源丰富，教学条件初步具备，自1981年开始，浙江农业大学、全国第三期自然保护区培训班、杭州大学生物系、浙江林学院、南京林学院、华东师范大学、第二军医大学、浙江大学、浙江中医学院等学校常有师生到凤阳山进行教学实习。

2004年，浙江师范大学、浙江林学院与凤阳山管理处合作，建立了兽类、鸟类、昆虫类教学实习基地。

2009年7月，浙江大学生命科学院，派员到凤阳山考察建立"浙江大学凤阳山教学实习基地"。

三、中共龙泉市委党校爱国主义教育基地

2009年，中共龙泉市委党校与凤阳山管理处协商，决定在凤阳山共建"爱国主义教育基地"。

四、文学创作基地

文学创作基地，上级有关单位虽未正式授牌，但在凤阳山举办过的大型文学创作、诗人赋诗、报人论报等文学艺术活动举办过多次，影响深远。

(1)1981年5月上旬，浙江省作家协会诗歌组30余名诗人聚会凤阳山，以诗人独有的灵感，讴歌凤阳山秀美的风光。

(2)1983年8月，杭州市政协书画会组织浙江著名书画家郭仲选、孔仲起等10余人到凤阳山采风。

(3)1986年8月6日，由龙泉县文联、县教委、团县委联合举办的暑期文学夏令营在凤阳山开营。龙泉籍作家、诗人、爱好文学的学生参加活动，历时4天。

(4)1999年10月8~10日，中国报纸副刊研究会"99年会"在凤阳山召开。来自全国各地的94家报纸有关负责人集聚一堂，共商报业发展大计。

(5)2001年5月20日，由浙江省作家协会，《浙江日报》报业集团，温州、丽水市委宣传部共同举办的"瓯江文学大漂流"采风团60位作家到凤阳山进行文学采风。

(6)2004年10月14日~15日，来自全国各地的40多位作家在凤阳山相聚，参

加龙泉市人民政府举办的"龙泉论剑"文学创作活动。

（7）龙泉市文联曾多次组织本地作家与业余作者到凤阳山举办创作笔会、文艺沙龙、作家采风等活动。

五、生态道德教育示范基地

2005 年，凤阳山自然保护区被浙江省生态建设工作领导小组办公室、省环境保护局评选为"浙江省生态道德教育示范基地"。

六、龙泉市科普教育基地

2009 年 5 月 31 日，龙泉市人民政府命名凤阳山国家级自然保护区为龙泉市第一批科普教育基地。

第三章　文化撷英

第一节　散文通讯

一、散文

作家及社会各阶层人士参观凤阳山风光后，被凤阳山的巅峰、森林、佛光、云海等景致所感动，他们纷纷赞颂凤阳山的博大气势与优美风景，留给后人很多精彩的华章。现选其中一部分刊出，便于读者浏览。

龙泉瀑

李想

"瓯江文学大漂流"的第一站定在龙泉，但龙泉县城不是我们的终点，终点在龙泉凤阳山上的黄茅尖，那儿海拔 1929 米，瓯江就从那儿开始流淌。

这儿很静，山道上看不到来来往往的人，偶尔有一两只山羊儿很悠闲地对着天空一声憨叹："咩——"顺着羊儿朝前望，树林中正飘出一缕青烟，会让人想到，是不是神仙住在这儿。车上的我慢慢地睡着了。

突然被一阵水声惊醒，不是"叮咚叮咚"，而是"哗啦啦——"一睁眼，便看到了瀑布，正从山顶飘然而下。

龙泉出名的是宝剑，是青瓷，但龙泉让我惊叹的，却是一条条的瀑布，"龙泉瀑"。

每一座山，都有一条或几条瀑布，像是山的女儿，在山的怀抱里，柔柔地流淌着。有时还撒撒娇，在大石头上溅出几许水花，让太阳把它照得五彩斑斓。她不虚张声势，也不隆隆作响，她不在乎有多少人在仰望她，也无所谓有没有人唱赞歌。龙泉瀑，是不是因为姓"龙"，才显得如此大气，如此耐得住寂寞。

汽车向前开着，瀑布也越来越多，"哗哗"的水声中夹着"啾啾"的鸟鸣声，城里人老是俯视着经济物质水平相对贫乏的山乡人，殊不知，在享受大自然天然之美方面，他们拥有的是巨大的金矿！连鸟儿也如此幸福，瀑布为它伴舞，它怎能不唱得如此欢呢？

前面不能再行车了。我们沿着山路走着，瀑布就在你身边。挨你挨得这么近，你可以随意地在她的尾巴上洗洗手。但你不知道如何去描写龙泉瀑，她不飞花四溅作飞雪状，也不凌空而下作白练状，她就是瀑布，朴素得想不出形容词来形容她。

又一阵水声传来，抬头四望，却找不到声源，把头探出一看，只见50米深的峡谷里，石头堆成阶梯状，水就在这阶梯状的路上，欢快地跳跃着。"这儿是龙泉的五泄！"我说。

队伍里有人问："诸暨的五泄和这儿比，谁更有味道。"

"肯定是这儿，"我毫不犹豫地回答，虽然我是诸暨的媳妇，但我顾不得了。

晚上回宾馆，我迫不及待地给在杭州的朋友打电话："到了龙泉，你可以不看剑，不看瓷，这些可以在各地的工艺品商店看到，但你不能不看瀑，因为龙泉瀑，只属于凤阳山。"朋友在电话那头愕然，她不明白我怎么这么激动。

【作者简介】中国作家协会会员、著名儿童文学作家

——选自 2009 年第 3 期《龙泉人文杂志》

美丽凤阳山

秦万里

下午看好风景。过去，对江南风光的印象只是水乡小船，只是西湖映月，却不知道浙江还有个如此美丽的凤阳山。以前我去过江西的庐山和四川的峨眉山，印象之中，这两座山虽然海拔高，却不如凤阳山的山谷深，不如凤阳山的杉树高大。我们上去的时候，已经到了下午4点左右，由于是逆光，山梁峡谷层层叠叠，一片苍茫之美。据说

在凤阳山还能看到云海、日出、佛光几大奇观，眼下的景色虽然并不十分奇特，却是层林尽染，气势恢弘。奇的是树，一搂粗的杉树横着从石缝里钻出，拐了一个90度的弯儿，然后直挺挺朝云天刺去，高达数十米。上山的栈道很险，是紧贴着峭壁修建的，大约只有1米宽，有恐高症的人早已望而却步，其他不少人也气喘吁吁在半路歇了下来。我和戈悟觉、夏真、李想兴致特高，一面赞叹这山林美景，一面一层又一层向山顶攀去。戈悟觉特别让人敬佩，他已有67岁，却上得最快。据说他曾经是个运动健将，近期还拿了个什么国标舞冠军。难怪到这岁数了，还有一副笔挺的身架。

因为怕耽误了约定集合的时间，我们没敢爬到山顶。下山的时候才发现已经脱离了群体，于是怀疑自己迷了路，大家便玩笑说，迷了路也好，永远出不去了也好，反正这里有两男两女，若干年后，凤阳山上就又出现一个村庄部落了。

据说，凤阳山是刚刚开发的，只承包给了一个老板。我觉得这位开发者是个有识之士，他一定是聘用了真正的专家来设计，用21世纪的理念开发，所以才制造了以绿野宾馆为中心的整体和谐。

5点钟下山，住龙泉宾馆。次日清晨出发赶往杭州，中午在金华用饭，饭后再往杭州飞奔，因为怕误了孙甘露等人的火车，所以拼命赶路。我们开往北京的"Z10"开车时间晚一点儿，就又被请到环岛宾馆休息半小时。仅半小时，本来在车站多呆一会儿就行了，却又花了组织者一笔钱，足见人家的周到和体贴。

【作者简介】《小说选刊》执行副主编，著名散文作家

——选自2009年第3期《龙泉人文杂志》

情系凤阳山

许睫

我终于爬上了号称江浙第一峰的龙泉凤阳山的黄茅尖，站在山梁上。太阳还没有露脸，但我仍看清了那藏在碧波万顷的云海里矫健的山影和美丽的红果树。这昔日寻觅的景致，一一呈现在我的眼前。

泉、湖泊、溪涧与瀑布荟萃，水、石、树草神奇的结合，危岩、悬崖、石窟匿藏其间，绝壁奇松矗立，伸臂欲揽九天明月，滚滚松涛似虎啸龙吟，逶迤曲折的山路，仿佛一道远古幽深的画廊，真是十里浓荫夹道，十里流绿滴翠；再看青葱草色之中，蝶舞蜂飞江南山野之秀。真的好感谢大自然的鬼斧神工，造就了你——凤阳山的险峻与美貌。

其实，我也迷恋，翻越过许多名川大山，只因人为的雕琢太多，使它们失去了独立的自我，虽然也会有或深或浅的一些感受，但都随着岁月的影子渐渐淡化。

龙泉凤阳山天然的古朴、清纯，天然的博大精深吸引了我；还是那俊秀、伟岸、奇异、浩渺开启了我的心窗。我静静地走着，流连于每一棵花草树木之间。

于是，我开始努力跋涉，饱览这迷人的风光，欣赏凤阳山美丽的情愫。

信步走到那一汪秋水般的凤阳湖畔，立刻有无数柔情涌满我的心田。那清澈见底的纯洁，洗却了多年沉淀在我心底里的疲倦。

凤阳山，也许是我终生翻越的最美丽、最纯情、最能寄托相思的山。它的天生丽质，是一本永远读不完的天书。

太阳露脸的时候已近黄昏，我无限依恋地站在山的脚下，仰望它威武的身姿，不觉生出许多惆怅来。

忘不了，龙泉凤阳山的俊美。带着深深的眷恋，我就要离去，但愿不是永久的分别。

【作者简介】供职于人民日报社

——选自 2009 年第 3 期《龙泉人文杂志》

看绝壁奇松

孙苏

据说凤阳山有几绝，水绝，树绝，洞绝，岩绝。绝壁奇松景观就是其中之一。看绝壁奇松，有一种渐入佳景之感。沿着山路迤逦而行，深入林中深处，此时的树都已各具姿态。树种繁多，不一而足。据说凤阳山保存了最多的物种，是天然的植物园。而且由于它的海拔高度，植被呈不同的分布区。绝壁奇松一带，多的就是各种各样的松树。这里的松树和我在家乡所看惯了的大、小兴安岭的松树不同，大兴安岭多落叶松，树干细长坚韧。而小兴安岭则是我国乃至世界罕有的红松原始林所在地。那里的松树粗壮挺拔，颇有帝王气势，一棵树所占据的位置，有几十平方米之大，而且"卧榻之侧，岂容他人酣睡"，在红松林里，你绝看不到一株杂树的身影，你看到的是一种威严和霸气。

绝壁奇松处，你欣赏到的更多是一种奇与绝带来的让人惊叹的感觉。每一棵松树都有它绝处逢生的勇气和能力，带来的都是奇特的景致。最初的时候，我们以为这样的现象只是偶尔，只是个别。走得长了，发现此种绝景在这个景区内无处不在。都是一株株粗大的松树，不可思议地从绝壁岩石上生长出来，它的根是横生在绝壁之上的，但令人惊异的，是它长出绝壁之后，陡然向上生长，树干和树根成90度直角，直指云天。我们同行的人在比着，谁发现的松树更奇绝；每个人都兴奋地找着下一棵。松树们不负所望，一个一个的奇景一次一次地出现在我们面前，一次次地带给我们欢呼和惊喜。

比较起我家乡的松树来，这里的松树更多了些审美的意义。它和江南的景致一样，到处都有观赏的价值。到了南方我发现，一方水土养一方人，所有的生活习惯和文化特点都和这方水土分不开的。即如这山山水水，在北方，多的是实用，而在南方，多的却是审美了。能把灵秀和气势结合在一起的，也是凤阳山。就每一个具体的景致来说，它不乏灵秀之气，但整体上看去，凤阳山的崇山峻岭却会让人生出李白《蜀道难》一般的感叹。从大峡谷上望下去，能惊出人的一身冷汗。车在山中行，人在云中走。一道道绝壁，恰似一幅幅大手笔所做的大写意。挥毫泼墨，挥洒自如。秋日凤阳山，烂漫红叶，虽没有我家乡的五花山那样的层次感，但其端秀，却在五花山之上。除了山、水、洞、岩四大绝唱之外，听说这里还有日出、云海、佛光三大奇观，遗憾的是我们行色匆匆，只能从朋友的介绍处和照片上得以欣赏了。

【作者简介】浙江传媒学院中文系教授

——选自2009年第3期《龙泉人文杂志》

十里笼翠说凤阳

闻欣

自以为多次去过凤阳山，那些闻名遐迩的自然景观早已烂熟于心，便想凤阳山之美，还能美得过我所见过的风光么？

仲夏的一天，友人约我重上凤阳山，并说早先去过的，只是小部分，偌大的凤阳山还有好些独特的景色"养在深闺人未识"呢！这一次不走老路走新路，肯定会获得意外的惊喜。

此次去的景点，是我以及同行者先前未曾涉足的十里笼翠。

十里笼翠名不虚传！进入林间曲折的石径，两旁皆是苍翠欲滴的树木，浓荫蔽空，藤萝绕树，简直是天造地设古意幽深的画廊。且不说别的，光那些虬枝曲干古树组成的大自然奇景，便足以使我们叹为观止。

十里笼翠地处大峡谷，漫山遍谷烟云暖熳，便添了几许如梦如幻的神秘。山风吹过，云随风驰，树与岩石便有了动感。特别是置于半空巉岩顶点的风动石，随时有可能砸下来的危险，让人胆战心惊。可事实上只不过是一种幻觉。它已在险处存在了几千年至今依然坚守在最初的位置。如果说风动石是十里笼翠一险的话，那么卧龙窟便是一奇了。卧龙窟处于峡谷底部溪涧边，洞内宽敞平坦，有长长的石床，传说那是老龙下榻之处。石窟上方石如盖，布满了斑斑驳驳的纹路，似画非画，似字非字，真乃是一部无人可以解读的天书。所以有人称它为天书洞。仰卧洞中，凝视大自然神秘之手所篆的天书，不由得不惊叹它的神奇与魅力了！十里笼翠的奇，自然不限于卧龙窟，凡足迹到处，简直无奇不有。那称作雨崖的石壁，即便晴空万里的日子，依旧是一片濛濛的雨景。阳光透过森林照在雨崖上，如珠抛洒的雨点，便变成了晶莹亮丽的太阳雨，那种让人灵魂为之悸动的意境，实在是笔墨无法形容的。俗语云：独木不成林。十里笼翠却说不，独木亦可成林。在离卧龙窟不远处的溪涧中，有个碧水潆洄的藏龙潭，就在潭水下泄处，有一块布满苍苔的岩石兀立在水流中间，岩石上一个树根硬是长出十余株粗壮并立的树，成了水上一片郁郁葱葱的树林。而树下只有光秃秃的岩石，并无寸土，全赖水中的根汲取营养，是一个无土的家族。十里笼翠就如此以自己的风貌将你带进了一个意想不到让你为之神往世界之中。你在十里笼翠任何地方小憩，都有意味深长的风景，傍壁而坐可听野禽斗歌，可听山泉浅唱，可听山涧水石相搏发出的巨响，恍若虎啸龙吟！沿着石阶缓行，并稍作停留，相思鸟婉转的清唱便会把你的目光引向连理台。连理台在山崖之上，连理树不是一株，而是数株，树干相依相偎，即便千年风雨相摧也不愿分离。真乃应了白居易在《长恨歌》里"在天愿作比翼鸟，在地愿为连理枝"那种精致。据说连理台是挺吸引人的地方，特别是为爱而山盟海誓的人，都喜欢在此拍照留念，借此寄托两心相许的感情。十里笼翠的连理台，可真是个具有浓浓的人情味，可以让爱在心中永驻的去处。

人生之路是没有终极的遥远，但作为个体的生命，只拥有其中的一段。在这并不太长的一段中，是否也该有自己不是荒漠而是多姿多彩的生命风景呢？

凤阳山还有不少自然景观藏在我们不知道的地方。它们还在无声地沉默着，等待着人们去认识它的美丽与神奇……

【作者简介】浙江省作协会员、龙泉著名作家、诗人

——选自 2009 年第 3 期《龙泉人文杂志》

雾　雨

项伟剑

许是山高的原因，雾也就比别处多了、浓了。雾一来，仿佛就像是丝一般的雨，柔柔的、绵绵的、无声无息地罩在你的周围，姑且就

把它叫做雾雨吧！

凤阳山的春天是雾雨最多的时节，一来就是十天半月的，只要你一推开门，就会发现朦胧中眼前那隐约可见的几棵树都湿了，而且苍翠欲滴。山峦都深藏在霭霭雾中，时而白茫茫一片，时而山峰隐隐，时而现出粉绿的松针，时而又见娇丽的杜鹃，仿佛在展现那一幅幅多姿多彩的水墨画。

走到门外去感受一下，那种冷冷的冰凉，特别的醒人耳目。似乎你自己也像是刚从冬眠中醒来，心中总有一种蠢蠢欲动的感觉。有时，更想大吼几声，可四周又是那样的寂静，又使你不忍打破这种祥和的宁静，静似乎更能给人别样的感受。

在这雾雨中慢慢地走着，雾雨会淋湿你的头发，额上的几缕发丝紧贴在你的额前，雨滴顺着它们一直滑到下巴，那种凉意，更沁人心脾。走在雾雨中的你，使静静的画面里有了动感，有了动感的画就活了，渐渐地，你会不知怎么走法、更不能确定自己是走入画中还是走出画去……反正，头发湿了，衣服湿了，鞋子也湿了……

雾雨太细、太绵，若有若无，烟岚太浓、太厚，时而又起又落。黑暗总是如期而来，雾雨依旧是细而绵密，无声无息，那雨中偶尔一两声小鸟的鸣叫却更加动听。"雨洗清清来，风吹寂寂远，青山明媚，新华光景，苍翠总在雾雨中……"此刻，凌拂先生的词是那么地让你贴近。

雾雨依旧顾自落着，沐浴着群山，沐浴着你，沐浴着周围的一切，让你在一阵阵冰凉中感到它的存在，它的妩媚。

【作者简介】原凤阳山管理处干部、后调往龙泉市政法委

——选自 2009 年第 3 期《龙泉人文杂志》

二、通讯

关注凤阳山的人很多，为它写通讯报道的人也不少。因而在《人民日报》、《中国林业》、《文汇报》、《浙江日报》、《浙江科技报》、《丽水日报》、《处州晚报》中常与读者见面。

以下选录了几篇通讯文章：

天生丽质凤阳山

沈惠国　郭宗道

朋友，你听说过有这么一座大山吗？有诗道：

啊，那垂天的瀑布

从春出发，落入夏的水潭！

那飞鸟，在山下双翅一振，

从夏天飞向春天！

啊，凤阳山的云呵，

正好飘在春天和夏天之间……

凤阳山，在龙泉县城外 50 千米处，占地面积 20 万亩。我省第一高峰——黄茅尖（海拔 1921 米），正是它的主峰！宛如银色飘带似的瓯江，逶迤在它的怀中……

那里地势险峻，人迹罕见。至今保留着 4 万多亩中亚热带常绿阔叶林，森林蓄积量达 28 万多立方米。那里高低悬殊，峡谷众多，植被群新老兼蓄，南北相承……凤阳山，孕育于中生侏罗纪，山体结构在震旦纪以前奠基，它雄踞浙闽边界，在绵延的群山中犹如鹤立鸡群。

凤阳山的云海十分壮观。受亚热带和东南季风影响，云雾缭绕，雨量充沛，有利于涵养水源，调节气候，水土保持。凤阳山还是动物的"极乐王国"，至今已发现的有华南虎、金钱豹、云豹、穿山甲、猕猴、娃娃鱼、崇安髭蟾、苏门羚等名贵动物。这里一年四季都能听到鸟鸣，发现鸟类 63 种，分隶 10 个目 23 科。

眺望凤阳山，它的三条垂直分布带显而易见，又不截然割裂：海拔 600～1300 米，常绿阔叶林居多；1300～1700 米，为常绿、落叶混交林；而 1700 米以上，则全为落叶林及高山草泽灌丛。那些奇树异木、千姿百态，犬牙交错、互相牵缠。列入国家重点保护的 29 种野生植物，这里就有 10 多种。那里还有我国特有的单科单属单种"骄子"——钟萼木；种皮晶莹剔透、洁白如云的白豆杉；木材坚硬耐水湿的浙江樟；花色如银，形似古钟的银钟树；古老的香果树，低矮的亮叶蜡梅，以及福建柏、青钱柳、鹅掌楸、檫树、南方铁杉……最令人瞩目的是傲立山巅崖沿的黄山松。黄山松是最早给凤阳山披上绿装的"绿化先锋"。它不在乎土瘠水贫，把根深深地扎下去；也不畏惧山高风寒，舒枝张叶苍劲挺立。看到黄山松，就情不自禁地想到探索深山奥秘的科研工作者，他们跋山涉水，含辛茹苦地对凤阳山进行综合考察，揭开了它神秘的面纱，发觉了它的天然丽质。为了将凤阳山建成宏伟的林业、生物等科研场所，他们在这里安营扎寨，日夜奋斗，像黄山松那样，屹立在高山之巅，忠诚地坚守在战斗岗位上。

【作者简介】沈惠国，原龙泉县委报道组干部；郭宗道，龙泉县林业局干部

——载 1982 年 5 月 20 日《浙江科技报》

拉犁不用鞭的"老黄牛"

戴圣者

他，50多岁，身材矮小，穿着一套蓝色工作服，额前布满皱纹，几十年如一日，工作勤勤恳恳，吃苦耐劳。工人们尊称他是一头拉犁不用鞭的"老黄牛"。他，就是凤阳山保护区职工刘开发。

护林防火，是林业的重要工作之一，是每一个职工应尽的责任。防火期里，老刘白天完成本职工作，夜晚总是抢先到防火瞭望台值班。哪里发现有森林火警或火灾，哪里就有老刘的足迹。

前年11月14日，单位值班同志接到报告，在官田大岗发生森林火灾。业余扑火队队长一声令下，同志们立刻行动起来，老刘一马当先，腰佩柴刀，肩扛风力灭火机，跑在队伍的最前面。崎岖陡峭的山路，平时人们空手也觉得喘不过气，何况现在他还背着30多斤①重的灭火工具。翻山越岭，一鼓作气，历时三个多小时的路，老刘走在前面，第一批赶到失火现场，和同志们立即投入了紧张的灭火战斗。

归来已是晚上8点，队员个个筋疲力尽。大约9点，值班人员接到报告，在白天发生火灾的地方，由于"死灰复燃"，现在火势又蔓延了。怎么办？扑火队长也感到为难了。"火灾就是命令！"，站在一旁的刘开发第一个跳出来，二话没说就打点行装，和十几个青年扑火队员再次出发了。

黑茫茫的夜，伸手不见五指，在那崎岖山路上，高一步低一步地奔走，一不小心，随时都有跌下山沟的危险。一人在前面开路，大家在后紧紧跟上。经过艰苦努力，队员们安全赶到大岗。这时大约深夜12点多，与附近赶到的农民并肩战斗，终于将火势控制住，然后把余火彻底扑灭。

往回走时，老刘和另一位职工掉队迷了路，黑夜，在那茫茫林海的凤阳山，要想走出来真是难上加难。老刘凭着勇气和机智，顶着呼啸的山风，沿着山沟向上爬。遇水涉水，迎崖攀岩，走走停停，停停再走，到达宿舍已是第二天早上6点多，别人早吃完饭休息了。

匆匆扒了几口饭，老刘拿着扁担和柴夹又准备上山为食堂挑柴火，工人们劝他休息，他只是笑笑，迎着初升的太阳，一步步向山走去……

20多年来，他不怕苦，不怕累，忘我劳动，一心扑在林业事业上，受到人们的好评。他多次被评为单位、县局级先进工作作者，不愧是一个辛勤的耕耘者，闲不住的"老黄牛"。

【作者简介】原保护区领导

——载《林海涛声》

---

① 1斤＝500克。

第二节 诗 词

保护区建立后，由于交通、通讯、住宿等设施不断完善，文化艺术界进山人数逐步增多。他们的到来，促进了凤阳山文化的繁荣。

1981 年，中国著名书法家、诗人姜东舒进山，留下了七律《凤阳山将军岩》一诗，成为众人传颂的诗篇。

此后，有 4 次大型文学会议在凤阳山召开，参加会议的有专业作家、报纸副刊编辑和文学团体的领导者。他们上山一是开会，二是浏览凤阳山风景区。散会后，凭着自己的灵感，写出了许多动人的诗篇。

2001 年 9 月，浙江省交通厅厅长郭学焕，工作之余与同行到凤阳山观光，被凤阳山秀丽的风光、气势磅礴的群山所感动，吟唱了五言绝句诗一首，成为诗歌佳作。

龙泉本土的文人墨客、文学爱好者相继进山旅游，文人特有的灵感打开了诗的闸门，一首首优美的诗歌跃然纸上。龙泉原文联主席、诗人闻欣，每次上山都有新的诗歌出现在报刊上，他创作的《山与云》、《带蜜的云》、《凤阳山的风》……，已深深地植根于老百姓的心中。龙泉著名文人的笔端多有凤阳山的诗韵。

吟颂凤阳山风光的古体诗词作粗略统计：被《龙泉诗韵》收录的有 32 首；被《当代诗人颂丽水》收集 19 首；被《龙泉人文杂志》(2009 年第 3 期)刊登有 11 首。

一、散文诗选录

"野人窝"
——在龙泉凤阳山上所见
李苏卿

你用咬断的树条，
编织一个卵形的大巢，
你是野人？是兽还是禽鸟？
谁能知道？
窝里铺满厚厚的树叶，
你柔软的梦在风雨中飘摇；
世上还有沙发和席梦思，
你可曾梦到？
你是智慧动物吗？
为何又离我们如此之遥？
你是类人猿吗？
为何还留恋这原始窝巢？
几万个世纪过去了，
世间万物进化的进化飞跃的飞跃；

你的窝却给人类学者，
留下一个奇异的大问号

【作者简介】中国作家协会会员，著名诗人

——摘自《龙泉人文杂志》

走向森林
——写在高山自然保护区
张德强

从城市灰色的森林
我走向群山绿色的起伏

一堵又一堵赭黑的石壁
沉重地向我一路压来
蓝天却越来越亲近
拨开马尾松浓密的睫毛
太阳正用目光邀请

我走向森林
一片新大陆
接替我记忆中的水泥楼群
和楼里失眠的星星
我站在山巅
检阅乔木和灌丛的队伍
清点郁郁葱葱的伞兵
为了守护鹧鸪的歌唱
守护野蔷薇淡紫色的梦
让峡谷流出没被污染的涛声

我走近森林
山风摇响松果的铃铛
云的纱巾轻拭我蒙尘的心
赤裸的脚浸入小溪
让流水淌走一切烦躁杂音
我走进神秘的森林
去结识一群陌生的生命……

【作者简介】浙江省作协诗歌创委会主任、著名诗人

——摘自《龙泉人文杂志》

瓯 江

黄亚洲

瓯江的源头

是清清凉凉的

是龙泉山巅一株小树

是小树的嫩叶上

一滴冰凉的露珠

瓯江的入海口

是炽热的

那里有一个强大的锅炉

　锅炉名称叫做温州

　其沸腾的管线

　据我观察

　已经连通起

　一个国家的道路

【作者简介】原中国作家协会副主席、浙江省作家协会主席，现浙江省作家协会名誉主席

——摘自《龙泉人文杂志》

凤阳山栈道

崔汝先

悬崖峭壁间

又多了一条银色的云带

从此进山

可添了一份安全保险

这梦幻之路

牵着风吹峣岩

牵着银瀑

牵着浓浓的绿云

牵着惊恐的跫音

把汗珠洒落在深谷里

凤阳山的美景

就更加贴近慕恋者的心窝

人人都收卷了一幅幅

醉心的国画

感谢大山

感谢智慧

感谢这奇巧的构思
凤阳山你是属于寻求者的

【作者简介】中国作家协会会员、著名诗人

——摘自《龙泉人文杂志》

凤阳山居（组诗）

江晨

山　居

喧嚣远去
隐入宁静的寓所
自由自在从心尖滑过
太阳　湿漉漉将我伴随
黄昏坠落山谷　辉煌天空
夜晚沉思　我与星星对话
山风醉人如解渴的清泉
云雾　山峦　森林　萤火
呈现意境的缥缈
溪水　松涛　蝉声　鸟鸣
合奏悠扬的交响乐章
我的生命融入其中
同她一起搏动　升腾

杜鹃谷

如约盛开
一朵　一朵　又一朵
簇簇丛丛　争奇斗妍
灿烂就漫山遍坡
花海就汹涌远山近谷

淡蓝　洁白　鲜红　火红　玫瑰红
像朝阳　像白云　像少女美丽的
初晕
如轻纱　如波涛　如玉莲　如新娘
五彩的衣裳
置身其间　我领悟
什么是轰轰烈烈　什么是绝色绝美

什么是醉意氤氲　　什么是生命鲜活

【作者简介】龙泉市文联主席，浙江省诗歌协会会员，著名诗人

——摘自《龙泉人文杂志》

凤阳山诗草（组诗）

闻欣

春与夏

云，把凤阳山
拦腰截成两半。

云下，山花已经凋残，
炎夏，已徘徊在村庄原野。

云上，杜鹃花灿然如霞，
春天，刚刚迈上山巅……

呵，那垂天的瀑布，
从春出发，落入夏的水潭！

那飞鸟，在山下双翅一振，
从夏天飞向了春天！

呵、凤阳山的云呵，
正好飘在春天和夏天之间……

山与云

山，在天空中巍然耸立，
云，在峰峦间流连徘徊。

妒忌的山风把云赶开，
云又悠然向山峰飘回。

云把恋情献给山峰，
山峰啊，你为什么那样冷漠，
不理不睬？

云呵，执着地追求，
十回，百回，千回……
山峰感动了，
把云搂进了怀里！

于是山峰和云结合了，
它们相爱着，永远不能分开！
……

带蜜的云

一群群蜜蜂从山谷起飞，
嗡嗡嗡，响在茫茫的云海。

它们向云外飞去了，
那里，野花比繁星还要稠密。

蜜蜂，在云海上酿蜜了，
酿甜了山风，酿甜了云彩。

啊，凤阳山带蜜的云，
化成了雨，洒向大地。

我伸手在空中捧了一把雨，
尝一尝——唔，是甜的！……

写给大柳杉

柳杉不满自己的平庸，
创造的希冀在肌体中胀满，
过去它是柔弱的小苗，
如今是飘扬在凤阳山的
绿色大旗一面！

这是一曲奋斗者的凯歌，
迎着风暴雨雪凌霄而上，
把绿色诗篇写上高天！
哦，大柳杉！你是丛山中的强者，
你用自身的崛起告诉绿色的子孙。
敢于突破！敢于冒尖！

【作者简介】浙江省诗歌协会会员，原龙泉市文联主席

——摘自《龙泉人文杂志》

绝壁奇松

洪峰

靠着些许的石屑泥沙，汲着点滴的渗水
遗落在石缝间的松籽开始萌动，发芽、生根，然后缓慢成长，几

百年光阴才长成现在的模样

　　这群野松，站在高不可攀的绝壁上沿着阳光的方向使劲伸展，它

们或孤傲独立，或三五成群，或盘根虬干，或高大挺直

　　身上的鳞片在阳光底下反射着龙的色彩

　　密匝的针叶凌空欲飞成一条绿色飘带

　　作为这片绝壁绝对的灵魂

　　生命的细节早已潜入这些野松的骨头

　　它们从不同角度去触摸天地的浩荡和博大

　　最终让自己变得更加顽强和自在让生存仰望成一种风景

【作者简介】现任龙泉市作协秘书长

——摘自《龙泉人文杂志》

二、古体诗词选录

　　1983 年冬，南京军区副司令员张明到凤阳山作军事考察。回南京后作诗一首以作留念。

　　　　　　寒秋察攀凤阳山　　晨照峦森百鸟欢
　　　　　　黄茅尖峰军擎柱　　云海雾屿胜蓬仙

——摘自《张明致陈豪庭信函》

七律·凤阳山将军岩
姜东舒

　　　　挺胸昂首大将军，剑倚龙泉倍有神！
　　　　兵戟森森千岭树，阵旗猎猎万壑云。
　　　　瀑擂通鼓开军宴，鹰踞危岩护大门。
　　　　捋髯笑看江水转，风帆叶叶接嘉宾。

——摘自《龙泉山水吟》

登凤阳山
郭学焕

　　龙泉凤阳山，有大小三千峰峦，为国家级自然保护区，其峰黄茅尖，海拔 1929 米，乃江浙最高峰。凤阳山植物资源丰富，形成了高山湖泊、草甸、云海雾凇和杜鹃谷、凤阳瀑等自然奇观。可谓"走近凤阳山，自然亲近人"。2001 年 9 月 24 日，与丽水、龙泉诸君同登上黄茅尖，感慨良多，以诗记之。

峦数三千秀，晨昏现翠笼。

山尖风卷草，岭脊雾围松。

瀑布声何急，鹃花色愈浓。

悠然真自在，一醉此高峰。

【作者简介】原浙江省交通厅厅长，诗人、书法家

——摘自《龙泉人文》杂志

绝壁奇松
韩春根

雾蒙蒙兮天穹低　松涛声声凉意逼
迈步栈道观风景　翠柏奇松绝壁立

【作者简介】浙江省政协常委、人口资源委员会主任。2007年10月在凤阳山工作调研时作诗二首，此为其中一首

探访瓯江源
聂鑫森

10月15日下午，从凤阳山绿野山庄出发，与文友先乘车后徒步，去探访瓯江的源头。这是我有生以来，第一次零距离触近一条大江的发源地。幸甚幸甚。

瓯江波万叠，东去何壮哉！

欲探江之源，我入凤阳来，

山势如奔马，云雾重重开，

翠竹竖长戟，塔杉翠屏排。

路向险处凿，车从天上来。

黄菊东篱短，红叶谁剪裁？

弃车入小径，芦花无际白。

宛若三冬冷，天地雪皑皑。

鸟声鸣环佩，日影自徘徊。

忽闻泉泪泪，心净无尘埃，

江源何其细，壮志冲天外，

点点滴滴水，合力奔大海。

且与时俱进，奔腾齐奏凯，

赫然"瓯江源"，勒石昭万代！

我立丰碑侧，天风振衣带，

涓滴不言小，挟雷起澎湃！

【作者简介】湖南省作家协会副主席，著名小说家

——摘自《龙泉人文》杂志

采桑子·凤阳山
管日高

威峨万仞一山峙，翘首凤阳。情寄凤阳，滴翠片云着墨香。 今怀望岳凌云志，跬步留光。步步留光，为赋新词论短长。

【作者简介】曾任龙泉市委副书记、市政协主席等职，现退休

——摘自《龙泉山水吟》

凤阳山云海
江圣明

风拂云轩景似虹，滔滔白浪涌山峰。
苍鹰不信群神去，独邀天庭觅宝宫。

【作者简介】曾任民政局、文化局局长，现在龙泉市人大供职

——摘自《当代诗人颂丽水》

登黄茅尖
毛良

江浙首峰高接天，登临潇洒任飘然。
众山蜷伏青如黛，薄雾腾空杳若烟。
迎面秋花娇欲语，沾唇汗水苦犹甜。
虽经花甲志尤壮，健步高攀学少年。

【作者简介】中华诗词学会、中国老年书画研究会会员

——摘自《龙泉山水吟》

凤阳山瀑布
朱金兴

天藏仙景凤阳间，云蔽烟封雾锁关。
悬壁耸峰势壮伟，垂帘瀑布气嚣峦。
跳崖纵志向沧海，穿涧横心出大山。

石破天惊飞泻去，前途何惧路千弯。

【作者简介】中国根艺美术学会、中华诗词学会会员

——摘自《龙泉山水吟》

凤阳湖
吴长通

瓯源巅顶看平湖，绿水青山如画图。
见底碧泉清似镜，依依不舍忘归途。

【作者简介】系龙泉市石油公司退休职工，龙泉市诗词学会会员

——摘自《龙渊诗韵》

瓯江源
吴炜

瓯江首上水涓流，恰似峰峦在渗油；
翠鸟林间常戏闹，雄鹰顶上静翔游；
丛中野兔频繁蹦，洞里幽泉曲调柔；
与世隔离人迹罕，心平气静忘城楼。

【作者简介】龙泉市林业局退休干部，系中国林业作协会员

——摘自《龙泉人文杂志》

绝壁奇松
吴蔚

绝壁高千丈，孤松几度秋。
冰霜浑不怕，险处亦风流。

【作者简介】浙江佳和矿业集团有限公司职工

——摘自《龙渊诗韵》

绝　壁
林学宗

拔顶危崖万丈空，虬松咬石扫苍穹。
偶然一望神何往，吊魄提魂绝壁中。

【作者简介】系浙江省诗联学会会员

——摘自《龙渊诗韵》

绝壁奇松

施岳松

绝壁危崖不老松，迎霜傲雪且从容。

扎根石缝凌云志，气壮山河立险峰。

【作者简介】龙泉市林业局退休干部，丽水市诗词学会会员

——摘自《当代诗人颂丽水》

第三节　书画摄影

一幅优美的书画，不但给人以美的视觉享受，而且能在世间流传千古，成为稀世珍品；一张优秀的摄影图片，是作者用心血将变化的事物化为永恒的记忆，永存于世让人观赏。现将曾到凤阳山进行过书画、摄影及其他艺术创作活动的情况记录如下：

一、书画

1978 年，龙泉林业局顾松铨创作的国画《凤阳山风光》，在金华、温州、丽水三地区美术作品联展中展出。

1978 年秋，著名画家刘旦宅到龙泉，由龙泉县委报道组沈惠国陪同到凤阳山。被山中奔腾不息的云海、茫茫无际的森林、似缎如银的瀑布所折服，立即取出纸和笔对景写生。

1979 年初夏，中国美术协会会员、河北省美术协会理事、河北山水画研究会副会长钟长生回故乡探亲时以凤阳山为题材，创作了《瓯江源》、《龙泉山飞瀑》等山水画。

1981 年，著名书法家姜东舒到凤阳山，并登上主峰黄茅尖，环眺四周，只见一览众山小，惟独我为尊。回到保护区驻地后，挥毫泼墨题写了"江浙第一高峰"遒劲的墨宝。

1983 年 7 月，浙江美协组织童中焘、孔仲起、姚耕云、朱恒、卓鹤君、包辰初、柳村、夏子颐、何水法等 10 多人到凤阳山采风。

1984 年夏，中国美术学院马其宽先生带领花鸟画系学生上凤阳山写生。

1984 年 10 月，上海少年儿童出版社出版了由龙泉作家舒喜春、陈岩来著文，上海著名画家叶飞作画的《热闹的猴山》一书。该书以凤阳山的猴子生活趣事为题材，将猴子生活的故事奉献给小读者。

1985 年，中国美院闵学村带山水画系学生上凤阳山写生。

1988 年 8 月，浙江人民美术出版社出版了以凤阳山猴子为题材的《猴国奇趣》连

环画。该画册由舒喜春、陈岩来著文，由漫画家王树忱、陆美珍绘画。

1996 年夏，省长柴松岳到凤阳山视察，被凤阳山优美的森林景观、良好的生态环境所感动，即兴书写了"难得净土"四字。

1997 年，浙江画院组织著名画家姜宝林、张华胜、潘鸿海、孙永、徐家昌、邢鸽平等 10 余人到凤阳山搞创作。

1999 年 2 月，中共浙江省省委原书记薛驹为凤阳山保护区题写"发扬艰苦奋斗优良传统，建设革命老区的自然保护区"条幅。

2004 年秋，龙泉市市长林健东题写了"华东古老动植物之摇篮"条幅。

2006 年 10 月，丽水市副市长肖建中到凤阳山调研时，为凤阳山管理处题写了"珍爱自然、保护资源、构建和谐社会"条幅。

2009 年，中国林业美术家协会会员、龙泉市林业局退休干部顾松铨出版了《处州好龙泉》画册，其中以凤阳山为题材创作的山水画有"江浙绝顶"、"千里瓯江源"、"绝壁奇松"等 15 幅。

2009 年 6 月，书法家、省林业厅厅长楼国华到凤阳山调研，即兴题写了"凤阳山自然保护区"八个大字。

1983 年，省著名歌词作家与丽水地区业余歌词、作曲家曾在凤阳山召开音乐创作笔会，舒喜春根据山中的"双折瀑"创作了《瀑布》一歌的歌词，省知名作曲家顾生安为其谱曲。

二、摄影

1978 年秋，浙江电影制片厂 2 位摄影师到凤阳山拍摄林业科教片。

1981 年，龙泉县委报道组沈惠国和林业局郭宗道一起拍摄了《世界珍稀树种白豆杉首次扦插成功》等照片，并分别在上海《文汇报》、《中国林业》、《浙江日报》刊出。

1982 年，沈惠国与郭宗道合作拍摄了《凤阳山上天女花》、《天生丽质凤阳山》、《人工繁殖的黄山木兰》等图片，并在《浙江科技报》发表。期间，沈惠国还拍摄了凤阳山风光艺术图片多幅，在国内数家画报上刊登。

1983 年 3 月 21 日，中国摄影家协会主席、著名摄影家徐肖冰、侯波和浙江省摄影协会主席到凤阳山进行摄影创作。

是年，凤阳山自然保护区职工樊子才拍摄的《凤阳山发现特大食用菌》和《发现特大竹节人参》2 幅照片在《浙江日报》刊出。

1981 ~ 1983 年，著名摄影家初小青曾数次到凤阳山拍摄了众多风光艺术片。20 世纪 90 年代将凤阳山所拍的照片，制作成挂历。

1994 年，郑小荣在北京美术摄影出版社出版的《中国国家级自然保护区》、《为了大自然》摄影作品专辑中发表与初小青合作及作者单独完成的《柳杉王》、《凤阳山云海》等 6 幅生态摄影作品。

1998 年，龙泉摄影人员朱志敏拍摄的凤阳山原始森林作品《山行》，在全国林业文联摄影作品展览会上展出。

1999 年 12 月 8～10 日，来自全国各地近 200 名专业及业余摄影人员分二批到凤阳山摄影创作，在摄影界产生很大反响。当年，龙泉市文联向中国摄影协会申报"凤阳山为全国摄影基地"获得批准。2000 年 9 月，大型电视系列片《八百里瓯江》在凤阳山举行开机仪式，省政协副主席龙安定到场祝贺。

2007 年，《丽水日报》、丽水市林业局举办的"享受'第一森林浴'征文（摄影）"比赛，龙泉业余摄影者有 8 幅作品获奖，获奖作品大多以凤阳山的森林景观为题材。

2008 年 3 月 23 日，凤阳山管理处和龙泉市文联举办的"凤阳山杯——我眼中的自然保护区"摄影比赛，收到 38 位摄影人员拍摄的 418 幅作品。同时还挑选了部分作品，参加北京奥组委、大自然保护协会共同举办的"自然中国、和谐家园——我眼中的自然保护区"摄影大赛评比。

自保护区建立至今，据不完全统计，科学技术人员有浙江大学生命科学院丁平、丁炳扬，华东师范大学朱瑞良，浙江中医学院陈锡林，浙江林学院徐华潮、张斌、罗铁家，浙江师范大学鲍毅新，浙江自然博物馆张方钢、范忠勇等人均在凤阳山拍摄并留下了许多珍稀动植物照片。

由专业摄影人员和业余摄影爱好者在凤阳山所拍的艺术照片，数量之多无法统计。单在 2009 年第 3 期《龙泉人文》杂志上刊登的凤阳山风光艺术照片多达 60 余幅，作者 26 人。

第四节　菇民文化

凤阳山周围 1300 平方千米内的居民都以生产香菇为主要职业。每年冬春，大批菇民结伴外出闽、皖、赣诸省做香菇。据史料记载：清乾隆时龙、庆、景 3 县菇民区人口 15 万左右。1990 年统计：3 县菇民区人口已达 20 余万，龙泉一县有 6.5 万。

菇民聚居地区民众，由于长期生活劳作在深山地区，且都以生产香菇为主业，年长日久菇民区逐渐形成了独具特色的菇民文化。归纳起来，较为突出的有以下 3 种：

一、香菇文化

凤阳山周边地区所建造的神庙以及庙内供奉的神像与其他地区有明显差别。如凤阳山中的凤阳庙，庙中神灵的位置按以下规定排列：庙正中供奉：五显灵官大帝 5 位神像。五显灵官大帝左边有西洋祖殿吴三公、国师青田刘伯温，右边有土地公。

菇神庙为何供奉五显灵官大帝？目前尚未找到确切史料。仅凭民间传说和零星史料作一些推论。据《龙泉人文》杂志总第 19 期中的《触摸世界香菇文化历史源头》一文记述：……菇神庙其实就是五显庙，庙正中供奉着五显（骆显聪、显明、显正、显志、显德）大帝。

春秋时代，骆氏五兄弟把栽培香菇的"砍花法"技术传授给龙、庆、景三县菇民。传说是吴三公发明了"惊蕈法"，而刘伯温却是为菇民争取到生产香菇"皇封专利权"。

据研究香菇历史文化学者张寿橙所著《千秋菇史璀璨文化》一书介绍：香菇栽培技术绝不是靠一个人乃至一代人所能完成的，将"砍花法"作为龙、庆、景三县万千菇民长期劳动实践的产物，而将吴三公作为其中的代表则更为确切。供奉吴三公和刘伯温神像有如下因素：

龙岩村自然环境险恶，距龙、庆、景3县县城均在50千米以上。境内群峰突兀、山高水冷、田地稀少，居民世代皆以栽培香菇谋生，至今依然。相传吴三公世居深山密林，以狩猎与采集野生蕈菌为生，其发现阔叶树之倒木皮层被刀斧砍伤之后菇便大出，且多砍多出，少砍少出，不砍不出。此种菇滋味甜美，常食之体健少病，尤无感冒等常见病。……对于这一传说，我们已无从查核，但吴三公千百年来为3县广大菇民所传颂并尊为菇神，却是一个历史事实。

据总第19期《龙泉人文》杂志中《香菇栽培始祖吴三公》一文所述：吴三公是一位勤劳、智慧、善于钻研的人。他在树木中的枯倒木上发现一种野生菌菇，形如伞状，表面灰黑有光泽，下面白色有皱襦线条，采回试食，味美而无毒，经常食用有滋补健身作用。于是，他进行人工栽培试验，逐步将不同杂木砍倒，用斧将树皮进行疏、密、深、浅不等的砍花，然后用带叶的树枝遮盖。一、二年后，长出比野生更加茂盛的香蕈，此后又继续进行反复实验，得到了要使香蕈丰收除了要选好山场、选好菇木外，还要对菇木进行合理砍花和撞击树段，成了中国历史上以"砍花法"与"惊蕈"技术生产香菇的创始人。

吴三公卒于公元1208年，他死后当地百姓怀念他的功绩，尊称他为菇神；为了感恩戴德，于宋咸淳元年（1265）率先在庆元后广建灵显庙，俗称菇神庙。

明万历三年（1575），吴三公被敕封为"判府相公"，因而名气大增，影响面愈来愈广。此后菇民区兴建菇神庙日渐兴盛。

1994年版《龙泉县志》也有如下记载：民间相传"砍花法"种菇技术为宋代龙泉县龙溪乡龙岩村菇民吴煜（公元1130年生，因排行第三，菇民尊称为吴三公）发明，被菇民奉为菇神。

"明太祖奠都金陵，因祈雨而茹素，苦无下箸之物，刘基（伯温）以菇进献，太祖嗜之喜甚，谕令每岁置备若干。刘因浙之旧处属青田人也，顾念桑梓田少山多，乘间奏请以种香菇为该三县人民专利……"。此虽未见于正史，但新中国成立前，中国长江以南11个省从事香菇生产者均为龙（泉）、庆（元）、景（宁）3县菇民，则为历史事实。

庆元县长陈国钧在1948年写的《菇民研究》一文中，对明太祖朱元璋封香菇专利一事，也作了类似的记述。文中关于皇封专利的叙述，更明确地说明"他县人不得经营此业"。据称3县人士在南方香菇集中产销地，如安徽屯溪、江西景德镇、福建南平等地开设菇行数百家，从事香菇收购和销售，多依赖于皇封专利。

刘伯温给菇民带来切身利益，菇神庙中供奉刘的神像，是菇民永远纪念刘公功绩的心理诉求。

二、语言文化

龙、庆、景 3 县菇民，外出闽、赣、皖、粤等地做香菇，不讲家乡方言，也不说普通话，讲的是与众不同、非菇民不能听懂的"山寮白"，亦即菇山行话，是一种纯行业语言。为了便于了解"山寮白"，用下表列出部分"山寮白"的实际含义。

菇民"山寮白"与实际含义对照表

山寮白	实际含义	山寮白	实际含义	山寮白	实际含义	山寮白	实际含义
柴弯	柴刀	乌潭	锅	高担	先生	龙	缚
草弯	草刀	空再	饭甑	老担	老人	妥	打
锄恼	锄头	洒屯章	下雨	占担	女人	胡	吃
邦锅	斧头	过责担	过年	蓬	菇厂	扫邦	刷
久沿	猴子	蒲楼	老虎	野乌杯	野猪	四翠	麂
大菜	老鼠	鸟仔	小鸟	山调邦	金鸡	藤	蛇
草舔	牛	乌杯	猪	地羊	狗	地下棒	鸡

类似上表的生活、生产相关语言，只有在菇民内部交往中使用，且约定山寮白不传于外人。比如说农学家王祯，由当地官员陪同上山参观香菇生产技术操作流程，菇民首先以茶水款待客人，此时香菇寮头头就与伙计说："高担蓬胡"。意思是这些先生来到香菇寮，要给予饭吃。

如果客人询问"香菇怎么种"？菇民就指着那些已砍倒的菇树，让他们看已经过斧头"砍花"的菇木以及香菇采摘、烘干的办法，至于菇民的"砍花"具体操作过程与"砍花"应掌握的技术是绝对不让外人知道。所以千百年来不管是政府官员，还是技术人员，根本不可能从菇民口中得到确切的栽培方法。自宋、元、明、清以来，许多地方志都有香菇栽培的记录，但无一处有栽培香菇技术的准确记载。

"山寮白"如何形成，无从考证。一种特殊的菇山行话，在 3 县 1300 平方千米的菇民区形成与流行，并在千百年间稳定地保守住行业的秘密，除了菇民严守行业技术不外传的规定，还与菇民使用外界难以听懂的语言文化有密切的关系。另：菇民认为"山寮白"还有避山魈鬼魅作用。

春节来临，张贴春联，是中国人民的传统习俗，菇民亦不例外。但菇民张贴的对联，遣词造句与常人有很大的区别，菇山香菇寮门口所贴的对子大多用如下楹联："闹天京英雄第一，震地府孝义无双"；"树乃良材生百宝，菇神坐镇授神术"；"蓬在青山重重进，树放香蕈叠叠生"。将树木、菇神、香蕈、英雄、孝义等词用在春联中，实乃菇民语言文化的一大特色。

三、武术文化

菇民外出谋生，居住在人迹罕至的深山老林，他们送香菇出售，行走在人烟稀少的山间小路。为了自身生命与财产安全，菇民区倡导习武练拳，建在各地的菇神庙成为菇民学习武功、切磋技艺的场所。明末清初，几处大的菇神庙均举行过擂台比武，不仅菇民中的英雄好汉参与擂台比武，亦有邻省民众闻风而来，或看热闹或参加比武、交流武术。摆擂比武，是菇民健身强体增强自我防卫本领的一种形式，绝不允许菇民以强凌弱、拳伤客人的事发生。对于外乡著名拳师，菇民领袖会不惜重金，聘请拳师到菇民区来传授武艺。

菇民区经常练习、广为流行的武功有3种：

（1）拳术。菇民经常锻炼、使用最熟练的拳术有硬拳、三步、五虎、七步等种类。此类拳术不使用任何器械，依靠平时练成的手、脚、眼的功力，徒手与对方格斗。

（2）扁担功。取硬木制成扁担为器械，扁担两头不按固定钉是菇民与他人扁担的不同之处。挑货在路上，如遇强人持械抢劫，菇民放下担子，抽出扁担当作武器，以威武之气概吓倒对手。对手动武进行强夺，就挥动扁担与之格斗。格斗时坚持斗败对方，而不轻易伤人，更不能打死人。具有扁担真功夫者，三五人与之格斗亦难取胜。

（3）板凳功。用一块长约4尺①、厚1寸②多的硬木安四只脚即成板凳。菇民一旦碰到抢劫财物的匪徒，随手操起板凳作器械，守可以防身，攻可击倒歹徒。

板凳功，申报浙江省非物质文化遗产已获批准，离凤阳山不远处的龙泉市安仁中学，已将板凳功列入体育重点教材。

---

① 1尺＝0.333米。

② 1寸＝0.0333米。

参考文献

1. 洪起平，丁平，丁炳杨．凤阳山自然资源考察与研究[M]．北京：中国林业出版社，2007.

2. 徐华潮，叶砭仙．浙江凤阳山昆虫[M]．北京：中国林业出版社，2010.

3. 傅立国．中国珍稀濒危植物[M]．上海：上海教育出版社，1989.

4. 浙江省林业志编纂委员会．浙江省林业志[M]．北京：中华书局出版，2001.

5. 浙江省龙泉县志编纂委员会．龙泉县志[M]．上海：汉语大词典出版社，1994.

6. 浙江省龙泉市档案局．龙泉民国档案辑要[M]．北京：中国档案出版社，2010.

7. 龙泉市林业志编纂委员会．龙泉市林业志[M]．北京：中国林业出版社，2009.

8. 华惠伦，殷静雯．中国保护动物[M]．上海：上海科技教育出版社，1993.

9. 裘对平，刘仲苓．中国保护植物[M]．上海：上海科技教育出版社，1994.

10. 浙江省林业局．浙江林业自然资源[M]．北京：中国农业科学技术出版社，2002.

11. 龙泉市军事志编纂委员会．龙泉市军事志．丽水市文化广电新闻出版局，2008.

12. 龙泉市地方志办公室．龙泉年鉴1998～2003[M]．北京：方志出版社，2006.

13. 龙泉市地方志办公室．龙泉年鉴2004～2007[M]．北京：方志出版社，2010.

14. 龙泉市文联．龙泉人文杂志．丽水北大方印务有限公司，2009.

15. 沈光厚重纂．龙泉县志(复印件)．清乾隆二十七年．

16. 干人俊．民国龙泉县新志稿(复印件)．民国三十七年．

17. 龙泉市交通局．龙泉县交通志[M]．北京：海洋出版社，1993.

18. 龙泉县地名委员会办公室．浙江省龙泉县地名志．浙江省地质测绘印刷公司，1984.

19. 浙江省林业厅自然保护区考察组．浙江自然保护区．浙江省林业厅，1984.

20. 龙泉市水利志编纂委员会．龙泉市水利志[M]．北京：方志出版社，2010.

21. 张寿橙．千秋菇史[M]．杭州：西泠印社，2008.

22. 龙泉市文联．龙泉山水吟[M]．香港：香港天马图书有限公司，2002.

23. 龙泉市诗词与楹联学会．龙渊诗韵[M]．不详：中华诗词出版社，2009年9月

24. 龙泉市林业局．龙泉市森林资源规划设计调查成果报告(铅印本)．2008.

25. 浙江省林业厅．浙江省森林和野生动物类型自然保护区工作手册．2006.

26. 浙江植物志编辑委员会．浙江植物志[M]．杭州：浙江科技出版社，1989.

27. 凤阳山庙理事会．凤阳山庙志(自印本)．2011.

附　录

一、重要文件收录

1. 1975 年浙江省革命委员会 36 号文《关于加强珍贵、稀有野生动物资源保护管理的通知》。

2. 1982 年，龙泉县七届人大颁发的《龙泉县凤阳山自然保护区管理规定》。

3. 1991 年龙泉市政府关于解决国有山界线的 44 号文件。

4. 1992 年国务院批准凤阳山—百山祖为国家级保护区文件。

5. 凤阳山管理处森林火灾应急处置预案。

浙江省革命委员会文件

浙革〔1975〕36 号

------------------------------------★------------------------------------

关于加强珍贵、稀有野生动物
资源保护管理的通知

各地区、有关县革命委员会:

珍贵、稀有野生动物资源,是大自然的历史遗产,是国家的宝贵财富。保护并发展这些资源,对于开展科学研究,丰富人民文化生活,促进我国社会主义建设,贯彻毛主席革命外交路线,都具有重要意义。我省也有不少珍贵、稀有野生动物,属于保护范围的有:扬子鳄、白鳍豚、娃娃鱼、苏门羚、梅花鹿、大鼯鼠、黑麂、云豹、白鹇、角雉等。近年来,有些地方对动物资源保护管理没有引起足够重视,使一些珍贵、稀有野生动物失去生存环境,濒于灭绝。

遵照国务院国发〔1975〕45 号文件指示精神和农林部制订的《野生动物资源保护条例草案》,对自然保护区动物资源的保护管理工作,特作如下通知:

一、以毛主席关于理论问题的重要指示为纲,广泛进行宣传教育,提高干部、群众对保护珍贵动物重要意义的认识。要发动群众,批判"野生无主、谁猎谁有"和"弃农就猎"等资本主义倾向,严禁乱捕滥猎,严禁破坏自然保护区。对保护珍贵动物有成绩的社、队,要给予表扬;对破坏珍贵动物资源的,要分别情况严肃处理;对一小撮阶级敌人的破坏活动,要坚决打击。

二、切实加强自然保护区的管理工作。本省已划定的自然保护区有西天目山、开化古田山、泰顺乌岩岭、龙泉凤阳山等,要划界标桩,加强保护;并在其周围划出适当范围的禁猎区,做好护林防火工作,严禁乱砍滥伐,毁林开荒。

三、建立和健全自然保护区的管理机构。西天目山要恢复保护管理委员会,设立西天目派出所,加强自然保护区的管理。其他自然保护区也要建立相应的管理机构,建立和健全以民兵为骨干的群众性保护组织,规定必要的保护管理制度。

以上各点,请有关地、县切实贯彻执行,进一步做好野生珍贵动物资源的保护管理工作。

浙江省革命委员会

一九七五年五月十五日

主送:临安、桐庐、建德,开化、安吉、长兴、吴兴、龙泉、庆元,泰顺、文成、丽水、遂昌、萧山、淳安县革委会

抄送:农林部,省农林局、科技局,水产局、外贸局,商业局,杭州、嘉兴、丽水、温州、金华地区革委会,杭大、农大,杭州动物园、省博物馆

浙江省革命委员会办事组　　　　　　　　　　　一九七五年五月十五日发出

龙泉县凤阳山自然保护区管理规定

经浙江省人民政府批准，我县凤阳山已列为省级自然保护区。为了搞好保护区的管理，进一步合理地扩大利用，发展自然资源，以适应工农业生产和科学研究日益发展的需要。根据《中华人民共和国森林法(试行)》、《中华人民共和国环境保护法(试行)》，特制订本规定。

一、自然保护区是保护、发展和研究野生动植物资源的重要基地。管理建设好自然保护区对发展科学文化教育事业，加快国家建设，促进科学技术合作，改善人类生存环境等都有重要意义。

自然保护区必须贯彻"全面保护自然环境，积极开展科学研究，大力发展生物资源，为国家和人民造福"的方针。

二、凡进入自然保护区从事科研、教育、考察、参观的单位和人员，须经县人民政府批准，由自然保护区管理委员会妥善安排后才能开展工作。

三、在自然保护区内，严禁挖掘野生苗，禁止采集属于国家保护的动、植物标本。必须采集的种子的种类、数量等，须经自然保护区管理委员会同意，并按规定收费。

四、各单位在自然保护区内采集到的各类标本，要交自然保护区一份(以便存档)，并提供有关的原始资料。搞科学研究的也须把收集的数据、总结、论文等材料的副本交一份给保护区，不得借故推托。

五、凡进入自然保护区参观、拍摄、旅游的人员要自觉遵守自然保护区的各项规定，爱护保护区的动、植物和风景建筑，不得攀折花木、不得涂写刻划。

六、在自然保护区内禁止采伐、狩猎、垦殖、放牧、采挖和其他建设项目，禁止携带枪支和采挖工具进入自然保护区。严禁烟火和野炊、特别注意防火工作。

七、在自然保护区内，要服从保护区管理委员会的领导和安排，不得自行改变计划和无理取闹。

对违犯本规定，损害自然保护区内稀有珍贵的动、植物者，视其情节轻重分别给予批评教育，没收标本、工具、罚款，造成损失严重者，要追究刑事责任。对保护建设自然保护区有功者给予适当奖励。

八、本规定自公布之日起执行。

有关实施细则，可由凤阳山自然保护区管理委员会制定。

龙泉县第七届人大常务委员会

一九八二年一月十六日

龙泉市人民政府文件

龙政〔1991〕44 号

关于解决凤阳山自然保护区国有林权属、
界线问题的若干政策规定

凤阳山自然保护区是我省的重点自然保护区之一。由于凤阳山自然保护区成立较迟，国有林面积又较大，与周围村、队集体林之间，存在较多的权属、界线争议，直接影响了国有林定权发证工作的顺利进行，也不利于社会的安定团结。为了妥善处理国家、集体和个人三者关系，特根据党和国家的有关法律、政策和上级对国有林问题的有关规定，结合我市实际情况，对解决凤阳山自然保护区国有林的权属、界线问题，作若干政策规定：

一、考虑到中林部第六调查大队于 1963 年至 1964 年所绘制的，由市档案馆列档的龙泉县各公社山林图，在调查绘制的过程中，业经当时社、队代表现场踏勘认定、且 1963 至 1964 年县人委对各大队、生产队集体林发了山林所有权证，为此，落实凤阳山自然保护区国有林的权属、界线，应以中林部第六调查大队于 1964 年绘制的龙泉县各公社山林图和 1963 年至 1964 年龙泉县人委颁发的社、队山林所有证为基础进行划定。

二、土改时未发证的无证山林，凡与国有林毗连、靠近的，均划归国有。

三、对土改时一些村以农会、公共户、公有户、代管户等户名所登大包围圈的土地证，与国有林权属、界线发生矛盾时，应先落实其中小土地证所登山林，其余部分一般以保护区现有经营管理界线为基础，协商划定。协商不成的，参照土改法第十四条规定的原则，按全村土地总面积百分之一的比例归集体，其余山林归国家，结合实际地形划定。

对于土改时虽有土地证，1963 年至 1964 年山林图已标明属于国有，县人委所发的山林所有证也未确权归集体的山林，应归国家所有。

四、土地证所登四至如系一般泛指的岗、湾、坑等，没有具体注明（如写明××岗、××湾、××顶等），也无其他旁证足以证实应到什么位置的，以本山场坐落视线靠得最近的明显地貌地物划定界至，不得任意扩大范围。

五、林业三定以来错把查明确属国有的山林发证给集体或个人的，应吊销原证；经管单位人员擅自签订协议，错将国有林划给集体的，其所签协议应予废止。

六、村、队集体在 70 年代以来，至林业三定开始时止，越界在国有山上营造的人工林，查有实据的，按山权归国有，林权三、七分成（国家三，集体七）的原则，由双方签订具体协议来落实。但林业三定以来借造林名义强占国有林的，不予承认。今后凡未经国有林主管部门许可的，任何单位和个人均不得再到国有山上造林或进行其他林事活动。

七、以上政策原则也适用于处理我市其他地方国有林权属、界线问题。

龙泉市人民政府

一九九一年五月二日

中华人民共和国国务院

国函〔1992〕166号

国务院关于同意天津古海岸与湿地等十六处自然保护区
为国家级自然保护区的批复

国家环境保护局：

你局《关于审批一九九二年新建国家级自然保护区的请示》收悉。现批复如下：

同意下列十六处自然保护区为国家级自然保护区。

一、天津古海岸与湿地自然保护区；

二、内蒙古贺兰山自然保护区；

三、内蒙古达赉湖自然保护区；

四、吉林伊通火山群自然保护区；

五、辽宁仙人洞自然保护区；

六、山东黄河三角洲自然保护区；

七、江苏盐城沿海滩涂珍禽自然保护区；

八、浙江凤阳山—百山祖自然保护区；

九、福建深沪湾海底古森林遗迹自然保护区；

十、湖北长江新螺段白暨豚自然保护区；

十一、湖北长江天鹅洲白暨豚自然保护区；

十二、广东惠东港口海龟自然保护区；

十三、广西合浦营盘港—英罗港儒艮自然保护区；

十四、贵州威宁草海自然保护区；

十五、贵州赤水桫椤自然保护区；

十六、甘肃安西极旱荒漠自然保护区。

上述国家级自然保护区的划界、保护、建设、管理等工作，由你局商有关部门和地方人民政府组织落实。

一九九二年十月二十七日

凤阳山管理处森林火灾应急处置预案

为认真贯彻"以人为本、预防为主，积极扑救、有效消灾"的森林消防方针，及时、有效地扑救森林火灾，减少森林火灾损失，根据《浙江省森林消防条例》结合凤阳山管理处实际，制定本预案。

一、组织机构、职责

1. 建立龙泉市凤阳山管理处森林防火指挥所（以下简称指挥所），指挥所由管理处主要领导担任总指挥，管理处分管领导、龙泉山公司总经理担任副指挥，成员由管理处班子成员和龙泉山公司分管经理组成，指挥所下设办公室。

2. 防火办公室具体负责森林防火的日常工作，必要时提请召开指挥所成员会议，对凤阳山保护区的森林防火工作进行研究和部署。各保护站负责辖区内的森林防火工作，其中巡护队负责以国有林为主的森林防火巡护、检查。检查站负责进区人员、车辆的检查、登记及火种收缴代管。防火值班室负责24小时值班和信息联络。

3. 管理处建立三支应急扑火队。凤阳山管理处扑火一队、兰巨炉岙扑火分队和龙泉山景区扑火分队为主力扑火队，接到指挥所命令后，第一时间赶赴火灾现场开展扑救工作，并将火场情况及时向指挥所报告。凤阳山管理处扑火二队为后勤保障队，落实扑火期间所需的食品、药品、交通工具及相应的医疗等保障工作。

二、火情报告

1. 凤阳山管理处火情报告网络分两个体系。第一体系为国有林部分，责任报告单位：管理处各保护站、龙泉山公司；第二体系为保护区集体林部分，责任报告单位：管理处各保护站、护林员及村级防火组织。

2. 森林火情报告制度。保护区内发生火情，必须立即报告指挥所（办公室），指挥所立即启动应急处置预案一级响应；保护区外围发生火灾，距离保护区2千米以内或虽2千米外但火势蔓延迅速，对保护区森林构成威胁的，及时逐级上报指挥所（办公室），指挥所根据火势动态，启动应急处置预案二级响应；2千米以外未对保护区森林构成威胁的，由各保护站密切掌握火势情况，随时报告指挥所，指挥所启动应急处置预案三级响应。

3. 防火办、防火值班室接到火情报告后，按程序认真、详细记录火灾发生时间、地点、火势及扑救处置等情况。

三、火灾处置的响应机制

1. 三级响应：保护区外围发生火灾，由各保护站及时组织人员，协助当地乡（镇）人民政府、林业工作站赶赴现场组织扑救工作，并随时将火势、扑救情况报告指挥所。指挥所密切掌握火势动态并及时向市森林防火指挥部报告。

2. 二级响应：由指挥所负责处置，各科室、保护站服从指挥所统一调遣，处置重点为确保保护区森林资源的安全，必要时由管理处指挥所报请市森林防火指挥部组织力量增援。

3. 一级响应：保护区内发生森林火情。由指挥所负责处置并立即向市委、市政府领导、市森林防火指挥部、丽水市管理局报告。龙泉山公司、管理处各科室、保护站必须服从指挥所统一调遣，指挥所按程序派指挥员靠前指挥，各应急扑火队在第一时间赶赴火场开展有效扑救。

四、扑火预案

1. 指挥所（办公室）接到火灾报告后，按程序立即向指挥所正、副指挥报告。指挥所根据火灾发生地、火势蔓延和威胁程度确定并宣布火灾应急处置响应等级。

2. 第一梯队扑救力量由凤阳山管理处扑火一队、兰巨炉岙扑火分队、龙泉山景区分队及毗邻乡（镇）准专业扑火队组成。第二梯队报请市森林防火指挥部调遣增援。

3. 扑救火灾坚持以确保自然保护区森林资源安全为原则，必要时组织力量采取在适宜地段开劈防火隔离带。

4. 通信保障：为实现有效的指挥和扑救，通讯主要利用管理处现有程控电话、联通、移动通讯网络和对讲机。

5. 火灾扑灭后，指挥所根据现场情况，安排足够人员留守，清理余火，防止死灰复燃。

五、火案查处

1. 保护区国有林的火灾扑灭后，由指挥所组织技术人员会同有关职能部门及时勘查火灾现场，查明起火原因、损失情况等并按规定逐级上报。

2. 保护区集体林范围的火灾扑灭后，由所在地的保护站协助有关部门进行调查，并及时将调查和处理结果报告指挥所。

六、善后处理

因扑救森林火灾负伤、致残或死亡的人员，按照《浙江省森林消防条例》的有关规定给予医疗抚恤，参加扑火人员的工资、补贴开支按照《浙江省森林消防条例》执行。

二○一○年三月

二、国有山林权证清单

凤阳山自然保护区国有山林权证清单见下表。

凤阳山自然保护区国有山林权证清单

林权证号	确认山林块数	面积(亩)	山林序号	坐落地名	面积(亩)	备注
01	13	36695	2	均溪 唐山大林	230	
			4	均溪 显溪源 乌狮窟等	2301	
			18	均溪 益头 仙岩背	1218	
			19	均溪 张砻 凤阳庙等	5248	有农民插花山 150 亩
			21	均溪 张砻 小黄山 将军岩等	6468	
			27	均溪 张砻 大小黄垟	5906	
			33	屏南南垟 捐梨 企岗头	2812	
			34	均溪 横溪 黄虎岙 雨伞尖	843	
			35	均溪 横溪 天堂山 尖下 烧香岩等	4406	
			37	屏南南垟 白水际 横源	2437	
			38	瑞垟 东山头 横源 大小天堂	2062	
			39	瑞垟 干上 鹿松坪 大小天堂	2625	
			40	瑞垟 南溪 石卓田后壁	139	
02	8	14047	5	大赛乡官埔垟村三队 乌石过步	3152	有农民插花山
			6	大赛乡官埔垟村三队 若垟横栏	4682	有农民插花山
			7	大赛乡官埔垟村 南京岗内边	1755	
			8	大赛乡官埔垟一、二队南京岗外边	1165	划出插花山 32 亩
			9	大赛乡炉岙村 下山	366	
			10	大赛乡炉岙村 大坑	281	
			11	大赛乡炉岙村 大坑	572	
				大赛官田 大林大窟	2074	
03	19	17734	3	建兴乡叶村 上曹、大乌尖、大曹、叶步坑山头、大丘后山头等	135	
			12	建兴乡安和村 铁炉墘	292	
			13	建兴乡双溪村，燕岩坑、水拓大山、管我岭头岙等	418	有农民插花山
			14	建兴乡上兴村，荒村尖、叶步坑等	272	有农民插花山
			15	建兴乡烂泥岙自然村小尖下、大淤等	248	有农民插花山
			16	建兴乡双溪村 高溪桥、燕岩、燕岩坑等	1576	有农民插花山
03			17	建兴乡后岙自然村 乌栏	334	

（续）

林权证号	确认山林块数	面积（亩）	山林序号	坐落地名	面积（亩）	备注
			20	建兴乡双溪村、黄茅尖大坑、龙井背大石玄门、米桶潭竹园岗头、梧树塝头等	2132	
			22	建兴乡双溪村，麻连岱岙、高小岗头、乌瘦淤、黄茅尖大坑	1599	
			23	建兴乡后岙自然村 大坤山等	273	
			24	建兴乡双溪村 牛路尖（新兰尖）等	428	
			25	建兴乡杨山头自然村 梨树岙、凤门岙、石头山、昌岙岭、大坤山等	1335	
			26	建兴乡梅七自然村 共岱塆、凤阳岗、祁一坑、五岱岭头、梅七岙等	1036	
			28	建兴乡麻连岱自然村 里八源、梅五尖、黄洋岙、黄凤垟尖下等	2030	
			29	建兴乡麻连岱自然村 梅七寨、麻连岱岙、黄凤垟尖下等	1042	
			30	建兴乡卓案际自然村 仙坑塆槽、上斜、上斜岙等	334	
			31	建兴乡西坪自然村 大洋等	373	
			32	建兴乡卓案际自然村 梨树坑、铁竹淤、大杨尖等	556	
			36	建兴乡麻连岱自然村 梅五坑、梅六坑、明芳坑等	33 21	有农民插花山426亩
合计	40	68476			68476	

说明：1. 据龙泉市人民政府于1991年12月30日填写的"浙江省龙泉市国有山林权证"统计，凤阳山自然保护区国有山林面积为68476亩。

2. 凤阳山自然保护区于2011年编写《凤阳山志》（暂名）时，文中所述国有山林面积为63678亩，比国家颁发林权证面积减少了4798亩。其原因是：颁发国有山林权证后有多处农民插花山重新归还农民。

3. 1991年前龙泉未实施"撤区并乡扩镇"工作，故林权证上"坐落土名"沿用原乡政府名称。

三、真菌、植物、动物名录

大型真菌名录[①]

真菌门 EUMYCOTA（MYCOBIONTA；eumycetes）

一、子囊菌亚门 ASCOMYCOTINA

（一）盘菌纲 DISCOMYCETES

柔膜菌目 HELOTIALES

锤舌菌科 Leotiaceae

黄柄锤舌菌 *Leotia aurantipes*（Imai）Tai

绒柄毛舌菌 *Trichoglossum velutipes*（Peck）Dureud

（二）核菌纲 PYRENOMYCETES

炭角菌目 XYLARIALES

炭角菌科 Xylariaceae

加州轮层炭壳 *Daldinia californica* Lloyd.

亚百心炭孢 *Hypoxylon cantareirense* Henn.

丛生炭角菌 *Xylaria bipindensis* Lloyd.

短柄炭角菌 *X. castorea* Berk.

叉状鹿角菌 *X. furcata* Fr.

黑柄炭角菌 *X. nigripes* Sacc.

多形炭角菌 *X. polymorpha* Grev.

皱皮炭角菌 *X. scruposa* Berk.

二、担子菌亚门 BASIDIOMYCOTINA

（一）异隔担子菌纲 HETEROBASIDIOMYCETES

1. 有隔担子菌亚纲 PHRAGMOBASIDIOMYCETIDAE

木耳目 AURICULARIALES

木耳科 Auriculariaceae

木耳 *Auricularia auricula*（L. ex Hook）Underw.

皱木耳 *A. delicate*（Fr.）Henn.

毛木耳 *A. polytricha*（Mont.）Sacc.

花耳目 DACRYMYCETALES

花耳科 Dacrymycetaceae

胶角耳 *Calocera cornea*（Batsch. ex Fr.）Fr.

韧钉耳 *Ditiola radicata*（Alb. ex Schw.：Fr）Fr.

---

① 本名录是根据凤阳山历年来真菌资源调查研究成果，依安斯沃斯（Ainsworth，1973）真菌分类大纲为主线，结合应用编写而成。

银耳目 TREMELLALES

银耳科 Tremellaceae

朱砂色银耳 *Tremella cinnabarina* (Dont) Pat.

茶银耳 *T. foliacea* Pers. ex Fr.

银耳 *T. fuciformis* Berk.

金黄银耳 *T. mesenterica* Retz ex Fr.

2. 无隔担子菌亚纲 HOLOBASIDIOMYCETIDAE

（1）非褶菌目 APHYLLOPHORALES

1）刺孢多孔菌科 Bondarzewiaceae

山地刺孢多孔菌 *Bondarzewia montana* (Quél.) Sing.

2）鸡油菌科 Cantharellaceae

灰喇叭菌 *Cantharellus carbonarius* (Alb. ex Schw.) Fr.

鸡油菌 *C. cibarius* Fr.

红喇叭菌 *C. cinnabarinus* Schw.

喇叭菌 *C. flocclsus* Schw.

小鸡油菌 *C. minor* Pk.

烟色喇叭菌 *C. patouillardi* Sacc.

白鸡油菌 *C. subalbidus* Smith. et Morse.

金喇叭菌 *C. aureus* Berk. et Curt.

喇叭菌 *C. cornucopioides* (L. ex Fr.) Pers.

芳香喇叭菌 *C. odoratus* (Schow.) Fr.

3）齿菌科 Hydnaceae

橙色丽齿菌 *Calodon aurantiacum* (Alb. et Schw. ex Fr.) Quél.

杯形丽齿菌 *C. cyuthiforme* (Schaeff ex Fr.) Quél.

红汁丽齿菌 *C. ferrugineum* (Fr.) Quél.

褐薄栓齿菌 *C. zonatum* (Batsch. et Fr.) Quél.

灰盖齿菌 *Hydnum maliense* Lloyd.

齿菌 *H. repandum* L. ex Fr.

4）齿耳菌科 Steccherinaceae

褐肉齿菌 *Sarcodon amarescens* Quél.

花盖肉齿菌 *S. squamosum* (Schaeff. ex Fr.) Quél.

长锐齿菌 *Oxydontio macrodon* (Pers. ex Fr.) Mill.

长刺白齿耳 *Steccherinum pergameneum* (Yasuda.) Ito.

赭黄齿耳 *S. ochrsceum* (Pers. : Fr.) Gray

5）猴头菌科 Hericiaceae

猴头菌 *Hericium erinaceus* Scop. ex Fr.

6）珊瑚菌科 Clavariaceae

紫珊瑚菌 *Clavaria purpurea* Muell. ex Fr.

怡人拟锁瑚菌 *Clavulinopsis amoena*(Zoll. et Mor.)Corner.

金赤拟锁瑚菌 *C. aurantio – cinnabarina* (Schw.)Corner.

角拟锁瑚菌 *C. corniculata* (Schaeff. ex Fr.)Corner.

黄白拟锁瑚菌 *C. luteo – alba*(Rea.)Corner.

黄娇拟锁瑚菌 *C. luteo – tenerrima* Van. Overeem.

银朵拟锁瑚菌 *C. miniata*(Berk.)Corner.

绚丽拟锁瑚菌 *C. pulchra*(Peck.)Corner.

红顶枝珊瑚 *Ramaria botrytoides* (Peck.)Corner

兰顶枝瑚菌 *R. cyanocephala*(Berk. et Curt)Corner.

黄枝瑚菌 *R. flava* (Schaeff. ex Fr.)Quél.

长茎黄枝瑚菌 *R. invalii* (Cott. et Wakef.)Donk.

长茎枝瑚菌 *R. longicanlis*(Peck.)Corner.

梅尔枝瑚菌 *R. mairei* Donk.

光孢黄枝瑚菌 *R. obtusissima*(Peck.)Corner.

灰色锁瑚菌 *Clavulina cinerea*(Bull. ex Fr.)Schroet.

雪冠锁瑚菌 *C. cristata* var. *nivea* Pers.

7)牛排菌科 Fistulinaceae

肝色牛排菌 *Fistulina hepatica*(Schaeff.)Fr.

8)灵芝科 Ganodermataceae

皱盖乌芝 *Amauroderma rude*(Berk.)Pat.

树舌 *Ganoderma applanatum* (Pers.)Pat.

无柄鹿角芝 *G. balabacense* Murr.

裂迭灵芝 *G. lobatum*(Schw.)Atk.

灵芝 *G. lucidum*(Leyss. ex Fr.)Karst

赭漆灵芝 *G. ochrolaccatum*(Mont.)Pae.

紫芝 *G. sinensis* Zhao，Xu et Zhang

亚圆灵芝 *G. subtornatum* Murr.

硬皮灵芝 *G. tornatum* (Pers. ex Gray.)Bres.

9)多孔菌科 Polyporaceae

肉桂色集毛菌 *Coltricia cinnamomea*(Jacp. ex Fr.)Murr

卡明集毛菌 *C. cumingii*(Berk.)Teng

大集毛菌 *C. montagnei*(Fr.)Bond.

多年生集毛菌 *C. perennis*(L. ex Fr.)Murr.

大孔集毛菌 *C. schweinitzii*(Fr.)Cunn

小节纤孔菌 *Inonotus nodulosus*(Fr.)Pilat.

中国纤孔菌 *I. sinensis*(Lloyd)Teng

薄针纤菌 *I. substyginus*(Berk. et Br.)Teng

毡被纤孔菌 *I. tomentosus*(Fr.)Teng

平滑木层孔菌 *Phellinus laevigatus*(Fr.)Bourd. et Galz.

柳木层孔菌 *P. salicinus*(Fr.)Quél.

簇毛层孔菌 *P. torulosus*(Pers.)Bourd. et Galz.

烟管菌 *Bjerkandera adusta*(Willd. ex Fr.)Karst.

烟色烟管菌 *B. fumosa*(Pers. ex Fr.)Karst.

鲑贝革盖菌 *Coriolus consors*(Berk.)Imaz.

粉迷孔菌 *Daedalea biennis* (Bull.)Fr.

光盖棱孔菌 *Favolus mollis* Lloyd.

木蹄层孔菌 *Fomes fomentarius* (L. ex Fr.)Kickx.

松生拟层孔菌 *Fomitopsis pinicola* (Sw. ex Fr.)Karst.

篱边粘褶菌 *Gloeophyllum saepiarium*(Wulf. ex Fr.)Karst.

褐粘褶菌 *G. subferrugineum* (Berk.)Bond. et Sing.

彩孔菌 *Hapalopilus nidulans* (Fr.)Karst. .

囊孔菌 *Hirschioporus pargamenus*(Fr.)Bond. et Sing.

树脂薄皮孔菌 *Ischnoderma resinosum*(Schrad. ex Fr.)Karst.

硫磺孔菌 *L. sulphureus*(Bull. ex Fr.)Bond. et Sing.

硫磺孔菌鸡冠变种 *Laetiporus sulphureus* var. *miniatus* (Jungh.)Imaz.

桦革菌 *Lenzites betulina*(L.)Fr.

萎垂桦革菌 *L. betulina*(L.)Fr.

弯凸革菌 *L. gibbosa*(Pers. ex Fr.)Hemmi

宽褶革菌 *L. platyphylla* Lev.

白多孔菌 *Polyporus albicans*(Imaz.)Teng

小褐多孔菌 *P. blanchetianus* Berk. et Mont.

网柄多孔菌 *P. dictyopus* Mont.

雅致多孔菌 *P. elegans*(Bull.)Fr.

射纹树掌 *P. grammocephalus* Berk.

青顶拟多孔菌 *P. picipes*(Fr.)Karst.

茯苓 *Poria cocos*(Fr.)Wolf.

扇状云芝 *Polystictus flabelliformis*(Kl.)Fr.

薄扇黄云芝 *P. licmophorus* Mass.

鼠灰云芝 *P. murinus*(Lev.)Cooke.

白贝云芝 *P. purus* Lloyd.

狭檐云芝 *P. setulosus*(P. Henn.)Lloyd.

赭纹云芝 *P. velutinus* Fr.

木蹄 *Pyropolyporus fomentarius*(L. ex Fr.)Teng

平伏褐层孔 *P. mcgregori*(Bres)Teng

热带褐层孔 *P. tropicalis*(Cooke)Teng

红栓菌 *Pycnoporus cinnabarinus* (Jacq. ex Fr.)Karst.

血红密孔菌 *P. sanguineus*（L. ex Fr.）Murr.

白栓菌 *Trametus albida*（Fr.）Bourd. et Galz.

齿贝栓菌 *T. cervina*（Schw.）Bres.

迪金斯栓菌 *T. dickinsii* Berk.

灰硬栓菌 *T. griseo–dura*（Lloyd）Teng

毛栓菌 *T. hirsute*（Wulf. ex Fr.）Pilat.

褐带栓菌 *T. obstinata* Cooke.

狭栓菌 *T. serialis* Fr.

扁桃状干酪菌 *Tyromyces amygdalinus*（Berk et Rav）Teng

蓝灰干酪菌 *T. caesius*（Schrad. ex Fr.）Murr.

薄皮干酪菌 *T. chioneus*（Fr.）Karst.

扇盖干酪菌 *T. guttulatus*（Peck.）Murr.

环棱黄褐孔菌 *Xanthochrous nilgheriensis*（Mont.）Teng

10）裂褶菌科 Schizophyllaceae

裂褶菌 *Schizophyllum commune* Fr.

11）绣球菌科 Sparassidaceae

绣球菌 *Sparassis crispa*（Wulf.）Fr.

12）革菌科 Thelephoraceae

硫磺伏革菌 *Corticium bicolor* Peck.

兰色伏革菌 *C. caeruleum*（Schrad）Fr.

薄膜伏革菌 *C. pelliculare* Karst.

薄伏刺革菌 *Hymenochaete episphaeria*（Schw.）Mass.

棕色刺革菌 *H. fusca*（Karst.）Sacc.

黄褐刺革菌 *H. luteo–badia*（Fr.）Hoha.

红刺革菌 *H. mougeotii*（Fr.）Hoha.

褐赤刺革菌 *H. rubiginosa*（Dick. et Fr.）Lev.

软刺革菌 *H. sallei* Berk. et Curt.

革质干朽菌 *Merulius corium* Fr.

灰隔孢伏革菌 *Peniophora cinerea*（Fr.）Cooke.

乳白隔孢伏革菌 *P. cremea*（Bres.）Sacc. et Syd.

厚粉红隔孢伏革菌 *P. veluta*（Dc.）Cooke.

灰笋革菌 *Lloydella cinerascens*（Schw.）Bres.

小脊齿脉菌 *Lopharia lirellosa* Kalchbr. et Macow.

干朽菌 *Serpula lacrymans*（Walf. ex Fr.）Schroet.

扁韧革菌 *Stereum fasciatum* Schw.

毛韧革菌 *S. hirsutum*（Willd.）Fr.

脱毛韧革菌 *S. lobaum*（Kze.）Fr.

黑盖韧革菌 *S. radiatum* Peck.

银丝韧革菌 *S. rameale*（Schw.）Burt.

绵毛韧革菌 *S. vellereum* Berk. et Curt.

褐盖韧革菌 *S. vibrans* Berk. et Curt.

头花革菌 *Thelephora anthocephala*（Ball.）Fr.

掌状革菌 *T. palmate*（Scop.）Fr.

软瓣革菌 *T. solute*（Ces.）Lloyd.

（2）伞菌目 AGARICALES

1）蘑菇科 Agaricaceae

小白菇 *Agaricus comtulus* Sacc.

小蘑菇 *A. micromegethus* PK.

林地蘑菇 *A. silvaticus* Schaeff. ex Fr.

白林地蘑菇 *A. silvicola*（Vitl.）Sacc.

细环柄菇 *Lepiota felina*（Pers. ex Fr.）Karst.

2）鹅膏菌科 Amanitaceae

橙盖鹅膏 *Amanita caesarea*（Scop. ex Fr.）Pers. ex Schw.

橙黄鹅膏 *A. citrina*（Schaeff.）Pera ex S. F Gray

青鹅膏 *A. excelsa*（Fr.）Quél.

小托柄鹅膏 *A. farinose* Schw.

赤褐鹅膏 *A. fulva*（Schaeff ex Fr.）Pers. ex Sing.

白杯黄盖鹅膏 *A. junquillea* Quél.

长纹鹅膏 *A. longistriuata* Imai.

新卵状鹅膏 *A. neoovoidea* Hongo.

毒鹅膏 *A. phalloides*（Vaill ex Fr.）Secr.

云斑鹅膏 *A. porphyria*（Alb. et Schw. ex Fr.）Secr.

假云斑鹅膏 *A. pseudoporphyria* Hongo.

红托鹅膏 *A. rubrovolvata* Imai

锈红鹅膏 *A. rufoferruginea* Hongo.

角鳞白鹅膏 *A. solitaria*（Bull ex Fr.）Karst.

块鳞灰鹅膏 *A. spissa*（Fr.）Quél.

角鳞灰鹅膏 *A. spissacea* Imai.

纹缘鹅膏 *A. spreta*（Peck.）Sacc.

灰鹅膏 *A. vaginata*（Bull ex Fr.）Vitt.

春生鹅膏 *A. verna*（Bull. ex Fr.）Pers.

刺头鹅膏 *A. virgineoides* Bass.

3）光柄菇科 Pluteaceae

灰光柄菇 *Pluteus cervinus*（Schaeff ex Fr.）Quél.

4）鬼伞科 Coprinaceae

毛缘脆柄菇 *Psathyrella gossypina*（Bull. ex Fr.）Pearson

5）粪锈伞科 Bolbitiaceae

无环田头菇 *Agrocyba farinacea* Hongo.

6）丝膜菌科 Cortinariaceae

青丝膜菌 *Cortinarius colymbadinus* Fr.

蔓丝膜菌 *C. herpeticus* Fr.

多形丝膜菌 *C. multiformis* Fr.

紫色丝膜菌 *C. purpurascens* Fr.

兰紫丝膜菌 *C. salor* Fr.

多变丝膜菌 *C. varius*（Schaeff.）Fr.

堇紫丝膜菌 *C. violaceus*（L.）Fr.

尖火菇 *Flammula apicrea*（Fr.）Gill.

苦火菇 *F. picrea*（Fr.）Gill.

亚苦火菇 *F. sapinea*（Fr.）Quél.

毛丝盖伞 *Inocybe casariata* Fr.

小孢丝盖伞 *I. fastigiella* Atk.

辐射状丝盖伞 *I. radiate* Peck.

波状丝盖伞 *I. repanda*（Bull. ex Fr.）Bres

7）靴耳科 Crepidotaceae

黄耸靴耳 *Crepidotus fulvotonentosus* Reck.

毛靴耳 *C. herbarum* Peck.

圆孢靴耳 *C. malachius*（Perk et Curt）Sacc.

软靴耳 *C. mollis*（Schaeff. ex Fr.）Gray

8）粉褶菌科 Entolomataceae

角孢斜盖伞 *Clitopilus abortivus*（Berk. ex Curt.）Sacc.

密褶斜盖伞 *C. caespitosus* Pk.

蓝紫粉褶菌 *Rhodophyllus coelestinus*（Fr.）Quél. var. *violaseus*（Kauffm.）
A. H. Smith

蓝黑粉褶菌 *R. cyanoniger*（Hongo.）Hongo

黄色粉褶菌 *R. murraii*（Berk. et Curt.）Sacc.

白色粉褶菌 *R. murraii*（Berk. et Curt.）Sacc. f. *albus* Liu

粉褶菌 *R. prunuloides*（Fr.）Quél.

变绿粉褶菌 *R. virescens*（Berk. et Curt.）Hongo

9）蜡伞科 Hygrophoraceae

蜡伞 *Hygrophorus ceraceus*（Wulf.）Fr.

朱红蜡伞 *H. miniatus*（Fr.）Fr.

黄湿蜡伞 *H. vitellina*（Fr.）Karst.

10）球盖菇科 Strophariaceae

库恩菇 *Kuehneromyces mutabilis*（Schaeff. ex Fr.）Sing.

丛生韧黑伞 *Naematoloma fasciculare* （Huds. et Fr.）Karst.

尖鳞伞 *Pholilta squarrosoides*（Pk.）Sacc.

11）侧耳科 Pleurotaceae

香菇 *Lentinus edodes*（Bdrd）Sing.

洁丽香菇 *L. lepideus* Fr.

近裸香菇 *L. subnudus* Berk.

紫革耳 *Panus conchatus* （Bull. ex Fr.）Fr.

野生革耳 *P. rudis* Fr.

香革耳 *P. suavissimus*（Fr.）Sing.

鳞皮扇菇 *Panellus stypticus*（Bull. ex Fr.）Karst.

黄白侧耳 *Pleurotus cornucopiae* （Paul ex Pers.）Roll.

糙皮侧耳 *P. ostreatus* （Fr.）Gill.

小白扇侧耳 *P. septicussilvanus*（Fr.）Quél.

12）白蘑科 Tricholomataceae

白环蕈 *Armillaria mucida*（Schrad. ex Fr.）Quél.

发光假蜜环菌 *Armillariella tabescens*（Scop. ex Fr.）Sing.

毒杯伞 *Clitocybe cerussata*（Fr.）Quél.

条纹灰杯伞 *C. expallus*（Pers. ex Fr.）Kummer.

漏斗形杯伞 *C. infundibuliformis*（Schaeff ex Fr.）Quél.

大杯伞 *C. maxima* （Gartn et Mey. ex Fr.）Quél.

粗壮杯伞 *C. robusta* Pk.

赭杯伞 *C. sinopica*（Fr.）Gill.

鸡纵菌 *C. albuminosa*（Berk）Petch.

毛金钱菌 *C. longipes*（Bull. ex Fr.）Quél.

宽褶金钱菌 *C. platyphylla*（Pers ex Fr.）Quél.

金针菇 *Flammulina velutipes*（Curt. ex Fr.）Sing.

花瓣状亚侧耳 *Hohenbuehelia petaloides* （Bull. ex Fr.）Schulz.

紫晶蜡蘑 *Laccaria amethystea*（Bull.）Murr.

漆蜡蘑 *L. laccata*（Scop. ex Fr.）Berk. ex Br.

大白桩菇 *Leucopaxillus giganteus*（Sow. ex Fr.）Sing.

花脸香蘑 *Lipista sordida* （Fr.）Sing.

安络小皮伞 *Marasmius andvosaceus*（L. ex Fr.）Fr.

大皮伞 *M. maximus* Hongo.

硬柄小皮伞 *M. oreades*（Bolt. ex Fr.）Fr.

星孢寄生菇 *Nyctalis astorophora* Fr.

粘小奥德蘑 *Oudemansiella mucida* （Schrad ex Fr.）Fr.

长根小奥德蘑 *O. radicata*（Relh. ex Fr.）Sing.

鳞柄长根小奥德蘑 *O. radicata* var. *furfuracea* （Peck.）Pegler. et Yung

金褐色伞 *Phaeolepiota aurea*（Matt ex Fr.）Konr.

小伏褶菌 *Resupinatus applicatus*（Batsch ex Fr.）Gray.

鸡苁菌 *Termitomyces albuminosus* （Berk.）Heim

酸涩口蘑 *Tricholoma acerbum*（Bull ex Fr.）Quél.

油口蘑 *T. equestre*（L. ex Fr.）Quél.

棕灰口蘑 *T. terreum*（Schaeff. ex Fr.）Quél.

（3）牛肝菌目 BOLETALES

1）松塔牛肝菌科 Strobilomycetaceae

厚鳞条孢牛肝菌 *Boletellus ananas*（Curt）Murr.

金色条孢牛肝菌 *B. chryaenleroides* Snell.

长领粘盖条孢牛肝菌 *B. longicollis*（Ces.）Pegler. et Yung,

2）牛肝菌科 Boletaceae

空柄小牛肝菌 *Boletinus cavipes*（Opat）Kalchbr.

虎皮小牛肝菌 *B. pictus* （Peck）Peck

松林小牛肝菌 *B. pinetorum*（Chiu）Teng

铜色牛肝菌 *Boletus aeraus* Bull. et Fr.

牛肝菌 *B. edulis* Bull. ex Fr.

灰褐牛肝菌 *B. griseus* Frost.

褐黄牛肝菌 *B. luridus* Schaeff. ex Fr.

网柄牛肝菌 *B. ornatipes* Peck.

紫红牛肝菌 *B. purpueus* Fr.

花脚牛肝菌 *B. retipes* Berk. et Curt.

小美牛肝菌 *B. speciosus* Frost.

紫褐牛肝菌 *B. violaceofuscus* Chiu

褐圆孔牛肝菌 *Gyroporus castaneus*（Bull ex Fr.）Quél.

兰园孔牛肝菌 *G. cyanescens*（Bull ex Fr.）Quél.

紫褐圆孢牛肝菌 *Gyroporus purpurinus*（Snell.）Sing.

红柄牛肝菌 *Leccinum chromipes*（Frost.）Sing.

褐疣柄牛肝菌 *Laccinum scabrum* （Bull. et Fr.）Gray.

褶孔牛肝菌 *Phylloporus bellus*（Mass.）Corner.

红黄褶孔牛肝菌 *P. rhodoxanthus*（Schw.）Bres.

假糙红牛肝菌 *Porphyrellus pseudoscaber*（Secr）Sing.

黄粉末牛肝菌 *Pulveroboletus ravenelii* Berk. et Curt..

线柄松塔牛肝菌 *Strobilomyces floccopus*（Vahl ex Fr.）Karst.

网孢松塔牛肝菌 *S. retisporus*（Pat et Bak）Gilb.

绒柄松塔牛肝菌 *S. velutipes* Cke et Mass.

乳牛肝菌 *Suillus bovines*（L. ex Fr.）O. Kuntze.

点柄乳牛肝菌 *S. granulatus*（L. ex Fr.）Kuntze.

褐环乳牛肝菌 *S. leteus*（L. ex Fr.）Gray.

粘柄乳牛肝菌 *S. viscidipes* Hongo

黑盖粉孢牛肝 *Tylopilus alboater*（Schw）Murr.

黄盖粉孢牛肝 *T. balloui*（Peck）Sing.

苦粉孢牛肝 *T. felleus*（Bull ex Fr.）Karst.

黄新苦粉孢牛肝菌 *T. neofelleus* Hongo.

黑紫苦粉孢牛肝菌 *T. nigerrimus*（Heim.）Hongo et Endo.

黑紫粉孢牛肝菌 *T. nigropurpureus*（Corner.）Hongo.

铅紫粉孢牛肝菌 *T. plumbeoviolaceus*（Snell. et Dick.）Sing.

褐绒盖牛肝 *Xerocomus badius*（Fr.）Kiihner.

砖红绒盖牛肝菌 *X. spadiceus*（Fr.）Quél

绒盖牛肝 *X. subtomentosus*（L. ex Fr.）Quél.

3）桩菇科 Paxillaceae

黑毛桩菇 *Paxillus atrotomentosus*（Batsch）Fr.

波纹桩菇 *P. curtisii* Berk.

（4）红菇目 RUSSULALES

红菇科 Russulaceae

浓香乳菇 *Lactarius camphorates*（Bull.）Fr.

白杨乳菇 *L. controveasus*（Pers.）Fr.

皱皮乳菇 *L. corrugif* Pk.

松乳菇 *L. deliciosus*（L. ex Fr.）Gray.

暗褐乳菇 *L. fuliginosus* Fr.

红汁乳菇 *L. hatsudake* Tanaka.

湿乳菇 *L. hygrophoroldes* Berk. ex Curt.

劣味乳菇 *L. insulsus* Fr.

辣乳菇 *L. piperatus*（Soop）Fr.

疝疼乳菇 *L. torminosus*（Schaeff. ex Fr.）Gray.

潮湿乳菇 *L. uvidus* Fr.

绒白乳菇 *L. vellereus* Fr.

多汁乳菇 *L. volemus* Fr.

烟色红菇 *Russula adusts*（Pers ex Fr.）Fr.

白红菇 *R. albida* Peck.

白纹红菇 *R. alboareolata* Hongo

革质红菇 *R. alutacea*（Pers.）Fr.

兰黄红菇 *R. cyanoxantha*（Schaeff.）Fr.

美味红菇 *R. delica* Fr.

紫红菇 *R. depallens*（Pers）Fr.

臭红菇 *R. fpetens*（Pers）Fr.

脆红菇 *R. fraglis*（Pers）Fr.

叉褶红菇 *R. furcata*（Pers）Fr.

小红菇 *R. kansaiensis* Hongo

乳白红菇 *R. lacteal*（Pers）Fr.

鳞盖红菇 *R. lepida* Fr.

绒紫红菇 *R. mariae* Pk.

厚皮红菇 *R. mustelina* Fr.

黑红菇 *R. nigricans*（Bull.）Fr.

篦形红菇 *R. pectinata*（Bull.）Fr.

美红菇 *R. puellaris* Fr.

菱红菇 *R. vesca* Fr.

变绿红菇 *R. virescens*（Schaeff.）Fr.

（二）腹菌纲 GASTEROMYCETES

1. 马勃目 LYCOPERDALES

灰包科 Lycoperdaceae

香港马勃 *Lycoperdon hongkongense* Berk. ex Curt.

网纹马勃 *L. perlatum* Pers.

小马勃 *L. pusillum* Batsch. ex Pers.

梨形马勃 *L. pyriforme* Shaeff.

2. 鸟巢菌目 NIDULARIALES

鸟巢菌科 Nidulariaceae

白绒红蛋巢菌 *Nidula niveotomentosa*（P. Henn.）Lloyd.

粪生黑蛋巢菌 *Cyathus stercoreus* （Schw.）De Toni.

隆纹黑蛋巢菌 *C. striatus* Willd. ex Pers.

3. 鬼笔目 PHALLALES

1）笼头菌科 Clathraceae

柱状笼头菌 *Clathrus columnatus* Bosc.

星头鬼笔 *Aseroe arachnoidea* Fischer.

2）鬼笔科 Phallaceae

竹荪 *Dictyophora indusuata*（Vent ex Pers）Fischer.

杂色竹荪 *D. multicolor* Berk et Br.

陀罗网蛇头菌 *Mutinus borneensis* Ces.

4. 硬皮马勃目 SCLERODERMATALES

硬皮马勃科 Sclerodermataceae

光硬皮马勃 *Scleroderma cepa* Pers.

5. 柄灰包目 TULOSTOMATALES

美口菌科 Calostomataceae

红皮美口菌 *Calostoma cinnabrinum* （Desv.）Mass.

黄皮美口菌 *C. junghuhnii*（Schlecht. et Mass.）Mass.

粗皮美口菌 *Calostomata orirubra* （Cke.）Mass.

植物名录

Ⅰ. 苔类植物门 MARCHANTIOPHYTA

一、剪叶苔科 Herbertaceae

剪叶苔 *Herbertus aduncus*（Dicks）Gray

狭叶剪叶苔 *H. angustissimus*（Herzog）H. A. Mill.

长角剪叶苔 *H. dicranus*（Taylor ex Gottsche et al.）Trevis

纤细剪叶苔 *H. fragilis*（Steph.）Herzog

红枝剪叶苔 *H. huerlimannii* H. A. Mill.

鞭枝剪叶苔 *H. mastigophoroides* H. A. Mill.

樱井剪叶苔 *H. sakuraii*（Warnst.）S. Hatt.（*H. longifissus*）

二、睫毛苔科 Blepharostomaceae

小睫毛苔 *Blepharostoma minus* Horik.

三、绒苔科 Trichocoleaceae

绒苔 *Trichocolea tomentella*（Ehrh.）Dumort.

四、指叶苔科 Lepidoziaceae

叶苔科日本鞭苔 *Bazzania japonica*（Sande Lac.）Lindb.

东亚鞭苔 *B. praerupta*（Reinw. et al.）Trevis.

三齿鞭苔 *B. tricrenata* （Wahlenb.）Lindb.

三裂鞭苔 *B. tridens* （Reinw. et al.）Trevis.

指叶苔 *Lepidozia reptans*（L.）Dumort.

硬指叶苔 *L. vitrea* Steph.

瓦氏指叶苔 *L. wallichiana* Gottsche

五、护蒴苔科 Calypogeiaceae

钝叶护蒴苔 *Calypogeia neesiana* （C. Massal. et Carestia.）Müll. Frib.

双齿护蒴苔 *C. tosana*（Steph.）Steph.

三角叶护蒴苔 *C. trichomanis*（L.）Corda.

六、大萼苔科 Cephaloziaceae

无毛拳叶苔 *Nowellia aciliata*（P. C. Chen et P. C. Wu）Mizut

拳叶苔 *N. curvifolia*（Dicks.）Mitt.

合叶裂齿苔 *Odontoschisma denudatum*（Nees.）Dumort.

塔叶苔 *Schiffneria hyalina* Steph.

七、大萼苔科 Cephaloziellaceae

鳞叶拟大萼苔 *Cephaloziella kiaeri*（Austin）Douin

八、叶苔科 Jungermanniaceae

叶苔 *Jungermannia atrovirens* Dumort.

梨蒴叶苔 *J. pyriflor* Steph.

裸萼小萼苔 *Mylia nuda* Inoue et B. Y. Yang

疣萼小萼苔 *M. verrucosa* Lindb.

大瓣被蒴苔 *Nardia assamica*（Mitt.）Amakawa

九、裂叶苔科 Lophoziaceae

全缘广萼苔 *Chandonanthus birmensis* Steph.

齿边广萼苔 *C. hirtellus*（Web.）Mitt.

十、全萼苔科 Gymnomitriaceae

东亚钱袋苔 *Marsupella yakushimensis*（Horik.）S. Hatt.

十一、合叶苔科 Scapaniaceae

刺边合叶苔 *Scapania ciliata* Sande Lac.

短合叶苔 *S. curta*（Mart.）Dumort.

舌叶合叶苔斯氏亚种 *S. ligulata* ssp. *stephanii*（Müll. Frib.）Potemkin（*Scapania stephanii*）

粗瘤合叶苔 *S. verrucosa* Heeg（*S. parva*）

十二、齿萼苔科 Geocalycaceae

狭叶地萼苔 *Geocalyx lancistipulus*（Steph.）S. Hatt.

四齿异萼苔 *Heteroscyphus argutus*（Reinw. et al.）Schiffn.

双齿异萼苔 *H. coalitus*（Hook.）Schiffn.

平叶异萼苔 *H. planus*（Mitt.）Schiffn.

柔叶异萼苔 *H. tener*（Steph.）Schiffn.

十三、羽苔科 Plagiochilaceae

羽状羽苔 *Plagiochila dendroides*（Nees）Lindenb.

卵叶羽苔 *P. ovalifolia* Mitt.

美姿羽苔 *P. pulcherrima* Horik.

阴生羽苔 *P. sciophlia* Nees ex Lindenb.

延叶羽苔 *P. semidecurrens*（Lehm. et Lindenb.）Lindenb.

狭叶羽苔 *P. trabeculata* Steph.

稀齿对羽苔 *Plagiochilion mayebarae* S. Hatt.

十四、紫叶苔科 Pleuroziaceae

大紫叶苔 *Pleurozia subinflata*（Austin）Austin（*Eopleurozia giganteoides*）

十五、扁萼苔科 Radulaceae

尖舌扁萼苔 *Radula acuminata* Steph.

大瓣扁萼苔 *R. cavifolia* Hampe ex Gottsche et al.

日本扁萼苔 *R. japonica* Gottsche ex Steph.

爪哇扁萼苔 *R. javanica* Gottsche

尖叶扁萼苔 *R. kojana* Steph.

钝瓣扁萼苔 *R. obtusiloba* Steph.

东亚扁萼苔 *R. oyamensis* Steph.

十六、多囊苔科 Lepidoiaenaceae

秦岭囊绒苔 *Trichocoleopsis tsinlingensis* P. C. Chen ex M. X. Zhang

十七、光萼苔科 Porellaceae

日本光萼苔 *Porella densifolia*（Steph.）S. Hatt.

毛边光萼苔 *P. japonica*（Sande Lac.）Mitt.

密叶光萼苔 *P. perrottetiana*（Mont.）Trevis.

十八、耳叶苔科 Frullaniaceae

密瓣耳叶苔 *Frullania densiloba* Steph. ex A. Evans

凤阳山耳叶苔 *F. fengyangshanensis* R. L. Zhu et M. L. So

钩瓣耳叶苔 *F. hamatiloba* Steph.

楔形耳叶苔 *F. inflexa* Mitt.

列胞耳叶苔 *F. moniliata*（Reinw. et al.）Mont.（*Frullania tamarisci* ssp. *moniliata*）

盔瓣耳叶苔 *F. muscicola* Steph.

硬叶耳叶苔 *F. valida* Steph.

十九、毛耳苔科 Jubulaceae

日本毛耳苔 *Jubula japonica* Steph.

二十、细鳞苔科 Lejeuneaceae

尼川原鳞苔 *Archilejeunea amakawana* Inoue

卡西唇鳞苔 *Cheilolejeunea khasiana*（Mitt.）N. Kitag.

钝叶唇鳞苔 *C. obtusifolia*（Steph.）S. Hatt.

瓦叶唇鳞苔 *C. trapezia*（Nees）Kachroo et R. M. Schust.（*C. imbricata*

薄叶疣鳞苔 *Cololejeunea appressa*（A. Evans）Benedix

白边疣鳞苔 *C. inflata* Steph.

阔体疣鳞苔 *C. latistyla* R. L. Zhu

长叶疣鳞苔 *C. longifolia*（Mitt.）Benedix

距齿疣鳞苔 *C. macounii*（Spruce ex Underw.）A. Evans

大瓣疣鳞苔 *C. magnilobula*（Horik.）S. Hatt.

列胞疣鳞苔 *C. ocellata*（Horik.）Benedix

低林疣鳞苔 *C. ornata* A. Evans

粗齿疣鳞苔 *C. planissima*（Mitt.）Abeyw.

拟棉毛疣鳞苔 *C. pseudofloccosa*（Horik.）Benedix

扁萼疣鳞苔 *C. raduliloba* Steph.

刺叶疣鳞苔 *C. spinosa*（Horik.）Pandé et Misra

疣瓣疣鳞苔 *C. subkodamae* Mizut.

拟多胞疣鳞苔 *C. subocelloides* Mizut.

单体疣鳞苔 *C. trichomanis*（Gottsche）Steph.（*Cololejeunea goebelii*）

佛氏疣鳞苔 *C. verdoornii*（S. Hatt.）S. Hatt.

九州疣鳞苔 *Cololejeunea yakusimensis*（S. Hatt.）Mizut.［*C. latilobula* var. *wuyiensis*（PC. Chen et Wu）Picppo］

角管叶苔 *Colura tenuicornis*（A. Evans）Steph.

线角鳞苔 *Drepanolejeunea angustifolia*（Mitt.）Grolle

叶生角鳞苔 *D. foliicola* Horik.（*Leptolejeunea yangii*，*Rhaphidolejeunea foliicola*）

日本角鳞苔 *D. erecta*（Steph.）Mizut.

单齿角鳞苔 *D. ternatensis*（Gottsche）Schiffn.

狭瓣细鳞苔 *Lejeunea anisophylla* Mont.（*Lejeunea catanduana*）

凹瓣细鳞苔 *L. convexiloba* M. L. So et R. L. Zhu

弯叶细鳞苔 *L. curviloba* Steph.

黄色细鳞苔 *L. flava*（Sw.）Nees

圆尖细鳞苔 *L. parva*（S. Hatt.）Mizut.

斑叶细鳞苔 *L. punctiformis* Taylor

疏叶细鳞苔 *L. ulicina*（Taylor）Gottsche et al.

尖叶薄鳞苔 *Leptolejeunea elliptica*（Lehm. et Lindenb.）Schiffn.（*L. subacuta*）

黑冠鳞苔 *L. nigricans*（Lindenb.）Schiffn.

苏氏冠鳞苔 *L. soae* R. L. Zhu et Gradst.

褐冠鳞苔 *L. subfusca*（Nees）Schiffn.

多褶苔 *Spruceanthus semirepandus*（Nees）Verd.

南亚瓦鳞苔 *Trocholejeunea sandvicensis*（Gottsche）Mizut.

鞍叶苔 *Tuyamaella molischii*（Schiffn.）S. Hatt.

二十一、溪苔科 Pelliaceae

花叶溪苔 *Pellia endiviifolia*（Dicks.）Dumort.

二十二、南溪苔科 Makinoaceae

南溪苔 *Makinoa crispate*（Steph.）Miyake

二十三、绿片苔科 Aneuraceae

绿片苔 *Aneura pinguis*（L.）Dumort.

羽枝片叶苔 *Riccardia multifida*（L.）Gray

二十四、叉苔科 Metzgeriaceae

毛叉苔 *Apometzgeria pubescens*（Schrank.）Kuwah.

平叉苔 *Metzgeria conjugata* Lindb.

叉苔 *M. furcata*（L.）Dumort.

二十五、蛇苔科 Conocephalaceae

大蛇苔 *Conocephalum conicum*（L.）Dumort.

小蛇苔 *C. japonicum*（Thunb.）Grolle

二十六、地钱科 Marchantiaceae

地钱 *Marchantia polymorpha* L.

Ⅱ. 藓类植物门 BRYOPHYTA

一、泥炭藓科 Sphagnaceae

尖叶泥炭藓 *Sphagnum capillifolium*（Ehrh.）Hedw.（*S. nemoreum* Scop.）

暖地泥炭藓 *S. junghuhnianum* Dozy et Molk.

中位泥炭藓 *S. magellanicum* Brid.

泥炭藓 *S. palustre* L.

二、黑藓科 Andreaeaceae

欧黑藓 *Andreaea rupestris* Hedw.

三、牛毛藓科 Ditrichaceae

黄牛毛藓 *Ditrichum pallidum*（Hedw.）Hampe

石缝藓 *Saelania glaucescens*（Hedw.）Broth.

四、曲尾藓科 Dicranaceae

白氏藓 *Brothera leana*（Sull.）Müll. Hal.

中型扭柄藓 *Campylopodium medium*（Duby）Giese et J. - P. Frahm

长叶曲柄藓 *C. atrovirens* De Not.

直叶曲柄藓 *C. durelii* Broth. ex Gangulee

曲柄藓 *C. flexuosus*（Hedw.）Brid.

脆枝曲柄藓 *C. fragilis*（Brid.）Bruch et Schimp.

日本曲柄藓 *C. japonicus* Broth.

南亚曲柄藓 *C. richardii* Brid.

黄曲柄藓 *C. schmidii*（Müll. Hal.）A. Jaeger

节茎曲柄藓 *C. umbellatus*（Arn.）Paris

南亚小曲尾藓 *Dicranella coarctata*（Müll. Hal.）Bosch et Sande Lac.

粗叶青毛藓 *Dicranodontium asperulum*（Mitt.）Broth.

青毛藓 *D. denudatum*（Brid.）Britt. ex R. S. Williams

毛叶青毛藓 *D. filifolium* Broth.

全缘青毛藓 *D. subintegrifolium* Broth.

钩叶青毛藓 *D. uncinatum*（Harv.）A. Jaeger

锦叶藓 *Dicranoloma dicarpum*（Nees）Paris

阿萨姆曲尾藓 *Dicranum assamicum* Dixon

棕色曲尾藓 *D. fuscescens* Turner

日本曲尾藓 *D. japonicum* Mitt.

多蒴曲尾藓 *D. majus* Turner

曲尾藓 *D. scoparium* Hedw.

拟孔网曲尾藓 *D. subporodictyon*（Broth.）C. Gao et T. Cao

曲背藓 *Oncophorus wahlenbergii* Brid.

合睫藓 *Symblepharis vaginata*（Wilson）Wijk et Margad.

五、白发藓科 Leucobryaceae

弯叶白发藓 *Leucobryum aduncum* Dozy et Molk.

包氏白发藓 *L. bowringii* Mitt.

暖地白发藓 *L. candidum*（Brid. ex P. Beauv.）Wilson

白发藓 *L. glaucum*（Hedw.）Aongstr.

瓜哇白发藓 *L. javense*（Brid.）Mitt.

桧叶白发藓 *L. juniperoideum*（Brid.）Müll. Hal.（*L. neilgherrense* Müll. Hal.）

疣白发藓 *L. scabrum* Sande Lac.

六、凤尾藓科 Fissidentaceae

卷叶凤尾藓 *Fissidens dubius* P. Beauv.（*F. cristatus* Wilson ex Mitt.）

二形凤尾藓 *F. geminiflorus* Dozy et Molk.

裸萼凤尾藓 *F. gymnogynus* Besch.

内曲凤尾藓 *F. involutus* Wilson ex Mitt.（*F. plagiochiloides.*）

长叶凤尾藓 *F. oblongifolius* Hook. et Wilson

垂叶凤尾藓 *F. obscurus* Mitt.

南京凤尾藓 *F. teysmannianus* Dozy et Molk.（*F. adelphinus.*）

七、花叶藓科 Calymperaceae

日本网藓 *Syrrhopodon japonicus*（Besch.）Broth.

八、丛藓科 Pottiaceae

砂地扭口藓 *Barbula arcuata* Griff.

剑叶扭口藓 *B. rufidula* Müll. Hal.

下弯膜叶藓 *Hymenostylium recurvirostre*（Hedw.）Dixon

尖叶湿地藓 *Hyophila acutifolia* K. Saito

高山毛氏藓云南变种 *Molendoa sendtneriana* var. *yunnanica* Gyoerffy.

酸土藓 *Oxystegus tenuirostris*（Hook. et Taylor）A. J. E. Smith（*O. cylindricus*，*Trichostomum tenuirostre.*）

合睫藓 *Pseudosymblepharis bomayensis*（Müll. Hal.）P. Sollman（*P. angustata.*）

舌叶藓 *Scopelophila ligulata*（Spruce）Spruce

纽藓 *Tortella tortuosa*（Hedw.）Limpr.

墙藓 *Tortula muralis* Hedw.

小石藓 *Weissia controversa* Hedw.

东亚小石藓 *W. exserta*（Broth.）P. C. Chen

九、缩叶藓科 Ptychomitriaceae

齿边缩叶藓 *Ptychomitrium dentatum*（Mitt.）A. Jaeger

狭叶缩叶藓 *P. linearifolium* Reimers

中华缩叶藓 *P. sinense*（Mitt.）A. Jaeger

十、紫萼藓科 Grimmiaceae

卵叶紫萼藓 *Grimmia ovalis*（Hedw.）Lindb.

垫状紫萼藓 *G. pulvinata*（Hedw.）Sm.

砂藓 *Racomitrium canescens*（Hedw.）Brid.

黄砂藓 *R. anomodontoides* Cardot(*Racomitrium fasciculare* var. *atroviride* Cardot)

长叶砂藓 *R. fasciculare*(Hedw.)Brid.

长毛砂藓 *R. lanuginosum*(Hedw.)Brid.

十一、真藓科 Bryaceae

短月藓 *Brachymenium nepalense* Hook.

皱蒴短月藓 *B. ptychothecium*(Besch.)Ochi

真藓 *Bryum argenteum* Hedw.

丛生真藓 *B. caespiticium* Hedw.

黄色真藓 *B. pallescens* Schleich. ex Schwägr.

拟三列真藓 *B. pseudotriquetrum*(Hedw.)Gaertn. et Meyer. et Scherb.

垂蒴真藓 B. *uliginosum*(*Brid.*)Bruch et Schimp.

丝瓜藓 *Pohlia cruda*(Hedw.)Lindb.

长蒴丝瓜藓 *Pohlia elongata* Hedw.

暖地大叶藓 *Rhodobryum giganteum*(Schwägr.)Paris(*Bryum giganteum*)

大叶藓 *R. roseum*(Hedw.)Limpr.

比拉玫瑰藓 *Rosulabryum billardieri* (Schwägr.)J. R. Spence(*Bryum billardieri*)

十二、提灯藓科 Mniaceae

长叶提灯藓 *Mnium lycopodioides*(Hook.)Schwägr. (*M. laevinerve*)

具缘提灯藓 *M. marginatum*(With.)P. Beauv.

波叶提灯藓 *M. undulatum* Weiss ex Hedw.

柔叶立灯藓 *Orthomnion dilatatum*(Mitt.)P. C. Chen

尖叶走灯藓 *Plagiomnium cuspidatum*(Hedw.)T. J. Kop.

日本走灯藓 *P. japonicum*(Lindb.)T. J. Kop.

侧枝走灯藓 *P. maximoviczii*(Lindb.)T. J. Kop.

钝叶走灯藓 *P. rostratum*(Schrad.)T. J. Kop.

具丝毛灯藓 *Rhizomnium tuomikoskii* T. J. Kop.

疣灯藓 *Trachycystis microphylla*(Dozy et Molk.)Lindb.

十三、桧藓科 Rhizogoniaceae

大赤桧藓 *Pyrrhobryum dozyanum*(Sande Lac.)Manuel(*Rhizogonium dozyanum*)

刺叶赤桧藓 *P. spiniforme*(Hedw.)Mitt. (*Rhizogonium spiniforme*)

十四、珠藓科 Bartramiaceae

梨蒴珠藓 *Bartramia pomiformis* Hedw.

泽藓 *Philonotis fontana* (Hedw.)Brid.

东亚泽藓 *P. turneriana*(Schwägr.)Mitt. (*Philonotis revoluta*)

十五、美姿藓科 Timmiaceae

美姿藓 *Timmia megapolitana* Hedw.

十六、木灵藓科 Orthotrichaceae

福氏蓑藓 *Macromitrium ferriei* Cardot et Thér.

缺齿蓑藓 *M. gymnostomum* Sull. et Lesq.

钝叶蓑藓 *M. japonicum* Dozy et Molk.

论瓦蓑藓 *M. reinwardtii* Schwägr.

中华蓑藓 *M. sinense* E. B. Bartram

南亚火藓 *Schlotheimia grevilleana* Mitt.

小火藓 *S. pungens* E. B. Bartram

北方卷叶藓 *Ulota crispa* (Hedw.) Brid.

十七、卷柏藓科 Racopilaceae

毛尖卷柏藓 *Racopilum aristatum* Mitt.

十八、虎尾藓科 Hedwigiaceae

虎尾藓 *Hedwigia ciliata* (Hedw.) Ehrh. ex P. Beauv.

十九、隐蒴藓科 Cryphaceae

毛枝藓 *Pilotrichopsis dentata* (Mitt.) Besch.

二十、扭叶藓科 Trachypodaceae

美绿锯藓 *Duthiella speciosissima* Broth. ex Cardot

拟木毛藓 *Pseudospiridentopsis horrida* (Cardot) M. Fleisch.

扭叶藓 *Trachypus bicolor* Reinw. et Hornsch.

小扭叶藓 *T. humilis* Lindb.

二十一、蕨藓科 Pterobryaceae

树形蕨藓 *Pterobryom arbuscula* Mitt.

二十二、蔓藓科 Meteoriaceae

毛扭藓 *Aerobryidium filamentosum* (Hook.) M. Fleisch. (*A. taiwanense*)

大灰气藓 *Aerobryopsis subdivergens* (Broth.) Broth.

气藓 *Aerobryum speciosum* (Dozy et Molk.) Dozy et Molk.

鞭枝悬藓 *Barbella flagellifera* (Cardot) Nog. (*B. asperifolia*)

垂藓 *Chrysocladium retrorsum* (Mitt.) M. Fleisch. (*C. retrorsum* var. *kiusiuense*)

丝带藓 *Floribundaria floribunda*（Dozy et Molk.）M. Fleisch.

小蔓藓 *Meteoriella soluta*（Mitt.）S. Okam.

反叶粗蔓藓 *Meteoriopsis reclinata*（Müll. Hal.）M. Fleisch.

细枝蔓藓 *Meteorium papillarioides* Nog.

粗枝蔓藓 *M. subpolytrichum*（Besch.）Broth. ssp. *subpolytrichum*（*M. helminthocladum*）

粗枝蔓藓毛尖亚种 ssp. *horikawae*（Nog.）Nog.

多疣新蔓藓 *Neodicradiella pendula*（Sull.）W. R. Buck（*Barbella pendula*）

狭叶假悬藓 *Pseudobarbella angustifolia* Nog.

疏叶假悬藓 *P. laxifolia* Nog.

南亚假悬藓 *P. levieri*（Renauld et Cardot）Nog.

芽胞假悬藓 *P. propagulifera* Nog.

瓦氏假悬藓 *P. wallichii*（Brid.）Touw（*P. attenuata*）

二十三、平藓科 Neckeraceae

拟扁枝藓 *Homaliadelphus targionianus*（Mitt.）Dixon et P. Vard.

树平藓 *H. flabellatum*（Sm.）M. Fleisch.（*H. scalpellifolium*）

平藓 *Neckera pennata* Hedw.

短齿平藓 *N. yezoana* Besch.

二十四、万年藓科 Climaciaceae

东亚万年藓 *Climacium japonicum* Lindb.

二十五、油藓科 Hookeriaceae

东亚黄藓 *Distichophyllum maibarae* Besch.

刺边毛柄藓 *Calyptrochaeta spinosus* Nog.（*Eriopus spinosus* Nog.）

尖叶油藓 *Hookeria acutifolia* Hook. et Grev.

二十六、孔雀藓科 Hypopterygiaceae

短肋雉尾藓 *Cyathophorum hookerianum*（Griff.）Mitt.（*Cyathophorella hookeriana*）

南亚孔雀藓 *Hypopterygium tenellum* Müll. Hal.

二十七、鳞藓科 Theliaceae

粗疣藓 *Fauriella tenuis*（Mitt.）Cardot

二十八、碎米藓科 Fabroniaceae

中华无毛藓 *Juratzkaea sinensis* M. Fleisch. ex Broth.

华东附干藓 *Schwetschkea courtoisii* Broth. et Paris

拟附干藓 *Schwetschkeopsis fabronica*（Schwägr.）Broth.（*S. japonica*）

二十九、牛舌藓科 Anomodonaceae

硬叶牛舌藓 *Anomodon thraustus* Müll. Hal.

牛舌藓 *A. viticulosus*（Hedw.）Hook. et Tayl.

三十、羽藓科 Thuidiaceae

山羽藓 *Abietinella abietina*（Hedw.）M. Fleisch.

麻羽藓 *Claopodium pellucinerve*（Mitt.）Best

拟多枝藓 *Haplohymenium pseudo - triste*（Müll. Hal.）Broth.

暗绿多枝藓 *H. triste*（Ces.）Kindb.

羊角藓 *Herpetineuron toccoae*（Sull. et Lesq.）Cardot

多疣鹤嘴藓 *Pelekium pygmaeum*（Schimp.）Touw（*Thuidium pygmaeum* Bruch et Schimp.）

绿羽藓 *Thuidium assimile*（Mitt.）A. Jaeger（*T. philibertii*）

大羽藓 *T. cymbifolium*（Dozy et Molk.）Dozy et Molk.

短肋羽藓 *T. kanedae* Sakurai

灰羽藓 *T. pristocalyx*（Müll. Hal.）A. Jaeger var. *pristocalyx*（*T. glaucinum*）

灰羽藓萨摩变种 var. *samoanum*（Mitt.）Touw（*T. glaucinoides*）

亚灰羽藓 *Thuidium subglaucinum* Cardot

三十一、柳叶藓科 Amblystegiaceae

长肋镰刀藓 *Drepanocladus polygamus*（Bruch et Schimp.）Hedenäs（*Campylium polygamum*）

细柳藓 *Platydictya jungermannioides*（Brid.）H. A. Crum

三十二、青藓科 Brachytheciaceae

灰白青藓 *Brachythecium albicans*（Hedw.）Schimp.

田野青藓 *B. campestre*（Müll. Hal.）Bruch et Schimp.

长叶青藓 *B. capillaceum*（F. Webber et Mohr）Giac.（*B. rotaeanum*）

台湾青藓 *B. formosanum* Takaki

短肋青藓 *B. garovaglioides* Müll. Hal.（*B. wichurae*）

粗枝青藓 *B. helminthocladum* Broth. et Paris

皱叶青藓 *B. kuroishicum* Besch.

亮叶青藓 *B. nitidulum*（Broth.）Nog.

毛尖青藓 *B. piligerum* Cardot

羽枝青藓 *B. plumosum*（Hedw.）Bruch et Schimp.

长肋青藓 *B. populeum*（Hedw.）Bruch et Schimp.

溪边青藓 *B. rivulare* Bruch et Schimp.

燕尾藓 *Bryhnia novae – angliae*（Sull. et Lesq.）Grout（*B. sublaevifolia*）

斜蒴藓 *Camptothecium lutescens*（Hedw.）Schimp.

宽叶尖喙藓 *Oxyrrhynchium hians*（Hedw.）Loeske（*Eurhynchium hians*）

深绿褶叶藓 *Palamocladium euchloron*（Bruch ex Müll. Hal.）Wijk et Margad.

弯柄细喙藓 *Rhynchostegiella curvisteta*（Brid.）Limpr.

光柄细喙藓 *R. laeviseta* Broth.

南亚细喙藓 *R. menadensis*（Sande Lac.）E. B. Bartram

缩叶长喙藓 *R. contractum* Cardot

东亚长喙藓 *R. fauriei* Cardot

淡叶长喙藓 *R. pallidifolium*（Mitt.）A. Jaeger

三十三、绢藓科 Entodontaceae

扁平绢藓 *Entodon challengeri*（Paris）Cardotas（*E. compressus*）

绢藓 *E. cladorrhizans*（Hedw.）Müll. Hal.

螺叶绢藓 *E. conchophyllus* Cardot

东亚绢藓 *E. luridus*（Griff.）A. Jaeger

狭绢藓 *E. macropodus*（Hedw.）Müll. Hal.

短柄绢藓 *E. micropodus* Besch.

台湾绢藓 *E. taiwanensis* C. K. Wang et S. H. Lin

绿叶绢藓 *E. viridulus* Cardot

黄色斜齿藓 *Mesonodon flavescens*（Hook.）W. R. Buck

赤茎藓 *Pleurozium schreberi*（Brid.）Mitt.

三十四、棉藓科 Plagiotheciaceae

直叶棉藓 *Plagiothecium euryphyllum*（Cardot et Thér.）Z. Iwats.（*P. euryphyllum* var. *brevirameum*）

光泽棉藓 *P. laetum* Schimp.（*P. curvifolium* Schlieph. ex Limpr）

扁平棉藓 *P. neckeroideum* Bruch et Schimp.

垂蒴棉藓 *P. nemorale*（Mitt.）A. Jaeger

阔叶棉藓 *P. platyphyllum* Mönk.

长喙棉藓 *P. succulentum*（Wilson）Lindb.

红色假鳞叶藓 *Pseudotaxiphyllum pohliaecarpum*（Sull. et Lesq.）Z. Iwats.（*Isopterygium pohliaecarpum*）

三十五、锦藓科 Sematophyllaceae

尖叶顶胞藓 *Acroporium oxyporum*（Bosch. et Sande Lac.）M. Fleisch.

兜叶顶胞藓 *A. turgidum* Mitt.

赤茎小锦藓 *Brotherella erythrocaulis*（Mitt.）M. Fleisch.（*Pylaisiadelpha erythrocaulis*）

弯叶小锦藓 *B. falcata*(Dozy et Molk)M. Fleisch.(*Pylaisiadelpha falcatula*)

东亚小锦藓 *B. fauriei*(Cardot)Broth.

南方小锦藓 *B. henonii*(Duby)M. Fleisch.

厚角藓 *Gammiella pterogonioides*(Griff.)Broth.

细尖格齿藓 *Palisadula katoi*(Broth.)Z. Iwats.(*Clastobryum katoi*)

扁枝毛锦藓 *Pylaisiadelpha tenuirostris*(Bruch et Schimp. ex Sull.)W. R. Buck

矮锦藓 *Sematophyllum subhumile*(Müll. Hal.)M. Fleisch.(*S. henryi*)

尼泊尔麻锦藓 *Taxithelium nepalense*(Schwägr.)Broth.

乳突刺疣藓 *Trichosteleum mammosum*(Müll. Hal.)A. Jaeger

角状刺枝藓 *Wijkia hornschuchii*(Dozy et Molk.)H. A. Crum

细枝刺枝藓 *W. surcularis*(Mitt.)H. A. Crum

三十六、灰藓科 Hypnaceae

毛叶梳藓 *Ctenidium capillifolium*(Mitt.)Broth.

梳藓 *C. molluscum*(Hedw.)Mitt.

羽枝梳藓 *C. pinnatum*(Broth. et Paris)Broth.

美灰藓 *Eurohypnum leptothallum*(Müll. Hal.)Ando

毛灰藓 *Homomallium incurvatum*(Brid.)Loeske

尖叶灰藓 *Hypnum callichroum* Brid.

灰藓 *H. cupressiforme* Hedw.

弯叶灰藓 *H. hamulosum* Bruch et Schimp.

南亚灰藓 *H. oldhamii*(Mitt.)A. Jaeger et Sauerb.

黄灰藓 *H. pallescens*(Hedw.)P. Beauv.

大灰藓 *H. plumaeforme* Wilson

卷叶灰藓 *H. revolutum*(Mitt.)Lindb.

淡色同叶藓 *Isopterygium albescens*(Hook.)A. Jaeger

纤枝同叶藓 *I. minutirameum*(Müll. Hal.)A. Jaeger

异叶小梳藓 *Microctenidium heterophyllum* Thér.

东亚金灰藓 *Pylaisia brotheri* Besch.(*Pylaisiella brotheri*)

卷叶拟硬齿藓 *Stereodontopsis pseudorevoluta*(Reimers)Ando

弯叶鳞叶藓 *Taxiphyllum arcuatum*(Brosch et Sande Lac.)S. He(*T. subarcuatum* var. *subarcuatum*；*T. subarcuatum* var. *scalpelliforum*)

鳞叶藓 *T. taxirameum*(Mitt.)M. Fleisch.

三十七、垂枝藓科 Rhytidiaceae

皱叶粗枝藓 *Gollania ruginosa*(Mitt.)Broth.

多变粗枝藓 *G. varians*(Mitt.)Broth.

三十八、塔藓科 Hylocomiaceae

短喙塔藓船叶变种 *Hylocomium brevirostre*（Brid.）Bruch et Schimp. var. *cavifolium*（Lac.）Nog.
（*Loeskeobryum cavifolium*）

南木藓 *Macrothamnium macrocarpum*（Reinw. et Hornsch.）M. Fleisch.

疣拟垂枝藓 *Rhytidiadelphus triquetrus*（Hedw.）Warnst.

三十九、短颈藓科 Diphysciaceae

东亚短颈藓 *Diphyscium fulvifolium* Mitt.

四十、金发藓科 Polytrichaceae

大仙鹤藓 *Atrichum crispulum* Schimp. ex Besch.（*A. henryi*）

卷叶仙鹤藓 *A. crispum*（Hampe）Sull. et Lesq.

仙鹤藓 *Atrichum undulatum*（Hedw.）P. Beauv.

小金发藓 *Pogonatum aloides*（Hedw.）P. Beauv.

扭叶小金发藓 *P. contortum*（Brid.）Lesq.

东亚小金发藓 *P. inflexum*（Lindb.）Sande Lac.

小金发藓 *P. neesii*（Müll. Hal.）Dozy

川西小金发藓 *P. nudiusculum* Mitt.

苞叶小金发藓 *P. spinulosum* Mitt.

拟刺边小金发藓 *P. spurio – cirratum* Broth.

疣小金发藓 *P. urnigerum*（Hedw.）P. Beauv.

高山拟金发藓 *Polytrichastrum alpinum*（Hedw.）G. L. Sm.

台湾拟金发藓 *P. formosum*（Hedw.）G. L. Sm.（*Polytrichum formosum*）

细叶金发藓 *P. longisetum*（Brid.）G. L. Sm.

金发藓 *Polytrichum commune* L. ex Hedw.

Ⅲ. 蕨类植物门 PTERIDOPHYTA

一、石杉科 Huperziaceae

蛇足石杉 *Huperzia serrata*（Thunb.）Trev.

四川石杉 *H. sutchueniana*（Herter）Ching

柳杉叶马尾杉 *Phlegmariurus cryptomerianus*（Maxim.）Ching

闽浙马尾杉 *P. mingcheensis* Ching

二、石松科 Lycopodiaceae

扁枝石松 *Diphastrum complanatum*（L.）Holub

石松 *Lycopodium japonicum* Thunb.

密叶石松 *L. simulans* Ching et H. S. Kung

灯笼草 *Palhinhaea cernua* （L.）Franco et Vasc.

三、卷柏科 Selaginellaceae

蔓出卷柏 *Selaginella davidii* Franch.

薄叶卷柏 *S. delicatula*（Desv.）Alston

深绿卷柏 *S. doederleinii* Hieron.

异穗卷柏 *S. heterostachys* Bak.

兖州卷柏 *S. involvens*（Sw.）Spring

细叶卷柏 *S. labordei* Hieron.

江南卷柏 *S. moellendorfii* Hieron.

伏地卷柏 *S. nipponica* Franch. et Sav.

疏叶卷柏 *S. remotifolia* Spring

卷柏 *S. tamariscina*（Beauv.）Spring

翠云草 *S. uncinata*（Desv.）Spring

四、木贼科 Equisetaceae

节节草 *Equisetum ramosissimum* Desf.［*Hippochaete ramosissima*（Desf. Boerner）］

五、阴地蕨科 Botrychiaceae

华东阴地蕨 *Scepteridium japonicum*（Prantl）Lyon

六、紫萁科 Osmundaceae

福建紫萁 *Osmunda cinnamomea* var. *fokiense* Cop.

紫萁 *O. japonica* Thunb.

华南紫萁 *O. vachellii* Hook.

七、瘤足蕨科 Plagiogyriaceae

瘤足蕨 *Plagiogyria adnata*（Bl.）Bedd.

武夷瘤足蕨 *P. chinensis* Ching

镰叶瘤足蕨 *P. distinctissima* Ching

倒叶瘤足蕨 *P. dunnii* Cop.

华中瘤足蕨 *P. euphlebia*（Kunze）Mett.

尾叶瘤足蕨 *P. grandis* Cop.

华东瘤足蕨 *P. japonica* Nakai

八、里白科 Gleicheniaceae

芒萁 *Dicranopteris pedata*（Houtt.）Nakaike

里白 *Diplopterygium glaucum*（Thunb.）Nakai

光里白 *D. laevissimum* （Christ）Nakai

九、海金沙科 Lygodiaceae
海金沙 *Lygodium japonicum* （Thunb.）Sw.

十、膜蕨科 Hymenophyllaceae
团扇蕨 *Gonocormus minutus*（Bl.）V. d. Bosch
华南膜蕨 *Hymenophyllum austro – sinicum* Ching
华东膜蕨 *H. barbatum*（v. d. Bosch）Bak.
顶果膜蕨 *H. khasyanum* Hook.
小叶膜蕨 *H. oxydon* Bak.
路蕨 *Mecodium badium* （Hook. et Grev.）Cop.
波纹路蕨 *M. crispatum* （Hook. et Grev.）Cop.
罗浮路蕨 *M. lofoushanense* Ching et Chiu
小果路蕨 *M. microsorum*（v. d. Bosch）Ching
长毛路蕨 *M. oligosorum* （Makino）H. Ito
长柄路蕨 *M. osmundoides* （v. d. Bosch）Ching

十一、稀子蕨科 Monachosoraceae
尾叶稀子蕨 *Monachosorum flagellare* （Maxin. ex Makino）Hayata
华中稀子蕨 var. *nipponicum*（Makino）Tagawa

十二、碗蕨科 Dennstaedtiaceae
细毛碗蕨 *Dennstedtia pilosella* （Hook.）Ching
碗蕨 *D. scabra* （Wall. et Hook.）Moore
边缘鳞盖蕨 *Microlepia marginata* （Houtt.）C. Chr.

十三、鳞始蕨科 Lidsaeaceae
乌蕨 *Sphenomeris chinensis* （L.）Ching

十四、姬蕨科 Hypolepidaceae
姬蕨 *Hypolepis punctata* （Thunb.）Mett.

十五、蕨科 Pteridiaceae
蕨 *Pteridium aquilinum* var. *latiusculum* （Desv.）Underw.

十六、凤尾蕨科 Pteridaceae
凤尾蕨 *Pteris cretica* var. *nervosa* Ching et S. H. Wu

刺齿凤尾蕨 *P. dispar* Kunze

全缘凤尾蕨 *P. insignis* Mett.

龙泉凤尾蕨 *P. laurisilvicola* Kurata

井栏边草 *P. multifida* Poir.

蜈蚣草 *P. vittata* L.

十七、中国蕨科 Sinopteridaceae

毛轴碎米蕨 *Cheilosoria chusana*（Hook.）Ching

野鸡尾 *Onychium japonicum*（Thunb.）Kunze

栗柄金粉蕨 *O. japonicum* var. *lucidum*（Don.）Spring

旱蕨 *Pellaea nitidula*（Wall. et Hook.）Bak.

十八、铁线蕨科 Adianthaceae

扇叶铁线蕨 *Adiantum flabellulatum* L.

十九、裸子蕨科 Hemionitidaceae

镰羽凤丫蕨 *Coniogramme falcipinna* Ching et Shing

普通凤丫蕨 *C. intermedia* Hieron

凤丫蕨 *C. japonica*（Thunb.）Diels

疏网凤丫蕨 *C. wilsonii* Hieron

二十、书带蕨科 Vittariaceae

书带蕨 *Vittaria flexuosa* Fee

平肋书带蕨 *V. fudzinoi* Makino

二十一、蹄盖蕨科 Athyriaceae

中华短肠蕨 *Allantodia. chinensis*（Bak.）Ching

江南短肠蕨 *A. metteniana*（Miq.）Ching

有鳞短肠蕨 *A. squamigera*（Mett.）Ching

耳羽短肠蕨 *A. wichurae*（Mett.）Ching

华东安蕨 *Anisocampium sheareri*（Bak.）Ching

钝羽假蹄盖蕨 *Athyriopsis conilii*（Franch. et Sav.）Ching

假蹄盖蕨 *A. japonica*（Thunb.）Ching

坡生蹄盖蕨 *Athyrium clivicola* Tagawa

溪边蹄盖蕨 *A. deltoidofrons* Makino

湿生蹄盖蕨 *A. devolii* Ching

长江蹄盖蕨 *A. iseanum* Rosenst.

华东蹄盖蕨 *A. niponicum*（Mett.）Hance

尖头蹄盖蕨 *A. vidalii* （Franch. et Sav.）Nakai

华中蹄盖蕨 *A. wardii* （Hook.）Makino

禾杆蹄盖蕨 *A. yokoscense* （Franch. et Sav.）Christ

菜蕨 *Callipteris esculenta* （Retz.）J. Smith

单叶双盖蕨 *Diplazium subsinuatum* Ching

华中介蕨 *Dryoathyrium okuboanum*（Makino）Ching

二十二、金星蕨科 **Thelypteridaceae**

渐尖毛蕨 *Cyclosorus acuminatus* （Houtt.）Nakai

干旱毛蕨 *C. aridus* （Don）Tagawa

齿牙毛蕨 *C. dentatus* （Frosk.）Ching

短尖毛蕨 *C. subacutus* Ching

闽浙圣蕨 *Dictyocline mingchegensis* Ching

中间茯蕨 *Leptogramma intermedia* Ching ex Y. X. Lin

峨眉茯蕨 *L. scallanii*（Christ）Ching

小叶茯蕨 *L. tottoides* H. Ito

雅致针毛蕨 *Macrothelypteris oligophlebia* var. *elegans* （Koidz.）Ching

普通针毛蕨 *M. toressiana* （Gaud.）Ching

翠绿针毛蕨 *M. viridifrons* （Takawa）Ching

林下凸轴蕨 *Metathelypteris hattorii* （H. Ito）Ching

疏羽凸轴蕨 *M. laxa*（Franch. et Sav.）Ching

狭叶金星蕨 *Parathelypteris angustifrons* （Miq.）Ching

长根金星蕨 *P. beddomei*（Bak.）Ching

中华金星蕨 *P. chinensis* （Ching）Ching

金星蕨 *P. glanduligera* （Kunze）Ching

日本金星蕨 *P. japonica* （Bak.）Ching

中日金星蕨 *P. nipponica* （Franch. et Sav.）Ching

延羽卵果蕨 *Phegopteris decursive - pinnata* （van Hall）Fee

镰片假毛蕨 *Pseudocyclosorus falcilobus* （Hook.）Ching

普通假毛蕨 *P. subochthodes* （Ching）Ching

耳状紫柄蕨 *Pseudophegopteris aurita* （Hook.）Ching

星毛紫柄蕨 *P. levingei* （Clarke）Ching

紫柄蕨 *P. pyrrhorachis*（Kunze）Ching

二十三、铁角蕨科 **Aspleniaceae**

华南铁角蕨 *Asplenium austrochinesnse* Ching

剑叶铁角蕨 *A. ensiforme* Wall. ex Hook

虎尾铁角蕨 *A. incisum* Thunb.

胎生铁角蕨 *A. indicum* Makino

棕鳞铁角蕨 var. *yoshinagae*（Makino）Ching et S. H. Wu

倒挂铁角蕨 *A. normale* Don

北京铁角蕨 *A. pekienense* Hance

长生铁角蕨 *A. prolongatum* Hook.

华中铁角蕨 *A. sarelii* Hook.

铁角蕨 *A. trichomanes* Linn.

闽浙铁角蕨 *A. wilfordii* Mett. ex Kuhn（*A. fanyangshanense* Ching et C. F. Zhang）

狭翅铁角蕨 *A. wrightii* Eaton ex Hook.

二十四、球子蕨科 Onocleaceae

东方荚果蕨 *Matteuccia orientalis*（Hook.）Trev.

二十五、乌毛蕨科 Blechnaceae

狗脊 *Woodwardia japonica*（L. f.）Smith

胎生狗脊 *W. prolifera* Hook. et Arn.

二十六、柄盖蕨科 Peranemaceae

红线蕨 *Diacalpe aspidioides* Bl.（据记载）

二十七、鳞毛蕨科 Dryopteridaceae

美丽复叶耳蕨 *Arachniodes amoena*（Ching）Ching

多芒复叶耳蕨 *A. aristatissima* Ching

渐尖复叶耳蕨 *A. attenuata* Ching

南方复叶耳蕨 *A. australis* Y. T. Hsieh

中华复叶耳蕨 *A. chinensis*（Ros.）Ching

刺头复叶耳蕨 *A. exilis*（Hance）Ching

昴山复叶耳蕨 *A. maoshanensis* Ching

假长尾复叶耳蕨 *A. pseudo – simplicior* Ching

斜方复叶耳蕨 *A. rhomboidea*（Wall. ex Mett.）Ching

长尾复叶耳蕨 *A. simplicior*（Makino）Ohwi

鞭叶蕨 *Cyrtomidictyum lepidocaulon*（Hook.）Ching

镰羽贯众 *Cyrtomium balansae*（Christ）C. Chr.

贯众 *C. fortuni* J. Smith

阔鳞鳞毛蕨 *Dryopteris championii*（Benth.）C. Chr. ex Ching

桫椤鳞毛蕨 *D. cycadina*（Franch. et Sav.）C. Chr.（*D. fengyangshanensis* Ching et C. F. Zhang）

异盖鳞毛蕨 *D. decipiens*（Hook.）O. Ktze.

黑足鳞毛蕨 *D. fuscipes* C. Chtr.

黄山鳞毛蕨 *D. huangshanensis* Ching(*D. huangangshanensis* Ching)

假异鳞毛蕨 *D. immixta* Ching

裸果鳞毛蕨 *D. gymnosora* （Makino）C. Chr. ［*D. labordei* auct. non （Christ）C. Chr. ］

狭顶鳞毛蕨 *D. lacera*（Thunb. ）O. Ktze.

龙泉鳞毛蕨 *D. lungquonensis* Ching et Chiu

半岛鳞毛蕨 *D. peninsulae* Kitagawa

无盖鳞毛蕨 *D. scottii* （Bedd. ）Ching

两色鳞毛蕨 *D. setosa*（Thunb. ）Akasawa［*D. bissetiana*（Bak. ）C. Chr. ］

奇数鳞毛蕨 *D. sieboldii*（van Houtte）O. Ktze.

稀羽鳞毛蕨 *D. sparsa* （Buch. – Ham. ex D. Don）O. Ktze.

钝齿鳞毛蕨 *D. submarginata* Rosenst.

同形鳞毛蕨 *D. uniformis* Mak.

变异鳞毛蕨 *D. varia*（L. ）O. Ktze.

武夷山鳞毛蕨 *D. wuyishannica* Ching et Chiu

小三叶耳蕨 *Polystichum hancockii* （Hance）Diels

黑鳞耳蕨 *P. makinoi* Tagawa

棕鳞耳蕨 *P. polylepharum*（Roem. ex Kunze）Presl

三叉耳蕨 *P. tripteron* （Kunze）Presl

对马耳蕨 *P. tsus – simense*（Hook. ）J. Smith

二十八、三叉蕨科 Aspidiaceae

泡鳞肋毛蕨 *Ctenitis mariformis* （Rosenst）Ching

阔鳞肋毛蕨 *C. maximowicziana*（Miq. ）Ching

二十九、肾蕨科 Nephrolepidaceae

肾蕨 *Nephrolepis auriculata* （L. ）Trimen

三十、骨碎补科 Davalliaceae

鳞轴小膜盖蕨 *Araiostegia perdurans*（Christ）Cop.

圆盖阴石蕨 *Humata tyermanni* Moore

三十一、水龙骨科 Polypodiaceae

线蕨 *Colysis elliptica* （Thunb. ）Ching

矩圆线蕨 *C. henryi* （Bak. ）Ching

丝带蕨 *Drymotaenium miyoshianum*（Makino）Makino

披针骨牌蕨 *Lepidogrammitis diversa* （Rosenat. ）Ching

抱石莲 *L. drymoglossoides* （Bak. ）Ching

扭瓦韦 *Lepisorus contortus*（Christ）Ching

庐山瓦韦 *L. lewisii*（Bak.）Ching

粤瓦韦 *L. obscurc – venulosus* （Hayata）Ching

鳞瓦韦 *L. oligolepidus* （Bak.）Ching

宝华山瓦韦 *L. paohuashanensis* Ching

瓦韦 *L. thunbergianus* （Kaulf.）Ching

乌苏里瓦韦 *L. ussuriensis*（Regel et Maack）Ching

江南星蕨 *Microsorum fortunei* （T. Moore）Ching［*M. henryi*（Christ）Kuo］

表面星蕨（攀援星蕨）*M. superficiale*（Blume）Ching［*M. brachylepis* （Bak.）Nakaike］

梵净山盾蕨 *Neolepisorus lancifolius* Ching et Shing

盾蕨 *N. ovatus*（Bedd.）Ching

恩氏假瘤蕨 *Phymatopteris engleri* （Luerss.）Pic.

金鸡脚 *P. hastate* （Thunb.）Kitagawa ex H. Ito

水龙骨 *Polypodiodes niponica*（Mett.）Ching

石韦 *Pyrrosia lingua* （Thunb.）Farwell

有柄石韦 *P. petiolosa* （Christ）Ching

庐山石韦 *P. sheareri* （Bak.）Ching

石蕨 *Saxiglossum angustissimum*（Gies.）Ching

三十二、槲蕨科 Drynariaceae

槲蕨 *Drynaria fortunei* （Kunze）J. Smith

三十三、禾叶蕨科 Grammitidaceae

短柄禾叶蕨 *Grammitis dorsipila*（Christ）C. Chr. et Tardieu

锯蕨 *Micropolypodim okuboi*（Yatabe）Hayata（据记载）

三十四、剑蕨科 Loxogrammaceae

中华剑蕨 *Loxogramme chinensis* Ching

褐柄剑蕨 *L. duclouxii* Christ

柳叶剑蕨 *L. salicifolia*（Makino）Makino

三十五、苹科 Marsileaceae

苹 *Marsilea quadrifolia* L.

三十六、槐叶苹科 Salviniaceae

槐叶苹 *Salvinia natans*（L.）All.

三十七、满江红科 Azollaceae

满江红 *Azolla imbricata*（Roxb.）Nakai

Ⅳ. 裸子植物门 GYMNOSPERMAE

一、银杏科 Ginkgoaceae

银杏 *Ginkgo biloba* L.

二、松科 Pinaceae

江南油杉 *Keteleeria cyclolepis* Flous

马尾松 *Pinus massoniana* Lamb.

黄山松 *P. taiwanensis* Hayata

金钱松 *Pseudolarix amabilis*（Nels.）Rehd.［*P. kaempferi*（Lindl.）Gord.］

黄杉 *Pseudotsuga sinensis* Dode（*P. gaussenii* Flous）

铁杉 *Tsuga chinensis*（Franch.）Pritz.［*T. chinensis*（Franch.）Pritz. var. *tchekiangensi*（Flous）
     Cheng et L. K. Fu］

三、杉科 Taxodiaceae

柳杉 *Cryptomeria japonica*（Thunb. ex L. f.）D. Don var. *sinensis* Sieb. et Zucc.（*C. fortunei*
     Hooibrenk ex Otto et Dietr.）

杉木 *Cunninghamia lanceolata*（Lamb.）Hook.

四、柏科 Cupressaceae

柏木 *Cupressus funebris* Endl.

福建柏 *Fokienia hodginsii*（Dunn）Henry et Thomas

刺柏 *Juniperus formosana* Hayata

高山柏 *Sabina squamata*（Buch. – Ham.）Ant.

五、罗汉松科 Podocarpaceae

竹柏 *Nageia nagi* Kuntze

六、三尖杉科 Cephalotaxaceae

三尖杉 *Cephalotaxus fortunei* Hook. f.

粗榧 *C. sinensis*（Rehd. et Wils.）Li

七、红豆杉科 Taxaceae

穗花杉 *Amentotaxus argotaenia*（Hance）Pilger

白豆杉 *Pseudotaxus chienii*（Cheng）Cheng

红豆杉 *Taxus wallichiana* Zucc. var. *chinensis*（Pilger）Florin［*T. chinensis*（Pilger）Rehd.］

南方红豆杉 var. *mairei*（Lemee et Lévl.）L. K. Fu et N. Li

榧树 *Torreya grandis* Fort. ex Lindl.

长叶榧 *T. jackii* Chun

V. 被子植物门 ANGIOSPERMAE
双子叶植物纲 DICOTYLEDONEAE

一、三白草科 Saururaceae

蕺菜草 *Houttuynia cordata* Thunb.

三白草 *Saururus chinensis*（Lour.）Baill.

二、胡椒科 Piperaceae

山蒟 *Piper hancei* Maxim.

风藤 *P. kadsura*（Choisy）Ohwi

三、金粟兰科 Chloranthaceae

丝穗金粟兰 *Chloranthus fortunei*（A. Gray）Solms – Laub.

宽叶金粟兰 *C. henryi* Hemsl.

及己 *C. serratus*（Thunb.）Roem. et Schult.

草珊瑚 *Sarcandra glabra*（Thunb.）Nakai

四、杨柳科 Salicaceae

响叶杨 *Populus adenopoda* Maxim.

垂柳 *Salix babylonica* L.

银叶柳 *S. chienii* Cheng

长梗柳 *S. dunnii* Schneid.

南川柳 *S. rosthornii* Seem.

紫柳 *S. wilsonii* Seem.

五、杨梅科 Myricaceae

杨梅 *Myrica rubra* Sieb. et Zucc.

六、胡桃科 Juglandaceae

青钱柳 *Cyclocarya paliurus*（Batal.）Iljinsk.

少叶黄杞 *Engelhardtia fenzelii* Merr.

华东野胡桃 *Juglans cathayensis* Dode var. *formosana*（Hayata）A. M. Lu et R. H. Chang

化香树 *Platycarya strobilacea* Sieb. et Zucc.

华西枫杨 *Pterocarya insignis* Rehd. et Wils.

枫杨 *P. stenoptera* C. DC.

七、桦木科 Betulaceae

江南桤木 *Alnus trabeculosa* Hand. – Mazz.

亮叶桦 *Betula luminifera* H. Winkl.

八、榛木科 Corylaceae

多脉鹅耳枥 *Carpinus polyneura* Franch.

雷公鹅耳枥 *C. viminea* Wall.

多脉铁木 *Ostrya multinervis* Rehd.

九、壳斗科 Fagaceae

锥栗 *Castanea henryi* Rehd. et Wils.

板栗 *C. mollissima* Bl.

茅栗 *C. seguinii* Dode

米槠 *Castanopsis carlesii*（Hemsl.）Hayata

甜槠 *C. eyrei*（Champ. ex Benth.）Tutch.

罗浮栲 *C. fabri* Hance

栲树 *C. fargesii* Franch.

乌楣栲 *C. jucunda* Hance

苦槠 *C. sclerophylla*（Lindl.）Schott

钩栲 *C. tibetana* Hance

青冈栎 *Cyclobalanopsis glauca*（Thunb.）Oerst.

岩青冈 *C. gracilis*（Rehd. et Wils.）Cheng et T. Hong

大叶青冈 *C. jenseniana*（Hand. – Mazz.）Cheng et T. Hong

多脉青冈 *C. multinervis* Cheng et T. Hong

细叶青冈 *C. myrsinaefolia*（Bl.）Oerst.

云山青冈 *C. sessilifolia*（Hance）Schott.［*C. nubium*（Hand. – Mazz.）Chun］

褐叶青冈 *C. stewardiana*（A. Camus）Y. C. Hsu et H. W. Jen

米心水青冈 *Fagus engleriana* Seem.

水青冈 *F. longipetiolata* Seem.

亮叶水青冈 *F. lucida* Rehd. et Wils.

短尾柯 *Lithocarpus brevicaudatus*（Skam）Hayata［*L. harlandii* auct. non（Hance）Rehd.］

包石栎 *L. cleistocarpus*（Seem.）Rehd. et Wils.

石栎 *L. glaber*（Thunb.）Nakai

硬斗石栎 *L. hancei*（Benth.）Rehd.

木姜叶柯 *L. listeifolius*（Hance）Chun［*L. polystachyus* auct. non（DC.）Rehd.］

麻栎 *Quercus acutissima* Carr.

白栎 *Q. fabri* Hance

尖叶栎 *Q. oxyphylla*（Wils.）Hand. – Mazz.

乌岗栎 *Q. phillyraeoides* A. Gray

短柄枹 *Q. serrata* Thunb. var. *brevipetiolata*（A. DC.）Nakai［*Q. glandulifera* Bl. var. *brevipetiolata*（DC.）Nakai］

十、榆科 Ulmaceae

糙叶树 *Aphananthe aspera*（Thunb.）Planch.

紫弹树 *Celtis biondii* Pamp.

朴树 *C. sinensis* Pers.［*C. tetrandra* Roxb. ssp. *sinensis*（Pers.）Y. C. Tang］

山油麻 *Trema cannabina* Lour. var. *dielsiana*（Hand. – Mazz.）C. J. Chen

多脉榆 *Ulmus castaneifolia* Hemsl.

杭州榆 *U. changii* Cheng

榔榆 *U. parvifolia* Jacq.

榉树 *Zelkova schneideriana* Hand. – Mazz.

十一、桑科 Moraceae

藤葡蟠 *Broussonetia kaempferi* Sieb.

小构树 *B. kazinoki* Sieb. et Zucc.

桑草 *Fatoua pilosa* Gaud.

天仙果 *Ficus erecta* Thunb. var. *beecheyana*（Hook. et Arn.）King

台湾榕 *F. formosana* Maxim.

异叶榕 *F. heteromorpha* Hemsl.

琴叶榕 *F. pandurata* Hance

条叶榕 var. *angustifolia* Cheng

全叶榕 var. *holophylla* Migo

薜荔 *F. pumila* L.

珍珠莲 *F. sarmentosa* Buch. – Ham. ex J. E. Sm. var. *henryi*（King）Corner

爬藤榕 var. *impressa*（Champ. ex Benth.）Corner

葨芝 *Maclura cochinchinensis*（Lour.）Corner［*Cudrania cochinchinensis*（Lour.）Kudo et Masam.］

柘树 *M. tricuspidata* Carr.［*C. tricuspidata*（Carr.）Bur.］

桑 *Morus alba* L.

鸡桑 *M. australis* Poir.

华桑 *M. cathayana* Hemsl.

十二、荨麻科 Urticaceae

序叶苎麻 *Boehmeria clidemioides* Miq. var. *diffusa*（Wedd.）Hand – . Mazz.

海岛苎麻 *B. formosana* Hayata

细野麻 *B. gracilis* C. H. Wright

裂叶苎麻 *B. tricuspis* （Hance）Makino（*B. platanifolia* Franch. et Sav.）

楼梯草 *Elatostema involucratum* Franch. et Sav.

光茎钝叶楼梯草 *E. obtusum* Wedd. var. *glabrescens* W. T. Wang

糯米团 *Gonostegia hirta* （Bl.）Miq.

艾麻 *Laportea cuspidata*（Wedd.）Friis［*L. macrostachya*（Maxim.）Ohwi］

紫麻 *Oreocnide frutescens*（Thunb.）Miq.

短叶赤车 *Pellionia brevifolia* Benth.（*P. minima* Makino）

赤车 *P. radicans* （Sieb. et Zucc.）Wedd.

蔓赤车 *P. scabra* Benth.

波缘冷水花 *Pilea cavaleriei* Lévl.

冷水花 *P. notata* C. H. Wright

齿叶矮冷水花 *P. peploides*（Gaud.）Hook. et Arn. var. *major* Wedd.

透茎冷水花 *P. pumila*（L.）A. Gray

粗齿冷水花 *P. sinofasciata* C. J. Chen

三角叶冷水花 *P. swinglei* Merr.

雾水葛 *Pouzolzia zeylanica*（L.）Benn.

多枝雾水葛 var. *microphylla*（Wedd.） W. T. Wang

十三、山龙眼科 Proteaceae

红叶树 *Helicia cochinchinensis* Lour.

十四、铁青树科 Olacaceae

青皮木 *Schoepfia jasminodora* Sieb. et Zucc.

十五、檀香科 Santalaceae

百蕊草 *Thesium chinense* Turcz.

十六、桑寄生科 Loranthaceae

桐树桑寄生 *Loranthus delavayi* Van Tiegh.

华东松寄生 *Taxillus kaempferi*（DC.）Danser

锈毛寄生 *T. levinei*（Merr.）H. S. Kiu

槲寄生 *Viscum coloratum*（Kom.）Nakai

棱枝槲寄生 *V. diospyrosicolum* Hayata

十七、马兜铃科 Aristolochiaceae

马兜铃 *Aristolochia debilis* Sieb. et Zucc.

通城虎 *A. fordiana* Hemsl.

福建马兜铃 *A. fujianensis* S. M. Hwang

木香马兜铃 *A. moupinensis* Franch.

尾花细辛 *Asarum caudigerum* Hance

福建细辛 *A. fukienense* C. Y. Cheng et C. S. Yang

马蹄细辛 *A. ichangense* C. Y. Cheng et C. S. Yang

十八、蛇菰科 **Balanophoraceae**

短穗蛇菰 *Balanophora abbreviata* Bl.（*B. subcupularis* Tam.）

十九、蓼科 **Polygonaceae**

金线草 *Antenoron filiforme*（Thunb.）Roberty et Vautier

短毛金线草 var. *neofiliforme*（Nakai）A. J. Li［*A. neofiliforme*（Nakai）Hara］

野荞麦 *Fagopyrum dibotrys*（D. Don）Hara

何首乌 *Fallopia multiflora*（Thunb.）Harald.（*Potygonum multiflorum* Thunb.）

萹蓄 *Polygonum aviculare* L.

火炭母草 *P. chinense* L.

蓼子草 *P. criopolitanum* Hance

戟叶箭蓼 *P. hastato - sagittatum* Makino

水蓼 *P. hydropiper* L.

蚕茧蓼 *P. japonicum* Meisn.

酸模叶蓼 *P. lapathifolium* L.

马蓼 *P. longisetum* De Bruyn

柔茎小蓼 *P. tenellum* Bl. var. *micranthus*（Meisn.）C. Y. Wu［*P. minus* Huds ssp. *micran-thus*（Meisn.）Denset］

小花蓼 *P. muricatum* Meisn.

尼泊尔蓼 *P. nepalense* Meisn.

杠板归 *P. perfoliatum* L.

春蓼 *P. persicaria* L.

暗子蓼 var. *opacum*（Samuels.）A. J. Li（*P. opacum* Samuels.）

习见蓼 *P. plebeium* R. Br.

丛枝蓼 *P. posumbu* Ham. ex D. Don

无辣蓼 *P. pubescens* Bl.

刺蓼 *P. senticosum*（Meisn.）Franch.

箭叶蓼 *P. sieboldii* Meisn.

细叶蓼 *P. taquetii* Lévl.

虎杖 *Reynoutria japonica* Houtt.（*P. cuspidatum* Sieb. et Zucc.）

酸模 *Rumex acetosa* L.

刺齿酸模 *R. dentatus* L.

羊蹄 *R. japonicus* Houtt.

二十、藜科 Chenopodiaceae

藜 *Chenopodium album* L.

二十一、苋科 Amaranthaceae

牛膝 *Achyranthes bidentata* Bl.

柳叶牛膝 *A. longifolia*（Makino）Makino

凹头苋 *Amaranthus levidus* L.

刺苋 *A. spinosus* L.

皱果苋 *A. viridis* L.

青葙 *Celosia argentea* L.

二十二、商陆科 Phytolaccaceae

美洲商陆 *Phytolacca americana* L.

日本商陆 *P. japonica* Makino（*P. zhejiangensis* W. T. Fan）

二十三、粟米草科 Molluginaceae

粟米草 *Mollugo stricta* L.（*M. pentaphylla* auct. non L.）

二十四、马齿苋科 Portulacaceae

马齿苋 *Portulaca oleracea* L.

二十五、石竹科 Caryophyllaceae

球序卷耳 *Cerastium glomeratum* Thuill.

瞿麦 *Dianthus superbus* L.

鹅肠菜 *Myosoton aquaticum*（L.）Moench.［*Malachium aquaticum*（L.）Fries］

漆姑草 *Sagina japonica*（Sw.）Ohwi

女娄菜 *Silene aprica* Turcz. ex Fisch. et Mey.

蝇子草 *S. fortunei* Vis.

繁缕 *Stellaria media*（L.）Cyrill.

箐姑草 *S. vestita* Kurz（*S. pseudosaxatilis* Hand. – Mazz.）

雀舌草 *S. uliginosa* Murr.

二十六、毛茛科 Ranunculaceae

秋牡丹 *Anemone hupehensis* Lem. var. *japonica*（Thunb.）Bowles et Stearn.

小升麻 *Cimicifuga japonica*（Thunb.）Spreng.［*C. acerina*（Sieb. et Zucc.）Tanaka］

女萎 *Clematis apiifolia* DC.

钝齿铁线莲 var. *argentilucida*（Lévl. et Vant.）W. T. Wang（*C. apiifolia* DC. var. *obtusidentata*

Rehd. et Wils.)

威灵仙 *C. chinensis* Osbeck

舟柄铁线莲 *C. dilatata* Pei

山木通 *C. finetiana* Lévl. et Vant.

单叶铁线莲 *C. henryi* Oliv.

毛柱铁线莲 *C. meyeniana* Walp.

绣球藤 *C. montana* Buch. – Ham.

裂叶铁线莲 *C. parviloba* Gardn. et Champ.

华中铁线莲 *C. pseudootophora* M. Y. Fang

圆锥铁线莲 *C. terniflora* DC.

柱果铁线莲 *C. uncinata* Champ.

短萼黄连 *Coptis chinensis* Franch. var. *brevisepala* W. T. Wang et Hsiao

人字果 *Dichocarpum sutchuenense* (Franch.) W. T. Wang et Hsiao

毛茛 *Ranunculus japonicus* Thunb.

杨子毛茛 *R. sieboldii* Miq.

天葵 *Semiaquilegia adoxoides* (DC.) Makino

大叶唐松草 *Thalictrum faberi* Ulbr.

华东唐松草 *T. fortunei* S. Moore

二十七、木通科 Lardizabalaceae

木通 *Akebia quinata* (Houtt.) Decne.

三叶木通 *A. trifoliata* (Thunb.) Koidz.

鹰爪枫 *Holboellia coriacea* Diels

显脉野木瓜 *Stauntonia conspicua* R. H. Chang

短药野木瓜 *S. leucantha* Diels ex Y. C. Wu

五指挪藤 *S. obovatifoliola* Hayata ssp. *intermedia* (Wu) T. Chen [*S. hexaphylla* (Thunb.) Decne
f. *intermedia* Wu]

二十八、大血藤科 Sargentodoxaceae

大血藤 *Sargentodoxa cuneata* (Oliv.) Rehd. et Wils.

二十九、小檗科 Berberidaceae

长柱小檗 *Berberis lempergiana* Ahrendt

庐山小檗 *B. virgetorum* Schneid.

六角莲 *Dysosma pleiantha* (Hance) Woods.

八角莲 *D. versipellis* (Hance) M. Cheng

朝鲜淫羊藿 *Epimedium koreanum* Nakai (*E. grandiflorum* auct. non Morr.)

箭叶淫羊藿 *E. sagittatum* (Sieb. et Zucc.) Maxim.

阔叶十大功劳 *Mahonia bealei*(Fort.) Carr.

小果十大功劳 *M. bodinieri* Gagnep.

三十、南天竹科 Nandinaceae

南天竹 *Nandina domestica* Thunb.

三十一、防己科 Menispermaceae

木防己 *Cocculus orbiculatus*(L.) DC. [*C. trilobus*(Thunb.) DC.]

轮环藤 *Cyclea racemosa* Oliv.

蝙蝠葛 *Menispermum dauricum* DC.

防己 *Sinomenium acutum* Rehd. et Wils.

金线吊乌龟 *Stephania cepharantha* Hayata

千金藤 *S. japonica*(Thunb.) Miers

三十二、木兰科 Magnoliaceae

鹅掌楸 *Liriodendron chinense*(Hemsl.) Sarg.

黄山木兰 *Magnolia cylindrica* Wils.

玉兰 *M. denudata* Desr.

厚朴 *M. officinalis* Rehd. et Wils.

凹叶厚朴 ssp. *biloba*(Rehd. et Wils.) Law

天女花 *M. sieboldii* K. Koch

木莲 *Manglietia fordiana* Oliv.

深山含笑 *Michelia maudiae* Dunn

乐东拟木兰 *Parakmeria lotungensis*(Chun et Tsoong) Law

三十三、八角科 Illiciaceae

假地枫皮 *Illicium angustisepalum* A. C. Smith(*I. jiadifengpi* B. N. Chang)

莽草 *I. lanceolatum* A. C. Smith

三十四、五味子科 Schisandraceae

南五味子 *Kadsura japonica*(L.) Dunal(*K. longipedunculata* Finet et Gagnep.)

东亚五味子 *Schisandra elongata*(Bl.) Baill.(*S. sphenanthera* Rehd et Wils.)

粉背五味子 *S. henryi* Clarke

三十五、蜡梅科 Calycanthaceae

亮叶蜡梅 *Chimonanthus nitens* Oliv.(*C. zhejiangensis* M. C. Liu)

三十六、樟科 Lauraceae

樟树 *Cinnamomum camphora*（L.）Presl

浙江樟 *C. chekiangense* Nakai

野黄桂 *C. jensenianum* Hand. – Mazz.

细叶香桂 *C. subavenium* Miq.

乌药 *Lindera aggregata*（Sims）Kosterm.

香叶树 *L. communis* Hemsl.

红果钓樟 *L. erythrocarpa* Makino

山胡椒 *L. glauca* Bl.

绿叶甘橿 *L. neesiana*（Nees）Kurz（*L. fruticosa* Hemsl.）

三桠乌药 *L. obtusiloba*（Sieb. et Zucc.）Bl.

山橿 *L. reflexa* Hemsl.

豹皮樟 *Litsea coreana* Lévl. var. *sinensis*（Allen）Yang et Huang

山鸡椒 *L. cubeba*（Lour.）Pers.

毛山鸡椒 var. *formosana*（Nakai）Yang et P. H. Huang

黄丹木姜子 *L. elongata*（Wall. ex Nees）Benth. et Hook. f.

木姜子 *L. pungens* Hemsl.

黄绒润楠 *Machilus grijsii* Hance

华东楠 *M. leptophylla* Hand. – Mazz.

木姜润楠 *M. litseifolia* S. Lee

凤凰楠 *M. phoenicis* Dunn

刨花楠 *M. pauhoi* Kanehira

建楠 *M. oreophila* Hance

红楠 *M. thunbergii* Sieb. et Zucc.

绒毛润楠 *M. velutina* Champ. et Benth.

浙江新木姜子 *Neolitsea aurata*（Hayata）Koidz. var. *chekiangensis*（Nakai）Yang et P. H. Huang

浙闽新木姜子 var. *undulatula* Yang et P. H. Huang

闽楠 *Phoebe bournei*（Hemsl.）Yang

浙江楠 *P. chekiangensis* C. B. Shang

紫楠 *P. sheareri*（Hemsl.）Gamble

檫木 *Sassafras tzumu*（Hemsl.）Hemsl.

三十七、罂粟科 Papaveraceae

血水草 *Eomecon chionantha* Hance

博落回 *Macleaya cordata*（Willd.）R. Br.

三十八、荷包牡丹科 Fumariaceae

北越黄堇 *Corydalis balansae* Prain

伏生紫堇 *C. decumbens* （Thunb.）Pers.

刻叶紫堇 *C. incisa*（Thunb.）Pers.

蛇果紫堇 *C. ophiocarpa* Hook. f. et Thoms.

黄堇 *C. pallida*（Thunb.）Pers.

小花黄堇 *C. racemosa* （Thunb.）Pers.

三十九、十字花科 Cruciferae

荠菜 *Capsella bursa – pastoris* Medic.

弯曲碎米荠 *Cardamine hirsuta* L.

碎米荠 *C. flexuosa* With.

长柱泡果荠 *Hilliella longistyla* Y. H. Zhang

独行菜 *Lepidium apetalum* Willd.

诸葛菜 *Orychophragmus violaceus*（L.）O. E. Schulz

无瓣蔊菜 *Rorippa dubia* （Pers.）Hara

蔊菜 *R. indica*（L.）Hiern

四十、钟萼木科 Bretschneideraceae

钟萼木 *Bretschneidera sinensis* Hemsl.

四十一、茅膏菜科 Droseraceae

光萼茅膏菜 *Drosera peltata* Smith var. *glabrata* Y. Z. Ruan

圆叶茅膏菜 *D. rotundifolia* L.

四十二、景天科 Crassulaceae

费菜 *Sedum aizoon* L.

东南景天 *S. alfredi* Hance

珠芽景天 *S. bulbiferum* Makino

大叶火焰草 *S. drymarioides* Hance

凹叶景天 *S. emarginatum* Migo

日本景天 *S. japonicum* Sieb. ex Miq.

垂盆草 *S. sarmentosum* Bunge

四十三、虎耳草科 Saxifragaceae

大落新妇 *Astilbe grandis* Stapf ex Wils.

大果落新妇 *A. macrocarpa* Knoll

落新妇 *A. chinensis*（Maxim.）Maxim. ex Franch. et Sav. （*A. rubra* auct. non Hook. f. et Thoms. ex Hook. f.）

虎耳草 *Saxifraga stolonifera* Meerb.

浙江虎耳草 *S. zhejiangensis* Z. Wei et Y. B. Chang

黄水枝 *Tiarella polyphylla* D. Don

四十四、绣球科 Hydrangeaceae

宁波溲疏 *Deutzia ningpoensis* Rehd.

中国绣球 *Hydrangea chinensis* Maxim. ［*H. scandens*（L. f.）Ser. ssp. *chinensis*（Maxim.）Mc-
　　Clint.；*H. angustipetala* Hayata；*H. umbellata* Rehd.］

冠盖绣球 *H. glaucophylla* C. C. Yang var. *sericea*（C. C. Yang）Wei（*H. anomala* auct. non
　　D. Don）

圆锥绣球 *H. paniculata* Sieb.

乐思绣球 *H. rosthornii* Diels（*H. strigosa* auct. non Rehd.）

浙江山梅花 *Philadelphus zhejiangensis* S. M. Hwang［*P. brachybotrys*（Koehne） Koehne
　　var. *laxiflorus*（Cheng）S. Y. Hu］

冠盖藤 *Pileostegia viburnoides* Hook. f. et Thoms.

蛛网萼 *Platycrater arguta* Sieb. et Zucc. var. *sinensis* Hara

钻地风 *Schizophragma integrifolium*（Franch.）Oliv.

柔毛钻地风 *S. molle*（Rehd.）Chun

四十五、鼠刺科 Iteaceae

矩圆叶鼠刺 *Itea oblonga* Hand. – Mazz.［*I. chinensis* Hook. et Arn. var. *oblonga*（Hand. –
　　Mazz.）Wu］

四十六、海桐科 Pittosporaceae

崖花海桐 *Pittosporum illicioides* Makino

狭叶崖花海桐 var. *stenophyllum* P. L. Chiu

四十七、金缕梅科 Hamamelidaceae

细柄蕈树 *Altingia gracilipes* Hemsl.

腺蜡瓣花 *Corylopsis glandulifolius* Hemsl.

中华蜡瓣花 *C. sinensis* Hemsl.

长柄双花木 *Disanthus cerdifolius* Maxim. var. *longipes* （H. T. Chang）K. Y. Pan

杨梅叶蚊母树 *Distylium myricoides* Hemsl.

缺萼枫香 *Liquidambar acalycina* H. T. Chang

枫香 *L. formosana* Hance

檵木 *Loropetalum chinense*（R. Br.）Oliv.

水丝梨 *Sycopsis sinensis* Oliv.

四十八、蔷薇科 Rosaceae

龙芽草 *Agrimonia pilosa* Ledeb.

桃 *Amygdalus persica* L. [*Prunus persica*(L.)Batsch]

梅 *Armeniaca mume* Sieb. [*Prunus mume*(Sieb.)Sieb. et Zucc.]

杏 *A. vulgaris* Lam.(*Prunus armeniaca* L.)

假升麻 *Aruncus dioicus*(Walt.)Fernald.

钟花樱 *Cerasus campanulata*(Maxim.)Yu et Li(*Prunus campanulata* Maxim.)

黑樱桃 *C. maximowiczii*(Rupr.)Kom.(*Prunus maximowiczii* Rupr.)

浙闽樱 *C. schneideriana*(Koehne)Yu et Li(*Prunus schneideriana* Koehne)

毛叶山樱花 *C. serrulata*(Lindl.)G. Don var. *pubescens*(Makino)Yu et Li[*Prunus serrulata* Lindl. var. *pubescens*(Makino)Wils.]

木桃 *Chaenomeles cathayensis*(Hemsl.)Schneid.

野山楂 *Crataegus cuneata* Sieb. et Zucc.

蛇莓 *Duchesnea indica*(Andr.)Focke

枇杷 *Eriobotrya japonica*(Thunb.)Lindl.

柔毛水杨梅 *Geum japonicum* Thunb. var. *chinense* F. Bolle

棣棠 *Kerria japonica*(L.)DC.

腺叶桂樱 *Laurocerasus phaeosticta*(Hance)Schneid. [*Prunus phaeosticta*(Hance)Maxim.]

刺叶桂樱 *L. spinulosa*(Sieb. et Zucc.)Schneid.(*Prunus spinulosa* Sieb. et Zucc.)

台湾林檎 *Malus doumeri*(Bois.)Chev.

湖北海棠 *M. hupehensis*(Pamp.)Rehd.

光萼林檎 *M. leiocalyca* S. Z. Huang

短柄稠李 *Padus brachypoda*(Batal.)Schneid.(*Prunus brachypoda* Batal.)

稠李 *P. buegeriana*(Miq.)Yu et Ku(*Prunus buegeriana* Miq.)

细齿稠李 *P. obtusata*(Koehne)Yu et Ku(*Prunus obtusata* Koehne)

中华石楠 *Photinia beauverdiana* Schneid.

光叶石楠 *P. glabra*(Thunb.)Maxim.

褐毛石楠 *P. hirsuta* Hand. – Mazz.

倒卵叶石楠 *P. lasiogyna*(Franch.)Franch. ex Schneid.

小叶石楠 *P. parvifolia*(Pritz.)Schneid.(*P. subumbellata* Rehd. et Wils.)

桃叶石楠 *P. prunifolia*(Hook. et Arn.)Lindl.

绒毛石楠 *P. schneideriana* Rehd. et Wils.

石楠 *P. serrulata* Lindl.

毛叶石楠 *P. villosa*(Thunb.)DC.

庐山石楠 var. *sinica* Rehd. et Wils.

浙江石楠 *P. zhejiangensis* P. L. Chiu

翻白草 *Potentilla discolor* Bunge

三叶委陵菜 *P. freyniana* Bornm.

蛇含委陵菜 *P. sundaica*(Bl.)Kuntze

李 *Prunus salicina* Lindl.

豆梨 *Pyrus calleryana* Decne.

绒毛豆梨 f. *tomentella* Rehd.

麻梨 *P. serrulata* Rehd.

石斑木 *Rhaphiolepis indica*（L.）Lindl.

大叶石斑木 *R. major* Card.

硕苞蔷薇 *Rosa bracteata* Wendl.

小果蔷薇 *R. cymosa* Tratt.

软条七蔷薇 *R. henryi* Boul.

金樱子 *R. laevigata* Machx.

野蔷薇 *R. multiflora* Thunb.

粉团蔷薇 var. *cathayensis* Rehd. et Wils.

腺毛莓 *Rubus adenophorus* Rolfe

粗叶悬钩子 *R. alceaefolius* Poir.

周毛莓 *R. amphidasys* Focke

寒莓 *R. buergeri* Miq.

尾叶悬钩子 *R. caudifolius* Wuzhi

掌叶悬钩子 *R. chingii* Hu

插田泡 *R. coreanus* Miq.

山莓 *R. corchorifolius* L. f.

福建悬钩子 *R. fujianensis* Yu et Lu

光果悬钩子 *R. glabricarpus* Cheng

中南悬钩子 *R. grayanus* Maxim.

蓬蘽 *R. hirsutus* Thunb.

陷脉悬钩子 *R. impressinervus* Metc.

白叶莓 *R. innominatus* S. Moore

高梁泡 *R. lambertianus* Ser.

太平莓 *R. pacificus* Hance

茅莓 *R. parvifolius* L.

盾叶莓 *R. peltatus* Maxim.

锈毛莓 *R. reflexus* Ker.

空心泡 *R. rosaefolius* Smith

红腺悬钩子 *R. sumatranus* Miq.

木莓 *R. swinhoei* Hance

三花莓 *R. trianthus* Focke

东南悬钩子 *R. tsangorum* Hand. – Mazz.

地榆 *Sanguisorba offcinalis* L.

水榆花楸 *Sorbus alnifolia*（Sieb. et Zucc.）K. Koch

黄山花楸 *S. amabilis* Cheng ex Yu

棕脉花楸 *S. dunnii* Rehd.

石灰花楸 *S. folgneri*（Schneid.）Rehd.

重齿石灰花楸 var. *duplicatodentata* Yu et Li

江南花楸 *S. hemsleyi*（Schneid.）Rehd.

绣球绣线菊 *Spiraea blumei* G. Don

中华绣线菊 *S. chinensis* Maxim.

粉花绣线菊 *S. japonica* L. f.

白花绣线菊 var. *albiflora*（Miq.）Z. Wei et Y. B. Chang

光叶绣线菊 var. *fortunei*（Planch.）Rehd.

单瓣绣线菊 *S. prunifolia* Sieb. et Zucc. var. *simplicifloa* Nakai

野珠兰 *Stephanandra chinensis* Hance

波叶红果树 *Stranvaesia davidiana* Decne. var. *undulata*（Decne.）Rehd. et Wils.

四十九、含羞草科 Mimosaceae

合欢 *Albizzia julibrissin* Durazz.

山合欢 *A. kalkora*（Roxb.）Prain

五十、苏木科 Caesalpiniaceae

云实 *Caesalpinia decapetala*（Roth）Alston

春云实 *C. vernalis* Champ.

含羞草决明 *Cassia mimosoides* L.

五十一、蝶形花科 Papilionaceae

三籽二型豆 *Amphicarpaea edgeworthii* Benth.

土圞儿 *Apios fortunei* Maxim.

杭子梢 *Campylotropis macrocarpa*（Bunge）Rehd.

锦鸡儿 *Caragana sinica*（Buchoz）Rehd.

香槐 *Cladrastis wilsonii* Takeda

响铃豆 *Crotalaria albida* Heyne ex Roth

假地兰 *C. ferruginea* Grah. ex Benth.

野百合 *C. sessiliflora* L.

南岭黄檀 *Dalbergia balansae* Prain

藤黄檀 *D. hancei* Benth.

黄檀 *D. hupeana* Hance

香港黄檀 *D. millettii* Benth.

小槐花 *Desmodium caudatum*（Thunb.）DC.

假地豆 *D. heterocarpon*（L.）DC.

小叶三点金 *D. microphyllum*（Thunb.）DC.

饿蚂蝗 *D. multiflorum* DC.

毛野扁豆 *Dunbaria villosa*（Thunb.）Makino

野大豆 *Glycine soja* Sieb. et Zucc.

宜昌木蓝 *Indigofera decora* Lindl. var. *ichangensis*（Craib）Y. Y. Fang et C. Z. Cheng
（*I. ichangensis* Craib）

黑叶木蓝 *I. nigrescens* Kurz ex King et Prain

浙江木蓝 *I. parkesii* Craib

鸡眼草 *Kummerowia striata*（Thunb.）Schindl.

胡枝子 *Lespedeza bicolor* Turcz.

中华胡枝子 *L. chinensis* G. Don

截叶铁扫帚 *L. cuneata*（Dum. – Cours.）G. Don

春花胡枝子 *L. dunnii* Schindl.

广东胡枝子 *L. fordii* Schindl.

美丽胡枝子 *L. formosa*（Vog.）Koehne

铁马鞭 *L. pilosa*（Thunb.）Sieb. et Zucc.

绒毛胡枝子 *L. tomentosa*（Thunb.）Sieb. et Zucc.

马鞍树 *Maackia hupehensis* Takeda（*M. chinensis* Takeda）

香花崖豆藤 *Millettia dielsana* Harms ex Diels

鸡血藤 *M. reticulata* Benth.

常春油麻藤 *Mucuna sempervirens* Hemsl.

花榈木 *Ormosia henryi* Prain

羽叶山蚂蝗 *Hylodesmum oldhamii*（Oliv.）H. Ohashi et R. R. Mill.［*Podocarpium oldhamii*
（Oliv.）Yang et Huang；*Desmodium oldhamii* Oliv.］

宽叶山蚂蝗 *H. podocarpum*（DC.）H. Ohashi et R. R. Mill. ssp. *fallax*（DC.）H. Ohashi et
R. R. Mill.［*Podocarpium podocarpum*（DC.）Yang et Huang var. *fallax*（Schindl.）
Yang et Huang；*Desmodium fallax* Schindl.］

尖叶山蚂蝗 ssp. *oxyphyllum*（DC.）H. Ohashi et R. R. Mill.［*Podocarpium podocarpum*
（DC.）Yang et Huang var. *oxyphyllum*（DC.）Yang et Huang；*D. racemosum*
（Thunb.）DC.］

野葛 *Pueraria lobata*（Willd.）Ohwi

三裂叶野葛 *P. phaseoloides*（Roxb.）Benth.

菱叶鹿藿 *Rhynchosia dielsii* Harms

鹿藿 *R. volubilis* Lour.

苦参 *Sophora flavescens* Ait.

广布野豌豆 *Vicia cracca* L.

小巢菜 *V. hirsuta*（L.）S. F. Gray

大巢菜 *V. sativa* L.

野豇豆 *Vigna vexillata*（L.）A. Rich.

紫藤 *Wisteria sinensis*（Sims）Sweet

五十二、酢浆草科 Oxalidaceae

山酢浆草 *Oxalis acetosella* L. ssp. *griffithii*（Edgew. et Hook.）Hara（*O. griffithii* Edgew. et Hook. f.）

酢浆草 *O. corniculata* L.

五十三、牻牛儿苗科 Geraniaceae

东亚老鹳草 *Geranium nepalense* Sweet var. *thunbergii*（Sieb. et Zucc.）Kudo

五十四、古柯科 Erythroxylaceae

东方古柯 *Erythroxylum sinense*（Wall.）C. Y. Wu[*E. kunthianum*（Wall.）Kurz]

五十五、芸香科 Rutaceae

臭节草 *Boenninghausenia albiflora*（Hook.）Reichb. ex Meisn.

臭辣树 *Euodia fargesii* Dode

吴茱萸 *E. rutaecarpa*（Juss.）Benth.

山桔 *Fortunella hindsii*（Champ. ex Benth.）Swingle

臭常山 *Orixa japonica* Thunb.

茵芋 *Skimmia reevesiana* Fort.

日本茵芋 *S. japonica* Thunb.

飞龙掌血 *Toddalia asiatica*（L.）Lam.

樗叶花椒 *Zanthoxylum ailanthoides* Sieb. et Zucc.

竹叶椒 *Z. armatum* DC.

大叶花椒 *Z. myriacanthum* Wall. ex Hook. f.（*Z. rhetsoides* Drake）

花椒 *Z. scandens* Bl.

野花椒 *Z. simulans* Hance

五十六、苦木科 Simaroubaceae

臭椿 *Ailanthus altissima*（Mill.）Swingle

苦木 *Picrasma quassioides*（D. Don）Benn.

五十七、楝科 Meliaceae

楝树 *Melia azedarach* L.

毛红椿 *Toona ciliata* Roem. var. *pubescens*（Franch.）Hand. – Mazz.

香椿 *T. sinensis*（A. Juss.）Roem.

五十八、远志科 Polygalaceae

黄花远志 *Polygala arillata* Buch. – Ham. ex D. Don

小花远志 *P. arvensis* Willd.

瓜子金 *P. japonica* Houtt.

香港远志 *P. hongkongensis* Hemsl.

狭叶香港远志 var. *stenophylla*（Hayata）Migo

五十九、大戟科 Euphorbiaceae

铁苋菜 *Acalypha australis* L.

酸味子 *Antidesma japonicum* Sieb. et Zucc.

狭叶五月茶 *A. pseudomicrophylla* Croiz.

甘肃大戟 *Euphorbia kansuensis* Prokh.（*E. ebracteolata* auct. non Hayata）

泽漆 *E. helioscopia* L.

地锦草 *E. humifusa* Willd. ex Schlecht.

湖北大戟 *E. hylonoma* Hand. – Mazz.

斑地锦 *E. maculata* L.（*E. supina* Raf.）

算盘子 *Glochidion puberum*（L.）Hutch.

野梧桐 *Mallotus japonicus* Muell. – Arg.

野桐 var. *floccosus*（Muell. – Arg.）S. M. Hwang

锈叶野桐 *M. lianus* Croiz.

红叶野桐 *M. paxii* Pamp.（*M. apeltus* auct. Fl. Zhej. non Muell. – Arg.）

杠香藤 *M. repandus*（Willd.）Muell. – Arg. var. *chrysocarpus*（Pamp.）S. M. Hwang

山靛 *Mercurialis leiocarpa* Sieb. et Zucc.

落萼叶下珠 *Phyllanthus flexuosus*（Sieb. et Zucc.）Muell. – Arg.

青灰叶下珠 *P. glaucus* Wall. ex Muell. – Arg.

叶下珠 *P. urinaria* L.

蜜柑草 *P. ussuriensis* Rupr. et Maxim.（*P. matsumurae* Hayata）

山乌桕 *Sapium discolor*（Champ. ex Benth.）Muell. – Arg.

白乳木 *S. japonicum*（Sieb. et Zucc.）Pax et Hoffm.

乌桕 *S. sebiferum*（L.）Roxb.

油桐 *Vernicia fordii*（Hemsl.）Airy – Shaw

木油桐 *V. montana* Lour.

六十、虎皮楠科 Daphniphyllaceae

交让木 *Daphniphyllum macropodum* Miq.

虎皮楠 *D. oldhamii*（Hemsl.）Rosenth.

六十一、水马齿科 Callitrichaceae

沼生水马齿 *Callitriche palutris* L.

六十二、黄杨科 Buxaceae

尖叶黄杨 *Buxus aemulans* S. C. Li et S. H. Wu

黄杨 *B. sinica*（Rehd. et Wils.）Cheng et M. Cheng

东方野扇花 *Sarcococca longipetiolata* M. Cheng（*S. orientalis* C. Y. Wu）

六十三、漆树科 Anacardiaceae

南酸枣 *Choerospondias axillaris*（Roxb.）Burtt et Hill

黄连木 *Pistacia chinensis* Bunge

盐肤木 *Rhus chinensis* Mill.

白背麸杨 *R. hypoleuca* Champ. ex Benth.

青麸杨 *R. potaninii* Maxim.

木腊树 *Toxicodendron sylvestre*（Sieb. et Zucc.）O. Kuntze

野漆树 *T. succedanea*（L.）O. Kuntze

毛漆树 *T. trichocarpa*（Miq.）O. Kuntze

六十四、冬青科 Aquifoliaceae

梅叶冬青 *Ilex asprella*（Hook. et Arn.）Champ. ex Benth.

短梗冬青 *I. buergeri* Miq.

钝齿冬青 *I. crenata* Thunb.

显脉冬青 *I. editicostata* Hu et Tang

厚叶冬青 *I. elmerrilliana* S. Y. Hu

硬叶冬青 *I. ficifolia* Tseng

榕叶冬青 *I. ficoidea* Hemsl.

台湾冬青 *I. formosana* Maxim.

广东冬青 *I. kwangtungensis* Merr.

大叶冬青 *I. latifolia* Thunb.

汝昌冬青 *I. limii* C. J. Tseng

木姜叶冬青 *I. litseaefolia* Hu et Tang

矮冬青 *I. lohfauensis* Merr.

小果冬青 *I. micrococca* Maxim.

长梗冬青 *I. pedunculosa* Miq.

毛冬青 *I. pubescens* Hook. et Arn.

冬青 *I. purpurea* Hassk.

铁冬青 *I. rotunda* Thunb.

香冬青 *I. suaveolens*（Lévl.）Loes.

三花冬青 *I. triflora* Bl.

毛枝三花冬青 var. *kanehirai*（Yamamoto）S. Y. Hu

温州冬青 *I. wenchowensis* S. Y. Hu

尾叶冬青 *I. wilsonii* Loes.

六十五、卫矛科 Celastraceae

过山枫 *Celastrus aculeatus* Merr.

哥兰叶 *C. gemmatus* Loes.

窄叶南蛇藤 *C. oblanceifolius* Wang et Tsoong

南蛇藤 *C. orbiculatus* Thunb.

短梗南蛇藤 *C. rosthornianus* Loes.

毛脉南蛇藤 *C. stylosus* Wall. var. *puberulus*（Hsu）C. Y. Cheng et T. C. Kao

刺果卫矛 *Euonymus acanthocarpus* Franch.

卫矛 *E. alatus*（Thunb.）Sieb.

肉花卫矛 *E. carnosus* Hemsl.

百齿卫矛 *E. centidens* Lévl.

鸦椿卫矛 *E. euscaphis* Hand. – Mazz.

扶芳藤 *E. fortunei*（Turcz.）Hand. – Mazz.

常春卫矛 *E. hederaceua* Champ. ex Benth.

胶东卫矛 *E. kiautschovicus* Loes.

疏花卫矛 *E. laxiflorus* Champ.

大果卫矛 *E. myrianthus* Hemsl.

矩圆叶卫矛 *E. oblongifolius* Loes. et Rehd.

无柄卫矛 *E. subsessilis* Sprague

福建假卫矛 *Microtropis fokienensis* Dunn

昆明山海棠 *Tripterygium hypoglaucum*（Lévl.）Hutch.

雷公藤 *T. wilfordii* Hook f.

六十六、省沽油科 Staphyleaceae

野鸦椿 *Euscaphis japonica*（Thunb.）Kanitz

省沽油 *Staphylea bumalda*（Thunb.）DC.

六十七、槭树科 Aceraceae

大叶槭 *Acer amplum* Rehd.

三角槭 *A. buergerianum* Miq.

紫槭 *A. cordatum* Pax

小紫果槭 var. *microcordatum* Metc.

青榨槭 *A. davidii* Franch.

秀丽槭 *A. elegantulum* Fang et P. L. Chiu

苦茶槭 *A. ginnala* Maxim. ssp. *theiferum*（Fang）Fang

毛脉槭 *A. pubinerve* Rehd.

三峡槭 *A. wilsonii* Rehd.

六十八、泡花树科 Meliosmaceae

垂枝泡花树 *Meliosma flexuosa* Pamp.

多花泡花树 *M. myriantha* Sieb. et Zucc.

红枝柴 *M. oldhamii* Miq.

腋毛泡花树 *M. rhoifolia* Maxim. var. *barbulata*（Cufod.）Law

毡毛泡花树 *M. rigida* Sieb. et Zucc. var. *pannosa*（Hand. – Mazz.）Law

六十九、清风藤科 Sabiaceae

鄂西清风藤 *Sabia campanulata* Wall. ex Roxb. ssp. *ritchieae*（Rehd. et Wils.）Y. F. Wu

　　（*S. ritchieae* Rehd. et Wils.）

白背清风藤 *S. discolor* Dunn

清风藤 *S. japonica* Maxim.

尖叶清风藤 *S. swinhoni* Hemsl.

七十、凤仙花科 Balsaminaceae

睫毛萼凤仙花 *Impatiens blepharosepala* E. Pritz. ex Diels

浙江凤仙花 *I. chekiangensis* Y. L. Chen

阔萼凤仙花 *I. platysepala* Y. L. Chen

七十一、鼠李科 Rhamnaceae

多花勾儿茶 *Berchemia floribunda*（Wall.）Brongn.

矩叶勾儿茶 var. *oblongifolia* Y. L. Chen et P. K. Chou

牯岭勾儿茶 *B. kulingensis* Schneid.

枳椇 *Hovenia dulcis* Thunb.

光叶毛果枳椇 *H. trichocarpa* Chun et Tsiang var. *robusta*（Nakai et Y. Kimura）Y. L. Chen et P. K. Chou

猫乳 *Rhamnella franguloides*（Maxim.）Weberb.

山绿柴 *Rhamnus brachypoda* C. Y. Wu ex Y. L. Chen

长叶冻绿 *R. crenata* Sieb. et Zucc.

二色冻绿 var. *bicolor* Rehd.

圆叶鼠李 *R. globosa* Bunge

薄叶鼠李 *R. leptophylla* Schneid.

尼泊尔鼠李 *R. nepalensis*（Wall.）Laws.

冻绿 *R. utilis* Decne.

山鼠李 *R. wilsonii* Schneid.

钩状雀梅藤 *Sageretia hamosa*（Wall.）Brongn.

梗花雀梅藤 *S. henryi* Drumm. et Sprague

雀梅藤 *S. thea* （Osbeck）Johnst.

枣 *Ziziphus jujuba* Mill.

七十二、葡萄科 Vitaceae

广东蛇葡萄 *Ampelopsis cantoniensis*（Hook. et Arn.）Planch.

牯岭蛇葡萄 *A. heterophylla* （Thunb.）Sieb et Zucc. var. *kulingensis*（Rehd.）C. L. Li
　　　　　［*A. brevipedunculata*（Maxim.）Maxim. ex Trautv. var. *kulingensis* Rehd.］

乌蔹莓 *Cayratia japonica*（Thunb.）Gagnep.

大叶乌蔹莓 *C. oligocarpa* （Lévl. et Vant.）Gagnep.

异叶地锦 *Parthenocissus dalzielii* Gagnep［*P. heterophylla*（Bl.）Merr.］

爬山虎 *P. tricuspidata*（Sieb. et Zucc.）Planch.

三叶崖爬藤 *Tetrastigma hemsleyanum* Diels et Gilg

东南葡萄 *Vitis chunganensis* Hu

闽赣葡萄 *V. chungii* Metc.

刺葡萄 *V. davidii* （Roman.）Foex.

葛藟 *V. flexuosa* Thunb.［*V. flexuosa* Thunb. var. *parvifolia*（Roxb.）Gagnep.］

毛葡萄 *V. heyneana* Roem. et Schult.（*V. quinquangularis* Rehd.）

网脉葡萄 *V. wilsonae* Veitch.

七十三、杜英科 Elaeocarpaceae

华杜英 *Elaeocarpus chinensis*（Gardn. et Champ.）Hook. f.

杜英 *E. decipiens* Hemsl.

薯豆 *E. japonicus* Sieb. et Zucc.

山杜英 *E. sylvestris* （Lour.）Poir.

猴欢喜 *Sloanea sinensis*（Hance）Hemsl.

七十四、椴树科 Tiliaceae

田麻 *Corchoropsis tomentosa*（Thunb.）Makino

扁担杆 *Grewia biloba* G. Don

浆果椴 *Tilia endochrysea* Hand. – Mazz.

粉椴 *T. oliveri* Szysylz.

单毛刺蒴麻 *Triumfetta annua* L.

七十五、锦葵科 Malvaceae

木芙蓉 *Hibiscus mutabilis* L.

木槿 *H. syriacus* L.

野葵 *Malva verticillata* L.

肖梵天花 *Urena lobata* L.

梵天花 *U. procumbens* L.

七十六、梧桐科 Sterculiaceae

梧桐 *Firmiana simplex*(L.) F. W. Wight[*F. platanifolia*(L. f.) Marsili]

马松子 *Melochia corchorifolia* L.

七十七、猕猴桃科 Actinidiaceae

软枣猕猴桃 *Actinidia arguta*(Sieb. et Zucc.) Planch.

紫果猕猴桃 var. *purpurea*(Rehd.) C. F. Liang

异色猕猴桃 *A. callosa* Lindl. var. *discolor* C. F. Liang

猕猴桃 *A. chinensis* Planch.

毛花猕猴桃 *A. eriantha* Benth.

长叶猕猴桃 *A. hemsleyana* Dunn

小叶猕猴桃 *A. lanceolata* Dunn

黑蕊猕猴桃 *A. melanandra* Franch.

褪粉猕猴桃 var. *subconcolor* C. F. Liang

七十八、山茶科 Theaceae

大萼黄瑞木 *Adinandra glischroloma* Hand. – Mazz. var. *macrosepala*(Matc.) Kobuski

黄瑞木 *A. millettii*(Hook. et Arn.) Benth.

短柱茶 *Camellia brevistyla*(Hayata) Cohen – Stuart

浙江红花油茶 *C. chekiang – oleosa* Hu

尖连蕊茶 *C. cuspidata* (Kochs) Wright

浙江尖连蕊茶 var. *chekiangensis* Sealy

毛花连蕊茶 *C. fraterna* Hance

钝叶短柱茶 *C. obtusifolia* H. T. Chang

油茶 *C. oleifera* Abel.

茶 *C. sinensis* (L.) O. Kuntze

杨桐 *Cleyera japonica* Thunb.

厚叶杨桐 *C. pachyphylla* Chun ex H. T. Chang

尖萼毛枥 *Eurya acutisepala* Hu et L. K. Ling

翅枥 *E. alata* Kobuski

微毛枥 *E. hebeclados* L. K. Ling

细枝枥 *E. loquaiana* Dunn

金叶细枝枥 var. *aureo – punctata* H. T. Chang[*E. hebeclados* L. K. Ling var. *aureo – puncta-ta*(H. T. Chang) L. K. Ling]

从化柃 *E. metcalfiana* Kobuski

隔药柃 *E. muricata* Dunn

窄基红褐柃 *E. rubiginosa* H. T. Chang var. *attenuata* H. T. Chang

岩柃 *E. saxicola* H. T. Chang

木荷 *Schima superba* Gardn. et Champ.

尖萼紫茎 *Stewartia acutisepala* P. L. Chiu et G. R. Zhong

厚皮香 *Ternstroemia gymnanthera*（Wight et Arn.）Sprague

亮叶厚皮香 *T. nitida* Korthals

七十九、金丝桃科 Hypericaceae

黄海棠 *Hypericum ascyron* L.

小连翘 *H. erectum* Thunb. ex Murray

地耳草 *H. japonicum* Thunb. ex Murray

金丝梅 *H. patulum* Thunb. ex Murray

元宝草 *H. sampsonii* Hance

密腺小连翘 *H. seniawinii* Maxim.

三腺金丝桃 T*riadenum breviflorum*（Wall. ex Dyer）Y. Kimura

八十、堇菜科 Violaceae

戟叶堇菜 *Viola betonicifolia* J. E. Smith［*Viola betonicifolia* J. E. Smith ssp. *nepalensis*（Ging）W. Becker］

南山堇菜 *V. chaerophylloides*（Regel）W. Becker

心叶堇菜 *V. concordifolia* C. J. Wang

深圆齿堇菜 *V. davidii* Franch.

蔓茎堇菜 *V. diffusa* Ging.［*V. diffusa* Ging. ssp. *tenuis*（Benth.）W. Becker］

紫花堇菜 *V. grypoceras* A. Gray

长萼堇菜 *V. inconspicua* Bl.

柔毛堇菜 *V. principis* H. de Boiss.

庐山堇菜 *V. stewardiana* W. Becker

三角叶堇菜 *V. triangulifolia* W. Becker

堇菜 *V. verecunda* A. Gray

八十一、大风子科 Flacourtiaceae

山桐子 *Idesia polycarpa* Maxim.

毛叶山桐子 var. *vestita* Diels

柞木 *Xylosma racemosa*（Sieb et Zucc.）Miq.（*X. japonicum* A. Gray）

八十二、旌节花科 Stachyuraceae

中国旌节花 *Stachyurus chinensis* Franch.

喜马山旌节花 *S. himalaicus* Hook. f. et Thoms. ex Benth.

八十三、秋海棠科 Begoniaceae
秋海棠 *Begonia grandis* Dry（*B. evansiana* Andr.）

八十四、瑞香科 Thymelaceae
毛瑞香 *Daphne kiusiana* Miq. var. *atrocaulis*（Rehd.）F. Maekawa（*D. odora* Thunb. var. *atrocaulis* Rehd.）
结香 *Edgeworthia chrysantha* Lindl.
南岭荛花 *Wikstroemia indica*（L.）C. A. Mey.
北江荛花 *W. monnula* Hance

八十五、胡颓子科 Elaeagnaceae
巴东胡颓子 *Elaeagnus difficilis* Serv.
蔓胡颓子 *E. glabra* Thunb.
宜昌胡颓子 *E. henryi* Warb.
木半夏 *E. multiflora* Thunb.
胡颓子 *E. pungens* Thunb.

八十六、千屈菜科 Lythraceae
南紫薇 *Lagerstroemia subcostata* Koehne
节节菜 *Rotala indica*（Willd.）Koehne
圆叶节节菜 *R. rotundifolia*（Roxb.）Koehne

八十七、蓝果树科 Nyssaceae
蓝果树 *Nyssa sinensis* Oliv.

八十八、八角枫科 Alangiaceae
八角枫 *Alangium chinense*（Lour.）Harms
云山八角枫 *A. kurzii* Craib var. *handelii*（Schnarf）Fang
瓜木 *A. platanifolium*（Sieb. et Zucc.）Harms

八十九、桃金娘科 Myrtaceae
华南蒲桃 *Syzygium austro-sinense*（Merr. et Perry）H. T. Chang et Miau
赤楠 *S. buxifolium* Hook. et Arn.
轮叶赤楠 *S. grijsii*（Hance）Merr. et Perry

九十、野牡丹科 Melastomataceae

秀丽野海棠 *Bredia amoena* Diels

中华野海棠 *B. sinensis*(Diels)Li

肥肉草 *Fordiophyton fordii*(Oliv.)Krass.

斑叶肥肉草 *F. maculatum* C. Y. Wu

地念 *Melastoma dodecandrum* Lour.

金锦香 *Osbeckia chinensis* L.

楮头红 *Sarcopyramis nepalensis* Wall.

九十一、柳叶菜科 Onagraceae

牛泷草 *Circaea cordata* Royle

谷蓼 *C. erubescens* Franch.

南方露珠草 *C. mollis* Sieb. et Zucc.

长籽柳叶菜 *Epilobium pyrricholophum* Franch. et Sav.

丁香蓼 *Ludwigia epilobioides* Maxim.

九十二、小二仙草科 Haloragidaceae

小二仙草 *Haloragis micrantha*(Thunb.)R. Br.

九十三、五加科 Araliaceae

楤木 *Aralia chinensis* L.

头序楤木 *A. dasyphylla* Miq.

棘茎楤木 *A. echinocaulis* Hand. – Mazz.

树参 *Dendropanax dentiger*(Harms)Merr.

吴茱萸五加 *Eleutherococcus evodiaefolius*(Franch.)S. Y. Hu(*Acanthopanax evodiaefolius* Franch.)

五加 *E. gracilistylus*(W. W. Smith)S. Y. Hu(*A. gracilistylus* W. W. Smith)

白簕 *E. trifoliatus*(L.)S. Y. Hu[*A. trifoliatus*(L.)Merr.]

中华常春藤 *Hedera nepalensis* K. Koch var. *sinensis*(Tobl.)Rehd.

竹节人参 *Panax japonicus* C. A. Mey.

羽叶人参 var. *bipinnatifidus*(Seem.)C. Y. Wu et Feng

九十四、伞形科 Umbelliferae

紫花前胡 *Angelica decursiva*(Miq.)Franch. et Sav.

积雪草 *Centella asiatica*(L.)Urban

鸭儿芹 *Cryptotaenia japonica* Hassk.

红马蹄金 *Hydrocotyle nepalensis* Hook.

天胡荽 *H. sibthorpioides* Lam.

肾叶天胡荽 *H. wilfordi* Maxim.

藁本 *Ligusticum sinense* Oliv.

白苞芹 *Nothosmyrnium japonicum* Miq.

少花水芹 *Oenanthe benghalensis* Benth. et Hook. f.

水芹 *O. javanica*（Bl.）DC.

隔山香 *Ostericum citriodora*（Hance）Yuan et Shan

华东山芹 *O. huadongensis* Z. H. Pan et X. H. Li

白花前胡 *Peucedanum praeruptorum* Dunn

异叶茴芹 *Pimpinella diversifolia* DC.

东亚囊瓣芹 *Pternopetalum tanakae*（Franch. et Sav.）Hand. – Mazz.［*P. tanakae*（Franch. et Sav.）Hand. – Mazz. var. *fulcrantum* Y. H. Zhang］

变豆菜 *Sanicula chinensis* Bunge

薄片变豆菜 *S. lamelligera* Hance

直刺变豆菜 *S. orthacantha* S. Moore

破子草 *Torilis japonica*（Houtt.）DC.

九十五、桃叶珊瑚科 Aucubaceae

长叶珊瑚 *Aucuba himalaica* Hook. f. et Thoms var. *dolichophylla* Fang et Soong

青木 *A. japonica* Thunb.

九十六、四照花科 Cornaceae

灯台树 *Cornus controversa* Hemsl.

秀丽四照花 *C. hongkongensis* Hemsl. ssp. *elengans*（Fang et Hsieh）Q. Y. Xiang

四照花 *C. kousa* Hance ssp. *chinensis*（Osborn）Q. Y. Xiang

九十七、青荚叶科 Helwingiaceae

青荚叶 *Helwingia japonica*（Thunb.）Dietr.

浙江青荚叶 *H. zhejiangensis* Fang et Soong

九十八、山柳科 Clethraceae

华东山柳 *Clethra barbinervis* Sieb. et Zucc.

江南山柳 *C. cavalerieri* Lévl.

全缘山柳 var. *subintegrifolia* Ching et L. C. Hu

九十九、鹿蹄草科 Pyrolaceae

鹿蹄草 *Pyrola calliantha* H. Andres

普通鹿蹄草 *P. decorata* H. Andres

一百、水晶兰科 Monotropaceae

大果假水晶兰 *Cheilotheca macrocarpa*（H. Andr.）Y. L. Chou［*C. humilis*（D. Don）H. Keng var. *glaberrima*（*Hara*）H. Keng et Hsieh］

毛花假水晶兰 *C. pubescens*（K. F. Wu）Y. L. Chou（*Monotropastrum pubescens* K. F. Wu）

毛花松下兰 *Monotropa hypopitys* L. var. *hirsuta* Roth

一百零一、杜鹃花科 Ericaceae

灯笼花 *Enkianthus chinensis* Franch.

毛果南烛 *Lyonia ovalifolia*（Wall.）Drude var. *hebecarpa*（Franch.）Chun

马醉木 *Pieris japonica*（Thunb.）D. Don

刺毛杜鹃 *Rhododendron championae* Hook.

丁香杜鹃 *R. farrerae* Tate ex Sweet

云锦杜鹃 *R. fortunei* Lindl.

麂角杜鹃 *R. latoucheae* Franch.

安徽杜鹃 *R. maculiferum* Franch. ssp. *anhweiense*（Wils.）Champ. ex Cullen

满山红 *R. mariesii* Hemsl. et Wils.

白花满山红 f. *albescens* B. Y. Ding et G. R. Chen

羊踯躅 *R. molle*（Bl.）G. Don

马银花 *R. ovatum*（Lindl.）Planch. ex Maxim.

猴头杜鹃 *R. simiarum* Hance

映山红 *R. simsii* Planch.

一百零二、越橘科 Vacciniaceae

乌饭树 *Vaccinium bracteatum* Thunb.

小叶乌饭树 *V. carlesii* Dunn

无梗越橘 *V. henryi* Hemsl.

黄背越橘 *V. iteophyllum* Hance

扁枝越橘 *V. japonicum* Miq. var. *sinicum*（Nakai）Rehd.

江南越橘 *V. manderinorum* Diels

广西越橘 *V. sinicum* Sleumer

光序刺毛越橘 *V. trichocladum* Merr. et Metc. var. *glabriracemosum* C. Y. Wu

一百零三、紫金牛科 Myrsinaceae

短茎紫金牛 *Ardisia brevicaulis* Diels

朱砂根 *A. crenata* Sims

红凉伞 f. *hortensis*（Migo）W. Z. Fang et K. Yao

百两金 *A. crispa*（Thunb.）A. DC.

细柄百两金 var. *dielsii*（Lévl.）Walk.

大罗伞树 *A. hanceana* Mez

紫金牛 *A. japonica*（Thunb.）Bl.

沿海紫金牛 *A. punctata* Lindl.

网脉酸藤子 *Embelia rudis* Hand. – Mazz.

杜茎山 *Maesa japonica*（Thunb.）Moritzi. ex Zoll.

光叶铁仔 *Myrsine stolonifera*（Koidz.）Walk.

密花树 *Rapanea neriifolia*（Sieb. et Zucc.）Mez

一百零四、报春花科 Primulaceae

珍珠菜 *Lysimachia clethroides* Duby

过路黄 *L. christinae* Hance

浙江过路黄 *L. chekiangensis* C. C. Wu

星宿菜 *L. fortunei* Maxim.

福建过路黄 *L. fukienensis* Hand. – Mazz.

点腺过路黄 *L. hemsleyana* Maxim.

黑腺珍珠菜 *L. heterogenea* Klatt

长梗过路黄 *L. longipes* Hemsl.

巴东过路黄 *L. patungensis* Hand. – Mazz.

显苞过路黄 *L. rubiginosa* Hemsl.

红毛过路黄 *L. rufopilosa* Y. Y. Fang et C. Z. Cheng

假婆婆纳 *Stimpsonia chamaedryoides* Wright ex Gray

一百零五、柿树科 Ebenaceae

浙江柿 *Diospyros glaucifolia* Metc.

柿 *D. kaki* Thunb.

野柿 var. *sylvestris* Makino

罗浮柿 *D. morrisiana* Hance

老鸦柿 *D. rhombifolia* Hemsl.

延平柿 *D. tsiangii* Merr.

一百零六、山矾科 Symplocaceae

薄叶山矾 *Symplocos anomala* Brand

总状山矾 *S. botryantha* Franch.

华山矾 *S. chinensis*（Lour.）Druce

南岭山矾 *S. confusa* Brand

密花山矾 *S. congesta* Benth.

羊舌树 *S. glauca*（Thunb.）Koidz.

黑山山矾 *S. heishanensis* Hayata

光叶山矾 *S. lancifolia* Sieb. et Zucc.

黄牛奶树 *S. laurina*(Retz.)Wall.

白檀 *S. paniculata*(Thunb.)Miq.

叶萼山矾 *S. phyllocalyx* Clarke

四川山矾 *S. setchuensis* Brand

老鼠屎 *S. stellaris* Brand

山矾 *S. sumuntia* Buch. – Ham.

宜章山矾 *S. yizhangensis* Y. F. Wu

一百零七、安息香科 Styracaceae

拟赤扬 *Alniphyllum fortunei*(Hemsl.)Perk.

银钟树 *Halesia macgregorii* Chun

小叶白辛树 *Pterostyrax corymbosus* Sieb. et Zucc.

灰叶野茉莉 *Styrax calvescence* Perk.

垂珠花 *S. dasyanthus* Perk.

野茉莉 *S. japonicus* Sieb. et Zucc.

郁香野茉莉 *S. odoratissimus* Champ.

红皮树 *S. suberifolius* Hook. et Arn.

一百零八、木犀科 Oleaceae

金钟花 *Forsythia viridissima* Lindl.

白蜡树 *Fraxinus chinensis* Roxb.

苦枥木 *F. insularis* Hemsl.

尖叶白蜡树 *F. szaboana* Lingelsh.(*F. chinensis* Roxb. var. *acuminata* Lingelsh.)

清香藤 *Jasminum lanceolarium* Roxb.

华素馨 *J. sinense* Hemsl.

蜡子树 *Ligustrum molliculum* Hance

小蜡 *L. sinense* Lour.(*L. sinense* Lour. var. *nitidum* Rehd.)

华东木犀 *Osmanthus cooperi* Hemsl.

木犀 *O. fragrans*(Thunb.)Lour.

长叶木犀 *O. marginatus*(Champ. ex Benth.)Hemsl. var. longissimus(H. T. Chang)R. L. Lu
(*O. longissimus* H. T. Chang)

牛屎果 *O. matsumuranus* Hayata

一百零九、马钱科 Loganiaceae

醉鱼草 *Buddleja lindleyana* Fort.

狭叶蓬莱葛 *Gardneria angustifolia* Wall.(*G. nutans* Sieb. Zucc.)

蓬莱葛 *G. multiflora* Makino

百一十、龙胆科 Gentianaceae

五岭龙胆 *Gentiana davidii* Franch.

华南龙胆 *G. lourieri*（D. Don）Griseb.

龙胆 *G. scabra* Bunge

笔龙胆 *G. zollingeri* Fawcett

匙叶草 *Latouchea fokiensis* Franch.

獐牙菜 *Swertia bimaculata* Hook. f. et Thoms.

江浙獐牙菜 *S. hicknii* Burkill

华双蝴蝶 *Tripterospermum chinense*（Migo）H. Smith ex Nilsson

百十一、夹竹桃科 Apocynaceae

念珠藤 *Alyxia sinensis* Champ. ex Benth.

毛药藤 *Cleghornia henryi*（Oliv.）P. T. Li

大花帘子藤 *Pottsia grandiflora* Markgr.

紫花络石 *Trachelospermum axillare* Hook. f.

乳儿绳 *T. bodinieri*（Lévl.）Woodson ex Rehd.（*T. cathayanum* Schneid.）

短柱络石 *T. brevistylum* Hand. – Mazz.

络石 *T. jasminoides*（Lindl.）Lem.

百十二、萝藦科 Asclepiadaceae

浙江青龙藤 *Biondia microcentrum*（Tsiang）P. T. Li（*Adelostemma microcentrum* Tsiang）

牛皮消 *Cynanchum auriculatum* Royle ex Wight

毛白前 *C. mooreanum* Hemsl.

徐长卿 *C. paniculatum*（Bunge）Kitagawa

黑鳗藤 *Jasminanthes mucronata*（Blano）W. D. Steven et P. T. Li［*Stephanotis mucronata*（Blano）Merr.］

海枫藤 *Marsdenia officinalis* Tsiang et P. T. Li

牛奶菜 *M. sinensis* Hemsl.

多花娃儿藤（七层楼）*Tylophora floribunda* Miq.

贵州娃儿藤 *T. silvestris* Tsiang

百十三、菟丝子科 Cuscutaceae

菟丝子 *Cuscuta chinensis* Lam.

金灯藤 *C. japonica* Choisy

百十四、旋花科 Convolvulaceae

马蹄金 *Dichondra micrantha* Urban（*D. repens* auct. non Forst.）

百十五、厚壳树科 Ehretiaceae

厚壳树 *Ehretia acuminata* R. Br.［*E. ovalifolia* Hassk.，*E. thysiflora*（Sieb. et Zucc.）Nakai］

百十六、紫草科 Boraginaceae

柔弱斑种草 *Bothriospermum* zeylanicum（Jacq.）Druce［*B. tenellum*（Hornem.）Fisch. et Mey.］

琉璃草 *Cynoglossum furcatum* Wall.［*C. zeylanicum*（Vahl）Thunb.］

梓木草 *Lithospermum zollingeri* DC.

盾果草 *Thyrocarpus sampsonii* Hance

附地菜 *Trigonotis peduncularis*（Trev.）Benth.

百十七、马鞭草科 Verbenaceae

紫珠 *Callicarpa bodinieri* Lavl.

华紫珠 *C. cathayana* H. T. Chang

白棠子树 *C. dichotoma*（Lour.）K. Koch

杜虹花 *C. formosana* Rolfe

老鸦糊 *C. giraldii* Hasse ex Rehd.

毛叶老鸦糊 var. *subcarescens* Rehd.［*C. giraldii* Hasse ex Rehd. var. *lyi*（Lévl.）C. Y. Wu］

全缘叶紫珠 *C. integerrima* Champ.

藤紫珠 var. *chinensis*（Pei）S. L. Chen（*C. peii* H. T. Chang）

日本紫珠 *C. japonica* Thunb.

窄叶紫珠 var. *angustata* Rehd.

枇杷叶紫珠 *C. kochiana* Makino

光叶紫珠 *C. lingii* Merr.

红紫珠 *C. rubella* Lindl.

钝齿红紫珠 f. *crenata* Pei

秃红紫珠 var. *subglabra*（Pei）H. T. Chang

兰香草 *Caryopteris incana*（Thunb.）Miq.

单花莸 *C. nepetaefolia*（Benth.）Maxim.

大青 *Clerodendrum cyrtophyllum* Turcz.

尖齿臭茉莉 *C. lindleyi* Decne. ex Planch.

浙江大青 *C. kaichianum* Hsu

海州常山 *C. trichotomum* Thunb.

豆腐柴 *Premna microphylla* Turcz.

马鞭草 *Verbena officinalis* L.

牡荆 *Vitex negundo* L. var. *cannabifolia*（Sieb. et Zucc.）Hand. – Mazz.

百十八、唇形科 Labiatae

藿香 *Agastache rugosa*（Fisch. et Mey.）O. Kuntze

金疮小草 *Ajuga decumbens* Thunb.

紫背金盘 *A. nipponensis* Makino

毛药花 *Bostrychanthera deflexa* Benth.

光风轮菜 *Clinopodium confine*（Hance）O. Kuntze

细风轮菜 *C. gracile* （Benth.）Matsumura

风轮菜 *C. umbrosum* （Bieb.）C. Koch

紫花香薷 *Elsholtzia argyi* Lévl.

香薷 *E. ciliata* （Thunb.）Hyland.

小野芝麻 *Galeobdolon chinense*（Benth.）C. Y. Wu

活血丹 *Glechoma longituba*（Nakai）Kupr.

出蕊四轮香 *Hanceola exserta* Sun

香茶菜 *Isodon amethystoides*（Benth.）Hara

内折香茶菜 *I. inflexa* （Thunb.）Kudo

大萼香茶菜 *I. macrocalyx*（Dunn.）Kudo

显脉香茶菜 *I. nervosus*（Hemsl.）Kudo

长管香茶菜 *I. longituba*（Miq.）Kudo

野芝麻 *Lamium barbatum* Sieb. et Zucc.

益母草 *Leonurus japonicu*s Houtt. ［*L. artemisia*（Lour.）S. Y. Wu］

硬毛地笋 *Lycopus lucidus* Turcz. var. *hirtus* Regel

小叶地笋 *L. cavaleriei* Lévl.［*L. ramosissima*（Makino）Makino］

走茎龙头草 *Meehania urticifolia* （Miq.）Makino var. *angustifolia*（Dunn） Hand. – Mazz.

小花荠苧 *Mosla cavalerieri* Lévl.

石香薷 *M. chinensis* Maxim.

小鱼仙草 *M. dianthera*（Buch. – Ham.）Maxim.

石荠苧 *M. scabra*（Thunb.）C. Y. Wu et H. W. Li

牛至 *Origanum vulgare* L.

云和假糙苏 *Paraphlomis lancidentata* Sun

紫苏 *Perilla frutescens*（L.）Britt.

回回苏 var. *crispa* （Benth.）H. W. Li

夏枯草 *Prunella vulgaris* L.

南丹参 *Salvia bowleyana* Dunn

华鼠尾草 *S. chinensis* Benth.

鼠尾草 *S. japonica* Thunb.

舌瓣鼠尾草 *S. liguliloba* Sun

荔枝草 *S. plebeia* R. Br.

大花腋花黄芩 *Scutellaria axilliflora* Hand. – Mazz. var. *medullifera* C. Y. Wu et H. W. Li

岩藿香 *S. franchetiana* Lévl.

裂叶黄芩 *S. incisa* Sun ex C. H. Hu

印度黄芩 *S. indica* L.

柔弱黄芩 *S. tenera* C. Y. Wu et H. W. Li

中间糙药花 *Sinopogonanthera intermedia*（C. Y. Wu et H. W. Li）H. W. Li et X. H. Guo
（*Paraphlomis intermedia* C. Y. Wu et H. W. Li）

地蚕 *Stachys geobombycis* C. Y. Wu

庐山香科科 *Teucrium pernyi* Franch.

见血愁 *T. vescidum* Bl.

百十九、茄科 Solanaceae

江南散血丹 *Leucophysalis heterophylla*（Hemsl.）Averett［*Physaliastrum heterophyllum*
（Hemsl.）Migo］

苦蘵 *Physalis angulata* L.

白英 So*lanum lyratum* Thunb.

龙葵 *S. nigrum* L.

龙珠 *Tubocapsicum anomalum*（Franch. et Sav.）Makino

百二十、玄参科 Scrophulariaceae

黑蒴 *Alectra avensis*（Benth.）Merr.［*Melasma arvense*（Benth.）Hand. – Mazz.］

石龙尾 *Limnophila sessiliflora*（Vahl）Bl.

泥花草 *Lindernia antipoda*（L.）Alston

母草 *L. crustacea*（L.）F. Muell.

宽叶母草 *L. nummularifolia*（D. Don）Wettst.

陌上菜 *L. procumbens*（Krock.）Philcox.

刺毛母草 *L. setulosa*（Maxim.）Tuyama ex Hara

匍茎通泉草 *Mazus miquelii* Makino

通泉草 *M. pumila*（Burm. f.）Van Steenis［*M. japonicus*（Thunb.）O. Kuntze］

弹刀子菜 *M. stachydifolius*（Turcz.）Maxim.

山萝花 *Melampyrum roseum* Maxim.

绵毛鹿茸草 *Monochasma savatieri* Franch. ex Maxim.

鹿茸草 *M. sheareri* Maxim. ex Franch. et Savat.

白花泡桐 *Paulownia fortunei*（Seem.）Hemsl.

台湾泡桐 *P. kawakamii* Ito

松蒿 *Phtheirospermum japonicum*（Thunb.）Kanitz

玄参 *Scrophularia ningpoensis* Hemsl.

阴行草 *Siphonostegia chinensis* Benth.

腺毛阴行草 *S. laeta* S. Moore

光叶蝴蝶草 *Torenia glabra* Osbeck

直立婆婆纳 *Veronica arvensis* L.

多枝婆婆纳 *V. javanica* Bl.

波斯婆婆纳 *V. persica* Poir.

毛腹水草 *Veronicastrum villosulum*（Miq.）Yamazaki

刚毛腹水草 var. *hirsutum* Chin et Hong

两头连 var. *parviflorum* Chin et Hong

百二十一、紫葳科 Bignoniaceae

凌霄花 *Campsis grandiflora*（Thunb.）Schum.

百二十二、列当科 Orobanchaceae

野菰 *Aeginetia indica* L.

日本齿鳞草 *Lathraea japonica* Miq.

百二十三、苦苣苔科 Gesneriaceae

浙皖粗筒苣苔 *Briggsia chienii* Chun

苦苣苔 *Conandron ramondioides* Sieb. et Zucc.

半蒴苣苔 *Hemiboea henryi* Clarke

吊石苣苔 *Lysionotus pauciflorus* Maxim.

绵毛马铃苣苔 *Oreocharis sericea*（Lévl.）Lévl.

百二十四、狸藻科 Lentibulariaceae

挖耳草 *Utricularia bifida* L.

短梗挖耳草 *U. caerulea* L.

圆叶挖耳草 *U. striatula* J. Smith

百二十五、爵床科 Acanthaceae

杜根藤 *Calophanoides chinensis*（Champ.）C. Y. Wu et H. S. Lo

水蓑衣 *Hygrophila salicifolia*（Vahl）Nees

九头狮子草 *Peristrophe japonica*（Thunb.）Bremek.

爵床 *Rostellularia procumbens*（L.）Nees

密花孩儿草 *Rungia densiflora* H. S. Lo

百二十六、透骨草科 Phrymataceae

透骨草 *Phryma leptostachya* L. var. *oblongifolia*（Koidz.）Honda（*P. leptostachya* L. var. *asiatica*
Hara）

百二十七、车前科 Plantaginaceae

车前 *Plantago asiatica* L.

百二十八、茜草科 Rubiaceae

水团花 *Adina pilulifera*（Lam.）Franch. ex Drake

细叶水团花 *A. rubella*（Sieb. et Zucc.）Hance

茜树 *Aidia cochinchinensis* Lour.［*Randia cochinchinensis*（Lour.）Merr.］

流苏子 *Coptosapelta diffusa*（Champ. ex Benth.）Van Sreenis

短刺虎刺 *Damnacanthus giganteus*（Mak.）Nakai（*D. subspinosus* Hand. – Mazz.）

虎刺 *D. indicus*（L.）Gaertn. f.

浙江虎刺 *D. macrophyllus* Sieb. ex Miq.（*D. shanii* K. Yao et Deng）

狗骨柴 *Diplospora dubia*（Lindl.）Masam.［*Tricalysia dubia*（Lindl.）Ohwi］

香果树 *Emmenopterys henryi* Oliv.

猪殃殃 *Galium aparine* L. var. *echinospermon*（Wallr.）Cufod.

四叶律 *G. bungei* Steud.

宽叶四叶律 var. *trachyspermum*（A. Gray）Cuf.（*G. trachyspermum* A. Gray）

栀子 *Gardenia jasminoides* Ellis

剑叶耳草 *Hedyotis caudatifolia* Merr. et Mete（*H. lancea* auct. non Thunb.）

黄毛耳草 *H. chrysotricha*（Palib.）Merr.

日本粗叶木 *Lasianthus japonicus* Miq.

榄绿粗叶木 var. *lancilimbus*（Merr.）Lo（*L. lancilimbus* Merr.）

曲毛粗叶木 var. *satsumensis*（Matsumura）Makino［*L. hartii* auct. Fl. Zhej. non（Finet）Franch.］

锡金粗叶木 *L. sikkimensis* Hook. f.（*L. tsangii* Merr. ex Li）

蔓虎刺 *Mitchella undulata* Sieb. et Zucc.

羊角藤 *Morinda umbellata* L. ssp. *obovata* Y. Z. Ruan（*M. umbellata* auct. non L.）

大叶白纸扇 *Mussaenda shikokiana* Makino

假耳草 *Neanotis ingrata*（Wall. ex Hook. f.）W. H. Lewis

蛇根草 *Ophiorrhiza japonica* Bl.

耳叶鸡屎藤 *Paederia cavaleriei* Lévl.

鸡屎藤 *P. scandens*（Lour.）Merr.

毛鸡屎藤 var. *tomentosa*（Bl.）Hand. – Mazz.

海南槽裂木 *Pertusadina hainanensis*（How）Ridsdale

假盖果草 *Pseudopyxis heterophylla*（Miq.）Maxim.

茜草 *Rubia argyi*（Lévl. et Vant.）Hara

白马骨 *Serissa serissoides*（DC.）Druce

白花苦灯笼 *Tarenna mollissima*（Hook. et Arn.）Robins.

钩藤 *Uncaria rhynchophylla*（Miq.）Miq. ex Havil.

百二十九、忍冬科 Caprifoliaceae

淡红忍冬 *Lonicera acuminata* Wall.

无毛淡红忍冬 var. *depilata* Hsu et H. J. Wang

菰腺忍冬 *L. hypoglauca* Miq.

忍冬 *L. japonica* Thunb.

大花忍冬 *L. macrantha*（D. Don）Spreng.

异毛忍冬 var. *heterotricha* Hsu et H. J. Wang

灰毡毛忍冬 *L. macranthoides* Hand. – Mazz.

庐山忍冬 *L. modesta* Rehd. var. *lushanensis* Rehd.

短柄忍冬 *L. pampaininii* Lévl.

盘叶忍冬 *L. tragophylla* Hemsl.

接骨木 *Sambucus williamsii* Hance

金腺荚蒾 *Viburnum chunii* Hsu

伞房荚蒾 *V. corymbiflorum* Hsu et S. C. Hsu ex Hsu

荚蒾 *V. dilatatum* Thunb.

宜昌荚蒾 *V. erosum* Thunb.

南方荚蒾 *V. fordiae* Hance

光萼台中荚蒾 *V. formosanum* Hayata ssp. *leiogynum* Hsu

巴东荚蒾 *V. henryi* Hemsl.

长叶荚蒾 *V. lancifolium* Hsu

腺叶荚蒾 *V. lobophyllum* Graebn. var. *silvestrii* Pamp.

吕宋荚蒾 *V. luzonicum* Rolfe

蝴蝶荚蒾 *V. plicatum* Thunb. f. *tomentosum*（Thunb. ）Rehd.

球核荚蒾 *V. propinquum* Hemsl.

饭汤子 *V. setigerum* Hance

具毛常绿荚蒾 *V. sempervirens* K. Koch var. *trichophorum* Hand. – Mazz.

合轴荚蒾 *V. sympodiale* Graebn.

壶花荚蒾 *V. urceolatum* Sieb. et Zucc.

水马桑 *Weigela japonica* Thunb. var. *sinica*（Rehd. ）Bailey

百三十、败酱科 Valerianaceae

窄叶败酱 *Patrinia heterophylla* Bunge var. *angustifolia*（Hemsl. ）H. J. Wang

斑花败酱 *P. punctiflora* Hsu et H. J. Wang

败酱 *P. scabiosaefolia* Fisch. ex Trev.

白花败酱 *P. villosa*（Thunb. ）Juss.

百三十一、葫芦科 Cucurbitaceae

绞股蓝 *Gynostemma pentaphyllum*（Thunb. ）Makino

台湾赤瓟 *Thladiantha punctata* Hayata

栝楼 *Trichosanthes kirilowii* Maxim.

百三十二、桔梗科 Campanulaceae

华东杏叶沙参 *Adenophora hunanensis* Nannf. ssp. *huadungensis* Hong

轮叶沙参 *A. tetraphylla*（Thunb.）Fisch.

羊乳 *Codonopsis lanceolata*（Sieb. et Zucc.）Trautv.

兰花参 *Wahlenbergia marginata*（Thunb.）A. DC.

百三十三、半边莲科 Lobeliaceae

半边莲 *Lobelia chinensis* Lour.

江南山梗菜 *L. davidii* Franch.

东南山梗菜 *L. melliana* E. Wimm.

百三十四、菊科 Compositae

下田菊 *Adenostemma lavenia*（L.）O. Kuntze

杏香兔儿风 *Ainsliaea fragrans* Champ.

铁灯兔儿风 *A. macroclinidioides* Hayata

香青 *Anaphalis sinica* Hance

奇蒿 *Artemisia anomala* S. Moore

牡蒿 *A. japonica* Thunb.

白苞蒿 *A. lactiflora* Wall. ex DC.

矮蒿 *A. lancea* Van.

野艾 *A. lavandulaefolia* DC.

猪毛蒿 *A. scoparia* Waldst. et Kit.

三脉叶紫菀 *Aster ageratoides* Turcz.

微糙三脉紫菀 var. *scaberulus*（Miq.）Ling

琴叶紫菀 *A. panduratus* Nees ex Walp.

陀螺紫菀 *A. turbinatus* S. Moore

婆婆针 *Bidens bipinnata* L.

大狼把草 *B. frondosa* L.

狼把草 *B. tripartita* L.

毛毡草 *Blumea hieracifolia*（D. Don）DC.

长圆叶艾纳香 *B. oblongifolia* Kitamura

丝毛艾纳香 *B. sericans*（Kurz）Hook. f.

天名精 *Carpesium abrotanoides* L.

烟管头草 *C. cernuum* L.

石胡荽 *Centipeda minima*（L.）A. Br. et Aschers.

绿蓟 *Cirsium chinense* Gardn. et Champ.

大蓟 *C. japonicum*（DC.）Maxim.

线叶蓟 *C. lineare*（Thunb.）Sch. – Bip.

刺儿菜 *C. setosum*（Willd.）MB.

野塘蒿 *Conyza bonariensis*（L.）Cronq.

小白酒草 *C. canadensis*（L.）Cronq.

白酒草 *C. japonica*（Thunb.）Less.

野茼蒿 *Crassocephalum crepidioides*（Benth.）S. Moore（*Gynura crepidioides* Benth.）

野菊 *Dendranthema indicum*（L.）Des Moul.

鱼眼草 *Dichrocephala integrifolia*（L.）O. Kuntze（*D. auriculata*（Thunb.）Druce

东风菜 *Doellingeria scabra*（Thunb.）Nees

醴肠 *Eclipta prostrata* L.

地胆草 *Elephantopus scaber* L.

细红背叶 *Emilia prenanthoidea* DC.

一点红 *E. sonchifolia*（L.）DC.

一年蓬 *Erigeron annuus*（L.）Pers.

泽兰 *Eupatorium japonicum* Thunb.

林泽兰 *E. lindleyanum* DC.

粗毛牛膝菊 *Galinsoga quadriradiata* Ruiz. et Pav. [*G. ciliata*（Raf.）Blake]

大丁草 *Gerbera anandria*（L.）Sch. – Bip. [*Leibnitzia anandria*（L.）Nakai]

毛大丁草 *G. piloselloides*（L.）Cass.

鼠曲草 *Gnaphalium affine* D. Don

秋鼠曲草 *G. hypoleucum* DC.

白背鼠曲草 *G. japonicum* Thunb.

泥胡菜 *Hemistepta lyrata* Bunge

山柳菊 *Hieracium umbellatum* L.

羊耳菊 *Inula cappa*（Buch. – Ham.）DC.

线叶旋覆花 *I. linearifolia* Turcz.

中华小苦荬 *Ixeriolium chinensis*（Thunb.）Tzvel. [*Ixeris chinensis*（Thunb.）Nakai]

小苦荬 I. dentatum（Thunb.）Tzvel. [*I. dentata*（Thunb.）Nakai]

多头苦荬菜 *Ixeris polycephala* Cass.

马兰 *Kalimeris indica*（L.）Sch. – Bip.

全缘叶马兰 *K. integrifolia* Turcz. ex DC.

六棱菊 *Laggera alata*（D. Don）Sch. – Bip.

稻槎菜 *Lapsana apogonoides* Maxim.

大头橐吾 *Ligularia japonica*（Thunb.）Less.

窄头橐吾 *L. stenocephala*（Maxim.）Matsumura et Koidz.

黄瓜菜 *Paraixeris denticulate*（Houtt.）Nakai [*Ixeris denticulata*（Houtt.）Stebb.]

假福王草 *Paraprenanthes sororia*（Miq.）Shih

天目蟹甲草 *Parasenecio matsudai*（Kitam.）Y. L. Chen [*Cacalia rubescens* auct. non

（S. Moore）Matsuda］

聚头帚菊 *Pertya desmocephala* Diels

蜂斗菜 *Petasites japonica*（Sieb. et Zucc.）F. Schmidt.

高大翅果菊 *Pterocypsela elata* （Hemsl.）Shih

台湾翅果菊 *P. formosana*（Maxim.）Shih

翅果菊 *P. indica*（L.）Shih

秋分草 *Rhynchospermum verticillatum* Reinw.

三角叶风毛菊 *Saussurea deltoidea*（DC.）C. B. Clarke

黄山风毛菊 *S. hwangshanensis* Ling

千里光 *Senecio scandens* Buch. – Ham.

毛梗豨莶 *Siegesbeckia glabrescens* Makino

腺梗豨莶 *S. pubescens* Makino

蒲儿根 *Sinosenecio oldhamianus*（Maxim.）B. Nord.（*Senecio oldhamianus* Maxim.）

一枝黄花 *Solidago decurrens* Lour.

苦苣菜 *Sonchus oleraceus* L.

南方兔儿伞 *Syneilesis australis* Ling［*S. aconitifolia*（Bunge）Maxim.］

狗舌草 *Tephroseri kirilowii* （Turcz. ex DC.）Holub.（*Senecio kirilowii* Turcz. ex DC.）

夜香牛 *Vernonia cinerea*（L.）Less.

黄鹌菜 *Youngia japonica*（L.）DC.

单子叶植物纲 MONOCOTYLEDONEAE

百三十五、眼子菜科 Potamogetonaceae

菹草 *Potamogeton crispus* L.

小眼子菜 *P. pusillus* L.

眼子菜 *P. distinctus* A. Benn.

百三十六、泽泻科 Alismataceae

小叶慈姑 *Sagittaria potamogetifolia* Merr.

矮慈姑 *S. pygmaea* Miq.

野慈姑 *S. trifolia* L.

长瓣慈姑 f. *longiloba*（Turcz.）Makino

百三十七、茨藻科 Najadaceae

弯果草茨藻 *Najas graminea* Del. var. *recurvata* J. B. He et al.

百三十八、水鳖科 Hydrocharitaceae

水筛 *Blyxa japonica* （Miq.）Maxim. ex Aschers et Gurke

黑藻 *Hydrilla verticillata*（L. f.）Royle

水车前 *Ottelia alismoides*（L.）Pers.

百三十九、禾本科 Gramineae

剪股颖 *Agrostis clavata* Trin.（*A. matsumura* Hack. ex Honda）

巨序剪股颖 *A. gigantea* Roth

看麦娘 *Alopecurus aequalis* Sobol.

日本看麦娘 *A. japonicus* Steud.

野古草 *Arundinella anomala* Steud.（*A. hirta* auct. Fl. Zhej. non Tanaka）

刺芒野古草 *A. setosa* Trin.

荩草 *Arthraxon hispidus*（Thunb.）Makino

野燕麦 *Avena fatua* L.

菵草 *Beckmannia syzigachne*（Steud.）Fern.

毛臂形草 *Brachiaria villosa*（Lam.）A. Camus

短穗竹 *Brachystachyum densiflora*（Rendle）Keng［*Semiarundinaria densiflora*（Rendle）Wen］

疏花雀麦 *Bromus remotiflorus*（Steud.）Ohwi

拂子茅 *Calamagrostis epigejos*（L.）Roth

硬秆子草 *Capillipedium assimile*（Steud.）A. Camus

细柄草 *C. parviflorum*（R. Br.）Stapf

毛方竹 *Chimonobambusa armata*（Gamble）Hsueh et Yi

薏米 *Coix chinensis* Tod.［*C. lacrymajobi* L. var. *mayuen*（Roman.）Stapf］

橘草 *Cymbopogon goeringii*（Steud.）A. Camus

狗牙根 *Cynodon dactylon*（L.）Pers.

疏花野青茅 *Deyeuxia arundinacea*（L.）Beauv. var. *laxiflora*（Pendle）P. C. Kuo et S. L. Lu

房县野青茅 *D. henryi* Rendle

毛马唐 *Digitaria chrysoblephara* Fig. et De Not.

升马唐 *D. ciliaris*（Retz.）Koel.

紫马唐 *D. violascens* Link

油芒 *Eccoilopus cotulifer*（Thunb.）A. Camus

光头稗子 *Echinochloa colonum*（L.）Link

稗 *E. crusgalli*（L.）Beauv.

旱稗 *E. hispidula*（Retz.）Nees

牛筋草 *Eleusine indica*（L.）Gaertn.

知风草 *Eragrostis ferruginea*（Thunb.）Beauv.

乱草 *E. japonica*（Thunb.）Trin.

画眉草 *E. pilosa*（L.）Beauv.

假俭草 *Eremochloa ophiuroides*（Munro）Hack.

野黍 *Eriochloa villosa*（Thunb.）Kunth

四脉金茅 *Eulalia quadrinervis*（Hack.）Kuntze

金茅 *E. speciosa* （Debeaux）Kuntze

小颖羊茅 *Festuca parvigluma* Steud.

白茅 *Imperata koenigii* （Retz.）Beauv. ［*I. cylindrica* （L.）Beauv. var. *major* （Nees）C. E. Hubb.］

阔叶箬竹 *Indocalamus latifolius*（Keng）McClure

箬竹 *I. tessellatus*（Munro）Keng f.

橄榄竹 *Indosasa gigantea* （Wen）Wen

二型柳叶箬 *Isachne dispar* Trin.

柳叶箬 *I. globosa*（Thunb.）Kuntze

日本柳叶箬 *I. nipponensis* Ohwi

平颖柳叶箬 *I. truncata* A. Camus

有芒鸭嘴草 *Ischaemum aristatum* L.

秕壳草 *Leersia sayanuka* Ohwi

千金子 *Leptochloa chinensis* （L.）Nees

淡竹叶 *Lophatherum gracile* Brongn.

中华淡竹叶 *L. sinensis* Rendle

柔枝莠竹 *Microstegium vimineum*（Trin.）A. Camus

五节芒 *Miscanthus floridulus* （Labill.）Ward.

芒 *M. sinensis* Anderss.

沼原草 *Moliniopsis hui* （Pilger）Keng

日本乱子草 *Muhlenbergia japonica* Steud.

多枝乱子草 *M. ramosa* （Hack.）Maki

山类芦 *Neyraudia montana* Keng

类芦 *N. reynaudiana*（Kunth）Keng ex Hitch.

求米草 *Oplismenus undulatifolius*（Arduino）Roem. et Schult.

糠稷 *Panicum bisulcatum* Thunb.

雀稗 *Paspalum thunbergii* Kunth

狼尾草 *Pennisetum alopecuroides*（L.）Spreng

显子草 *Phaenosperma globosum* Munro. ex Oliv.

水竹 *Phyllostachys heteroclada* Oliv.

红壳雷竹 *P. incarnata* Wen

毛竹 *P. heterocycla*（Carr.）Mitford 'Pubescens'（*P. pubescens* Mazel ex H. de Lehaie）

苦竹 *Pleioblastus amarus*（Keng）Keng f.

华丝竹 *P. intermedius* S. Y. Chen

白顶早熟禾 *Poa acroleuca* Steud.

早熟禾 *P. annua* L.

华东早熟禾 *P. faberi* Rendle

金丝草 *Pogonatherum crinitum*（Thunb.）Kunth

棒头草 *Polypogon fugax* Nees et Steud.

纤毛鹅观草 *Roegneria ciliaris* (Trin.) Nevski

细叶鹅观草 *R. japonica* (Honda) Keng var. *hackelliana* (Honda) Keng [*Roegneria ciliaris* (Trin.) Nevski var. *hackeliana* (Honda) L. B. Cai]

鹅观草 *R. tsukushiensis* (Honda) B. R. Lu et al. var. *transiens* (Hack.) B. R. Lu et al. (*R. kamoji* Ohwi)

囊颖草 *Sacciolepis indica* (L.) A. chase

华箬竹 *Sasa sinica* Keng

裂稃草 *Schizachyrium brevifolium* (Swartz) Nees

大狗尾草 *Setaria faberi* Herrm.

金色狗尾草 *S. glauca* (L.) Beauv.

棕叶狗尾草 *S. palmifolia* (Koen.) Stapf

皱叶狗尾草 *S. plicata* (Lamk.) T. Cooke

狗尾草 *S. viridis* (L.) Beauv.

矮雷竹 *Shibataea strigosa* Wen

鼠尾粟 *Sporobolus fertilis* (Steud.) W. D. Clayt.

黄背草 *Themeda japonica* (Willd.) C. Tanaka

百四十、莎草科 Cyperaceae

球柱草 *Bulbostylis barbata* (Rottb.) Kunth

丝叶球柱草 *B. densa* (Wall.) Hand. – Mazz.

浙南苔草 *Carex austrozhejiangensis* C. Z. Zheng et X. F. Jin

锈点苔草 *C. bodinieri* Franch.

短秆苔草 *C. breviculmis* R. Br. (*C. leucochlora* Bunge)

短尖苔草 *C. brevicuspis* C. B. Clarke

栗褐苔草 *C. brunnea* Thunb.

发秆苔草 *C. capillacea* Boott

朝芳苔草 *C. chaofangii* C. Z. Zheng et X. F. Jin

中华苔草 *C. chinensis* Retz.

十字苔草 *C. cruciata* Wahlenb.

弯囊苔草 *C. dispalata* Boott

芒尖苔草 *C. doniana* Spreng.

蕨状苔草 *C. filicina* Nees

穿孔苔草 *C. foraminata* C. B. Clarke

福建苔草 *C. fokienensis* S. T. Dunn (*C. pallideviridis* Chu)

弯隆苔草 *C. gibba* Wahlenb.

长梗苔草 *C. glossostigma* Hand. – Mazz.

大舌苔草 *C. grandiligulata* Kukenth.

珠穗苔草 *C. ischnostachya* Steud.

舌叶苔草 *C. ligulata* Nees ex Wight

斑点苔草 *C. maculata* Boott

密叶苔草 *C. maubertiana* Boott

柔果苔草 *C. mollicula* Boott

线穗苔草 *C. nemostachys* Steud.

霹雳苔草 *C. perakensis* C. B. Clarke

镜子苔草 *C. phacota* Spreng.

花葶苔草 *C. scaposa* C. B. Clarke

宽叶苔草 *C. siderosticta* Hance

相仿苔草 *C. simulans* C. B. Clarke

褐绿苔草 *C. stipitinux* C. B. Clarke

山苔草 *C. subtransversa* C. B. Clarke

大理苔草 *C. rubro – brunnea* C. B. Clarke var. *taliensis* （Franch. ）Kukenth. （*C. taliensis* Franch. ）

细梗苔草 *C. teinogyna* Boott

三穗苔草 *C. tristachya* Thunb.

阿穆尔莎草 *Cyperus amuricus* Maxim.

异型莎草 *C. diffomis* L.

畦畔莎草 *C. haspan* L.

碎米莎草 *C. iria* L.

具芒碎米莎草 *C. microiria* Steud.

毛轴莎草 *C. pilosus* Vahl

香附子 *C. rotundus* L.

裂颖茅 *Diplacrum caricinum* R. Br.

透明鳞荸荠 *Eleocharis pellucida* Presl

稻田荸荠 var. *japonica*（Miq. ）Tang et Wang

龙师草 *E. tetraquetra* Nees

牛毛毡 *E. yokoscensis*（Franch. et Sav. ）Tang et Wang

矮扁鞘飘拂草 *Fimbristylis complanata*（Retz. ）Link var. *kraussiana* Clarke

二歧飘拂草 *F. dichotoma*（L. ）Vahl

面条草 *F. diphylloides* Makino

弱锈鳞飘拂草 *F. ferruginea*（L. ）Vahl var. *sieboldii*（Miq. ）Ohwi

水虱草 *F. miliacea*（L. ）Vahl

五棱秆飘拂草 *F. quinquangularis*（Vahl）Kunth

黑莎草 *Gahnia tristis* Nees

水蜈蚣 *Kyllinga brevifolia* Rottb.

光鳞水蜈蚣 var. *leiolepis* （Franch. et Sav. ）Hara

湖瓜草 *Lipocarpha microcephala*(R. Br.)Kunth

莎草砖子苗 *Mariscus cyperinus* Vahl

砖子苗 *M. sumatrensis*(Retz.)Raynal(*M. umbellatus* Vahl)

球穗扁莎 *Pycreus globosus*(All.)Reichb.

红鳞扁莎 *P. sanguinolentus*(Vahl)Nees

华刺子莞 *Rhynchospora chinensis* Nees et Meyen

细叶刺子莞 *R. faberi* C. B. Clarke

刺子莞 *R. rubra*(Lour.)Makino

茸球薹草 *Scirpus lushanensis* Ohwi

百球薹草 *S. rosthornii* Diels

类头状薹草 *S. subcapitatus* Thw.

黑鳞珍珠茅 *Scleria hookeriana* Bocklr.

毛果珍珠茅 *S. levis* Retz.

百四十一、棕榈科 Palmaceae

棕榈 *Trachycarpus fortunei*(Hook. f.)H. Wendl.

百四十二、菖蒲科 Acoraceae

金钱蒲 *Acorus gramineus* Soland.

石菖蒲 *A. tatarinowii* Schott

百四十三、天南星科 Araceae

华东魔芋 *Amorphophallus sinensis* Belval

云台南星 *Arisaema duboisreymondiae* Engl.

一把伞南星 *A. erubescens* (Wall.)Schott

天南星 *A. heterophyllum* Bl.

灯台莲 *A. sikokianum* Franch. et Sav. var. *serratum*(Makino)Hand. – Mazz.

野芋 *Colocasia antiquorum* Schott

滴水珠 *Pinellia cordata* N. E. Brown

半夏 *P. ternata* (Thunb.)Breit.

百四十四、谷精草科 Eriocaulaceae

狭叶谷精草 *Eriocaulon angustulum* W. L. Ma

谷精草 *E. buergerianum* Koern.

长苞谷精草 *E. decemflorum* Maxim.

疏毛谷精草 *E. nantoense* Hayata var. *parviceps*(Hand. – Mazz.)W. L. Ma

百四十五、鸭跖草科 Commelinaceae

鸭跖草 *Commelina communis* L.

聚花草 *Floscopa scandans* Lour.

裸花水竹叶 *Murdannia nudiflora*（L.）Brenan

水竹叶 *M. triguetra*（Wall.）Bruckn.

杜若 *Pollia japonica* Thunb.

百四十六、雨久花科 Pontederiaceae

鸭舌草 *Monochoria vaginalis*（Burm. f.）Presl ex Kunth

百四十七、灯芯草科 Juncaceae

翅茎灯芯草 *Juncus alatus* Franch. et Sav.

星花灯芯草 *J. diastrophanthus* Buch.

灯芯草 *J. effusus* L.

野灯芯草 *J. setchuensis* Buch.

羽毛地杨梅 *Luzula plumosa* E. Mey.

百四十八、百部科 Stemonaceae

百部 *Stemona japonica*（Bl.）Miq.

百四十九、百合科 Liliaceae

无毛粉条儿菜 *Aletris glabra* Bur. et Franch.

粉条儿菜 *A. spicata*（Thunb.）Franch.

天门冬 *Asparagus cochinchinensis*（Lour.）Merr.

九龙盘 *Aspidistra lurida* Ker‒Gawl.

荞麦叶大百合 *Cardiocrinum cathayanum*（Wils.）Stearn

宝铎草 *Disporum sessile* D. Don

萱草 *Hemerocallis fulva*（L.）L.

紫萼 *Hosta ventricosa*（Salisb.）Stearn.

野百合 *Lilium brownii* F. E. Brown ex Miellez

条叶百合 *L. callosum* Sieb. et Zucc.

卷丹 *L. lancifolium* Thunb.

禾叶山麦冬 *Liriope graminifolia*（L.）Baker

阔叶山麦冬 *L. muscari*（Decne.）Bailey

山麦冬 *L. spicata*（Thunb.）Lour.

间型麦冬 *Ophiopogon intermedius* D. Don

麦冬 *O. japonicus*（L. f.）Ker‒Gawl.

疏花无叶莲 *Petrosavia sakurai*（Makino）Dandy

多花黄精 *Polygonatum cyrtonema* Hua

长梗黄精 *P. filipes* Merr.

玉竹 *P. odoratum* （Mill.）Druce

吉祥草 *Reineckea carnea*（Andr.）Kunth

绵枣儿 *Scilla scilloides* （Lindl.）Druce

鹿药 *Smilacina japonica* A. Gray

油点草 *Tricyrtis macropoda* Miq.

开口箭 *Tupistra chinensis* Baker

黑紫藜芦 *Veratrum japonicum*（Baker）Loes. f.

牯岭藜芦 *V. schindleri* Loes. f.

百五十、葱科 Alliaceae

薤白 *Allium macrostemon* Bunge

百五十一、延龄草科 Trilliaceae

华重楼 *Paris polyphylla* Sm. var. *chinensis*（Franch.）Hara

狭叶重楼 var. *stenophylla* Franch.

百五十二、菝葜科 Smilacaceae

肖菝葜 *Heterosmilax japonica* Kunth

尖叶菝葜 *Smilax arisanensis* Hayata

菝葜 *S. china* L.

小果菝葜 *S. davidiana* A. DC.

托柄菝葜 *S. discotis* Warb.

土茯苓 *S. glabra* Roxb.

黑果菝葜 *S. glauco – china* Warb.

白背牛尾菜 *S. nipponica* Miq.

暗色菝葜 *S. lanceifolia* Roxb. var. *opaca* A. DC.

缘脉菝葜 *S. nervo – marginata* Hayata

牛尾菜 *S. riparia* A. DC.

华东菝葜 *S. sieboldii* Miq.

鞘柄菝葜 *S. stans* Maxim.

百五十三、石蒜科 Amaryllidaceae

石蒜 *Lycoris radiata*（L' Her.）Herb.

百五十四、薯蓣科 Dioscoreaceae

黄独 *Dioscorea bulbifera* L.

粉背薯蓣 *D. collettii* Hook. f. var. *hypoglauca*（Palibin）Pei et Ting

薯莨 *D. cirrhosa* Lour.

纤细薯蓣 *D. gracillima* Miq.

日本薯蓣 *D. japonica* Thunb.

薯蓣 *D. oppositifolia* L.（*D. opposita* Thunb.）

细柄薯蓣 *D. tenuipes* Franch. et Sav.

山萆薢 *D. tokoro* Makino

百五十五、鸢尾科 Iridaceae

射干 *Belamcanda chinensis*（L.）DC.

蝴蝶花 *Iris japonica* Thunb.

小花鸢尾 *I. speculatrix* Hance

百五十六、姜科 Zingiberaceae

山姜 *Alpinia japonica*（Thunb.）Miq.

蘘荷 *Zingiber mioga*（Thunb.）Rosc.

百五十七、兰科 Orchidaceae

细葶无柱兰 *Amitostigma gracile*（Bl.）Schltr.

大花无柱兰 *A. pinguiculum*（Rchb. f. et S. Moore）Schltr.

竹叶兰 *Arundina graminifolia*（D. Don）Hochr.

白芨 *Bletilla striata*（Thunb.）Reichb. f.

广东石豆兰 *Bulbophyllum kwangtungense* Schltr.

斑唇石豆兰 *B. pectenveneris*（Gagnep.）Seidenf.［*B. flaviflorum*（Liu et Su）Seidenf.］

虾脊兰 *Calanthe discolor* Lindl.

钩距虾脊兰 *C. graciliflora* Hayata

金兰 *Cephalanthera falcata*（Thunb.）Lindl.

建兰 *Cymbidium ensifolium*（L.）Sw.

蕙兰 *C. faberi* Rolfe

多花兰 *C. floribundum* Lindl.

春兰 *C. goeringii*（Rchb. f.）Rchb. f.

细茎石斛 *Dendrobium moniliforme*（L.）Sw.

单叶厚唇兰 *Epigeneium fargesii*（Finet）Gagnep.

中华盆距兰 *Gastrochilus sinensis* Tsi

天麻 *Gastrodia elata* Bl.

大斑叶兰 *Goodyera schlechtendaliana* Rchb. f.

绒叶斑叶兰 *G. velutina* Makino

鹅毛玉凤兰 *Habenaria dentata*（Sw.）Schltr.

线叶玉凤兰 *H. linearifolia* Maxim.

短距槽舌兰 *Holcoglossum flavescens*（Schltr.）Tsi

见血清 *Liparis nervosa*（Thunb.）Lindl.

香花羊耳蒜 *L. odorata*（Will.）Lindl.

长唇羊耳蒜 *L. pauliana* Hand. – Mazz.

阔叶沼兰 *Microstylis latifolia*（Sm.）J. J. Smith（*Malaxis latifolia* J. E. Smith）

二叶兜被兰 *Neottianthe cucullata*（L.）Schltr.

斑叶鹤顶兰 *Phaius flavus*（Bl.）Lindl.

尾瓣舌唇兰 *Platanthera mandarinorum* Rchb. f.

小舌唇兰 *P. minor*（Miq.）Rchb. f.

独蒜兰 *Pleione formosana* Hayata［*P. bulbocodioides* auct. non（Franch.）Rolfe］

朱兰 *Pogonia japonica* Rchb. f.

短茎萼脊兰 *Sedirea subparishii*（*Tsi*）E. A. Chr.

绶草 *Spiranthes sinensis*（Pers.）Ames

带叶兰 *Taeniophyllum glandulosum* Bl.

带唇兰 *Tainia dunnii* Rolfe

小花蜻蜓兰 *Tulotis ussuriensis*（Regel et Maack）Hara

脊椎动物名录

鱼类

Ⅰ. 鳗鲡目 ANGUILLFORMES

一、鳗鲡科 Anguillidae

　　1 鳗鲡 *Anguilla japonica* Temminck et Schlegel

Ⅱ. 鲤形目 CYPRINIFORMES

二、鲤科 Cyrinidae

　　2 宽鳍鱲 *Zacco platypus*（Temminck et Schlegel）

　　3 马口鱼 *Opsariichthys bidens* Gunther

　　4 黑线鳘 *Atrilinea roulei*（Wu）

　　5 海南拟鳘 *Pseudohemiculter hainanenisis*（Boulenger）

　　6 大眼华鳊 *Sonibrama macrops*（Gunther）

　　7 圆吻鲴 *Xenocypris tumirostris* Peters

　　8 鲫 *Carassius auratus*（L.）

　　9 红鲤 *Cyprinus*（*Cyprinus*）*carpio* var.

　　10 光倒刺鲃 *Spinibarbus hollandi* Oshima

　　11 温州光唇鱼 *Acrossocheilus wenchowensis* Wang

　　12 厚唇光唇鱼 *A. labiatus*（Regan）

　　13 台湾白甲鱼 *Onychostoma barbatula*（Pellegrin）

　　14 唇鱼骨 *Hemibarbus laleo*（Pallas）

　　15 花鱼骨 *H. maculates* Bleeker

16 似鱼骨 *Belligobio nummifer* （Boulenger）

17 麦穗鱼 *Pseudorasbora parva*（Temminck et Schlegel）

18 棒花鱼 *Abbottina rivularis*（Basilewsky）

29 华鳈 *Sarcocheilichthys sinensis* Bleeker

20 小鳈 *Sarcocheilichthys parvus* Nichols

21 江西鳈 *Sarcocheilichthys kiangsiensis* Nichols

22 乐山小鳔鮈 *Microphysogobio kiatingensis*（Wu）

23 似鮈 *Pseudogobio vaillanti* （Sauvage）

24 细纹颌须鮈 *Gnathopogon taeniellus* （Nichols）

25 点纹银鮈 *Squalidus wolterstorffri* （Regan）

26 少耙鳅鮀 *Gobiobotia paucirostella* Zheng et Yan

三、鳅科 Cobibotidae

27 花鳅 *Cobitis sinensis* Sauvage et Dabry

28 斑条花鳅 *C. laterimaculata* Yan et Zheng

29 泥鳅 *Misgurnus anguillicaudatus*（Cantor）

30 薄鳅 *Leptobotia pellegrini* Fang

31 闽江扁尾薄鳅 *Leptobotia tientaiensis compressicauda*（Nichols）

四、平鳍鳅科 Homalopteridae

32 原缨口鳅 *Vanmanenia stenosoma* （Boulenger）

33 拟腹吸鳅 *Pseudogastromyz fasciatus* （Suvage）

34 丁氏缨口鳅 *Crossostoma tinkhami* Herre

Ⅲ. 鲇形目 SILURIFORMES

五、鲇科 Siluridae

35 鲇 *Silurus asotus* L.

六、鲿科 Bagridae

36 黄颡鱼 *Pelteobagrus fulvidraco*（Richardson）

37 白边鮠 *Leiocassis albomargin* Rendahl

38 长脂拟鲿 *Pseudobagrus adiposalis* Oshima

39 条纹拟鲿 *P. taeniatus* （Gunther）

七、钝头鮠科 Amblycipitidae

40 鳗尾鱼央 *Liobagrus anguillicauda* Nichols

八、鮡科 Sisoridae

41 福建纹胸鮡 *Glyptothorax fukiensis* （Rendahl）

Ⅳ. 鲈形目 PERCIFORMES

九、鲐科 Serranidae

42 斑鳜 *Siniperca scherzeri* Steindachner

43 暗鳜 *S. obscura* Nichols

十、鰕虎鱼科 Gobiid

44 子陵栉鰕虎鱼 *Ctenogobius giurinus*（Rutter）

45 褐栉鰕虎鱼 *C. brunneus*（Temminck et Schlegel）

两栖类

Ⅰ. 有尾目 CAUDATA

一、蝾螈科 Salamandridae

1 中国瘰螈 *Paramesotriton chinensis*（Gray）

2 有斑肥螈 *Pachytriton brevipes*（Sauvage）

3 东方蝾螈 *Cynops orientalis*（David）

Ⅱ. 无尾目 ANURA

二、锄足蟾科 Pelobatidae

4 福建掌突蟾 *Leptolalax liui*（Fei et Ye）

5 淡肩角蟾 *Megophrys boettgeri*（Boulenger）

6 挂墩角蟾 *M. kuatunensis*（Pope）

7 崇安髭蟾 *Vibrissaphora liui*（Pope）

三、蟾蜍科 Bufonidae

8 中华蟾蜍 *Bufo gargarrizans*（Cantor）

9 黑眶蟾蜍 *B. melanostictus*（Schneider）

四、雨蛙科 Hylidae

10 三港雨蛙 *Hyla sanchiangensis*（Pope）

11 中国雨蛙 *H. chinensis*（Guenther）

五、蛙科 Ranidae

12 弹琴水蛙 *Hylarana denopleura*

13 沼水蛙 *H. guentheri*（Boulenger）

14 阔褶水蛙 *H. latouchii*（Boulenger）

15 泽陆蛙 *Fejervarya limnocharis*（Boie）

16 大绿臭蛙 *Odorrana livida*（Blyth）

17 竹叶臭蛙 *O. versabilis*（Liu et Hu）

18 花臭蛙 *O. schmackeri*（Boettger）

19 黑斑侧褶蛙 *Pelophylax nigromaculata*（Hallowell）

20 金线侧褶蛙 *P. plancyi*（Lataste）

21 虎纹蛙 *Hoplobatrachus rugulosus*（Wiegmann）

22 棘胸蛙 *Paa spinosa*（David）

23 九龙棘蛙 *P. jiulongensis*（Huang et Liu）

24 天台粗皮蛙 *Rugosa tientaiensis*（Chang）

25 镇海林蛙 *Rana zhenhaiensis*（Ye，Fei et Matsui）

26 华南湍蛙 *Amolops ricketti*（Boulenger）

27 武夷湍蛙 *A. wuyiensis*（Liu et Hu）

六、树蛙科 Rhacophoridae

28 斑腿树蛙 *Rhacophorus megacephalus*（Hallowell）

29 大树蛙 *R. dennysi*（Blanford）

七、姬蛙科 Microhyldae

30 粗皮姬蛙 *Microhyla butleri*（Boulenger）

31 小弧斑姬蛙 *M. heymonsi*（Vogt）

32 饰纹姬蛙 *M. ornate*（Dumeril et Bibron）

爬行类

Ⅰ. 龟鳖目 TESTUDOFORMES

一、龟科 Testudidae

1 乌龟 *Chinemys reevesii* Gray

二、鳖科 Trionychidae

2 中华鳖 *Pelodiscus sinensis* Wiegmann

Ⅱ. 蜥蜴目 Lacertiformes

三、壁虎科 Gekkonidae

3 铅山壁虎 *Gekko hokouensis* Pope

4 蹼趾壁虎 *G. subpalmatus* Guenther

四、蜥蜴科 Laceridae

5 北草蜥 *Takydromus septentrionalis* Guenther

五、石龙子科 Scincidae

6 中国石龙子 *Eumeces chinensis* Gray

7 蓝尾石龙子 *E. elegans* Boulenger

8 堰蜓 *Sphenomorphus indicum*

9 宁波滑蜥 *Scincella modesta* Guenther

六、蛇蜥科 Anguidae

10 脆蛇蜥 *Ophisaurus harti* Boulenger

Ⅲ. 蛇目 Serpentformes

七、游蛇科 Colubridae

11 黑脊蛇 *Achalinus spinalis* Peters

12 钝头蛇 *Pareas chinensis* Barbour

13 赤链蛇 *Dinodon rufozonatum*（Cantor）

14 黄链蛇 *D. flavozonatus* Pope

15 王锦蛇 *Elaphe carinata*（Guenther）

16 玉斑锦蛇 *E. mandarina*（Cantor）

17 双斑锦蛇 *E. bimaculata* Schmidt

18 灰腹绿锦蛇 *E. frenata*（Gray）

19 紫灰锦蛇 *E. porphracea*（Cantor）

20 红点锦蛇 *E. rufodorsota*（Cantor）

21 黑眉锦蛇 *E. taeniura* Cope

22 黑背白环蛇 *Lycodon ruhstrati*（Fischer）

23 颈棱蛇 *Macropisthodon rudis* Boulenger

24 赤链华游蛇 *Sinonatrix annularis*（Hallowell）

25 环纹华游蛇 *S. aequifasciata* Barbour

26 华游蛇 *S. percarinata*（Boulenger）

27 草腹游蛇 *Amphiesma stolata*（L.）

28 锈链腹游蛇 *A. craspedogaster*（Boulenger）

29 渔游蛇 *Xechrophis. piscator*（Schneider）

30 虎斑颈槽蛇 *Rhabdophis tigrina* Boie

31 小头蛇 *Oligodon chinensis*（Güenther）

32 台湾小头蛇 *O. formosanus*（Guenther）

33 翠青蛇 *Cyclophiops major*（Guenther）

34 山溪后棱蛇 *Opisthotropis latouchii*（Boulenger）

35 横蚊斜鳞蛇 *Pseudoxendon bambusicola* Vogt

36 花尾斜鳞蛇 *P. stejnegeri* Barbour

37 灰鼠蛇 *Ptyas korros*（Schlegel）

38 滑鼠蛇 *P. mucosus*（L.）

39 黑头剑蛇 *Sibynophis chinensis*（Güenther）

40 乌梢蛇 *Zaocys dhumnades*（Cantor）

41 绞花林蛇 *Boiga kraepelini* Stejneger

42 中国水蛇 *Enhydris chinensis*（Gray）

八、眼镜蛇科 **Elaoidae**

43 银环蛇 *Bungarus multicinctus* Blyth

44 丽纹蛇 *Calliophis macclellandi*（Reinhardt）

45 眼镜蛇 *Naja atra*（Cantor）

九、蝰蛇科 **Viperidae**

46 五步蛇 *Dienagkistrodon acutus*（Guenlher）

47 山烙铁头 *Ovophis monticola*（Guenther）

48 烙铁头 *Protobothrops mucrosquamatus*（Cantor）

49 竹叶青 *Trimeresurus stejnegeri* Schmidt

鸟类

Ⅰ. 隼形目 **FALCONIFORMES**

一、鹰科 **Accipitridae**

1 黑冠鹃隼 *Aviceda leuphotes*（Dumont）

2 黑鸢 *Milvus migrans*（Boddaert）

3 蛇雕 *Spilornis cheela* Latham

4 赤腹鹰 *Accipiter soloensis*（Horsfield）

5 松雀鹰 *A. virgatus*（Temminck）

6 雀鹰 *A. nisus*（L.）

7 苍鹰 *A. gentilis*（L.）

8 林雕 *Ictinaetus malayensis*（Temminck）

9 乌雕 *Aquila clanga*（Pallas）

10 鹰雕 *Spizaetus nipalensis*（Hodgson）

二、隼科 Falconidae

11 白腿小隼 *Microhierax melanoleucus*（Blyth）

12 燕隼 *Falco subbuteo*（L.）

Ⅱ. 鸡形目 GALLIFORMES

三、雉科 Phasianidae

13 灰胸竹鸡 *Bambusicola thoracica*（Temminck）

14 黄腹角雉 *Tragopan caboti*（Gould）

15 勺鸡 *Pucrasia macrolopha*（Lesson）

16 白鹇 *Lophura nycthemera*（L.）

17 环颈雉 *Phasianus colchicus* L.

Ⅲ. 鸽形目 COLUMBIFOURMES

四、鸠鸽科 Columbidae

18 山斑鸠 *Streptopelia orientalis*（Latham）

19 火斑鸠 *S. tranquebarica*（Hermann）

20 珠颈斑鸠 *S. chinensis*（Scopoli）

Ⅳ. 鹃形目 CUCULIFORMES

五、杜鹃科 Cuculidae

21 四声杜鹃 *Cuculus micropterus*（Gould）

22 大杜鹃 *C. canoru*（L.）

23 小杜鹃 *C. poliocephalus*（Latham）

Ⅴ. 鸮形目 Strigiformes

六、鸱鸮科 Strigidae

24 褐林鸮 *Strix leptogrammica* Temminck

25 领鸺鹠 *Glaucidium brodiei*（Burton）

26 斑头鸺鹠 *G. cuculoides*（*Vigors*）

27 鹰鸮 *Ninox scutulata Raffles*

Ⅵ. 夜鹰目 CAPRIMULGIFORMES

七、夜鹰科 Caprimulgidae

28 普通夜鹰 *Caprimulgus indicus* Latham

54 黑短脚鹎 *H. leucocephalus* （Müller）

十七、叶鹎科 Chloropseidae

55 橙腹叶鹎 *Chloropsis hardwickii* （Jardine et Selby）

十八、伯劳科 Laniidae

56 红尾伯劳 *Lanius cristatus* L.

十九、黄鹂科 Oriolidae

57 黑枕黄鹂 *Oriolus chinensis* L.

二十、卷尾科 Dicruridae

58 发冠卷尾 *Dicrurus hottentottus* （L.）

二十一、鸦科 Corvidae

59 松鸦 *Garrulus glandarius* L.

60 红嘴蓝鹊 *Urocissa erythrorhyncha* （Boddaert）

61 灰树鹊 *Dendrocitta formosae* Swinhoe

62 喜鹊 *Pica pica* （L.）

63 秃鼻乌鸦 *Corvus frugilegus* L.

64 大嘴乌鸦 *C. macrorhynchos* Wagler

二十二、河乌科 Cinclidae

65 褐河乌 *Cinclus pallasii* Temminck

二十三、鸫科 Turdidae

66 红胁蓝尾鸲 *Tarsiger cyanurus* （Pallas）

67 鹊鸲 *Copsychus saularis* （L.）

68 北红尾鸲 *Phoenicurus auroreus* （Pallas）

69 红尾水鸲 *Rhyacornis fuliginosus* （Vigors）

70 小燕尾 *Enicurus scouleri* （Vigors）

71 黑背燕尾 *E. immaculatus* （Vieillot）

72 灰林（即鸟） *Saxicola ferrea* （G. R. Gray）

73 栗腹矶鸫 *Monticola rufiventris* （Jardine et Selby）

74 蓝矶鸫 *M. solitarius* （L.）

75 紫啸鸫 *Myophonus caeruleus* （Scopoli）

76 灰背鸫 *Turdus hortulorum* （Sclater）

77 乌鸫 *T. merula* L.

78 斑鸫 *T. naumanni* Temminck

二十四、鹟科 Muscicapidae

79 白喉林鹟 *Rhinomyias brunneata* （Slater）

80 北灰鹟 *Muscicapa dauurica* （Raffles）

81 小仙鹟 *Niltava macgrigoriae* （Burton）

二十五、画眉科 Timaliidae

82 黑脸噪鹛 *Garrulax perspicillatus* Gmelin

83 小黑领噪鹛 *G. monileger* Riley

84 黑领噪鹛 *G. pectoralis* Gould

85 画眉 *G. canorus* L.

86 棕颈钩嘴鹛 *Pomatorhinus ruficollis* Hodgson

87 红头穗鹛 *Stachyris ruficeps* Blyth

88 红嘴相思鸟 *Leiothrix lutea* Scopoli

89 褐顶雀鹛 *Alcippe brunnea* Gould

90 灰眶雀鹛 *A. morrisonia* Swinhoe

91 栗耳凤鹛 *Yuhina castaniceps*（Horsfield et Moore）

92 黑颏凤鹛 *Y. nigrimenta*（Blyth）

二十六、鸦雀科 Paradoxornithidae

93 灰头鸦雀 *Paradoxornis gularis*（G. R. Gray）

94 棕头鸦雀 *P. webbianus*（G. R. Gray）

二十七、扇尾莺科 Cisticolidae

95 山鹪莺 *Prinia criniger*（Hodgson）

96 纯色山鹪莺 *P. inornata*（Sykes）

二十八、莺科 Sylviidae

97 远东树莺 *Cettia canturians*（Swinhoe）

98 高山短翅莺 *Bradypterus mandelli*（Ogilvie – Grant）

99 褐柳莺 *Phylloscopus fuscatus*（Blyth）

100 棕腹柳莺 *P. subaffinis*（Ogilvie – Grant）

101 灰喉柳莺 *P. maculipennis*（Myth）

102 黄腰柳莺 *P. proregulus*（Pallas）

103 黄眉柳莺 *P. inornatus*（Blyth）

104 冠纹柳莺 *P. reguloides*（Blyth）

105 金眶鹟莺 *Seicercus burkii*（Burton）

106 栗头鹟莺 *S. castaniceps*（Blyth）

107 棕脸鹟莺 *Abroscopus albogularis*（Horsfield et Moore）

二十九、绣眼鸟科 Zosteropidae

108 暗绿绣眼鸟 *Zosterops japonicus*（Temminck et Schlegel）

三十、长尾山雀科 Aegithalidae

109 红头长尾山雀 *Aegithalos concinnus*（Gould）

三十一、山雀科 Paridae

110 煤山雀 *Parus ater*（L.）

111 大山雀 *P. major* L.

112 黄颊山雀 *P. spilonotus*（Bonaparte）

三十二、雀科 Passeridae

113 山麻雀 *Passer rutilans*（Temminck）

114 麻雀 *Passer montanus*（L.）

三十三、梅花雀科 Estrildidae

115 白腰文鸟 *Lonchura striata* L.

116 斑文鸟 *L. punctulata* L.

三十四、燕雀科 Fringillidae

117 金翅雀 *Carduelis sinica* L.

118 褐灰雀 *Pyrrhula nipalensis*（Hodgson）

三十五、鹀科 Emberizidae

119 凤头鹀 *Melophus lathami*（J. E. Gray）

120 黄胸鹀 *Emberiza aureola* Pallas

121 灰头鹀 *E. spodocephala* Pallas

哺乳类

Ⅰ. 食虫目 INSECTIVORA

一、刺猬科 Erinaceidae

1 刺猬 *Erinaceus europaeus* L.

二、鼩鼱科 Soricidae

2 小麝鼩 *Crocidura suaveolens* Pallas

3 灰麝鼩 *C. attenuata* Milne – Edwards

4 臭鼩 *Suncus murinus* L.

三、鼹鼠科 Talpidae

5 缺齿鼹 *Mogera latouchei* Thomas

Ⅱ. 翼手目 CHIROPTERA

四、菊头蝠科 Rhinolophidae

6 皮氏菊头蝠 *Rhinolophus pearsoni* Horsfield

7 角菊头蝠 *R. cornutus* Temminck

五、蹄蝠科 Hipposideridae

8 大蹄蝠 *Hipposideros armiger* Horsfield

六、蝙蝠科 Vespertilionidae

9 中华鼠耳蝠 *Myotis chinensis* Tomes

10 绒山蝠 *Nyctalus noctula* Schreber

11 普通伏蝠 *Pipistrellus abramus* Temminck

Ⅲ. 灵长目 PRIMATES

七、猴科 Cercopithecidae

12 猕猴 *Macaca mulatta* Zimmermann

13 藏酋猴 *M. thibetana* Milne – Edwards

Ⅳ. 鳞甲目 **PHOLIDOTA**

八、穿山甲科 **Manidae**

    14 穿山甲 *Manis pentadactyla* L.

Ⅴ. 兔形目 **LAGOMORPHA**

九、兔科 **Leporldae**

    15 华南兔 *Lepus sinensis* Gray

Ⅵ. 啮齿目 **RODENTIA**

十、松鼠科 **Sciuridae**

    16 赤腹松鼠 *Callosciurus erythraeus* Pallas

    17 长吻松鼠 *Dremomys pernyi* Milne – Edwards

    18 豹鼠 *Tamiops swinhoei* Milne – Edwards

十一、鼯鼠科 **Petauristidae**

    19 鼯鼠 *Petaurista petaurista* pallas

    20 黑白飞鼠 *Hylopetes alboniger* Hodgson

十二、仓鼠科 **Cricetidae**

    21 黑腹绒鼠 *Eothenomys melanogaster* Milne – Edwards

    22 沼泽田鼠 *Microtus fortis* Büchner

十三、竹鼠科 **Rhizomyidae**

    23 中华竹鼠 *Rhizomys sinensis* Gray

十四、鼠科 **Muridae**

    24 巢鼠 *Micromys minutus* Pallas

    25 黑线姬鼠 *Apodemus agrarius* Pallas

    26 中华姬鼠 *A. draco* Barrett – Hamilton

    27 小家鼠 *Mus musculus* L.

    28 黄胸鼠 *Rattus flavipectus* Milae – Edward

    29 褐家鼠 *R. norvegicus* Berkenhout

    30 黄毛鼠 *R. losea* Swinhos

    31 社鼠 *R. niviventer* Hodgson

    32 针毛鼠 *R. fulvescens* Gray

    33 大足鼠 *R. nitidus* Hodgson

    34 白腹巨鼠 *R. edwardsi* Thomas

    35 青毛鼠 *R. bowersi* Anderson

十五、豪猪科 **Hystricidae**

    36 豪猪 *Hystrix hodgsoni* Gray

Ⅶ. 食肉目 **CARNIVORA**

十六、犬科 **Canidae**

    37 狼 *Canis lupus* L.

    38 狐 *Vulpes vulpes* L.

39 貉 *Nyctereutes procyonoides* Gray

40 豺 *Cuon alpinus* Pallas

十七、熊科 Ursidae

41 黑熊 *Selenarctos thibetanus* G. Cuvier

十八、鼬科 Mustelidae

42 青鼬 *Martes flavigula* Boddaert

43 黄鼬 *Mustela sibirica* Pallas

44 黄腹鼬 *M. kathiah* Hodgson

45 鼬獾 *Melogale moschata* Gray

46 狗獾 *Meles meles* L.

47 猪獾 *Arctonyx collaris* F. Cuvier

48 水獭 *Lutra lutra* L.

十九、灵猫科 Viverridae

49 大灵猫 *Viverra zibetha* L.

50 小灵猫 *Viverrcula indica* Desmarest

51 花面狸 *Paguma larvata* Hamilton – Smith

52 食蟹獴 *Herpestes urva* Hodgson

二十、猫科 Felidae

53 豹猫 *Felis bengalensis* Kerr

54 原猫 *F. temmincki* Vigors et Horsfield

55 云豹 *Neofelis mebulosa* Griffith

56 豹 *Panthera pardus* L.

57 虎 *P. tigris* L.

Ⅷ. 偶蹄目 ARTIODACTYLA

二十一、猪科 Suidae

58 野猪 *Sus scrofa* L.

二十二、鹿科 Cervidae

59 小麂 *Muntiacus reevesi* Ogilby

60 黑麂 *M. crinifrons* Solater

61 毛冠鹿 *Elaphodus cephalophus* Milne – Edwards

二十三、牛科 Bovidae

62 鬣羚 *Capricornis sumatraensis* Bechstein

四、参加历次重要考察人员名单

1980 年凤阳山自然资源保护区综合科学考察队队员名单

姓　名	单　位
杨　峰	丽水地区科委副主任、考察队长
陈根荣	浙江林校教导主任、副队长
张朝芳	杭州大学生物系讲师、副队长
李朝谦	龙泉县科委副主任、副队长
陈豪庭	凤阳山自然保护区副主任、副队长
支存定	丽水地区林业局营林科副科长、队委
韦今来	杭州大学生物系讲师、队委
丁陈森	浙江林学院讲师、队委
蔡汝魁	丽水地区林业科学研究所助理工程师、队委
吴鸣翔	庆元县林业科学研究所所长、助理研究员、队委
汤兆成	遂昌县林业科学研究所副所长、技术员、队委
兰　玉	龙泉县林业科学研究所所长、工程师、队委
叶亦聪	杭州大学生物系教师
楼芦焕	杭州大学生物系研究生
李　平	杭州大学生物系
丁炳扬	杭州大学生物系、省考察队
钱　明	上海师范学院生物系副教授、考察队指导教师
吴世福	上海师范学院生物系助教
于晓明	上海师范学院生物系
郑　峰	杭州大学生物系、省考察队
赵志良	杭州大学生物系、省考察队
姜仕仁	杭州大学生物系、省考察队
洪利兴	杭州大学生物系、省考察队
郑富元	浙江省林业科学研究所技术员
程秋波	丽水地区林业局助理工程师
诸葛康	丽水地区林业科学研究所技术员
陈行知	丽水地区林业科学研究所助理工程师
杨光军	丽水地区林业科学研究所技术员
王志航	丽水地区土壤普查办公室副主任、助理农艺师
何士云	丽水地区农业科学研究所、助理农艺师
童雪松	丽水地区农业科学研究所、助理农艺师
金松祥	丽水地区环境保护办公室技术员
谭大勇	丽水地区计量所副所长、助理工程师

（续）

姓 名	单 位
王 萍	丽水地区计量所化验员
李志云	遂昌县林业科学研究所技术员
周元庆	遂昌县林业科学研究所技术员
章寿朝	庆元县林业科学研究所技术员
叶其根	庆元县林业科学研究所技术员
李忠敏	龙泉县林业局助理工程师
钟益夫	龙泉县农业局助理工程师
刘水养	龙泉县林业科学研究所技术员
冯建国	龙泉县林业科学研究所技术员
胡昌荣	龙泉县林业科学研究所技术员
郑庆洲	凤阳山自然保护区技术员
樊子才	凤阳山自然保护区技术员
扬万云	凤阳山自然保护区技术员
邵行天	龙泉县科委干部
李 峰	龙泉县科委技术员
章绍尧	杭州植物园工程师、考察队指导教师
诸葛阳	杭州大学生物系、动物教研室主任、讲师、考察队指导教师
周家骏	浙江省林业科学研究所助理研究员、考察队指导教师
韦 直	浙江省博物馆、考察队指导教师
王景祥	浙江省林校、考察队指导教师

1983 年浙江省自然保护区考察组成员名单

华永明	浙江省林业厅、考察组负责人
陈豪庭	凤阳山自然保护区副主任、考察组负责人
俞勤武	西天目山自然保护区技术人员
吴春芳	古田山自然保护区技术人员
郑卿洲	凤阳山自然保护区技术人员
周仁爱	凤阳山自然保护区技术人员
周洪青	乌岩岭自然保护区技术人员
李志云	九龙山自然保护区技术人员

2003 年植物资源补充调查成员名单

丁炳扬	浙江大学生命科学学院教授
程秋波	丽水市林业局教授级高工
郑朝宗	浙江大学生命科学学院教授
哀建国	浙江大学生命科学学院讲师
于明坚	浙江大学生命科学学院副教授
徐学红	浙江大学生命科学学院硕士生
金孝锋	浙江大学生命科学学院硕士生

（续）

姓　名	单　位
杨旭	浙江大学生命科学院硕士生
张水利	浙江大学药学院讲师
梅笑漫	杭州师院初教学院讲师
陈锡林	浙江中医学院药学系副教授
徐双喜	凤阳山自然保护区管理处副处长
梅盛龙	凤阳山自然保护区管理处副处长
叶立新	凤阳山自然保护区管理处高级工程师、科长
叶茂平	凤阳山自然保护区管理处经济师、科长
项伟剑	凤阳山自然保护区管理处助理工程师、科长
刘小东	凤阳山自然保护区管理处助理工程师
刘胜龙	凤阳山自然保护区管理处助理工程师
陈苍松	浙江自然博物馆助理馆员
姚小贞	浙江大学学生
陈叶平	浙江林学院学生
陈祖銮	浙江林学院学生
李华斌	浙江大学生命科学院学生
黄　军	浙江大学生命科学院学生
余　佳	浙江大学生命科学院学生
马思宁	浙江大学生命科学院学生
陈庆杰	浙江师范大学学生

2004 年动物资源补充调查

姓名	单位
诸葛阳	浙江大学生命科学学院教授
丁　平	浙江大学生命科学学院教授
蒋萍萍	浙江大学生命科学学院讲师
夏贵荣	浙江大学生命科学学院博士生
彭岩波	浙江大学生命科学学院硕士生
李必成	浙江大学生命科学学院硕士生
蒋科毅	浙江大学生命科学学院硕士生
陈水华	浙江自然博物馆副研究员
蔡春抹	浙江自然博物馆研究员
王火根	浙江自然博物馆研究员
范忠勇	浙江自然博物馆馆员
陈苍松	浙江自然博物馆助理馆员
方一峰	浙江自然博物馆助理馆员
鲍毅新	浙江师范大学教授
施时迪	台州学院教授

（续）

姓　名	单　位
葛宝明	浙江师范大学硕士生
郑　祥	浙江师范大学硕士生
程宏毅	浙江师范大学硕士生
徐双喜	凤阳山自然保护区管理处副处长
梅盛龙	凤阳山自然保护区管理处副处长
叶立新	凤阳山自然保护区管理处高级工程师、科长
叶茂平	凤阳山自然保护区管理处经济师、科长
项伟剑	凤阳山自然保护区管理处助理工程师、科长
李美琴	凤阳山自然保护区管理处助理工程师
刘胜龙	凤阳山自然保护区管理处助理工程师

2003～2005年龙泉凤阳山观赏昆虫调查

姓　名	单　位
徐华潮	浙江林学院讲师
陈培金	浙江林学院讲师
郭永伟	浙江林学院学生
缪宇明	浙江林学院学生
马泽丁	浙江林学院学生
张　斌	浙江林学院学生
席俊杰	浙江林学院学生
叶丽娟	浙江林学院学生
徐何英	浙江林学院学生
徐双喜	凤阳山自然保护区管理处副处长
梅盛龙	凤阳山自然保护区管理处副处长
叶立新	凤阳山自然保护区管理处高级工程师、科长
项伟剑	凤阳山自然保护区管理处助理工程师、科长
李美琴	凤阳山自然保护区管理处助理工程师
刘胜龙	凤阳山自然保护区管理处助理工程师

2007～2009凤阳山昆虫调查人员（按姓氏拼音排序）

毕文烜　蔡　平　曹　剑　曹伟义　陈　芝　樊建庭　范中华　方　宁　方　燕
冯　毅　付　强　高德禄　高　霞　郤振华　郭宏伟　郝晓东　胡冬冬　胡婷玉
黄俊浩　蒋国芳　蒋晓宇　靳　青　李传仁　李美琴　李敏松　李晓婷　林莉军
刘朝新　刘国龙　刘浩宇　刘　锦　刘经贤　刘立群　刘玲娟　刘胜龙　刘万岗
刘宪伟　刘　艳　陆正寿　马　毅　梅盛龙　缪经添　牛晓玲　钱昱含　乔璐曼
秦道正　石钟华　宋　南　孙海涛　谭亮魁　谭　钊　王光钺　王国全　王　磊
王亮红　王满强　王漫漫　王天宇　王雅兰　王义平　魏久锋　吴鹤波　吴　鸿

吴　欢　吴小波　肖　斌　谢广林　谢　莎　熊正燕　徐华潮　徐金华　轩文娟
薛海洋　杨彬彬　杨　娟　杨　卓　叶立新　叶硆仙　于　芳　于　昕　俞卫良
袁向群　张　磊　张　琴　张苏炯　张新民　赵延会　赵宗一　周宝锋　周丽飞
周毓灵子　朱耿平　朱杰宇　朱兰兰　朱卫兵　朱雅君

　　《凤阳山志》在浙江凤阳山—百山祖国家级自然保护区凤阳山管理处的直接领导下，在叶砿仙、张长山两任处长和有关人士的重视支持下，在编志人员的共同努力下终于问世了。

　　本志编纂始于2010年4月，2012年5月定稿，历时两载余，其时经历了拟定编目、分人编写、初审、中审、终审等阶段，近百万字的资料收集则贯穿期间。全志文字部分有概述、大事记、正文6编21章74节及附录，共42万余字。另尚有题词、照片、地图等。

　　《凤阳山志》是凤阳山发展历史的真实纪录，该山原只是菇民的朝拜圣地，知其者甚少。建立自然保护区后，这座藏于深山的科技宝库才渐为世人所知，是生物科技工作者必履之地，从而成为浙江名山之一，有"浙北天目（山），浙南凤阳（山）"之称。

　　叶砿仙同志任凤阳山管理处处长后，深切体会到保护生态的重要性和数代凤阳山建设者创业的艰辛，萌发了编写志书的意愿，以传承这段历史。2010年初，管理处决定编纂《凤阳山志》，其本意一是时代的需要；我国有编写志书的传统，有"盛世修志"之说。凤阳山开发至今已有半个世纪，建立自然保护区也已30多年，这段历史间，凤阳山因建立自然保护区而发生了"脱胎换骨"的变化，进入一个全新发展的历史阶段，将其成果及其变化收入志书，对推进人与自然和谐发展的生态文明建设具有历史和现实意义。二是保护区各项工作发展的需要。志书可反映当地的历史，实用性强。随着科学技术的发展，维护生态平衡理念日益为大家所认知，国内外交往也日益增多，编写凤阳山正史对满足各类人群的需求，提高凤阳山知名度具有不可替代的作用。三是推进自然保护区持续发展的需要。志书有如一部记录片，可以起到承前启后的作用，它对历史上成就和不足的记述，对今后工作有借鉴之处，以避免走弯路。

　　张长山同志接任处长后，非常重视、支持志书的编写工作，以致《凤阳山志》的编写得以延续并圆满封笔。

　　《凤阳山志》编写过程中，力求在时代性、科学性、资料性和可读性上的统一，以"存真求实"为原则，做到人随事出，事出见人，以充分体现凤阳山的原始、自然与多样性的特色。

编纂期间，有关部门和同行给予多方支持，浙江省林业厅、省环保厅、丽水市林业局、浙江凤阳山—百山祖国家级自然保护区管理局、龙泉市地方志办公室、市林业局、市档案馆等单位都伸出了援助之手，倾力相助。一些原在保护区工作过或对凤阳山比较了解的领导、专家、学者在提供资料，审稿修改上更是不遗余力，精心指导。保护区的干部职工热心参与，两位受聘编写的老同志，辛勤工作两个春秋，编写志书的在职同志，在繁忙的工作之余挤出时间，加班加点。正是大家的共同努力，本志编写才能顺利完成。值此志书将要出版之际，深表感谢。

《凤阳山志》中收编历史不长，其因是史料欠缺，曾亲历凤阳山开发过的老同志已留不多，因而建区前后的大多资料出自笔记或记忆，编者唯恐失真，均行考证，对一些无从核对的资料，只能忍痛割爱。

在志稿付梓之际，我们深感收录不足，考证欠精，表述欠妥，志中肯定留下疏误之处，诚请读者赐教。

《凤阳山志》编委会
2012 年 5 月